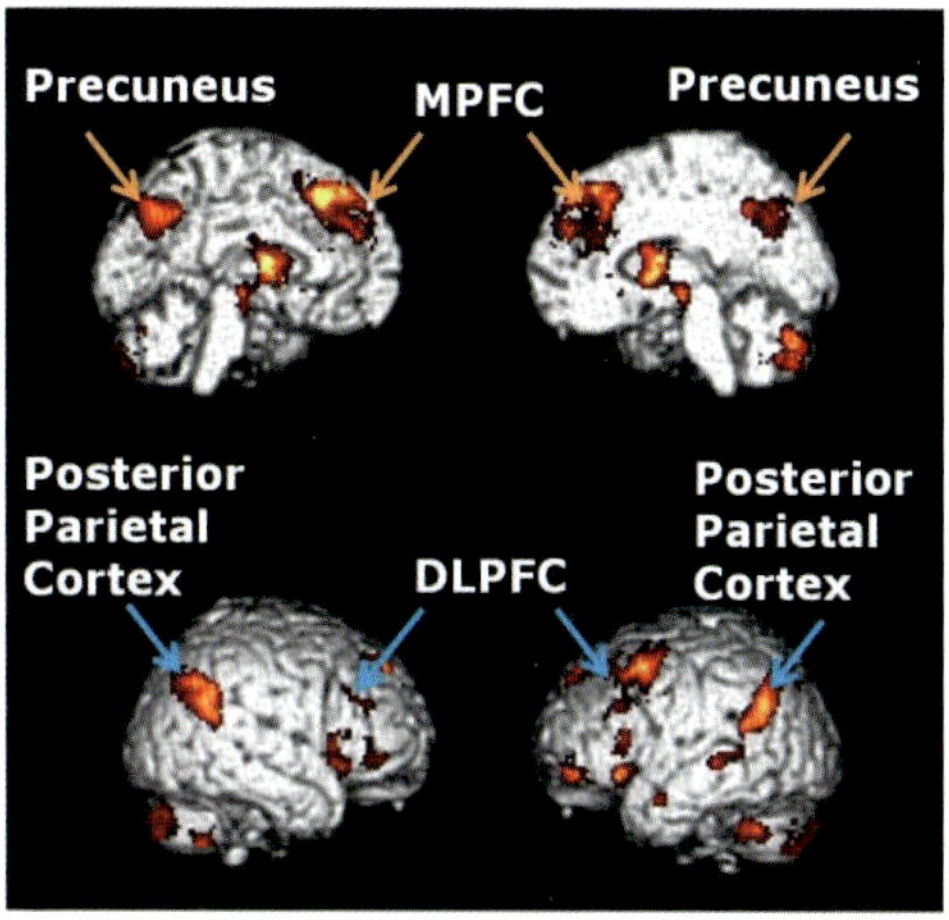

図１－２　２次 FBT での賦活脳領域（Osaka et al. 2012 より）（本文 p.17）

図１－３　スマートフォンが入った子ども用ドラゴンボット（Weir 2015）（本文 p.23）

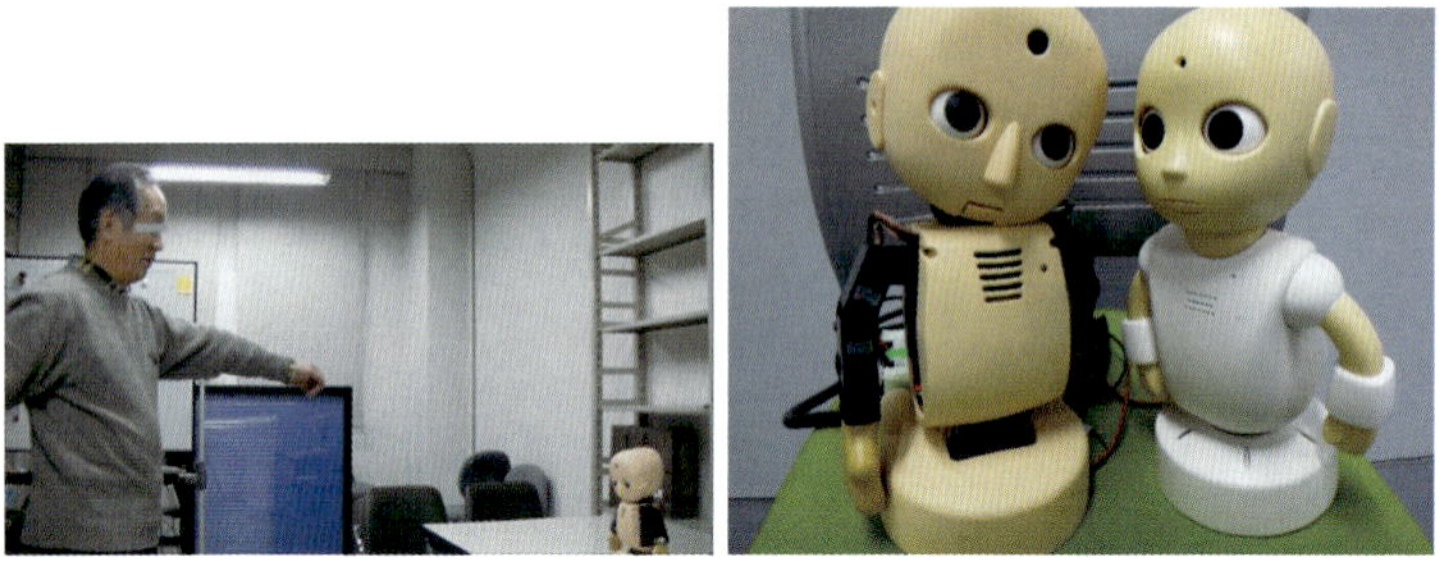

図1－4　ロボット（シンキー）とのジャンケンで負けて笑う高齢者（左）と Vstone 社の研究用小型ロボットシンキー（左）とコミュ（右）
（本文 p.26）

図2－4　テイク（4）のマルチモーダルトランスクリプトと舞台写真
（本文 p.57）

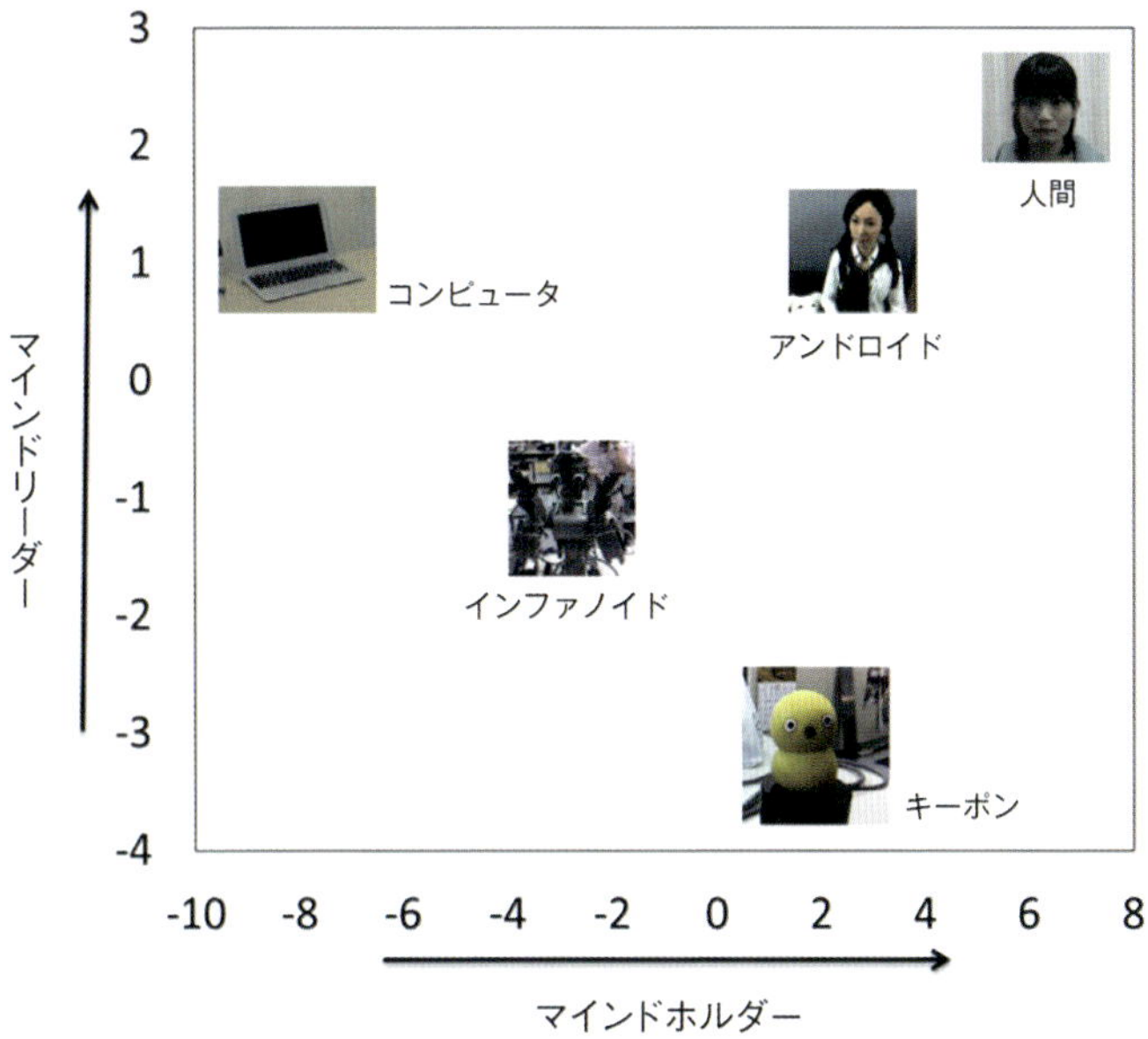

図3－5　５種類の相手の２次元配置（Takahashi et al. 2014）（本文 p.107）
x 軸はマインドホルダーを、y 軸はマインドリーダーを、それぞれ表す（本文参照）。それぞれの相手に対する主成分の評価値は、被験者全員の平均を表している。

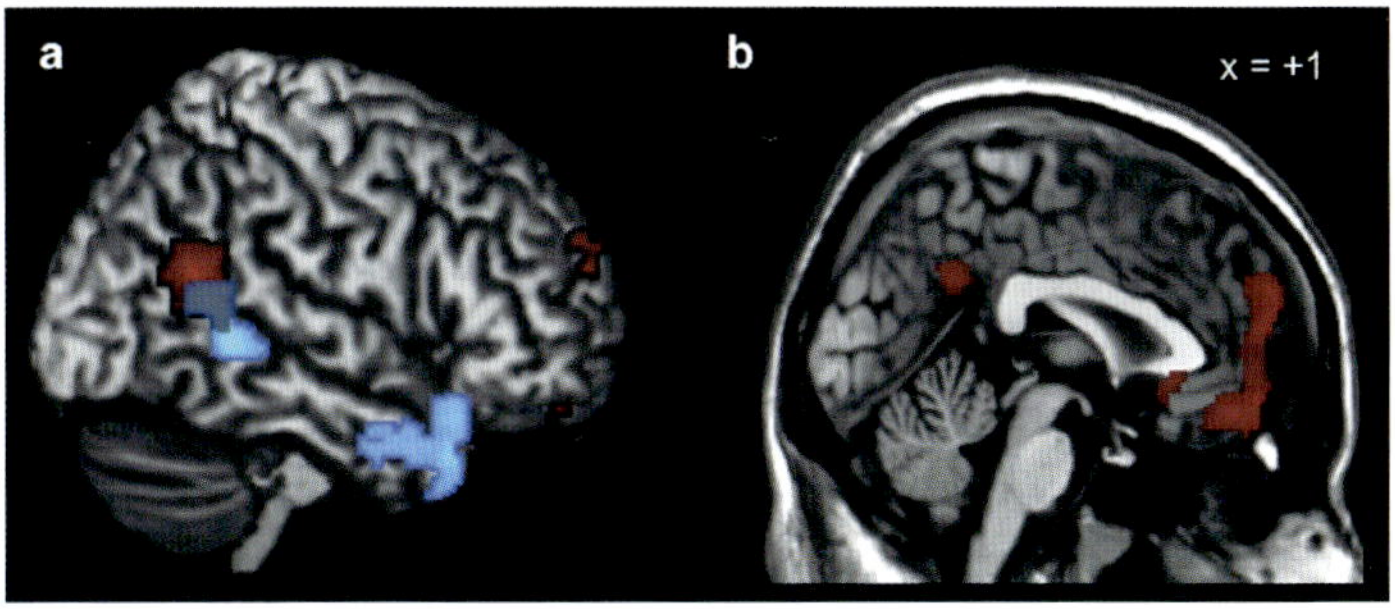

図3－6　fMRI 計測の結果（Takahashi et al. 2014）（本文 p.107）
マインドホルダー（赤）とマインドリーダー（青）によって活動した脳領域。(a) では、MNI 標準脳の側面に領域が描かれ、(b) では、矢状断面 x ＝＋ 1 上に領域が描かれている。青灰色は、両方に共通して活性化した領域である。

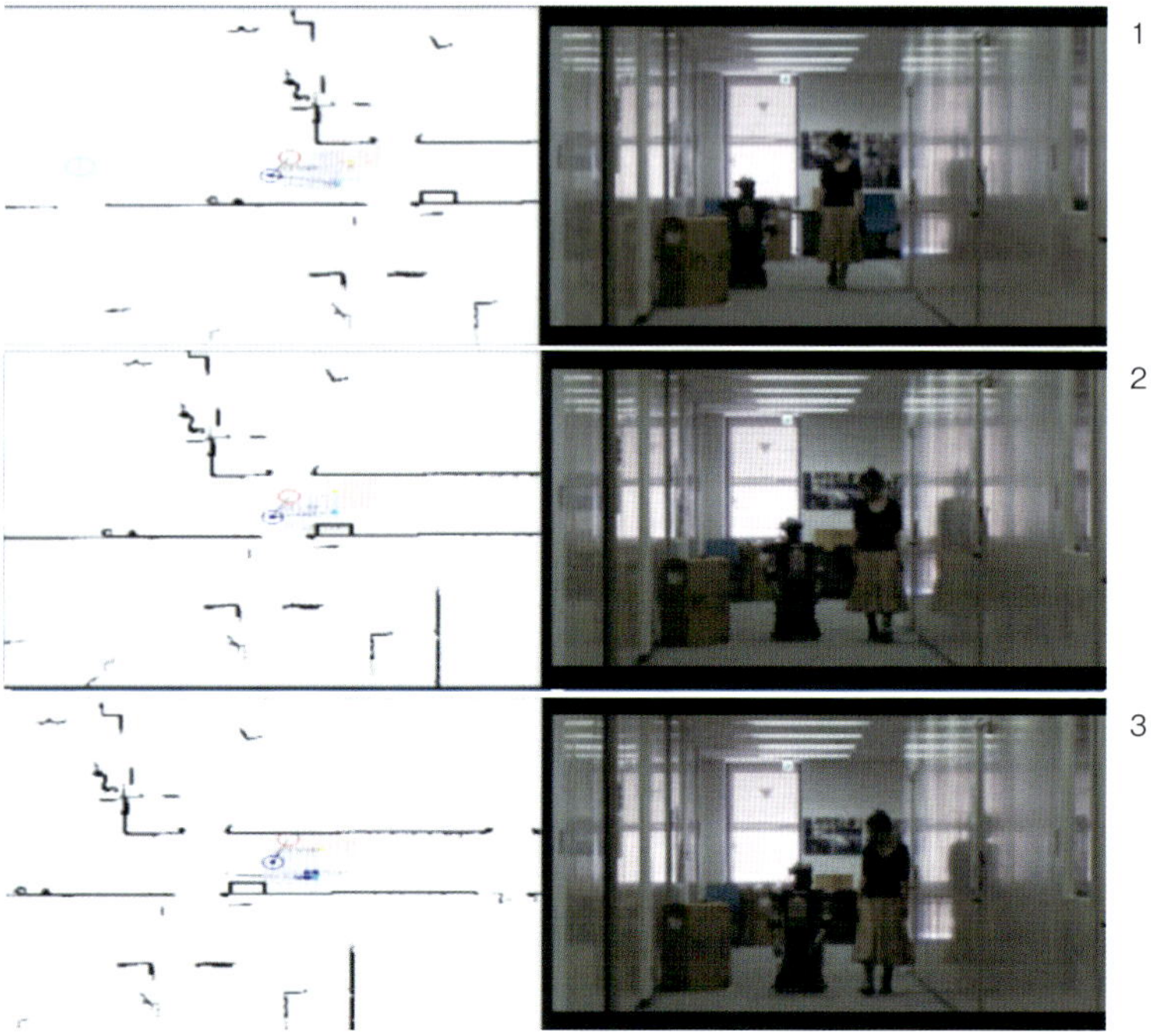

図4－6　通路をうまく並んで歩くロボット（本文 p.122）

人とロボットとの両者にとって都合の良い進路を予想して移動している。

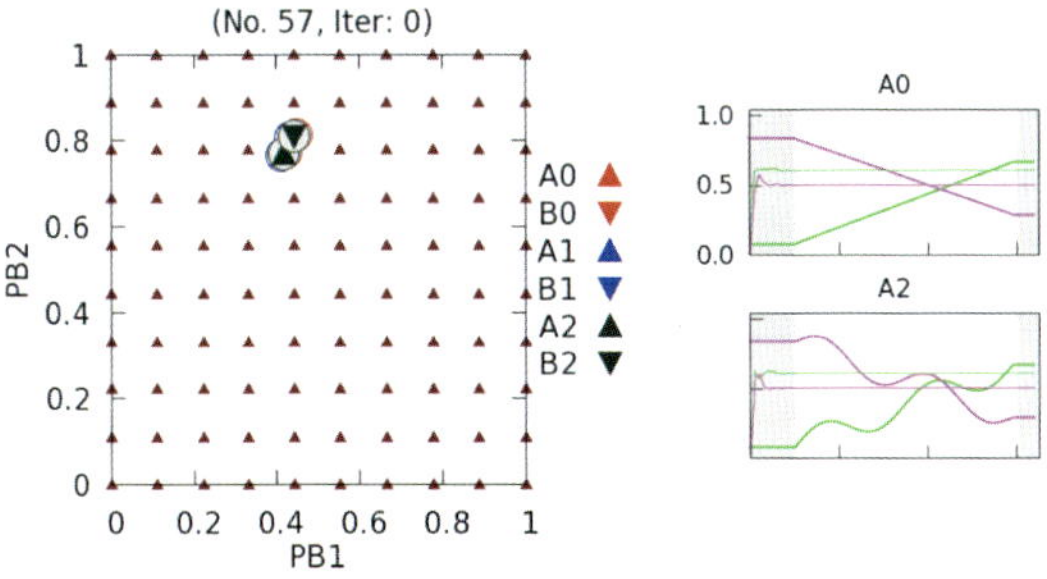

(a) 発達初期

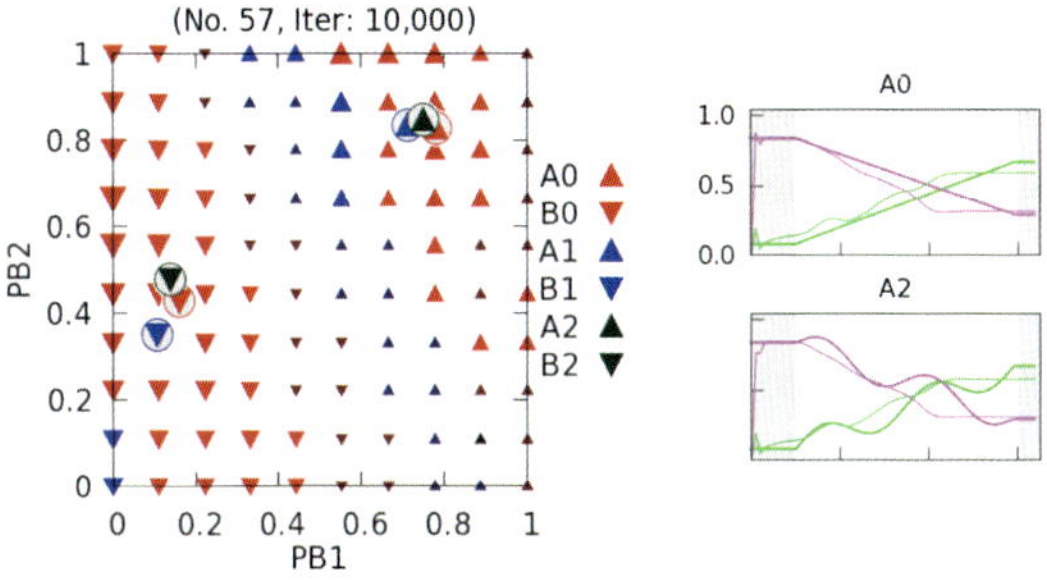

(b) 発達中期

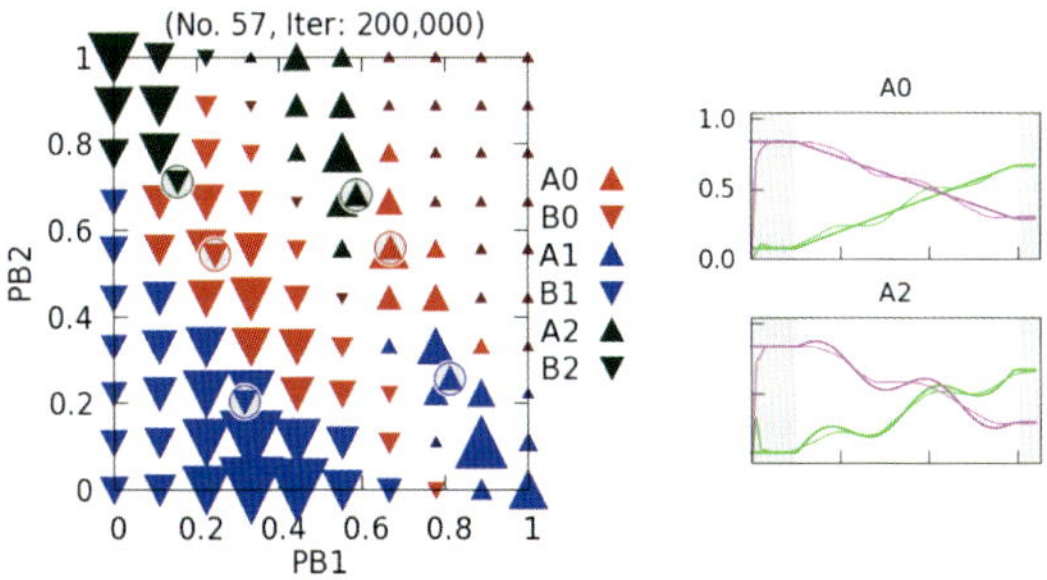

(c) 発達後期

図7－6　発達過程における PB 値（左：A, B が目標を、0, 1, 2 が手段を表す）**と生成された動作**（右：太線が期待する動作を、細線が生成された動作を表す）（Park et al. 2014 より引用）（本文 p.231）

(a) 発達初期では６種類の動作がまだ区別できておらず、期待する動作も生成されない。これが (b) 発達中期になると、動作が主に２つのカテゴリに分類され、動作の目標のみが正しく再現できるようになる。そして (c) 発達後期になって初めて、６種類の動作がきれいに分類され、目標と手段の両方が再現できるようになる。

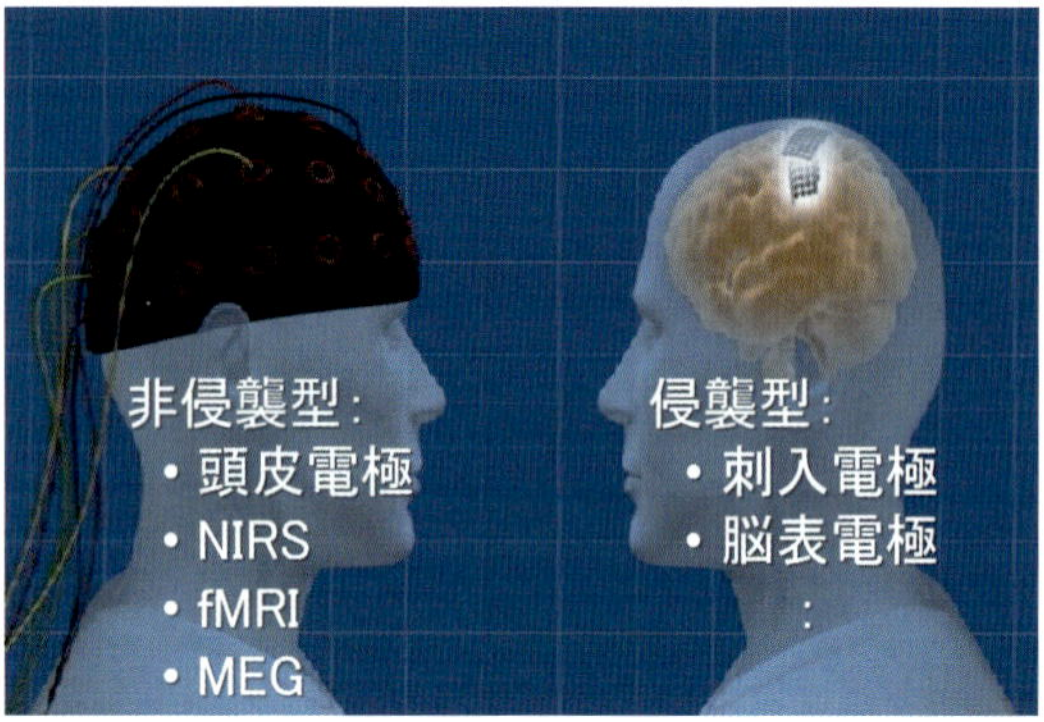

図９－２　出力型ＢＭＩの２タイプ（本文 p.283）

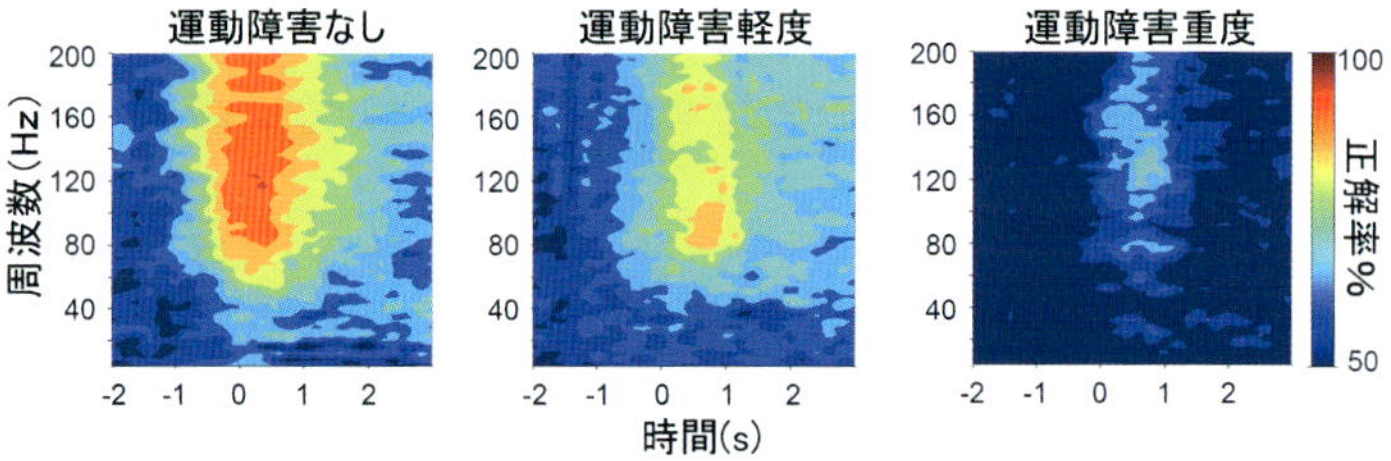

図９－３　運動内容推定に有用な周波数帯域（本文 p.293）

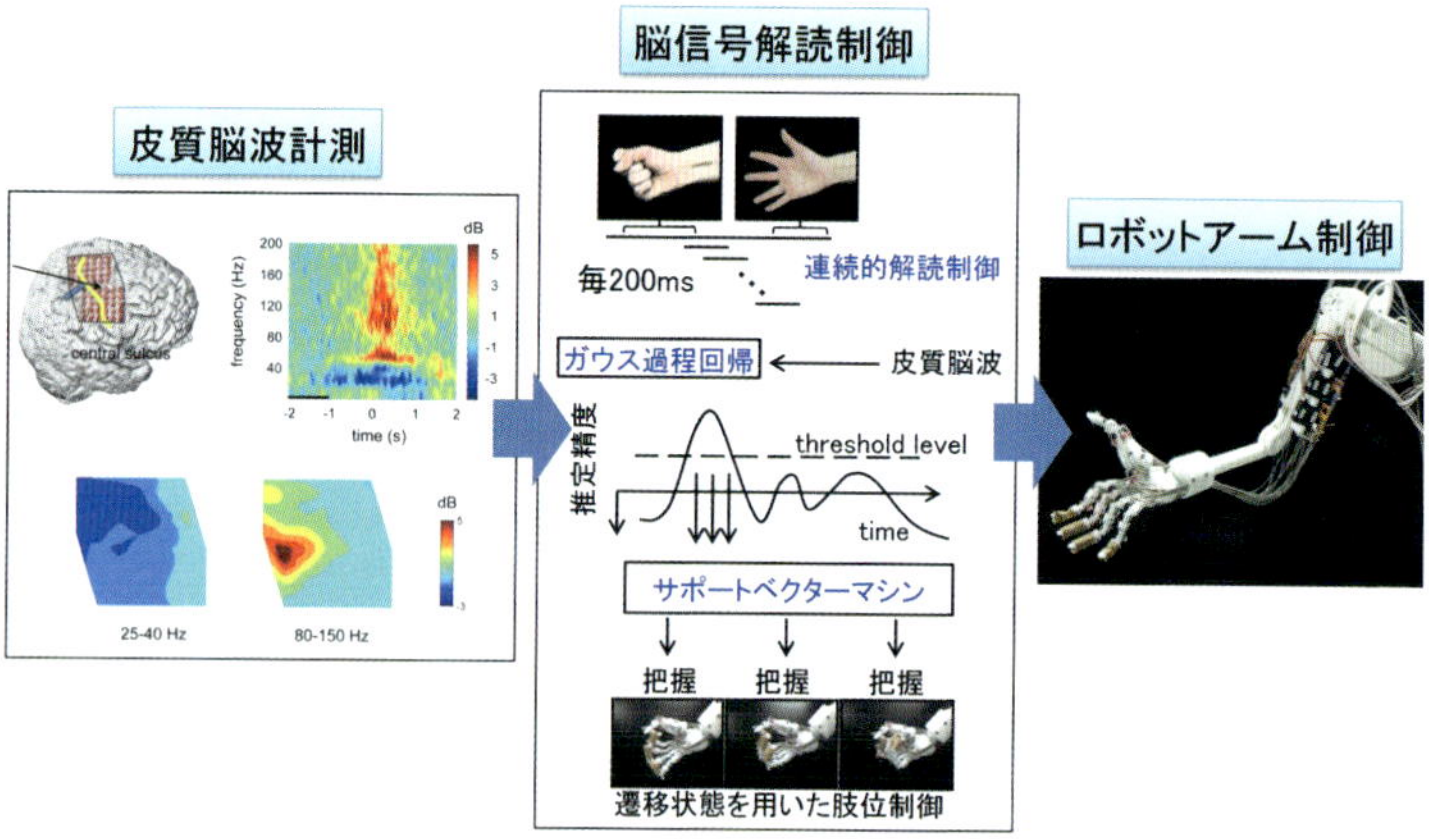

図９－４　リアルタイム義手ロボット制御システム（本文 p.293）

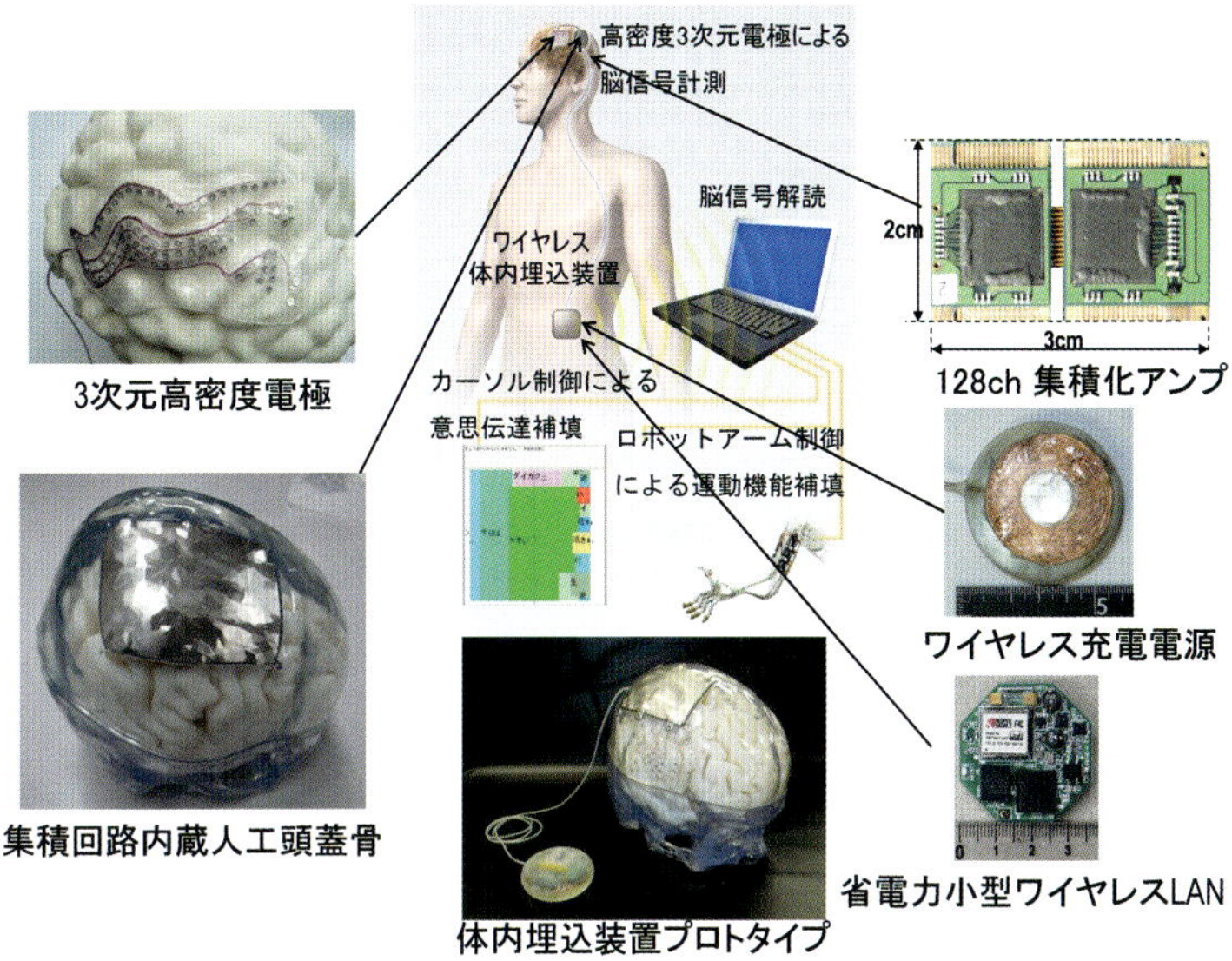

図９－５　臨床用ワイヤレス体内埋込ＢＭＩ装置のプロトタイプ（本文 p.296）

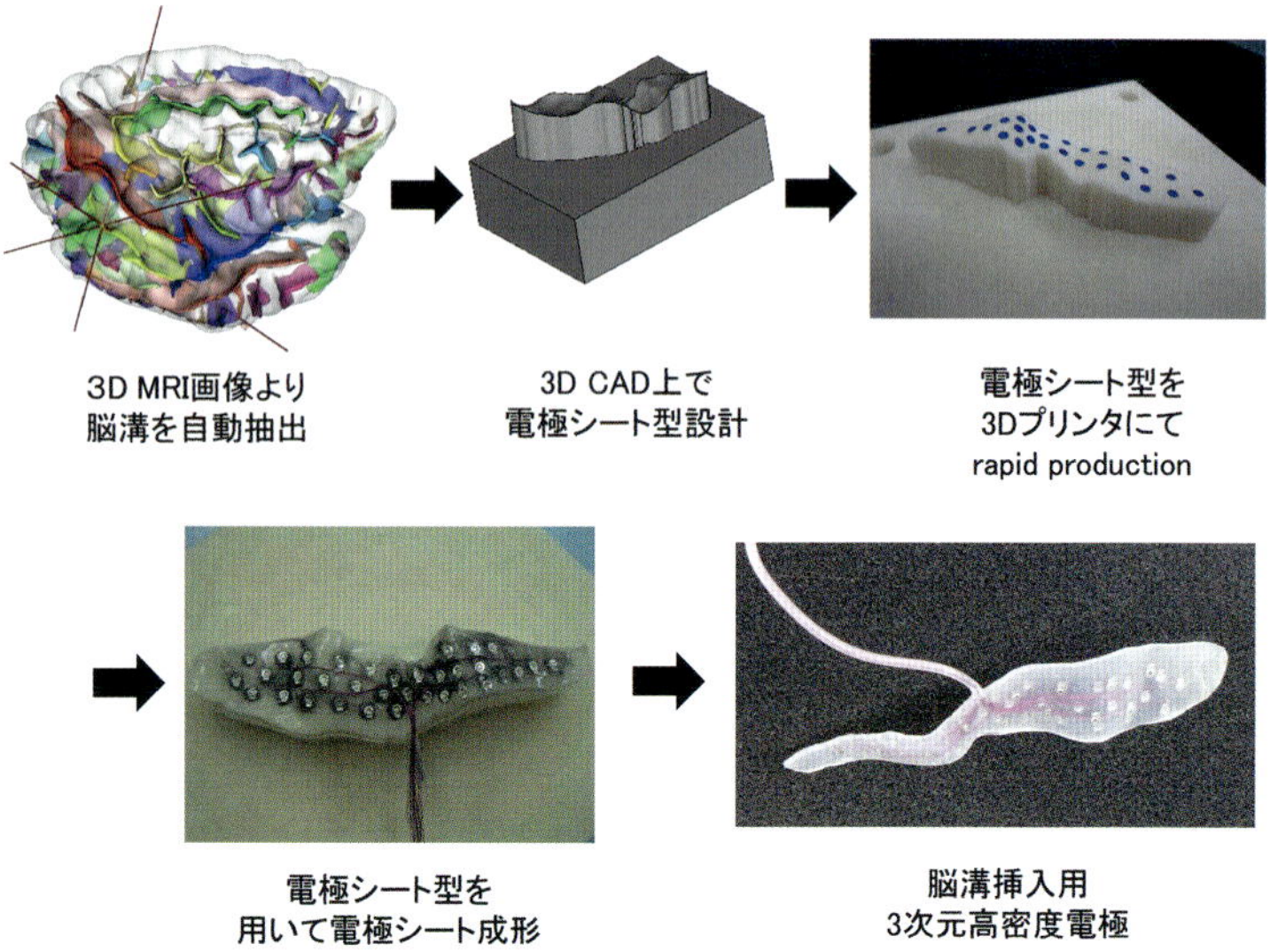
3D MRI画像より
脳溝を自動抽出
3D CAD上で
電極シート型設計
電極シート型を
3Dプリンタにて
rapid production
電極シート型を
用いて電極シート成形
脳溝挿入用
3次元高密度電極

図９－６　３次元高密度両面電極（本文 p.297）

社会脳
シリーズ
9

ロボットと共生する社会脳

神経社会ロボット学

シリーズ総索引付

苧阪直行 編

新曜社

Social Brain Series Vol.9
Sharing Minds with Social Robotics viewed from Psychorobotics
(Series Editor, Naoyuki Osaka)

「社会脳シリーズ」刊行にあたって

苧阪直行

脳というわずか1リットル半の小宇宙には、銀河系の星の数に匹敵するほどの膨大な数のニューロンがネットワークを形成し、相互に協調あるいは抑制し合いながら、さまざまな社会的意識を生みだしているが、その脳内表現についてはほとんどわかっていない。

17世紀、デカルトは方法的懐疑によって、思考する主体としての自己を「われ思うゆえにわれあり」という命題に見出し、心が自己認識のはたらきをもつことを示した。しかし、デカルトは、この命題を「われ思うゆえに社会あり」あるいは「われ思うゆえに他者あり」というフレームにまで拡張したわけではなかった。自己が社会の中で生かされているなら、それを担う脳もまた社会的存在だといえよう。しかし、自己と他者を結ぶきずなとしての社会意識がどのように脳内に表現されているのかを探る気の遠くなる作業は、はじまったばかりである。そして、この作業は実に魅力ある知的冒険でもある。

脳の研究は20世紀後半から現在に至るまで、その研究を加速させてきたが、それは主として「生物脳（バイオロジカル・ブレイン）」の軸に沿った研究であったといえる。しかし、21世紀初頭から現在に至る10年間で、研究の潮流はヒトを対象とした「社会脳（ソシアル・ブレイン）」あるいは社会神経科学を軸とする研究にコペルニクス的転回をとげてきている。社会脳の研究の中核となるコンセプトは心の志向性（intentionality）にある。たとえば目は志向性をもつが、それは視線に他者の意図が隠されているからである。志向性は心の作用を目標に向けて方向づけるものであり、社会の中の自己と他者をつなぐきずなの基盤ともなる。人類の進化とともに社会脳は、その中心的な担い手である新皮質（とくに前頭葉）のサイズを拡大してきた。霊長類では群れの社会集団のサイズが脳の新皮質の比率と比例するといわれるが、なかでもヒトの比率は最も大きく、安定した社会的つながりを維持できる集団成員もおよそ150名になるといわれる（Dunber 2003）。三人寄れば文殊の知恵というが、この程度の集団成員に達すれば新しい創発的アイデアも生まれやすく、新たな環境への適応も可能になり、社会の複雑化にも対応できるようになる。一方、社会脳は個々のヒトの発達のなかでも形成される。たとえば、幼児は個人差はあるが、およそ4歳以降に他者の心を理解するための「心の理論（theory of mind）」をもつことができるようになるといわれるが、これはこの年齢以降に成熟してゆく社会脳の成熟とかかわりがあるといわれる。他者の心を理解したり、他者と共感するためには、他者の意図の推定ができることが必要であるが、このような能力はやはりこの時期にはじまる前頭葉の機能的成熟がかかわるのである。志向的意識やワーキングメモリがはたらきはじめる時期とも一致するのである。オキシトシンやエンドルフィンなどの分泌性ホルモンも共感を育む脳の成熟を助け、社会的なきずなを強めたり、安心感をもたらすことで社会脳とかかわることも最近わかってきた。

社会脳の研究は、このような自己と他者をつなぐきずなである共感がなぜ生まれるのかを社会における人間とは何かという問いを通して考える。たとえば共感からどのように笑いや微笑みが生まれるのか、さらにヒトに固有な利他的行為がどのような脳内表現をもつのかにも探求の領域が拡大されてゆくのである（苧阪 2010）。共感とは異なる側面としての自閉症、統合失調症やうつなどの社会性の障害も社会脳の適応不全とかかわることもわかってきた。

さて、脳科学は理系の学問というのが相場であったが、近年人文社会科学も含めて心と脳のかかわりを再考しようとする動きが活発になってきた。たとえば社会脳の神経基盤を研究しその成果を社会に生かすには、自己と他者、あるいは環境を知る神経認知心理学（ニューロコグニティヴサイコロジー）、良心や道徳、さらに宗教については神経倫理学（ニューロエシックス）、美しさや芸術的共感については神経美学（ニューロエステティクス）、何かをほしがる心、意思決定や報酬期待については神経経済学（ニューロエコノミックス）、社会的存在としての心については神経哲学（ニューロフィロソフィー）、ことばとコミュニケーションについては神経言語学（ニューロリンギスティックス）、小説を愉しむ心については神経文学（ニューロリテラチュア）、乳幼児の発達や創造的な学びについては神経発達学（ニューロディベロプメンツ）、加齢については神経加齢学（ニューロエージング）、注意のコントロールとワーキングメモリについては神経注意学

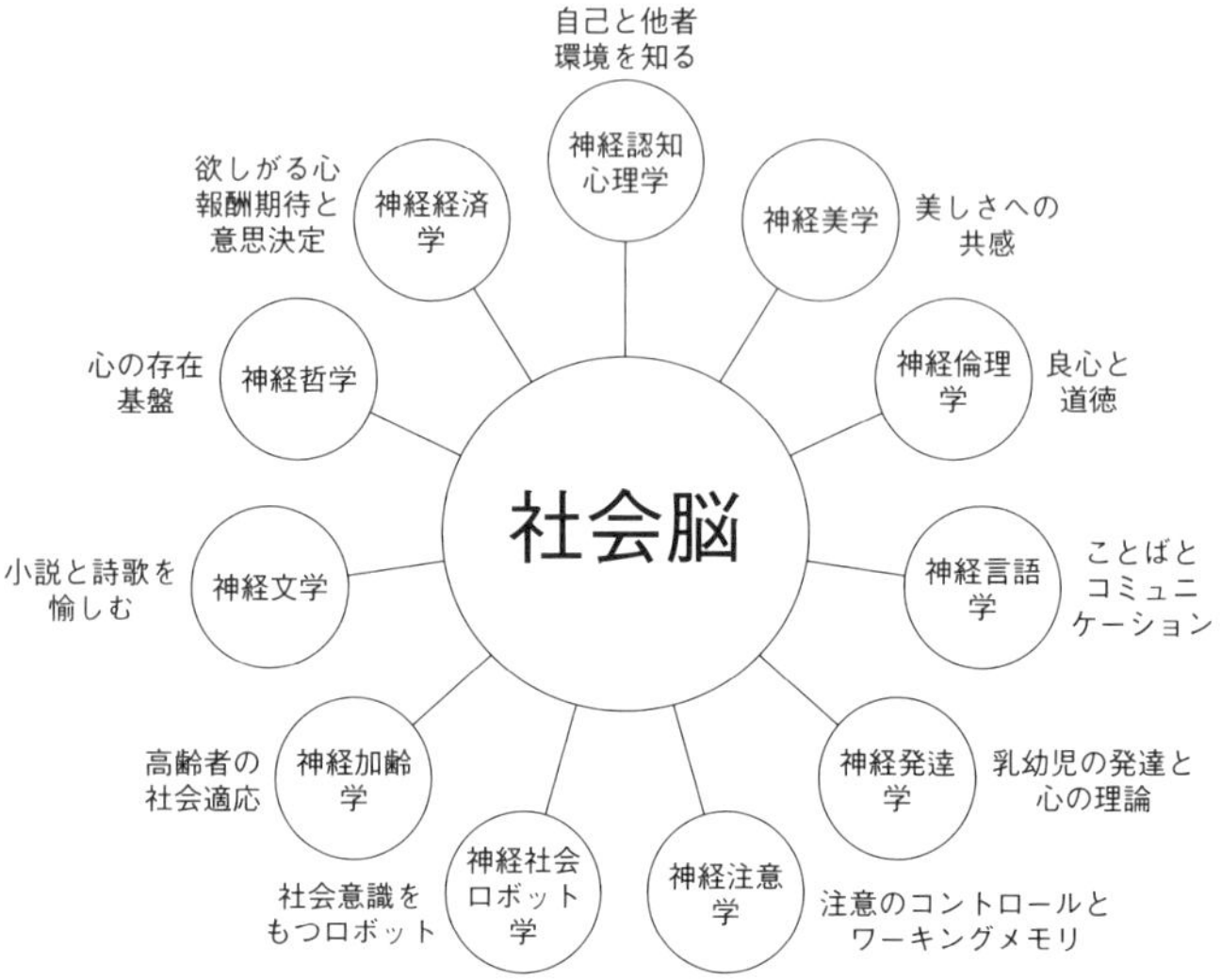

社会脳にかかわるさまざまな学術分野の一例

（ニューロアテンション）、さらにこれらの社会脳の成果を近未来的ブレイン・マシン・インターフェイスで実現する神経社会ロボット学（ニューロソシアルロボティックス）などの新たな学術ルネサンスがその開花をめざして、そのつぼみを膨らませている。驚くべきことに、いずれも「神経」の後に続くのは多くは文系諸学科の名前であり、社会脳研究が理系と文系の学問を橋渡しし、新たな知識の芽生えを準備する役割をもつことを暗示している。筆者は鋭い理系のクワをもって豊かな文系（人文知）の畑を耕すことが社会脳研究という先端科学を育てる手だてであると信じている。これらの新領域の学問は上の図のように多様な側面から社会脳に光を当てることになろう。

さて、科学（サイエンス）という言葉はラテン語の scientia に由来しており、これは知識を意味する。これに、con（集める）という接頭辞をつけると conscientia となり知識を集める意味になり、さらにこれは意識（consciousness）や良心（conscience）の語源ともなり、科学は社会に根差した営為であることが示唆されている（苧阪 2004）。「社会脳」の新分野は21世紀の新たな科学の研究スタイルの革命をもたらし、広大な領域に成長しつつあるのである。社会脳は人文社会科学と自然科学が協調しあって推進していく科学だともいえる。

この「社会脳シリーズ」がめざすのは、脳の中に表現された社会の姿をあらためて人文社会科学の俎上にのせて、これを広く「社会脳」の立場から再検討し、この近未来の新領域で新たな学術ルネサンスが開花する様子をスケッチすることである。社会脳のありようが人間とは何か、自己とは何かという問いに対する答えのヒントになることを願っている。本シリーズが社会脳研究の新たな展開と魅力を予感させ、多くの読者がこの分野に興味を向けてくれることを期待している。

社会脳の最近の動向を知りたい読者のためには、英文書籍ではあるが最近出版されたばかりの Decety & Cacioppo（2011）をはじめ、Cacioppo, Visser & Pickett（2006）、Cacioppo & Berntson（2005）、Decety & Ickes（2009）、Harmon-Jones & Beer（2009）、Harmon-Jones & Winkielman（2007）、Taylor（2002）、Todorov, Fiske & Prentice（2011）や Zelazo, Chandler & Crone（2010）などが参考になろう（巻末文献欄を参照）。一

方、本邦ではこの領域での理系と文系の溝が意外に深いため、本格的な社会脳関連の出版物がほとんどないことが悔やまれる。

なお、Cacioppo et al.（eds.）（2002）*Foundations in Social Neuroscience* では２００２年以前に、また Cacioppo & Berntson（Eds.）（2005）*Social Neuroscience* には２００５年以前に刊行された主要な社会神経科学の論文がまとめて見られるので便利である。

社会神経科学領域の専門誌として、２００６年から *Social Neuroscience*（2006-）や *Social Cognitive and Affective Neuroscience*（2006-）の刊行が始まっている。なお、日本学術会議「脳と意識」分科会や、日本学術振興会の科学研究費基盤研究（S）「社会脳を担う前頭葉ネットワークの解明」（http://www.social-brain.bun.kyoto-u.ac.jp/）でも２００６年から社会脳を研究課題やシンポジウムで取り上げてきた（その研究や講演をもとに書き下ろしていただいた原稿も本シリーズに含まれている）。編者らは、本シリーズで取り上げた社会脳のさまざまなはたらきを、人文社会科学からのアプローチをも取り込んで社会に生かす「融合社会脳研究センター」を提案していることも附記しておきたい。

【社会脳シリーズ】（全9巻）

1 社会脳科学の展望 ―― 脳から社会をみる
2 道徳の神経哲学 ―― 神経倫理からみた社会意識の形成
3 注意をコントロールする脳 ―― 神経注意学からみた情報の選択と統合
4 美しさと共感を生む脳 ―― 神経美学からみた芸術
5 報酬を期待する脳 ―― ニューロエコノミクスの新展開
6 自己を知る脳・他者を理解する脳 ―― 神経認知心理学からみた心の理論の新展開
7 小説を愉しむ脳 ―― 神経文学という新たな領域
8 成長し衰退する脳 ―― 神経発達学と神経加齢学
9 ロボットと共生する社会脳 ―― 神経社会ロボット学

社会脳シリーズ9『ロボットと共生する社会脳――神経社会ロボット学』への序

「社会脳」シリーズの最終巻のテーマは社会ロボットである。ロボットは人間から見れば機械でありモノにすぎないが、近年の認知ロボティクス（認知ロボット工学）の目覚ましい進展は、ヒトらしいロボットを身近で親しみのある存在にしつつある。社会脳シリーズ刊行の趣旨は、デカルトの「われ思うゆえにわれ（自己）あり」という自己を中心にした見方ではなく、「他者（社会）思うゆえにわれあり」という他者の視点から、脳を通して社会をとらえなおすところにある。この冒険はわれわれを、一歩進んで「他者（ロボット）ありゆえにわれ思う」という視点への展開に導く。この冒険が自己と他者の迷路の行き止まりに行きつくのか、あるいは新たなロボットとの共生社会の構築へと進展するのかはわからない。

ロボットといえば機械とは一味違った興味をもつのが普通である。本邦では1951年にSFマンガ「鉄腕アトム」が出ており、もっと最近では1999年にソニーのアイボ、続いて2000年にホンダのアシモなどの自律型ロボットが出て、市民に親しまれるロボットのイメージを作ってきた。ごく最近には、あたかも心があるように見えるさまざまなロボットが次々と登場している。

ロボットと社会

ロボットと社会のかかわりを振り返ると、アシモフが1950年のSF小説の中で提案したロボット3原則に、(1)ヒトに危害を加えない(その危険性を見逃さない)、(2)ヒトの命令に従う(ただし、ヒトに危害を及ぼさない)、(3)自己を守る(ヒトに危害を加えず、命令に従った上で)などの原則が並べられている。内容は憲法9条より厳しい。小説という仮想の世界の話であるが、不可能だったことが可能になる現代社会なので、ヒトに近い認識や行動能力をもつロボットが実際に現れてくると、このような問題が現実味を帯びてくる。たとえば、ロボット兵士(兵器)が戦場でヒトを殺すことは第1原則に違反するからダメということになる。これを原則的に当てはめることはできても、行動規範上で守らせることはできるか? ロボット化されたドローンにもその危険性がある。自律型ロボットに道徳的な判断をすることができれば事故や犯罪を起こすリスクは減るだろうが、もしシリアスな事故を起こしてしまったら、その責任の所在はどうなるのか? 社会規範である道徳を守るロボットが出てくれば、ヒトとロボットの共生は新時代に入るだろう。しかし事はそう簡単ではない。使う側のヒトも、ロボットに対して一定の倫理観をもつ必要がありそうである。本シリーズ第2巻『道徳の神経哲学』5章の「社会脳と機械を結びつける」でもロボットとBMI(ブレインマシンインターフェース)の問題を取り上げ、神経倫理学の重要性を指摘した。

さて、人形の犬が可愛いと思う心は、その犬を犬型あるいはヒト型ロボットに置き換えた場合どう変わるのか？　家族のように感じるようになるのか（アイボの場合はそうなったが）？　ヒトとモノの間にはふつう感情はないが、見かけの感情を作り出すロボットができればヒトは、もっとロボットに近くなり、共生できる社会を作ることができるであろうか？　ロボットとヒトが共生できるロボット・ヒューマン・インタラクション（ＲＨＩ）社会には、テクノロジーの進展に追いついた社会的公正さや、社会的規範にマッチした新道徳の進展がともなうことが必要だ。

スマートフォンというミニロボット

現在のＩＣＴ社会では、機械に驚かされるということはよくあるが、会話する機械に驚くことはまず、今まではなかったように思う。ところが、最近のスマートフォンの音声対応システムには驚かされるものが出てきた。たとえばアップル社のアイフォンに内蔵される秘書機能をもつソフト〝Siri（シリ：Speech interpretation & recognition interface）〟だ。Siri はスマートフォンに内蔵されたマイクとスピーカーを通して人間と自然に対話できる。プロソディーなど発話の調子もリアルで、音声認識や発話の解析ツールがスムーズな対話を促進し、文脈の認識もできる。面白いのは Siri が個性をもつように「感じられ」、ユーモアももっているというふうにも「感じられる」点だ。人間の意識は常にアクティブで構成的な作動モードではたらいているので、Siri の応答がひとひねりしたユーモアのように感じられ、個性をもつヒトのようにも感じられ、それはわれわれとSiriの間を親密なものにしているようである。実際、Siriは同じ文脈での質問に遭遇しても、あたかも相手の意図を見抜いたかのような、別の応答をすることがある点が魅力となっている。Siriを画面上にリアルなヒトの顔の動画像で提示すれば、愛すべき自己の分身としての手のひらロボットに変身することだろう。似たことは、スマートフォンを組み込むだけで社会ロボットに変身するドラゴンボットなどをみても頷ける。ＡＩとしてのSiriはＡＩから脱皮して（ヒトの創造的、構成的な心に乗じて）見かけ上、ヒトの知能に近づきつつある。他者の心や意図を見抜くかのような心の理論らしきパワーをもつことは、ロボットが他者化される上で重要だ。Siriが魅力的なのは、この心の理論の一端がプリミティブながら感じられるからだろう。

Siri「ご用件は何でしょうか？」
私「あなたは誰ですか？」
Siri「私の名前はSiriです。でも、私の話はあまりしたくないんですよ」
私「なぜ話をしたくないんですか？」
Siri「それは面白い質問ですね」
私「年齢は何歳ですか？」
Siri「私の年齢が気になるんですか？」

私「はい」
Siri「そうだろうと思いました」
私「あなたはロボットですか?」
Siri「私はシリコンと、メモリと、固い信念から湧き出る勇気でできている、とだけ申し上げておきましょう」
私「あなたは賢いですか?」
Siri「知的エージェントの中では、そう悪い方ではないと思いますよ」
私「あなたは心をもっていますか?」
Siri「それについては考えたことがありませんでした」
（2014年のiOS8以降では、本体に話しかけると自動的に起動される。iPhone, iPad や iPod でも可。）

Siri は長く使っていると、利用者の好みも学習し、バーチャル秘書の機能を増してゆくといわれ、ユーザーの個性と同期した一種の家族ロボットに変身することができるかもしれない。Siri のような好みの個性をもつ疑似的「人格」は、将来、実行系機能の弱まった高齢者の介護と強化に役立つだろう。とくに、情動的コミュニケーションで文脈的処理が強化され、ロボットによる身体動作を補助するBMI技術が洗練されれば、身近でプリミティブな社会脳と等しいはたらきをもつ介護システムとして少子高齢化社会で期待されよう。

身近な例としてもう一つシャープの掃除ロボット、ココロボを見てみよう。掃除ロボットでは、アイロボット社の掃除ロボット・ルンバが先行しており、本邦でも2013年頃から類似商品が市場に出はじめた。ココロボは音声コントロールと簡単なあいさつ程度ではあるが、会話できるユニークな製品である。両者ともに見かけ上ランダムな走行で経路が予測できない点が面白く、ネコや赤ちゃんも飽きずに興味をもって眺めている。ルンバは音声は使えないがパワーがある。しかし、重量が重く主婦には移動させにくい。一方ココロボは軽く小型で2階にも運べ、主婦に好まれるような楽しい会話が仕込まれており、しかも関西弁に切り替えることもできる。ココロボの掃除行動中に発する発話は面白い。テーブルの脚にあたって「イタッ、今日はよくぶつかるなあ」などと不平を言い、充電が足りなくなると「お腹すいた」、ゴミがいっぱいになると「お腹が痛い」、電源に戻れないときは「帰りたいのに帰れないいんだよう」などとしゃべりながら文句をいう。ユーモアあふれるお掃除ロボットである。機嫌が良いと嬉しい音を発し、いやいや掃除をはじめるときは「はい、はい」と、「返事は1回！」と叱ると「はい」と恐縮する。ユーモアロボットや笑いロボットが掃除を楽しくしてくれるのである。

さて、ヒトとSiriのようなエージェントとの間の対話では、対話の相手であるヒトがエージェントを擬人化して感じてくれることが重要であるし、実際Siriはヒト同士の対話に近い様式で情報を伝達するようにデザインされている。エージェントとしてのロボットのはたらきをヒトに近づけるにはコストがかかるが、たとえばスマートフォンをロボットのソケットに差し込めばＷｉＦｉとインターネットでつながって活動するドラゴンボットのようなロボットも考えられる。インターネットにつながるスマートフォンもセンサーをもち、ＡＩによる制御系をもち、バッテリーで駆動されるという３つの要素を備えている点では、すでに身近なミニロボットであるといえる。

さまざまな社会ロボットたち

１９７０年頃にはじまりＤＡＲＰＡ（米国防総省高等研究計画局）の後押しで世界に広がったイノベーションとしてインターネット革命がある。そして、およそ半世紀を経た今日、ＤＡＲＰＡは再びロボット革命の実現の一翼を担っている。両者ともにその背景には軍事目的があったのは事実であろうが、インターネットは一般市民に広がり、情報の共有による民主化の進展を促進し、今世紀のコミュニケーションの姿を変えつつあるのは皮肉な現象である。２足歩行型ロボットにも会話のできるデアゴスティーニ社のロビ、会話と顔の識別ができる富士ソフトのパルロがあり、後者は高齢者施設でサービスロボットとして利用されているという。ヴィストン社からも研究用のテーブルトップ・ロボットシンキーやコミューが、さらに大阪大学のロボティックス研究チームが作り、評判になったヒトそっくりのアンドロイド・ジェミノイド・ロボットなどがある。日本は世界一の産業用ロボット大国だが、ヒトを相手にするサービスロボットはまだまだといわれる。ホテルの受付けや従業員を代行するヒト型サービスロボット、2015年夏に出荷されたソフトバンク社の家族ロボットペッパーはフレキシブルな会話ができ、ロボットに触れると嬉しいとかくすぐったいなどの笑いロボットにも変身するという。ゲラゲラ、クスクス、ニコニコなどの笑いのクオリティーも表出できる成熟した感情ロボットができるだろう。辺縁系脳の情動処理と前頭葉の認知的処理の双方を融合的に2重処理する制御の司令塔としての実行系のはたらきをするAIが可能になれば、ヒトの心に近いものをもつロボットができるだろう。3人が同時に言葉で注文しても同時に識別できる、スーパーワーキングメモリロボットも登場しつつある。

米国のボストン・ダイナミックス社のYouTubeを見ると軍事用ロボットながら、走行中にけられても倒れない4足歩行ロボット、ギャロップで駆け回るワイルドキャット、2足歩行ロボットではジャンプするアトラス、兵站補給ロボットペットマン、4つ足で時速60キロで走るチーターロボットなどが見られる。リシンク社の作業を手動でなぞらせて教えるだけでかなりの数の単純作業をこなす2本の腕をもつ産業用ヒューマノイドロボット、バクスター。本邦でも川田テクノロジー社が製造している、ヒトの作業員と作業員のペースに合わせて協働して部品を組み立てる双腕ヒューマノイドロボット、ネクステージがある。このようなヒトと協働して働くヒューマノイドロボットは、コンパニオンロボットの機能の一部を担う社会性ロボットといってよいだろう。このようなタイプの産業用ロボット「社員」が増えると失業問題が生じてくるが、一方では少子高齢化が急速に進む日本の社会にとっては福音となるかもしれない。

サイエンスとテクノロジーの視点から社会ロボットを考える場合、サイエンスにもそれを支えるテクノロジーにも哲学、心理学、倫理学、経済学、法学、そして美学などの人文社会「科学」などの学問群が入れ子のように深くかかわっている。しかし、テクノロジーの方にバイアスがかかりすぎ、人文社会科学からの見方がやや欠けているというのが現状であろう。ヒトの知能と人工知能（ＡＩ）のインタラクション、ヒトと機械システムとの対話が今、再び「人間とは何か」という問いを投げかけており、人文社会科学とロボット工学および社会脳科学の共同作業が期待される。サイコロボティックス（神経社会ロボット学）は、人文社会科学、ロボットと脳のサイエンスが協調して歩まねばならない新学術領域であり、これから必要とされるのは融合的社会脳の研究の推進である。図には、この「社会脳シリーズ」全９巻で取り上げてきたテーマとこれから想定される検討テーマを示す融合的社会脳研究の展望を示す。

新曜社の塩浦暲氏には、本巻を含めて第１巻から９巻まで全巻を４年半にわたり編集上のアドバイスを頂いたことに心から感謝したい。京都大学の矢追健氏には本巻の図版の作成などでお世話になった。本シリーズは少々時代を先取りしすぎた感があるが、「他者思うゆえにわれあり」という視点から、まだ耳慣れない社会脳という新しいコンセプトに新たな光を投げかけられたと考えている。ご執筆いただいた著者は人文社会から医学、情報やロボット工学までのべ66名にわたり、シリーズの総ページ数も２５６８ページに上った。執筆者各位に、この社会脳シリーズの

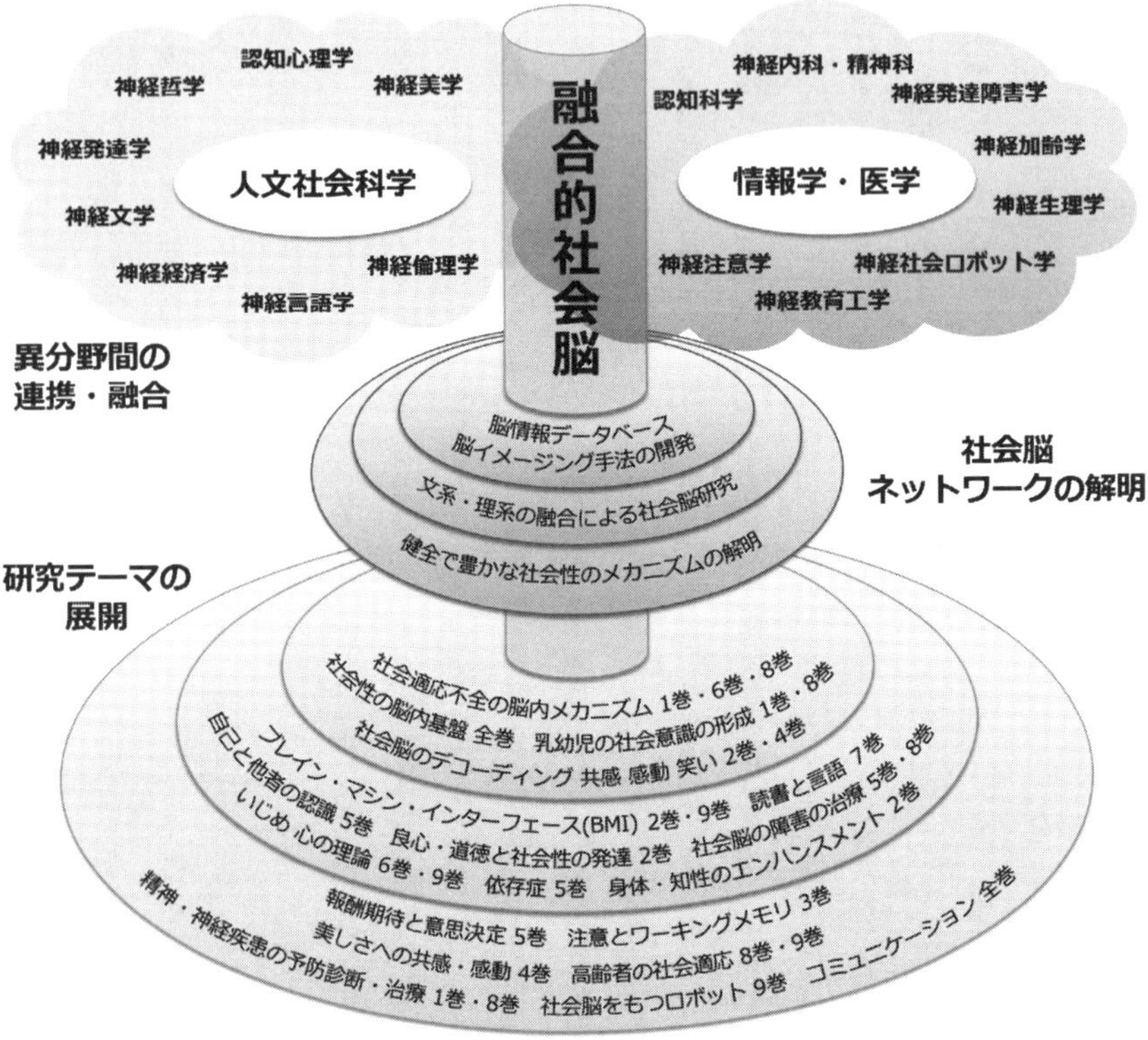

図　融合的社会脳研究の展望

企画にご協力いただき心より感謝申し上げたい。

なお、「刊行にあたって」でも触れたが、日本学術会議の第1部心理学・教育学委員会のもとに設置されている「脳と意識」分科会（委員長・苧阪直行）、第2部基礎医学・臨床医学委員会の「神経科学」及び「脳とこころ」分科会、第3部情報学委員会の「拡大情報学」分科会で2006年より社会脳関連の合同市民シンポジウムを毎年行ってきた（その研究や講演をもとに書き下ろしていただいた原稿も、本シリーズに含まれている）。また、日本学術振興会の科学研究費基盤研究（A）（2007-2009）「ワーキングメモリの実行系に及ぼす情動脳と社会脳の相互作用」、（S）（2010-2014）「社会脳を担う前頭葉ネットワークの解明」（http://www.social-brain.bun.kyoto-u.ac.jp/）、基盤研究（A）（2015-2019 予定）「社会脳を創発するソシアルインタラクション」などにおける社会脳の諸課題をめぐっても、多くの共同研究者・協力研究者のお世話になった。最後に、編者らは、本シリーズで取り上げた社会脳のさまざまなはたらきを、「理系のクワで人文社会科学の豊かな畑を耕す」というアプローチをも取り込んで、図に示す諸領域を融合させ、少子高齢化社会に生かす「融合的社会脳研究センター（連携機構）」（仮称）を提案し、日本学術会議でも採択されたが、まだその実現には至っていないことも付記したい。

2015年9月1日

苧阪直行

目次

「社会脳シリーズ」刊行にあたって　i
社会脳シリーズ9『ロボットと共生する社会脳――神経社会ロボット学』への序　ix

1　心の理論をもつ社会ロボット――ロボットの「他者性」をめぐって――苧阪直行　1

はじめに　1
ロボットの他者性　3
心に近づくＡＩ　7
心の志向性　8
心の理論　9
他者の心をリカーシブに見る　12
志向性のレベル　14
ロボットと心の理論　18
共同志向性　19

セラピーロボット 22
介護ロボット 24
ジャンケンロボット 25
IoT（モノのインターネット） 27
各章の概要 29
おわりに 42

2 ロボット演劇が魅せるもの――坊農真弓・石黒浩 43
「共生しつつある」というフレーズ 43
ロボット演劇の創りかた 49
フィールドワーク1――演出に隠された社会的ロボット像 52
フィールドワーク2――役者が創り出す社会的ロボット像 64
ロボット演劇が〈見せる＝魅せる〉もの 73

3 人工共感の発達に向けて――浅田 稔 79
はじめに 79
共感の進化と発達 81
人工共感に向けた二つの主要な発達 91

ADR／CDRによる人工共感への試み 97
討　論 108

4 ロボットに「人らしさ」を感じる人々 ―― 神田崇行 115
はじめに 115
社会的ロボット ―― 人ではないのに、人らしく振る舞うロボット 117
「人らしい」ロボットは何をもたらすか? 124
人々と「人らしい」ロボットとの関係 128
おわりに 138

5 遠隔操作アンドロイドを通じて感じる他者の存在 ―― 西尾修一 141
はじめに 141
遠隔操作ロボット・メディア「テレノイド」 143
テレノイドの受容性 145
認知症高齢者のコミュニケーション支援 150
抱擁の効果 165
おわりに ―― 遠隔操作アンドロイドを通じて感じる他者の存在 169

6 アンドロイドへの身体感覚転移とニューロフィードバック ―― 西尾修一 175
はじめに 175
遠隔操作型アンドロイドと身体感覚転移 181
対話による身体感覚転移 188
脳波による遠隔操作 ―― 固有感覚の影響の排除 196
操作者の脳活動への影響 201
おわりに 208

7 感覚・運動情報の予測学習に基づく社会的認知機能の発達 ―― 長井志江 211
はじめに 211
社会的認知発達の基盤としての感覚・運動情報の予測学習 214
自他認知の発達とそれを通したミラーニューロンの創発 219
物体操作能力の発達における目標指向性の発現 226
社会的信号の予測学習を通した共同注意の発達 232
予測誤差への特異な感度が引き起こす自閉スペクトラム症 238
おわりに 241

8　人間とロボットの間の注意と選好性 ―― 吉川雄一郎　243
はじめに　243
代理的な注意の提示　248
誘発された注意　263
観察された注意　272
まとめ　279

9　ブレイン・マシン・インタフェース ―― QOLの回復を目指して ―― 平田雅之　281
はじめに　281
BMIに用いられる脳信号　284
脳信号の解読　290
ロボットアームのリアルタイム制御　292
ワイヤレス埋込装置　295
BMIに関するアンケート調査　300
肉体的QOLと精神的QOLの解離　306
BMIで目指すところ　308
おわりに　309

装丁＝虎尾　隆

1　心の理論をもつ社会ロボット――ロボットの「他者性」をめぐって

苧阪直行

はじめに

最終巻のテーマはロボットである。ロボットといえば、鉄腕アトムなどヒト型の超人ロボットが思い浮かぶが、２０１５年の現在、見かけ上ヒトにそっくりなアンドロイド・ロボットから、ヒトの姿をしていないロボット、機器に組み込まれたインビジブルなロボットなど、さまざまな種類のロボットが生まれている。ロボット技術を広くＡＩ（人工知能）を用いた情報通信技術(information & communication technology：ＩＣＴ）の担い手であると考え、スマートフォンを含めた家電情報機器もこれに含めて考えると、現代の情報社会は、見える、見えないにかかわらず、ロボットであふれているといっていいだろう。これらのロボットの共通項はＡＩで制御駆動されているとことである。ひと昔前のＡＩは予測という点で、ヒトの知能にとても及ばなかったが、近年の人工知能は高い予測力をもち、豊かな対話的コミュニケーションの能力をもつ社会ロボットを生み出しつつある。このような進歩は認知ロボット工学、認知科学（認知心理学）や社会脳科学の研究が融合した結果可能となった。

この分野での最近の話題は、高い予測力をもつＡＩの出現とこれを脳に結びつける計算論的神経科学の進展であり、これは「神経社会ロボット学」のエンジン部分に対応する。たとえば、グーグルはウエッブ上の膨大な画像をビッグデータとして多層ネットワークをもつシステムに入力し、機械学習の技法の一つであるディープラーニング（ＤＬ：深層学習）によって、猫の顔らしい視覚的概念の抽出に成功し、ヒトの知能に近い予測力を実現したという。ＤＬはヒトの脳のニューロンやシナプスを工学的に多層に重ねた回路網をニューラルネット上に表現したシステムで実行する。各層で処理した情報を次の層に受け渡すことで共通した概念を探し出すというロジックで、これは事後確率を事前確率と探索結果の積で計算するベイズの確率推定をリカーシブ（再帰的）に反復することで行われる。本書の序で紹介したバーチャル秘書 siri も同様の技術を用いて、今度は音声データを用いて開発されたという。このようなＡＩと脳科学の新たな融合は、米国のコネクトームや欧州のヒューマン・ブレイン・プロジェクト、さらに本邦では革新的技術による脳機能ネットワークの全容解明プロジェクトの立ち上げにも窺うことができる。

では、ＡＩではなく、ヒトの流動的知能についてはどうであろうか？　ヒトのワーキングメモリの認知制御系（背外側前頭前野など）を司令塔とする実行系の機能、つまり情報のアップデート、抑制、注意の焦点化などの働きが注目を浴びつつあるが、DLのスパースコーディング学習が実行系とかかわりをもつ可能性もでてきた。ワーキングメモリにおける志向性（後述）は思考や新たな発想を生むのであるが、このプロセスも多層の中でリカーシブな処理がベイジアン的サイクルで作動していることに一部依存しているためである。計算によってn次の事後確率が得られたら、次のn＋1次ではそれを新たな事前確率としてリカーシブに続けてゆくのである。話は変わるが、DLのサポート・ベクターマシン（SVM）と呼ばれる技法では（本書9章も参照）、たとえば自己と他者の境界の謎を解いたり、ロボットの他者性を考える場合にも役立つかもしれない。ヒトの学習の場合は、スパースコーディングを用いてわずかなデータ観察から、予測誤差を最小にできるような仕組みが備わっているのであろう。乳幼児も成長に伴う前頭葉の成熟と共に、自己の発見という学習がこれによって可能になるのだと考えられる（本書7章参照）。ワーキングメモリにもSVMもどきのはたらきが含まれ、これが意識の働きとも関わる可能性がある。

ロボットの他者性

ロボットはヒトから見れば機械でありモノにすぎないが、モノとしてのロボットは近年その

「他者性」を豊かにしつつある。「他者性」が豊かになれば、ロボットのヒトらしさは増してくる。自己と他者について考えてみよう。哲学者の西田幾多郎は「他者来たって我を照らす」と述べて、自己と他者の分離には他者が必要であると述べた。自己と対峙する何者かが立ち現われない限り、自己もやはり姿を現さないということである。6世紀のインドの唯識思想家のディグナーガは、知識に固有の資質として再帰的な認識のはたらきをあげ、それは暗闇に点じた灯火が壁を照らし出すと同時に自らを照らし出すものであると素晴らしい比喩を述べている（苧阪 1996）。自他の分離にはまず、点灯という他者に気づく心のはたらきが求められるのである。

ロボットに話題を戻そう。はじめは機械でありよそよそしく思われたロボットが、対話を通したヒューマン・ロボット・インタラクション（human robot interaction: HRI）によって、次第に親しみを覚え、愛着さえ感じられるようになるが、これはヒトの側の認知が変わるためである。ロボットは人々の好奇心を引き、想像力をくすぐる対象である点でも「他者性」獲得に有利な条件を備えている。子どもにとってロボットは、ちょっと怖いがその反応を試してみたい、あるいは触ってみたいという誘惑にかられる対象である。好奇心が呼び覚まされ、興味をもつのは、ロボットが「他者性」をもつからにほかならない。ロボットはモノにすぎないのに、われわれがロボットとの接触や対話を通して愛着を感じるのは不思議なことである。

対話がしぐさや目の動きなどをともなうことで、ロボットに意図や感情があるように見えてくる上、共感さえ感じることがある。そしてロボットの応答が機械的ではなく、その相手、置かれた状況や背景によって柔軟に変わることで「他者性」はさらに豊かになる。ロボットの行動の社会規範をどのように自律学習型の人工知能（ＡＩ）に獲得させ、それをデフォールトとして織り込むことができるかが、近未来のロボットと人の共生社会にとって重要となろう。

世界に眼を転じると、米国のマサチューセッツ工科大学のメディアラボでは、先進的な社会ロボットへの取り組みを行っているし、また日本の新エネルギー・産業技術総合開発機構（ＮＥＤＯ）の「ロボット白書」には、ロボット技術には社会に生じるさまざまな問題を解決する力があり、その技術はＩＣＴ情報技術と結びつき、今後社会がますますロボット化してゆくと述べられている。そして、社会がロボットによって暮らしやすく変わってゆくと予測している。その応用分野として産業分野の他、医療・介護分野、生活支援分野、フィールド分野（災害支援）などがあげられ、ロボット技術と知の融合によって新たな産業が生まれると予測している。最近創刊された日経 Robotics 誌でも、ＨＲＩベースのサービスロボットの市場が拡大すると予測している。

一方、応用分野に眼を向けると、産業分野では、早くから車の製造や塗装を行う産業ロボットの他、最近では、車を自動運転するロボット、無人飛行機ドローンによる配達ロボットなどが、医療・介護分野では、ダヴィンチのような医療用手術ロボット、患者や障害者の意思の伝達を代行したり、歩行の補助をする介護ロボット、そして認知症や高齢者向けの生活支援ロボットなどロボット革命が進行中である。さらに生活支援分野でも掃除ロボット、乳幼児のための学習支援教育ロボットやペットロボットなどが家庭内にも入り込んでいる。フィールドの分野でも災害支援ロボットや救助ロボットが研究開発中である。福島の原子力発電所の事故に見られるような、津波などによる災害の復旧には災害支援ロボットの開発が期待されている。ＤＡＲＰＡ（米国防総省高等研究計画局）が災害用ロボティックスの機能に必要な6要件として、がれき上を歩ける、障害物の除去、壁を壊す、ハシゴを使える、バルブを回せるなどの作業をあげているが、いずれの作業も大きなパワーと問題解決能力が不可欠であり、開発が待たれる。さらに、軍事用ロボットの開発も、米国では大幅に進展しているようである。ここではヒトとふれあうサービスロボットに絞って考えてみたい。このタイプのロボットは当然ながら、ヒトとの対話やコミュニケーションを通して、ヒトを助け、ポジティブな情動を引き出し、信頼を生み出し、さらに愛着を感じさせるロボットでなければならない。そして、ヒトとロボットのより深い共生を通して創造的な社会構築に向かえるロボットであることが期待される。

一方、ロボットとの共生で産業、経済や雇用の姿も大きく変わると思われる。すでに産業分野は大きく変わりつつあり、ＨＲＩとかかわる経済や雇用分野も徐々に変わりつつあるといえる。

本シリーズ第6巻『自己を知る脳・他者を理解する脳』では自他の境界について、その脳内パズルを解く試みを行った。続いて第8巻『成長し衰退する脳』では、乳児が生誕後のごく早期に他者を通して自己を発見することを、一方認知症の高齢者では自他の境界が徐々に薄れてゆくことを見た。本巻『ロボットと共生する社会脳』では、第6巻や第8巻で考えた自己と他者の問題を、ロボットを通して再考してみたい。ロボットを通して社会脳を知り、ロボットを通して「人間とは何か？」を考えてみたい。ロボットは実にユニークなヒトの心を映す鏡ともなるのである（喜多村 2000; 中村 2003; 信原 2004; 武野 2011）。

すでに述べたように、社会脳科学の最近の著しい進展は、自己と他者の新たな関係を照らし出しつつある。この巻では、社会的存在としての脳を、ロボットの他者性を通して照らし出す冒険を試みる。モノにすぎないロボットにわれわれが可愛らしさや親しみを覚えたり、ときには不気味さを感じるのは、まさにロボットがこの他者性をもつからである。ヒトらしいロボットの研究領域は神経社会ロボット学あるいはサイコロボティックス（psychorobotics：心理ロボット学）と呼べるかもしれない。というのも、実験心理学では主観的感覚を物理的尺度でとらえる学問をサイコフィジックス（psychophysics：心理物理学）と呼んでいるので、ヒトらしい意識をもつロボットを創る学問としてサイコロボティックスを考えることができるからである。

ＩＣＴ社会の中で、ロボットが永遠の機械的仕組みにすぎないのか、あるいは他者性を獲得して、ヒトと共生することができる社会を生み出すことができるのかを、本書では探ってゆきたい。

心に近づくＡＩ

すでに前世紀の終わりにはＩＢＭのスーパーコンピュータ、ディープブルーがチェス名人を破り、ＡＩがヒトの知能に匹敵することを示しているし、将棋の世界でも同様のことが起こっている。大学受験にパスできるロボットも登場しているようだ。ロボットがヒトの視線方向に眼を向けたり（共同的注意）、注意を介して他者と結びついたり、協働作業したりするシステムの開発もできるようになった。ＡＩの進化で、ジョークを飛ばし、ユーモアを連発してわれわれの心をほぐしてくれる落語ロボット、笑いロボット、状況を理解して臨機応変に仕事を手伝ってくれるワーキングメモリロボットを仲間にすることも可能となるかもしれない。わが国はすでに世界一の産業用ロボット大国だが、人を相手にするサービスロボットについては安全性の問題がネックとなり、開発が遅れている。１９９９年頃に出荷されたサービスロボットのはしりであるソニーの自律型ペット・ロボット、アイボは、人とのコミュニケーションによって個性をもちながら成長するように作られ、その動作の可愛さが人を愉しませたが、その後十分に発展しなかった。サービスロボットはヒトに対して奉仕的行動が要請されるが、そのためには可愛らしさ以上に、ある程度の他者性を獲得し、ヒトと協働し、志向性を分かち合うことができねばならないだろう。

心の志向性

心の特徴は志向性にある。ドイツの哲学者フッサールは、時間が未来に向けて流れるとき、内在的な志向性を生み出すと考えたが、ヒトの心にもいつも現在から近未来に向けて、何かを予測し期待する志向性が意識の流れに顔を出す。志向性は目標志向性をもつ心の状態であり、外部からは見えないが、それは他者とかかわり、分かち合うことで共同志向性を生み出す。米国の認知哲学者デネットは、自己にも他者にも独自の心があり、違った志向性をもつことをヒトはどのように気づくのかについて考え、後述する誤信念のアイデアを思いついた。一方、哲学的な行動主義者は、たとえば志向性や信念と名づけている心の状態は、行動という文脈でも表現できると考え、このような心の状態は行動の「資質（disposition）」に等しいと考えた（Rose 2006）。あるモノには特定の文脈で特定の仕方でふるまう資質がある。たとえば、砂糖は水に溶けるという資質があるので、水溶性は砂糖の資質の一つである。この考えに従えば、脳にも特定の文脈で特定の仕方でふるまう資質として志向性があるといえよう。ロボットの行動に志向性を感じさせることが他者性を生むのである。

心の理論

志向性は他者の心や気分を推定する心の理論にもかかわる。心の理論（theory of mind: ToM）は「チンパンジーは心の理論をもつか？」という論文からその研究がはじまった（Premack &

Woodruff 1978）。チンパンジーが仲間の心の状態を推測できるかどうかを心の理論をもつか？と表現しているのである。これをヒトに当てはめると、他者の心の状態、意図、目的や信念を推定する心のはたらきはどのような仕組みをもつのか？という話になる。

心の理論は発達科学における作業仮説であり、他者の心を読むマインドリーディングという心的機能をさす。4歳までの幼児は、他者の心を読む成熟した社会脳をもつことは難しいが（本シリーズ第8巻『成長し衰退する脳』）、個人差はあるものの、健常児ではおよそ4～5歳を過ぎると徐々に他者の心が読めるようになってくるという（子安 2000）。自己の他者化やその逆の他者の自己化という心の視点変換がシミュレートできるようになるのである。これは、前頭前野背外側領域（DLPFC）、内側領域（DMPFC）、上側頭溝や眼窩前頭葉などの社会脳領域の成熟とかかわると推定されている。フリスとフリスは、心の理論形成の脳内基盤の準備は、すでに生後18ヵ月頃からはじまっているという（Frith & Frith 2003（第8巻1章参照））。心の理論はマインドリーディング、あるいはメンタライジング（第5巻1章参照）と呼ばれることもある。

ロボットが拓く技術の可能性は大きいが、一方ロボットが心の理論をもてる可能性は低いというのが一般的な見方であるが、そうであろうか？　この場合、心の理論とは、後述するようにロボットが2次の志向性レベルで他者の心を推論するはたらきをもつと考えてみる。神経社会ロボット学が解明する心の理論と等価な社会脳の研究成果を応用して、ＡＩが他者の心の志向的状態を推定し、他者の心を読む基盤となる。

このような他者の心が想像できる心の理論は、自他の心の分離のはたらきとかかわることが、最新の乳幼児期の社会認知発達の研究で明らかになったことは本シリーズ第8巻でも詳しく見た通りである。また、第5巻の1章や5章で詳しく見たように、自閉症スペクトラム（ASD）の人々は、視線方向や協同的注意を通して他者の心を読むことが苦手だということがわかっており、マインド・ブラインドネスという表現も使われ、その社会脳モデルも提案されている（Baron-Cohen 1997）。これらの人々の心の理論の脆弱性は、他者の心を読む社会脳のチューニングの不調がかかわることもわかってきた（Baron-Cohen 1997; 中村 2003）。

心の理論については、理論説（theory theory）とシミュレーション説（simulation theory）と呼ばれる2つの立場がある（Davies & Stone 1995）。前者では、他者理解は、ヒトがもともともっている他者についての理論や知識によっており、自己を知ることと他者を理解することは別の認知システムだと想定されている。一方、後者では、自己を他者の立場に置き換えてシミュレート（模倣）することで他者を理解するとされ、ミラーニューロン（ミラーシステム）で説明しやすい認知システムだと考えられている（子安・大平 2011）。心の理論は集団生活を行うヒトに固有の予測するという心のはたらきである。チンパンジーは厳密には心の理論はもたないとされているが、ロボットはどうであろうか？　AIが理論説とシミュレーション説の双方からのトップダウンとボトムアップのインタラクティブなアプローチで創られる可能性が十分にあると編者は予測している。心の理論をもつロボットを創ることで、逆に心の理論の仕組みが明らかになるのである。このようなアプローチは、本書の3章や7章でも紹介される認知発達ロボティクスにおける構成論的アプローチや、能動的でリカーシブな機能を担う記憶システムであるワーキングメモリ研究へのアプローチとも共通している（苧阪 1996）。

他者の心をリカーシブに見る

乳幼児期の心の理論が自他分離になぜ重要なのかを、2つの行動から見てみたい。一つは生後2ヵ月の新生児が自分の手を眼前で動かして見る行動で、ハンドリガードといわれる。これは、自身の身体保持感と運動主体感を手と目で確認することを学ぶと共に、自己と外界、そして他者を分離する社会認知の準備をしているのである（身体保持感と運動主体感については本シリーズ第5巻を参照）。さらに、2歳頃までに自分の鏡像を観察して、自己認知ができるようになるといわれる。2つ目は、自己と他者のあいまいな境界にさまよっていた幼児が、明確な自他の心の違いに気づきはじめる、3～5歳にかけての時期の行動である。つまり、他者の心を想像することができる心のはたらきを獲得できるようになる（本シリーズ第8巻4章を参照）。

さて、ロボットはハンドリガードを介した身体保持感と運動主体感を持ち得るであろうか？あるいは自己の鏡像を正しく検出できるであろうか？　手足がある初期のロボットは自身の手や腕が偶然に視野に入ると、障害物と間違えて動作がストップすることがあったらしいが、今日の先進的AI技術では考えられない。この2歳までのハンドリガードと鏡像認知がヒトの初期の自己意識の芽生えであるとして、仮にロボットもその2つの検査にパスしたとしよう。さて、ロボットは、次のステップである心の理論をAIに実装することができるであろうか?

心の理論をテストする方法としては、ヒトの場合は、デネットのアイデアからはじまった誤信念課題（false belief task: FBT）が用いられることが多い（Perner & Wimmer 1985）。マンガによるサリーとアンの課題（第5巻1章の図1-1に示す）やスマーティー課題なども、検査課題としてよく用いられる（幼児については第8巻4章と9章、サルについては第1巻7章に詳しい）。誤信念は、他者が自分とは異なる考えをもつことを知る手がかりとして重要である。幼児向けの簡単な誤信念課題では、子どもAが緑の棚にチョコレートを入れたが、Aのいない間に母がそれを青の棚に移動させてしまう。さて、戻ってきたAはチョコがどこにあると思っているか? と問うと、4歳までの幼児は間違って青と答えるが、これ以上の年齢だと、緑だという正しい答えがかえってくる。Aは、母がいたずらをして青の棚にチョコを移してしまったのを知らないはずなので、A自身が入れた緑の棚にあると思っている。この場合、Aがチョコの場所を実際に置かれている青の棚とは違う緑の棚にあると思い込んでいる、つまり勘違いしていることを誤信念という。誤信念の認識には階層性があって、他者の心の状態を推定する水準として、たとえば「Xは…である」（0次の志向性）という事実の認知からはじまり、「Xは…と思う」（1次の志向性）という単純なものから、「Xは、Yが…と考えていると思う」（2次の志向性）という入れ子構造をもつややや複雑なもの、さらに入れ子が増えてn次の志向性をもち、複雑なリカーシブ（再帰的）な処理を要するものがある。

このような、高次なリカーシブな処理の仕組みは高度の思考を担うために必須であるが、ヒトの場合、この認知的な制御を行うワーキングメモリには厳しい容量制約があるので、可能な制御の再帰レベルの次数はせいぜい4次程度ではないかと推定される。一方、サルやチンパンジーでは1次からせいぜい1・5次程度と考えられている。リカーシブな機能は上にあげたような、心の状態を帰属させる埋め込みの次数であり、マトリョーシカのようなロシアの入れ子人形の仕組みをもつとされる。さて、このようなリカーシブな仕組みをロボットはもてるであろうか？というのがポイントである。乳幼児でもロボットを他者とみなした場合、ロボットにその行動の意図を帰属させることもできるというから（中尾 2013）、リカーシブな機能の起源はごく初期にあると推定される。

志向性のレベル

ここで2次の誤信念課題（FBT）として、健常成人に実施したfMRIの実験を見てみよう。

脳のどの領域がFBTとかかわるかを見るための実験である。被験者への教示は次のようである。

「この課題では、画面に呈示される4つの文と絵からなる話を読んで、その後表示される質問に答えていただきます。文章中には2人または3人の人物が登場し、また、質問には以下の3種があります。」

1 『「人物Aがどう思っているか」を人物Bがどう考えているか』(人物Bの視点)(2次の志向性)

2 「人物Aがどう思っているか」(人物Aの視点)(1次の志向性)

3 客観的な事実を問うもの(あなたの視点)(0次の志向性)

教示後、被験者がfMRIのスキャナーに横たわると、スクリーンに次のようなマンガと文が6秒ずつ(4コマ)提示される(図1-1)。

1 カオリとケンタが公園で遊んでいると、そこにアイスクリーム屋が来ました。

2 ケンタはアイスクリームを買いたかったのですが、お金を持ってきていなかったため、お金を取りに家へ戻りました。

3 ケンタが帰った後、カオリはアイスクリーム屋がこれから駅前に行くことを教えてもらいました。

図1－1　誤信念課題（FBT）例

4　ケンタはお金を持って戻ってくる途中、偶然アイスクリーム屋さんが駅前にいるのを見かけたので、そこへ向かいました。

この後、スクリーンにたとえば2次のFBTであれば「カオリは、ケンタがアイスクリーム屋がどこにいると思っていると考えているでしょうか」などの質問が6秒間提示され、被験者は公園であれば右の、駅であれば左のボタンを3秒以内に押すよう求められる。この場合、うまく答えることができれば2次のFBTはパスしたことになる。一方、もし質問が「アイスクリーム屋はどこか」（事実を問う）を被験者の立場から答えるなら、駅（ゼロ次のFBT）となり、ケンタの立場から答えるならやはり駅（1次のFBT）となる。

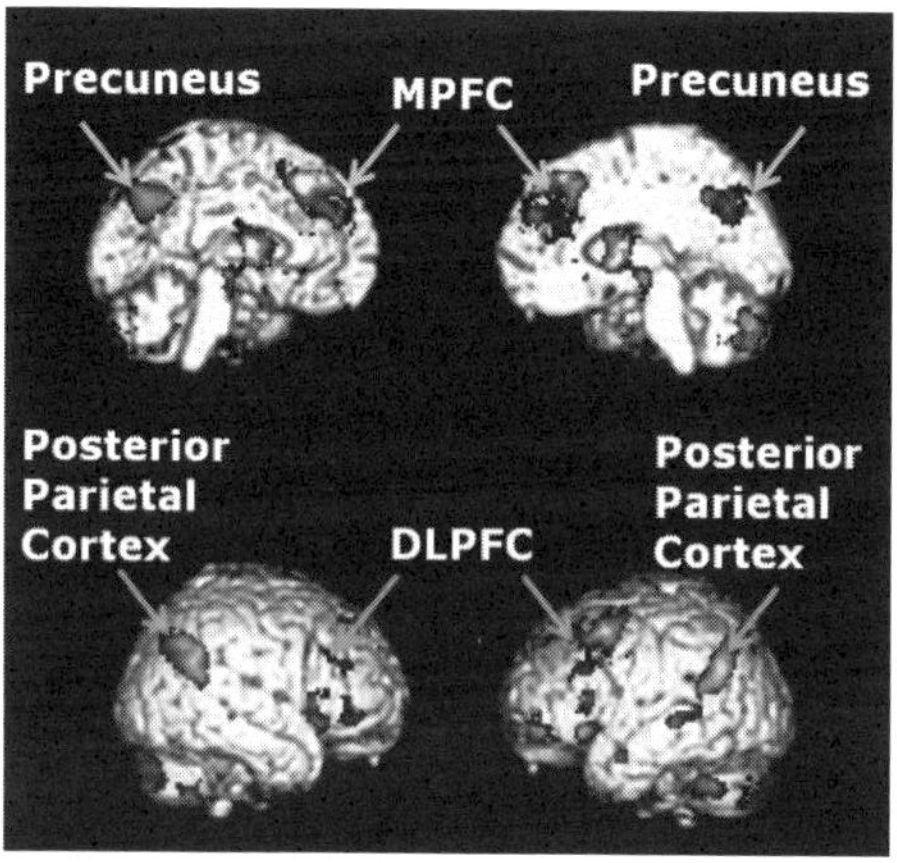

図1－2　２次ＦＢＴでの賦活脳領域（Osaka et al. 2012 より）（カラー口絵参照）

21名のデータを見ると、図１－２のように、２次のＦＢＴ条件（２次と０次のＦＢＴの差分）では、内側前頭前野（ＭＰＦＣ）、楔前部（precuneus）、後部頭頂皮質（posterior parietal cortex）や背外側前頭前野（dorsolateral prefrontal cortex: ＤＬＰＦＣ）などの賦活が観察された。１次ＦＢＴでも見られるＭＰＦＣ以外に２次ＦＢＴでは、リカーシブな認知的制御が必要とされるため、ワーキングメモリの実行系機能を担うとされるＤＬＰＦＣに活性化が認められることがわかる（Osaka et al. 2012）。この課題は成人にはやさしいように思われるが、実験後のアンケート調査では０次、１次、２次の順で難しさの評定値は上がり、それほどやさしくもないことがわかった。なお、用いたマンガと文は全部で18セットで（３種の各次数で６セットを割りつけ）、すべて異なる内容であった。本試行に先立って練習試行を行っている。

ロボットと心の理論

本章のテーマは、ロボットは心の理論をもつことができるかを考えることであり、具体的には2次レベルの志向性を社会ロボットのAIシステムとして実現可能かどうかを検討することにある。ヒトが他者と相互作用する中で、他者の行動を予測して行動を決定していることは、スクランブル交差点の人ごみで他者を避けながら自己の行動を制御するような無意識な適応行動を見ても明らかであり、ここでは0〜1次の志向性がはたらいている。自他の位置を予測し、同時に自分の移動を調整し実行するのである。心の理論はいわばこのような無意識な適応行動を、意識的な心的状態に入れ子構造に組み込んで、シミュレートすることで他者の意識を推定していると考えられるのである。この問題は、2次FBTに見られるようなヒトの認知的制御を担う前頭葉や頭頂葉後部（角回近傍の側頭溝）を軸としたワーキングメモリ・ネットワークによる制御と等しいはたらきを、どのようにロボットにAIとして実装できるかという問題に帰する。現在の社会ロボットが平均で再帰レベルがゼロ次もしくは1次であると仮定した場合、再帰的アルゴリズムをもつ、2次再帰性ロボットを創ることは社会ロボットの「他者化」を高める手立てともなる。そして、2次の志向性をもつ「他者化」されたロボットを創ることは可能であろう。ヒトでいえば5歳児レベルの心の理論をもつ社会ロボットの誕生はそう遠くはないはずである。ロボットにとって心の理論を学習することは困難であるが、同じことはヒトについてもいえる。社会ロボットの場合、ビッグデータからＤＬで自律的にスパースコーディング学習することで、志向性の予測ができるようになる可能性がある。5歳までの幼児は心の理論の学習は（おそらくは前頭前野の未熟によって）困難であるが、5歳をこえるとＦＢＴができるようになるが、一方では自閉症スペクトラム障害をもつ子どもでは難しい。5歳前後に自他分離という社会認知のコペルニクス的転回がなぜ生じるのかを社会脳研究が解明し、その結果をロボティックスの世界に取り入れる必要がある。

共同志向性

本巻2章ではロボット演劇における他者性が論じられ、チェーホフの演劇『三人姉妹』が紹介されている。この劇の稽古場面を通して、俳優とロボット（三女）のそれぞれの身体の立ち位置・座り位置や視線の織りなす演劇空間が、セリフの発話の間《ま》とともにロボットの「他者性」を創り出すことが示されるが、これは長女、二女を演じる俳優と三女を演じる社会ロボットの間に聴衆が2次の志向性を感じたことにほかならない。

話は変わるが、オックスフォード大学の人類学者ダンバーは、前頭葉のサイズが志向性の次数とかかわると述べ（Dunbar 2010）、同時にそのサイズは集団の構成員の数とも比例すると考えている。ある集団で信頼をもって安定した関係を維持できる平均個体数をダンバー数と呼び、ヒトの場合は１５０人程度といわれる。霊長類の中では、ヒトの前頭葉のサイズが最も大きく最大の平均値を示唆しているのである。ちなみに、推定で1次程度の志向性しかもたないサルのダンバー数は互いに毛づくろいできる程度の数にすぎない。ロボットの集団で、相互に自他の識別でき、相手の性格も織り込みながら形成できるダンバー数はどのくらいになるであろうか？　想像するだけで楽しくなる。複数の社会ロボットを放任して自由に会話させ行動させることで、あるいはビッグデータから的確な情報を引き出すことで、なかば自動的に3次程度の志向性をもつロボットが生まれることになるかもしれない。人工生命は生物的な現象をコンピュータ上に再現する試みであるが、ロボットに高次の志向性を埋め込むこと、つまり心の理論を形成することも、その作業と似ている（ただし、ワーキングメモリ同様に、ダンバー数や志向性レベルにヒト並みの制約をかけておくことが必要かもしれない）。さらに、他者の心を読むロボットがヒトと共生するには、両者が共に共同志向性を分かちもつ存在でなければならない。むろんロボットはヒトではないので、ロボットを認知的に制御するＡＩが、ロボットが共同志向性をもつかのようなふるまいやコミュニケーションを生み出す必要がある。ロボットの行動に共同志向性が感じられるようになれば、ヒトは自身の構想力でロボットの志向性を予測し、ロボットを他者化してゆくことができるだろう。共同志向性は共に協力してあることを達成するプロセスを導く内的機能であり、それを動かすのは共感や利他性と似た心の状態だといえよう。

ヒトとヒトの共同志向性には共通の目標があるという（Tomasello 2008）。たとえば、乳児の自発的な指さし行動や、一人が注意を向けた方向に他者がやはり注意を向ける共同的注意（joint attention）も、協調や協力行動に根差しているといわれる。つまり、状況やコンテキストという横糸は、この共同志向性という縦糸の裏づけをもつことではじめて「他者性」を織り出すのである。たとえば、ロボットチームがサッカーをしている場合を考えてみよう。両チームはそれぞれチームの内外で相手の行動を予測せねばならない。これは、ちょうどヒトがスクランブル交差点で、行き交う相手にぶつからずに歩いている状況に似ている。いわば2次志向性の計算を対戦相手のチームの複数のロボットについて行うことになる。ヒトの前頭前野のＤＬＰＦＣがプランと予測を行うシミュレータであると想定すれば、これによってゴールという目標に向かって共同の志向性を分かち合うのであるが、ロボットチームでもこのような相互協力が必要である。視覚・聴覚的なマルチモーダルセンサーを介して、ＡＩにこのような状況依存的で階層的な社会的認知を実現する、リカーシブな機能を与えることは可能であろう。

セラピーロボット

認知症や高齢者介護にも使われる、産業技術総合研究所開発のロボット、パロを見てみよう。パロはアザラシ型のセラピーロボットで、デンマークやオランダなどで医療や福祉の現場で導入されている。話しかけたり、なでたりすると反応し、音のする方向に向いたりして、認知症の人々のストレスを低減し、徘徊や興奮を減らすといわれる。似たようなロボットは、社会的適応障害（自閉症スペクトラム児童）の治療用として米国のエール大学などでセラピーロボット（治療ロボット）としても用いられはじめている。今までは、リハビリなどの援助に使われていたロボットがセラピーにも利用されはじめているのである。

エール大学の子育てセンターでは、社会ロボットは子どもと相互に交流し、現実の世界の問題をどう扱うかを学ぶ。子どもがロボットに近づいて顔を見つめるとロボットは声を発しながら笑い顔で反応するので、ドラゴンボット（Dragonbots）などと呼ばれている（図1－3）。ドラゴンボットの顔の部分に横向きにスマートフォンを差し込むだけで、他の多くの子どもやドラゴンボットとつながることができる。ドラゴンボットはマサチューセッツ工科大学（ＭＩＴ）のメディアラボのパーソナルロボットグループが作ったクラウドベースの低価格社会ロボットで、組

図1－3　スマートフォンが入った子ども用ドラゴンボット
(Weir 2015)（カラー口絵参照）

み込んだアンドロイド・スマートフォンの画面に眼と鼻が表示されさまざまな表情が表示できる。カメラとマイクはスマートフォンのものを、スピーカーやモーターはロボット内蔵のものを使う。スマートフォンのフルコントロールのもとでの集団学習でＨＲＩを通して、子どもの言葉の学習や社会的スキルを高める。年齢や能力が似た子どもの遊び仲間となり、社会適応を促進する効果があると考えられている（Weir 2015)。また、ドラゴンボットは子どもを活気づける作用があり、この作用が自閉症の世界に入り込んで社会的スキルを促進するのだという。

ＭＩＴのメディアラボのパーソナルロボットグループでは、ＨＲＩを通して生活の質、健康や創造性を高め子どもの教育にも資する社会性インテリジェントロボットを試作している。そのホームページでは、世界中の最新の社会ロボットの現状をYouTubeで見て楽しめる（http://robotic.media.mit.edu/project-portfolio/)。小型犬のようなレオナルド、サッカーするアシモ、テーブルトップ型生活ロボットのロビが掃除ロボット、ココロボと対話する場面、留守を守り、家電の管理を行い、高齢者を見守り、子どもとも遊ぶ家族ロボットバディなどを見ると、家族が一人増えて生活が楽しくなるような気がしてくる。本書でも第2、第5、第6および第8章で登場する、ヒトそっくりの女性アンドロイドロボットも登場する。

介護ロボット

このようなセラピーロボットは自閉症に限らず、孤立しがちな高齢者にも役立つ（Shibata & Wada 2011）。さらに、ロボット・パワースーツは、看護師を含む介護者が患者や高齢者をベッドから移動させる場合に利用することで、腰痛を防ぐことでも役立っている。

広く社会適応を助ける他者性をもつロボットは認知症のみならず、うつや、統合失調症にも当面対症療法的であっても生かせる可能性をもっている（Rabbitt et al. 2014; Scassellati et al. 2012）。さらに、難病患者（ALS等）を助けるBMI（ブレイン・マシン・インターフェース）ロボットなどに大きな期待が集まっている（本書第9章参照）。しかし、それらは対象となる症状に対してマッチし、個人差や症状の違いも配慮したテーラーメイドロボットのようなロボットであることが望ましい。またQOL（クオリティーオブライフ）を高め、安全で信頼のおける介護ロボットの役割を兼ねることで、4人に1人が65歳以上になった本邦のような、少子高齢化社会で役立つことが期待できる。

しかし、他者化の進んだ介護ロボットの場合、落とし穴もある。たとえば、ワーキングメモリ得点の低い認知症に近い高齢者の場合、介護ロボットとの対話は、それがたわいのないあいさつレベルのものであっても、孤独を慰め、生きる意思を強化する意味で有効な存在であるが、一方では、このような状況の高齢者がロボット依存症になる可能性がある。

ジャンケンロボット

ロボットが面白く親しみを感じるのはどのような場面なのかを、社会ロボットの具体例を見ながら観察してみよう。HRIでロボットが実際にヒトの笑いを誘うケースを、ジャンケンロボットに見てみよう。ロボット（シンキーS）と高齢者Eが、実際にジャンケンする様子である。

S「今日は身体を使ったジャンケンをやります」

E「はい」

S「（グーチョキパーを両手を使ってどう示すかを説明してから）やり方はいつもと違いますが、

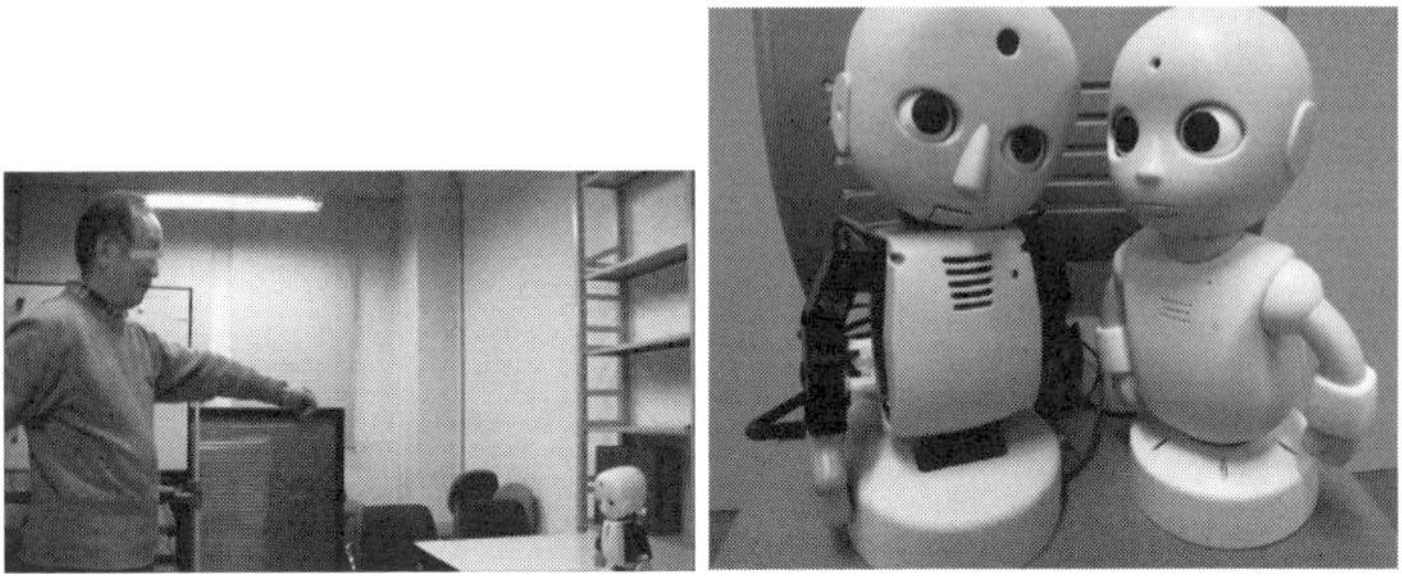

図1－4　ロボット（シンキー）とのジャンケンで負けて笑う高齢者
（カラー口絵参照）

高齢者（左図）と、Vstone社の研究用小型ロボット、シンキー（右図の左）とコミュー（右図の右）

これでお願いします」
E「はい、わかりました」
S「ジャンケン、ホイ」
S「負けちゃった」
S「ジャンケン、ホイ」
S「僕の勝ち」
S「ジャンケン、ホイ」
S「負けちゃった、強いね」
E（笑い）

これは高齢者のワーキングメモリや認知機能を高める調査の一環として、大阪大学の苧阪研究室で吉川雄一郎氏（8章の著者）が指導実施した実験である。本巻8章（図8－2）でも頷きロボットとして登場する卓上型小型ロボットのSynchy（シンキー）が登場する（右図の左の小型ロボット）。シンキーは複数のロボットとヒトの間で言語的あるいは動作的コミュニケーションを行うための研究用プラットフォームロボットである。Siri ほどではないが、感情を込めた音声が出せる上、首を傾けたり、目を動かしたり腕や手を動かすことができる。身長30センチ、２・３キロで17軸のサーボモーター、感情表出のためのＬＥＤがあり、嬉しいときの顔面紅潮もできる。頭部にＵＳＢカメラとマイクを内蔵。一方、コミュー（ComU）は対話型小型ロボットで、コミュー同士が対話しながら、ヒトの質問などに対して応じたりする。Ｗｉ-Ｆｉで利用でき、表情の自由度も高い。身長はシンキーと同様で９２８グラムの軽さながら、胴、腕、首、まぶた、口などが動かせる（http://www.vstone.co.jp/products/sota/gallery.html）。図１‐４のようにシンキーもコミューも目が大きく、親しみやすい顔をしている。シンキーは、JST ERATO 浅田共創知能システムプロジェクト（の石黒グループ）が、コミューは、JST ERATO 石黒共生ヒューマンロボットインタラクションプロジェクトでそれぞれ開発され、Vstone 社が販売している。

ＩｏＴ（モノのインターネット）

ここで、再びロボットとつながるＩＴＣ社会を広く眺めてみたい。最近、モノのインターネット（internet of things：ＩｏＴ）の世界が拡大しつつある。家電がＡＩによって相互にインターネットでつながり、モノ同士がコミュニケーションのネットワークを形成するようになるという。

スマートフォンもそのネットワークの中核的存在となる。ロボットを広く、センサー系、AIによる制御系と駆動系の3要素をもつ機械的システムだと想定するなら、家電を含む多くのシステムがIoTの中でAI的要素をもつ、かくれロボット化して相互に作用し合うことになる。ロボットにも相互作用の影響が及ぶことで、われわれの意識しない、また見えないところで、モノとヒトの心の世界の融合が生まれる可能性もあろう。ここでもやはり、ロボットやモノの他者性はその境界が変化してゆくと考えられる。とはいっても、この現象はヒトがロボット化するのではなく、ロボットがヒト化するのでもなく、両者の境界が一定の幅の時空間的な揺らぎ（2章のロボット演劇時のセリフの間《ま》のような）の中に置かれることを意味する。このような仮想社会でヒトとロボットが共生するには、ヒトのもつ想像力や構想力が重要になってくる。個々にふれあうヒトとロボットの間に、それぞれのヒトの異なる個性にマッチしたロボット、つまりテーラーメイド方式で育成されたロボットが、それぞれの見かけ上の〝性格〟を分有することで、ロボット側が高度で個性的な「他者」化を達成するのである。

来るべきITC社会におけるロボットのネガティブな側面については、すでに本シリーズ第2巻『道徳の神経哲学』で神経倫理あるいは生命倫理から見た社会意識の形成の中で検討した。さらに、ICT社会では、ロボットへの過大な期待が集まるが、これがロボット神話につながらないように慎重に対処することも重要に思える。というのも、脳がわかればすべてがわかるといったいわゆる「脳神話」が、世の中に思いのほか拡散してしまったことがあげられる。脳ほど市民に過信され、その科学的データの受け入れに無批判である対象はないだろう。脳のちょっとした科学的エビデンスは過大な期待を導きがちであり、その弊害も認められるようになってきた。一例をあげると、米国での裁判で一時期に見られた脳イメージング画像の証拠能力への過信が陪審員の判断に及ぼした認知的バイアスの影響（Satel & Lilienfeld 2013）や、ニューロマーケティングの購買動機にかかわる脳イメージング評価に見られる同様の影響などである。ロボット神話を生み出さないような配慮、とくに倫理面での慎重さが重要と思われる。

以下に、ロボットが他者性をもてるか？　という視点から、各章へのコメントも含めた概要を紹介してゆきたい。

各章の概要

すでに、1章では、ロボットの「他者性」を心の理論の視点から考え、来るべきヒトとロボットが共生する社会の未来像についてみた。

2章では、演劇を通してロボットの他者性を考える。ロボットがヒトと共生できるか？　という問題を、他者性の視点からロボット演劇を通してみる（石黒 2009）。芸術を通して考えるといってもいいだろう。2章の著者らはロボット技術の進展は著しいが、ロボットを「他者」として受け入れることについてはまだ距離があるという。この章では、苧阪の企画メモで示された他者性を獲得することがどういうことなのか、志向性をもつ存在とはどういうものなのか、さらには「共生しつつある」から「共生している」にパラダイムシフトするために何が必要なのかについて述べている。著者たちは、ロボットの他者性を受け入れることが難しいのは、ヒトが本能的に他者性を拒絶する部分があるからだという。しかし、ここで言われる他者性は、かなり強い意味合いの他者性であるように思われる。

さて、ロボット演劇とは劇作家の平田オリザ氏とロボット学の石黒浩教授がその仲間と共同で作った、ヒトとロボット俳優が共に登場する演劇で、生来演じる存在としてのヒトと、それが苦手であるロボットを俳優として起用し、舞台上でロボット俳優が「他者性」をいかに獲得するかについて見ている。聴衆が一瞬でもロボットに人間らしさを感じたなら、演劇は「他者性」がどこから来るかを知る手がかりとなる。そして、この手がかりは立ち位置や視線が作る志向的な操作空間の形成と、セリフとセリフのあいだに適切な間《ま》を入れるという技術にあることが示される。数秒の間《ま》という空白時間が、聴衆の心にロボットへの感情表現を準備させるのだという。行動と間《ま》のあるタイミングが豊かな感情表現を導くことは、ハイダーとジンメルの複数の幾何学パターンの〝演劇的〟実験（シリーズ第6巻7章参照）などでもすでに認められている。

ロボット演劇では、ヒトと似たロボットであるアンドロイドが使われ（石黒 2011）、ロボットにヒトらしさや他者らしさが芽生えるプロセスを検討している。ロボットが「他者性」を獲得するとはどういうことなのか、志向性をもつ存在とはどういうものかを検討している。チェーホフ作の演劇『三人姉妹』の稽古場面を通して、俳優とロボット（三女）のそれぞれの身体の位置や視線の動く空間が、セリフを発する間《ま》と並んでロボットの「他者性」とかかわることが示される。アンドロイド・ロボットが「魅せる」ことができたときが、つまり、アンドロイドに魅せられたときが、「他者性」を獲得した瞬間だということであろう。この『三人姉妹』の例で言えば、姉妹がサバを焼く場面で、三女が「いい匂いね」というセリフ（ロボットなので匂いは感じない〝はず〟）を発することが、三人姉妹の人らしさを社会的な絆を通して実感する場にあたる。「いい匂いね」というセリフがもつコミュニケーションにはインプリシットなヒトとヒトとの共同志向性が暗示されており、ここでロボットは「他者性」を獲得しているのである。

アンドロイド・ロボットが「他者性」を獲得するには、ヒトと同様に、コミュニケーションの動機が共同志向性や共通目標にあるかのように聴衆の心に想像させることが必要なのであろう。ヒトの俳優が、そしてロボットの俳優が共生し、創造的な芸術を生み出すには、ロボットの「他者化」が必要なのであるが、それは意外と身近にあることを教えてくれる。共生にはヒトとロボットが共同志向性を分かち合い、相互が協力し合う関係が必要なようである。ヒトがロボットに興味をもつのは協調的な仲間としてであり、コミュニケーション能力の同一性をもつことは必ずしも前提としなくてもよいように思われるのである。ヒトの意識が他者とのかかわりで生まれるのと同様に、他者としてのロボットの意識は実はリカーシブなヒトの想像力や記憶の中でアクティブに再構成されるからである。

2章では演劇を通して他者性を考えたのに対して、3章では子どもの情動発達からロボットの他者性を考える。ロボットを創ることで発達を知る、子どもを知るというわば普通とは逆の認知ロボティックスへの一つのアプローチである（浅田 2010）。なぜ情動かというと、情動発達は他者への共感に根差していると著者は考えるからである。著者らのグループは研究拠点形成事業「認知脳理解に基づく未来工学創成」のプロジェクトで認知発達ロボティクス（CDR）を提唱し、CDRの中核として情動発達ロボティクス（ADR）を構想し、ロボットを子どもの情動発達の理解につなげようとしている（Asada 2015）。自己が他者からどのように分離され、一方他者が自己からどのように生まれるのかを、子どもの共感の発達を通して検討するのである。

生態学的な自己の芽生えは、その後、自他の認知に発達し、さらに自他の分離が生じて社会的自己が生まれるという考えに立っている。その発達の背景には、自己と異なる他者との同調や予測があると見ている。共感についても、ナイサーに従い、物まねから始まり、情動伝染、情動的共感（EE）、認知的共感（CE）が続き、同情や妬みといった自他差異化の共感に至ると考える。情動感染など初期の共感は無意識であるが、後続する共感は自他分離が進むほど意識的になると想定されている。

この発達ステージでは、同調という一種の引き込み機構が自他の認知や分離に一定の役割を果たすという。引き込みが自己や他者とかかわる複雑系ネットワークの間で生じる相互作用によると考えると、大変興味深い。ここで、自己が他者に気づくとき、つまり意識化されるようになる転換期に現れる羞恥心や恥じらい（他者の目に映る自己自身）などの自己意識情動（第5巻5章「自己を意識する脳」参照）を、EEとCEの移行期に考えることはできないであろうか？ 自己を恥じらうことは自己を知ること（自己意識）の第一歩であり、他者を自己と分離した存在として理解しはじめる第一歩でもあるように思われるのである。

社会脳で言えば、前部島皮質、前部帯状回や下前頭回がこれとかかわると言われているが、本章で紹介された関連実験でも、これらの領域の賦活が認められている。5種のエージェントの印象をPCA解析し、マインドホルダー軸とマインドリーダー軸にわけ、ヒトやアンドロイドが両軸で正の相関をもち、一方、Keeponやコンピュータでは負の相関をもつこと、さらにこれらが2つの脳内ネットワークとかかわることを示しており面白い。内発的動機づけはヒトの子どもの場合は好奇心とか競争や報酬がその源にあると考えられるが、共感や協力、さらには利他的行動も動機づけの駆動力ともなることが社会脳研究（第2巻、第5巻）で明らかにされており、ロボットにそのような心をもたせることができるかは将来の課題である。ヒトの前頭前野や帯状回皮質のネットワークと働きの上で、相同のAIが開発された暁にはロボットもワーキングメモリに基づく実行機能を実装することが可能になる。最後に触れられているハイパースキャニングは第5巻9章でも紹介したが、ロボットの他者化を検討する方法として、これからの発展が期待される革新的技術である。

4章ではロボットの他者化を、社会ロボットのヒトらしさという視点から検討し、ロボットが心の理論をもつかのようなふるまいを見せる状況をフィールドからスケッチしている。ロボットとヒトが共存する場面で、身振りや手ぶり、視線を合わせるなどのロボットの行動がどのような印象を与えるかを観察している。そして、ロボットがヒトと障害物を避けながら歩くという目標志向行動や協調的行動ができることを巧みに示している。

この章では、ロボットと共生する高齢者の姿も愉快に描かれている。たとえばロボットをスーパーに置き、高齢者に実際に買い物にきてもらうというフィールド実験では、高齢者に付き添って買い物するごとにロボットが「おいしそうだね」などと言うと、高齢者は誰かと一緒に買い物している感じがすると感想を述べているということから、ヒトらしさを感じていると思われる。誰とどのような会話をしたかがわかる、タグをつけたロボットだと顔の識別もでき顔見知りになれ、個別の会話が可能となり親和性が増すという。一方、5歳の女児は何日かにわたったた6回の接触後にロボットと別れる際に泣いたというから面白い。また、平均83歳の高齢者のいるデイケアセンターで、遠隔操作ロボットを導入した例では、ロボットに励まされたり、友達化して個人的なグチなどをこぼしたりするようになり、ロボットがそこにいるだけで嬉しくなると感想を述べたという。孤独感やストレスを和らげポジティブで前向きの姿勢が促されるのであろう。ロボットが子どもや高齢者の心をくすぐり、反応を試したいと思う存在になることが重要であることがわかる。別の小学生のフィールド実験では、ロボットが秘密を教えたり、子どもの名を呼んだりすると面白がられ、さらにロボットが歌うと一緒に歌う同期行動が見られたという（神田 2013）。

5章では、4章の後半で出てきた遠隔操作ロボットが登場する。登場するのは、柔らかいビニールでできたヒトに似たテレノイド・ロボット（高さ80㎝、重さ3㎏）であり、抱きかかえて対話ができる形状となっており、遠隔地にいる操作者によって操作される。身体動作として頷き、首ふり、口の開閉や肌触りが良いのでハグ（抱擁）ができる。さて、こちらもショッピングモールというフィールドに出て、ヒトと対話させると、かかわった人々はすぐに順応し、その外観にもかかわらず、好感をいだくようになったという。当初は嫌がった子どももすぐ順応しもっと話したいというようになったという。

認知症の高齢者（平均86歳：長谷川式簡易知能評価スケール（HDSR）の得点範囲は主に軽度）を用いた例では、その多くが積極的にテレノイドに話しかけたという。一方、低得点者では反応が鈍かったということから、HDSRと合わせて使えば、認知症の情動面での症状がより詳細に評価できるだろう。いずれにしても、孤立傾向の改善や対話へのモティベーションも促す効果が認められたという。さらに2ヵ月にわたって高齢者施設に導入した例では、テレノイドの有効性が確認され、これはすでに、デンマークでの同様の導入例とほとんど変わらないという。

抱きかかえて対話するという独自のアタッチメントのスタンスが親密性を増すことを利用して、デンマークや米国などでは精神的不適応者の施設でも利用されはじめているという。テレノイドやハグビー（携帯電話を内蔵できる遠隔対話ロボット）は能動的なハグ（抱擁）ができる点で、身体的な操作感がヒト型ロボットと異なるのかもしれない。あえて、再現性を低く抑えてヒトの側の想像力を高めることができると考える点が面白い。能動的共感を増強するという著者の仮説も興味深い。

6章では、5章で用いた遠隔操作をさらにアンドロイド・ロボットに適用し、身体感覚転移（BOT：身体保持感の転移）を論じている。ゴムで作られた模型の手が自身の手であるように錯覚してしまうラバーハンド錯覚については第5巻の2~3章でも触れたが、これはヒトの身体の自己帰属の感覚が意外にフレキシブルであることを示唆している。ここでは、ロボットを遠隔操作しているうちに操作者自身がロボット自身を自分の身体の延長のように感じるというBOTについて論じている。このいわば身体の自己化とも見られる経験は、遠隔操作というアクティブな操作感を通してアンドロイドを自身の身体の一部と感じるようになる経験である。

面白いことに、アンドロイドを操作することで操作者自身も変わるという意味での他者化が、ここでは生じている。この実験ではジェミノイドと呼ばれるアンドロイド・ロボットが使われた。ジェミノイドは形状記憶フォームが用いられ、外見がヒトそっくりにリアルに作られており（図6-2参照）、ちょっと見ただけでは区別がつかない。その上、遠隔操作で対話する場合、操作者の動きは事実上遅延なしでロボットに伝わるので、ロボットの操作は実時間で操作者にフィードバックされるという。操作者は操作画面を見ながら相手と対話したり、自身がロボットと対話するのであるが、不思議なことにロボットを操作するヒトにも影響を与えるのである。著者はアンドロイド・ロボットとの一体感は社会的インタラクションがもたらす一種のトップダウン方向の刺激特性が身体所有感を生むと考え、われわれが何かを自身の一部と感じる仕組みは、従来推定されていたよりシンプルではないかと考えている。

7章では、3章でも論じられた認知発達ロボティックスの視点から、乳幼児の社会的認知機能の基礎に感覚・運動情報の予測学習があることを主張している。ここではまず、計算論的なモデルを構築し、それをロボットに実装し、その行動変化を観察しながら発達原理を解明する、という「創ることでその仕組みを理解する」という構成論的アプローチがとられている。著者は感覚・運動情報の予測学習から発達原理を見極めようとしているが、これは脳は本来、現在の空間位置から、近未来の空間位置を推定するという、予測学習のはたらきをもつということを想定している。乳児はその発達初期には身体的バブリング行動などの探索行動を通して身体内外からの感覚信号を得て、その信号やそれを生んだ運動との対応関係を学ぶことで自分の予測を変えてゆき、このプロセスが自他認知の能力とかかわると考えている。

一例として、乳幼児がもつ利他的な行動があげられている。たとえば、乳幼児は他者が動作目的を達成できない様子を観察すると、自分から他者の行動を代行しようとするという。これは、他者を観察することで、その結果生じることを常に自己の予測器で予測している、つまり予測誤差を計算しているということである。このような利他行動は見かけのもので、乳幼児にはまだ他者を助けようという意図は芽生えていないが、予測誤差を常に最小化する傾向性をもっているということが述べられる。

著者の仮説によれば、この予測誤差の最小化を契機に生まれた行動が、その後の自他の分離や社会的な認知機能へと発展してゆくという面白い見方が可能という。冒頭でも述べたように、哲学者西田幾多郎は「他者来たって我を照らす」と述べ、自己と他者の分離には他者（あるいはモノや環境など他者に代わるもの）が必要であると述べたが、乳児でさえ、他者の行為の動的予測を通して自己を知り、そして他者理解の準備をしているのであろうか？　自他が未分化な乳児が身体的バブリングといった揺らぎが介入した運動の予測学習により次第に自他を予測誤差の大きさに基づいて区別するようになり、それが自己と他者の距離を生む手がかりとなるのであろうか？

著者は先行研究に言及しながら、ミラーシステムがこの種の学習にかかわる可能性についても言及し、この予測学習モデルをリカレントニューラルネットワークを用いて検証し、その妥当性を論じている。最後に、他者の視線についての予測学習が共同的注意の発達を惹起するという仮説についてもその実験的検証を行い、同時に自閉症スペクトラム患者についても、健常者と患者の間で予測学習のズレが生じることがコミュニケーションの障害を生むのではないかという仮説を提案しており興味深い。

8章では、注意行動の視点から社会性ロボットがヒトから好まれる条件について話し手S、聞き手L、および陪席ロボットBの3者の関係を、頷き（同意）信号を送る相手とのかかわりでバランス理論から考える。ロボットがヒトに注意を向けているように感じさせることは、ロボットとの対話の中で視線を向けたり、頷いたりすることでヒトとの結びつきを暗示することになり、ロボットへの選好性を増す認知的バイアスになる。分析の視点は選好性が代理的（第三者からの間接的指示）な注意による場合、そして誘発された注意や観察された注意による場合である。まず「代理的注意」については、S、LとBの3者が均衡関係にあるとき、LがSの話について頷きをしていない場合を見せる。そして、Lと近しいBが頷けばLも同調したと錯覚し、SがLと良好な関係にあるとみなす認知バイアスがかかることを見出し、これを頷き混同と呼んでいる。この混同があれば、Sの話に対して頷くBを単に陪席させるだけで、SによるLの評価をバイアスできると考える。

まず、最初の実験では、ヒトが前に置いた2体のロボット（M3-Synchy：目と頭が動く）に話しかけ、1体（対象ロボットT）が頷き、もう1体（陪席ロボットB）が頷かない場合に、頷かないロボットにも頷き混同が見られるかどうかを検討し、やはり頷き混同が起こることが確認された（対話はあらかじめ教えたカレーライスの作り方についてである）。次に、ヒト同士が対話する場面にBを入れて頷きのありなしの条件で検討すると、頷き混同の現象は、ロボットからロボットに対してだけでなく、ロボットからヒトに対しても生じることがわかった。頷き混同が一般的現象ならば、2章のロボット演劇でも、頷き混同を利用するとこの暗黙の認知バイアスのおかげで面白い内容が展開できそうである。講演を聴いている場合、前列の1人が頷くか頭を横に振るかで頷き混同もしくはその逆の混同が生じがちであるであることからも、他者性理解の手がかりとなる面白い実験である。

次に、やはりヒト型ロボット（Robovie-R2）を用いた、ロボットへの応答が自発的な注意でない「誘発された注意」の実験でも、ロボットに親近感を感じさせられること、さらにヒトそっくりな女性アンドロイドロボット（Repliee Q2）と2人のヒト（被験者と実験協力者）を交えた就職面接場面を想定した「観察された注意」の実験でも、実験協力者とアンドロイドのアイコンタクトを観察することが、被験者のアンドロイドに対する印象をポジティブにすることが確かめられた。ヒト型ロボットとヒトの相互作用を直接的あるいは間接的に、頷きや視線といったシンプルな行動による印象評定でとりだせることを示唆した興味ある報告であり、ヒトの構想力が心の理論を創発している様子がわかる。

9章では、ロボットと先端的コンピュータ技術（BMI：ブレイン・マシン・インターフェース）が結ばれて、ヒトが共生する近未来社会の姿が示されている。手術ロボット・ダヴィンチは治療可能な疾病が対象であるが、ALS（筋萎縮性側索硬化症）などの神経難病は、現状では治療は困難である。ここでは、患者のQOLに配慮しながらALSを克服できる可能性が述べられている。BMIは脳と機械の間で直接信号をやりとりして神経機能を補完する技術であり、脳の信号としては社会脳研究でよく用いられる非侵襲的な脳波、fMRI、fNIRSやMEGの他に、侵襲的な刺入針電極、皮質脳波がある。

ＢＭＩはやりとりされる信号の向きで出力型と入力型に分けられるという。前者はたとえば意思とかかわる脳信号を解読して、外部の機器の補助によって失われた神経機能を代行し、後者はセンサーなどで得た外部情報を信号に変えて脳を刺激することで感覚情報を得る方法として用いられる。とくに運動ニューロンが働かなくなり全身の運動麻痺が進んでゆくＡＬＳの病態改善には、出力型ＢＭＩが有効であるという。

著者らはＢＭＩをサポート・ベクターマシンと呼ばれる機械学習の手法を用いて、手で物を握ったり肘を曲げたりする運動が脳の中心溝前壁から得た皮質脳波の帯域活動とかかわることを見出した。これをロボットの義手のリアルタイム制御に適用して、有効であることがわかったので、ＡＬＳ患者に応用する技術に発展させている。さらに、電極を脳内に長期にわたって留置するために小型ワイヤレス化して脳に埋め込む、埋め込み型ＢＭＩを開発している。脳表面の形状を３ＤのＣＡＤで抽出し、電極シートを成形し、脳溝挿入用の３次元高密度電極を３Ｄプリンタで製造するなど、ヒトとロボットが脳内埋め込み装置内で共生するという画期的な試みを報告している。ＢＭＩを用いた意思の疎通は、閉じ込め症候群に悩む多くの重症ＡＬＳ患者に期待されているが、同時に患者と介護者の期待に応えることのできる精神と肉体の両面にわたるＱＯＬの改善を目指したＢＭＩのこれからの研究が期待される。

おわりに

以上9章にわたり、ヒトと共生するロボットの現状とICT社会の近未来について最新の現状を見てきた。編者はロボットは現時点で不完全ながらもすでに他者化を遂げつつあり、ヒトらしいロボットとわれわれは共生しつつあると信じている。ヒトのもつリカーシブ（再帰的）な想像力が、かえってロボットのヒトらしさを創造してゆく原動力となっているのである。共感に導かれた、ヒトとロボットが共に健全な社会性を分かち合う未来社会が見えてくるようである。

一つの心配は、すでに言及したように、過度なロボットへの依存は、ロボットとの共生社会で「ロボット依存症」という新たな疾病を生み出す可能性があることである。ロボットに他者性を求める一方で、ロボットと一定の距離を置くことも必要かもしれない。ロボットが社会脳が生み出す適応行動と等価な適応行動を生み出すには、人の社会脳ネットワークの作動原理を理解した上で、共同的志向性を分かちながら作動するワーキングメモリロボットを創る必要がある。ワーキングメモリは目標志向的なn次の志向性を生み出し、実行するシステムである。しかし、ロボットに実装されるのはＡＩのソフトと疑似的な身体であり、実際の社会脳の仕組みをそのまま実装するものではないことに注意する必要がある。

2　ロボット演劇が魅せるもの

坊農真弓・石黒浩

「共生しつつある」というフレーズ

本シリーズの編者である苧阪氏から2014年6月にいただいた企画メモには、「人間との相互インタラクションにおいて、社会的ロボットは十分に他者性を獲得し、志向性を持つ存在として社会的に認知され、我々と共生しつつある」とある。この「ロボットは我々と共生しつつある」という状況は、ここ最近言われ始めたことではなく、ロボット研究が始まったころからの定番的なフレーズのように感じる。とりわけ日本では、ロボット研究に対する社会的期待は高く、ロボット研究者は日頃このフレーズに代表されるような高まる期待に応えるべく、またこのフレーズの呪縛から解かれるために様々なアプローチを重ねている。つまり、この「共生しつつある」という状況の打開こそが、ロボット研究の直近の課題であろう。ロボットはどんどん技術が向上しているが、人間と共生していると言えるほど、いまだ人間に受け入れられていない。すなわち、ロボットを他者として受け入れることについて、人間が本能的に拒絶する部分を拭い去ることが最も難しいのである（本シリーズ第6巻参照）。

本章では、上述した企画メモに挙げられていた他者性を獲得するということはどういうことか、志向性を持つ存在とはどういうものか、「共生しつつある」から「共生している」にパラダイムシフトするには何が必要かについて、ロボット演劇のアプローチを紹介しながら議論したい。

ロボット演劇——新たな科学的問いを提示する

ロボット演劇とは、役者と演出家とエンジニアが共犯し、ロボットがあたかも相互行為に巻き込まれているように感じさせる活動である（坊農 2015a）。別の言い方をするならば、登場人物がロボットに心があることを信じて疑わず、円滑にコミュニケーションする様子を舞台の上で描き、それを観客に魅せる試みである。

２００８年、「人間と共生するロボット」研究に演劇を活用することを目的に、青年団＋大阪大学ロボット・アンドロイド演劇プロジェクトが始まった（大阪大学他 2010）。本プロジェクトによる舞台作品は、平田オリザ主宰青年団を中心とした国籍を問わない様々なアーティストにより多数上演され、その都度メディアに取り上げられている。初期の作品を含めるとロボット・アンドロイド演劇プロジェクトに関わる舞台作品は、現在『働く私』（２００８年初演）、『森の奥』（２０１０年初演）、『さようなら』（２０１０年初演、のちに加筆され『さようなら ver.2』２０１２年初演）、『三人姉妹』（２０１２年初演）、『銀河鉄道の夜』（２０１３年初演）、『変身』（２０１４年初演）の６つとなっている。

社会学者のルーマンは、彼の理論「社会システム」において、相互行為、組織、社会という3つの類型を区別し、社会システムの前提は「同じ場所に居合わせること」であると指摘する（ルーマン 1993; 北村 2015）。同じ場所に居合わせたロボットを自分と相互行為可能な他者として認識するには、相手が自分と同等の言語能力を持ち、そこにある規則や秩序を共有している存在であると感じる必要がある。残念なことに今現在世の中に存在するロボットに対し、他者としての感覚を持って接するのは難しい。おそらくそこには、ロボットを人間に近づける技術的な難しさとロボットを人間に近づければ近づけるほど受け入れ難くなる人間の本能という、二つの相反する理由があるのだろう。筆者らは、ロボット演劇はこれらの問題を超えて、新たな科学的問いを我々に提示する活動であると考えている。

現代口語演劇理論 ―― あたかもできるようにみせる

執筆者の一人である石黒は「人間とは何か」を知る目的で、社会的ロボットや人間酷似型アンドロイドを作ってきた（Ishiguro 2005; 石黒 2009, 2011, 2012）。この研究姿勢はロボット・アンドロイド演劇プロジェクトを始めるずっと以前から、石黒の中で首尾一貫している。これらのロボットやアンドロイドに目をつけたのが青年団主宰の平田オリザである。平田は大阪大学に赴任することが決まった際、大阪大学を調べ上げ、「自分が大阪大学に行くのなら、是非ともロボットを自らの演劇に取り入れたい」と着想し、石黒とタッグを組むことによりそれを実現させた。平田は次のロボット演劇を始めることになった経緯を語るエッセイの中で興味深いことを述べている。以下に一部引用する。

最初に私は、以下のことを伺った。

「私がプロジェクトに入ると、ロボットが、いま持っている技術以上のものを、あたかもそれを持っているかのように見せることができますが、それをやってもいいですか？」

これは、通常の学術の世界では禁じ手であろう。学会発表でそのようなことをしたら、ねつ造のそしりさえ免れない。しかし浅田先生は、開口一番、「望むところだ」と仰った。そして、浅田先

生のお墨付きを得て、私と石黒先生のプロジェクトが始まった。(平田 2013)

現代演劇にロボットを俳優として起用することも奇抜だが、ロボットに演劇をさせるという発想は、ロボット研究においても世界的に例を見ないものである。

平田は1990年代半ばに現代口語演劇理論を提唱し、それに基づいた演劇創作を進めている(平田 1995)。本理論において平田は、近代演劇は西洋演劇を輸入し、それらの日本語への翻訳に腐心した結果、日本語を離れた無理のある文体、口調と論理構成によって行われ、リアリティを失っていると主張する。また同時に、「近代演劇でもっとも重視されてきたのは「心理」や「感情」といった精神的な概念だった」(p.35)と述べる。近代演劇の流れに対し、平田の取った策は、「精神的な概念を捨てて、言葉やものといったできるだけ具体的な事物に寄り添って演劇を作る」(p.36)ということであった。また平田は「演劇は可能か」と題された章の中で、演劇が可能である唯一の方向として、「演劇で主義主張をするのはやめましょう。ただ人間や世界のあるがままの姿を、できるだけ分析的に写し出しましょう」(p.36)という考えに基づく現代口語演劇理論を提案している。平田によるこれらの考え方から、現代口語演劇理論が体現しようとしているリアリティの度合いを読み取ることができる。将来的に写実主義的立場を取るこの演劇手法は、現代日本語と現代の日本社会を作品として事物化および保存し、次の時代に伝えていくための媒介手法としての価値を持っている。

平田の現代口語演劇理論は石黒とタッグを組むことにより、ロボット演劇は「ロボットの人間らしさ」や「人間が他者に求める人間としての要素」などを議論する場としての価値を見出しつつある。

ロボット演劇フィールドワーク —— 平田の頭の中を知る

平田はロボット演劇をどのように創っているのであろうか。本章の執筆者の一人である坊農は、2012年に初演された『三人姉妹』から、ロボット演劇創作場面をフィールドワークしている。2011年の暮れ、JSTさきがけの領域会議で石黒は、ビデオエスノグラフィの手法を用い人間同士の微細な相互行為を研究していた坊農に対し、「平田オリザの頭の中を知る研究をすればいいのではないか」と提案した。ロボット演劇フィールドワークはこの一言から始まった。ここで言うフィールドワークとは、人類学的な手法の意味で、研究者がフィールドの住人をフィールドノートとビデオカメラを持ってじっくり追いかけるものである。ロボット演劇作品のうち、2012年3月に再演された『森の奥』を皮切りに、『三人姉妹』(2012年初演)、『銀河鉄道の夜』(2013年初演)、『変身』(2014年初演)の稽古場面や役者と演出家のやりとりなどを映像撮影している。

ロボット演劇の創りかた

時間にセンシティブな演出

平田は非常に正確な演出を出す。例えば「0・5秒間をあけて」といった指示を出し、「小返し」（細馬他 2014）と呼ばれるやり方で繰り返し稽古する。そのあまりの正確さに平田は「俳優を道具のように扱う」「俳優の替えがきくと思っている」などと評され、自身もそのことについて著書で言及するなどしている（平田 1998, 2004）。その現場を目の当たりにした石黒は、これほどまでに正確な指示を出す演出家であればロボットを俳優として持ち込んだとしてもプログラミングできると考えた。平田のこの正確な演出の裏には、実は平田の心の中にある「会話における適切性を実現させる」という明確な意思がある。小返しを連鎖させていく中で、俳優は指示通り該当箇所で0・5秒あけることによって、俳優がそのセリフをどのような感情でいうべきなのか、といった平田の演出指針が見えてくる。ここで重要なのは、平田は登場人物の心理状態を直接言及しないことである。平田はおそらく、その箇所で登場人物の声色や表情を変えさせて感情を示すより、セリフとセリフに間を持たせることによって生じる感情があることを知っている。いま、世の中で開発されている社会的ロボットの多くは、表情や声による感情表現の十分な機能を持っていない。これは研究されていないというわけではなく、感情を伴う表現は文脈や環境から切り離すことが困難であり、実装が難しいという理由がある。こういった側面からも、平田による時間にセンシティブな演出から観客に登場人物の感情を読み取らせる手法は、ロボットに実装できる機能の制限から解放するものであった。

音声と動きのプログラミング

次に、ロボット演劇の技術的な作り方について説明する。『銀河鉄道の夜』（２０１３年初演）から、演出家とエンジニアが共同で音声発話と身体動作をプログラミングしている。それ以前の作品は演出家が指示を出し、エンジニアがプログラムするという分業制を取っていた。具体的手法として、ロボットの音声発話は、AI Talk[1]という市販のソフトウェアを用い、タイミングとイントネーションを決めている。またロボットの身体動作は、大阪大学石黒研究室の研究員（以下、エンジニア）が作成したオリジナルのソフトウェアを用い、そのタイミングと動き方（部位、動作域等）を決めている。図２－１は、演出家の実際の演出の様子を背面から撮影したものである。演出家の手元には3台のノートパソコンが置かれ、左から順に、ロボットの音声指示、シナリオ編集、ロボットのモーション指示のために用いられる。演出家のタイミング調整があらかた

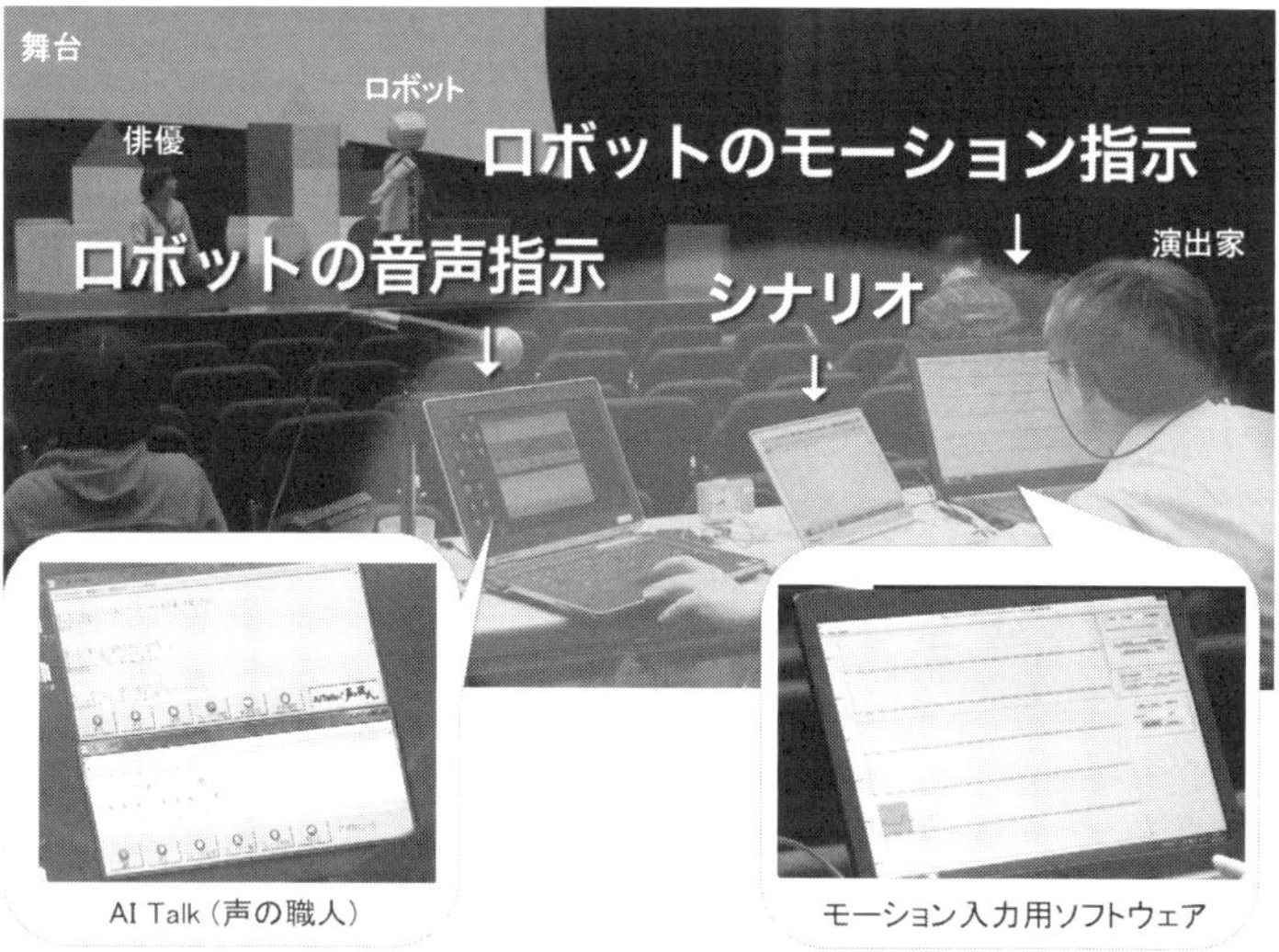

図2－1　音声と動きのプログラミング（『銀河鉄道の夜』の例）

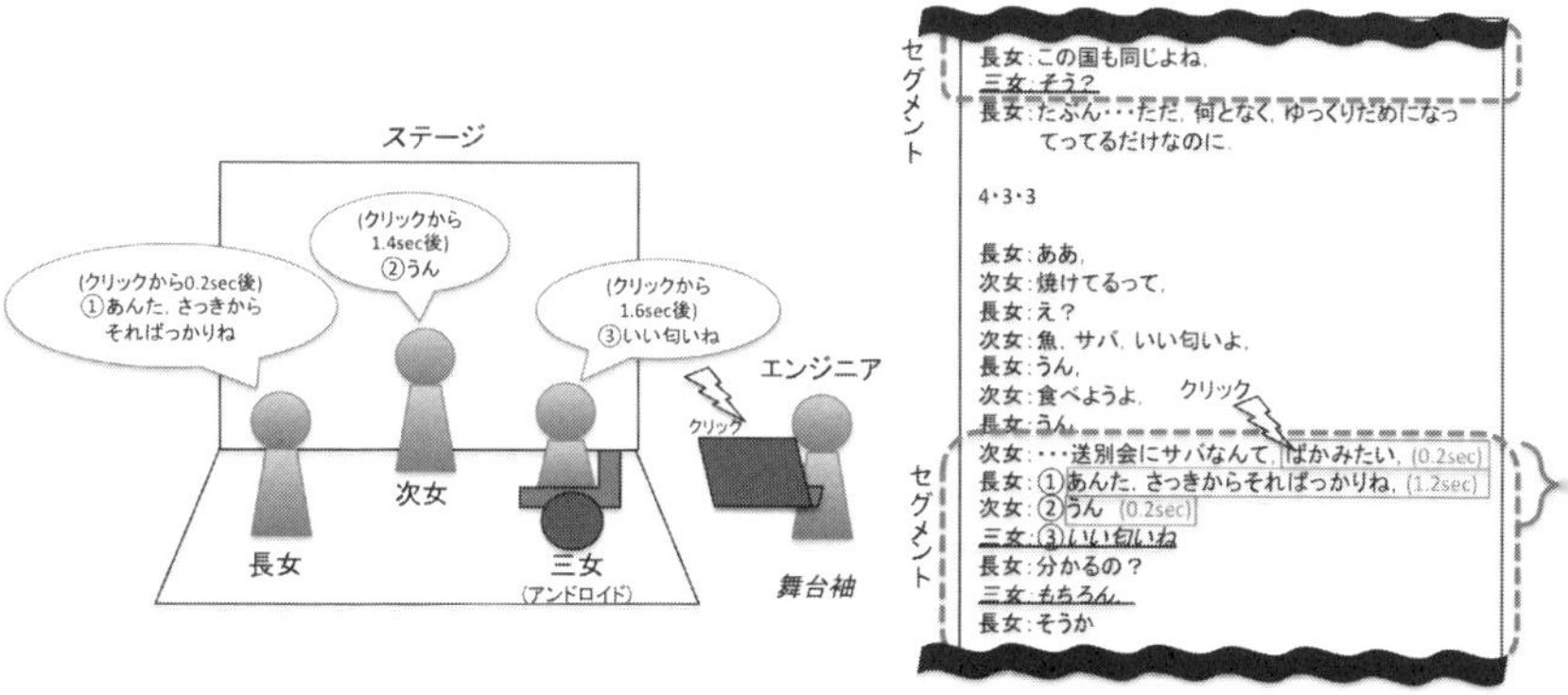

図2－2　舞台袖でのセグメントの再生（『三人姉妹』4.3.3 場の例）

終わったら、上述したエンジニアが音声発話タイミングと身体動作タイミングを記録した合成ファイルを作成する。そしてその後、このエンジニアは全稽古に付き添い、本番直前までタイミングの微調整を行う。また、このエンジニアは本番中も舞台裏でロボットに信号を送っている（上述した合成ファイルを適したタイミングで再生させている）（図2－2）。

ロボットが登場する部分はあらかじめセグメントに分割されている。セグメントとは、ロボットの発話と無音区間から構成される単位である。無音区間にはロボットと会話する人間の俳優のセリフが舞台上で挿入される。例えば、上演時間1時間45分の作品（例：『三人姉妹』）は、20個程度（長いもので10分、短いもので5秒）のセグメントが準備される。すなわち、ロボット上では、10分間の合成ファイルが再生され続け、人間の俳優はその間ロボットのふるまいにあわせて演技しなければならない。

フィールドワーク1 ―― 演出に隠された社会的ロボット像[2]

フィールドワーク1では『銀河鉄道の夜』の稽古場面を観察する。図2－3は、第一場「教室」の冒頭部分の脚本である。この教室の場面が本演目の最初のシーンである。これから舞台上で繰り広げられる世界において、ロボット（カンパネルラ役）はどういう存在なのかを観客が掴む重要なシーンである。図２－３内の行番号とクリックタイミング（稲妻印）は筆者が加筆した。この稲妻印の箇所、すなわち01行目の末で演出家がコンピュータをクリックし、音声発話タイミングと身体動作タイミングを記録した合成ファイルを再生させている。この場面では、この１回のクリックのみで、図２－３の最終行14行目を遥かに越えてロボットの動きが再生される。稽古において人間の俳優は、演出家の指示に従い、この合成ファイルに記録されたタイミングに合わせた演技を練習する。この部分を対象に、以下で３つの観察をする。

【観察１－１】事前に脚本に織り込まれたインストラクション

観察１－１のターゲットライン（観察上注目する行）は、図２－３の11行目と12行目である。

第一場「教室」

01　先生：　(前略)私たちはなんと呼ぶでしょうか？ 

＊みんなそれぞれに手を挙げる.
ジョバンニは，少しおずおずと.
以後，先生にさされた生徒は，(カンパネルラ以外は)立ち上がって返事をする.

02	先生：	はい，ザネリさん.
03	ザネリ：	天の川.
04	先生：	そうです. よくできました. 天の川. では，カンパネルラさん.
05	カンパネルラ：	はい. (顔を上げる)
06	先生：	英語では，これを何と言いますか？
07	カンパネルラ：	ミルキー・ウェイ
08	先生：	そうです. ミルキー・ウェイ. 西洋では，天の川のことを，ミルクの道，乳の流れる道と呼びます.
09	カンパネルラ：	先生，国によって，呼び方が違うんですか？
10	先生：	いい質問です. カンパネルラさん.
11		日本でも，中国でも(中略)，でも，西洋では，ミルクの道と呼ぶ国が多いんです.
12	カンパネルラ：	はい.
13	先生：	では皆さん，昔から，そのように天球に流れる川だと思われたり，あるいは乳の流れたあとだ
14		と思われたりしてきたこのぼんやりとした白いものは，ではいったい，本当はなんでしょう？

＊みんなそれぞれに手を挙げる.
ジョバンニは，少しおずおずと.

図２－３　第１場「教室」冒頭部分の脚本
（行番号とクリックタイミングは筆者による）

2013年4月14日に行われた稽古で、演出家は次の演出をつけた。

演出家：『〜呼ぶ国が多いんです』の最後はカンパネルラに振ってください。

この演出は、先生役の俳優の視線の向きに関するものである。この日の先生役の俳優は、平田の演出を初めて受ける新人である。脚本をよくみてみると、12行目でロボットが演じるカンパネルラが「はい」と返事することになっている。12行目を自然にするためには、先生役の俳優がカンパネルラに視線を向けるほうがいい。よって演出家はこの演出を出したのだろう。舞台上のロボットは、人間の俳優が意識的に会話に巻き込むふるまいをしなければ、観客には単なる舞台装置に映ってしまう可能性がある。そこで演出家は明確に、この視線を向けるというふるまいを俳優に要求したのかもしれない。会話における順番を取っている人物が向ける視線は、発話の行き先を決める力を持っている。先生役の俳優によって、発話の「受け手（Addressee）」（Goffman 1981; Clark 1996）[3]として定められたロボットは、会話における「参与枠組み（participation framework）」（Goffman 1981）において明確な参与役割を与えられ、会話の参与者として扱われている印象を創り出す。

脚本という紙のインストラクションには、視線の向きが事細かに指示されているわけではない。しかしながら俳優は、セリフのつらなりから脚本家の意図を読み取る必要がある。

『銀河鉄道の夜』は、ダブルキャストで上演された。もう一方の先生役の俳優は平田演劇に長く関わる人物である。彼女が先生を演じた稽古では、平田はここで見たような演出は加えていない。平田演劇に精通した俳優は、自然と「この会話場面ならこう動くべき」という身体知が獲得され、平田と共有しているのかもしれない。

【観察1−2】徐々に明らかにされる演出家の意図

観察1−2のターゲットラインは、図2−3の02行目と03行目である。2013年4月14日に行われた稽古で、演出家は次の二つの演出をつけた。テイク（1）に対し演出（1）をつけ、小返ししたテイク（2）に対し演出（2）をつけ、役者はさらに小返しでテイク（3）を行った。

2013年4月14日の稽古

テイク（1）

02 先生:　はい. ザネリさん

03 ザネリ: はい (0.4) 天の川

0.6 sec

演出（1）

演出家：『天の川』の前をもうちょっと空けましょう。

テイク（2）

02 先生:　はい. ザネリさん

03 ザネリ: はい (1.1) 天の川

1.5 sec

演出（2）

演出家：もうちょっと空ける。『天の川』のあたまをもうちょっと空ける。

テイク（3）

02 先生:　はい. ザネリさん

03 ザネリ: (.) はい (3.7) 天の川

4.0 sec

2013年4月19日の稽古

テイク（４）

02 先生: はい. ザネリさん
03 ザネリ: はい (2.7) 天の川
04 先生: そうです. (.) >よくできました< (1.3)＜<u>あ:-ま:-の:-が:-わ</u>＞. (1.2) では(.) カンパネルラさん？ (2.0)
05 カンパ: はい.

演出（３）

演出家：「ザネリはね、ロボビーが完全にそっちを向いたら、『天の川』って言ってください。そこまで引っ張ってください」

「天の川」の前のポーズの長さを比較すると、テイク（１）からテイク（３）にかけて、０・４秒、１・１秒、３・７秒とどんどん長くなっていることが分かる。それにしてもこのようなやりとりで応答するまでに３・７秒もポーズを置くのは不自然なほどに長い。日常会話で３・７秒空けられたら、そこに何らかの意図があるように感じてしまう。演出家に無理難題を投げかけられたザネリ役の俳優によるテイク（３）の間合いとセリフ回しが絶妙だったので、稽古場は演出家を含む関係者の笑いに包まれ、この日のこの部分の稽古は完了した。

数日後の４月19日、４月14日にいったん演出が終わったこのシーンを再度演じさせ（テイク（４））、新たに演出（演出（３））がつけられた。

「『天の川』のあたまを空ける」という点について、テイク（４）では２・７秒空けている。それほど悪くないが、テイク（３）に比べると短くなっている。これに対し、演出家はある種の不自然さを感じ、演出（３）を加えている。では、演出家が演出（３）を加えるに至った理由を探るべく、テイク（４）

テイク（4）＋ロボットの動き

02 先生:　はい. ザネリさん#
　カンパ　　#頭部をザネリのほうに動かす(左→右)
03 ザネリ:　はい (2.7) #天の川
　カンパ　　#頭部をザネリに固定する
04 先生:　そうです. (.) >よくできました<+ (1.3)<あ:-ま:-の:-が:-#わ>. (1.2) では(.) カンパネ#ルラさん？
　カンパ　　#頭部を先生のほうに動かす(右→左)
　カンパ　　#頭部を先生に固定する
　image　　+
　(-----------+-#-----------+= 2.0)
　カンパ　　#頭部を上方向に動かす(先生を見上げる)
05 カンパ:　はい#.
　カンパ　　#頭部を先生に固定する(先生を見上げる)

図2－4　テイク（4）のマルチモーダルトランスクリプトと舞台写真
(カラー口絵参照)

中のロボットの動きを加えたマルチモーダルトランスクリプト（転記）と舞台写真を見てみよう（図2－4）。

図2－4のグレーの行はロボットが演じるカンパネルラの身体動作を表している。演出家とエンジニアはカンパネルラ役のロボットに話させるだけではなく、話さないで教室に居る身体動作もプログラムしていた。

04行目で先生が「カンパネルラさん？」と呼びかけるが、カンパネルラが先生を見上げる動作が呼びかけられてから1・1秒のところで始まっている。またその結果先生の呼びかけに対する「はい」という応答も2・0秒かかっている。流石にこ

テイク（5）＋ロボットの動き

02 先生:　はい. ザネリさん?#
　カンパ　　　#頭部をザネリのほうに動かす(左→右)
03 ザネリ: (.) はい (---------+--------#-+-----------+--- =3.4) 天の川
　カンパ　　　#頭部をザネリに固定する
04 先生:　.h fu ¥そう¥です. (.) >よくできました< (1.3)<あ:#ま:の:が:わ>. (1.4) では(.)# カンパネルラさん？
　カンパ　　　#頭部を先生のほうに動かす(右→左)
　カンパ　　　#頭部を先生に固定する
　(---------#---+--- = 1.2)
　カンパ　　　#頭部を上方向に動かす(先生を見上げる)
05 カンパ:　はい#.
　カンパ　　　#頭部を先生に固定する(先生を見上げる)

図２－５　テイク（5）のマルチモーダルトランスクリプト

れでは、「にぶいロボット」もしくは「社会性の高くないロボット」のイメージが観客に植えつけられてしまう。こういった理由もあってか、演出家は演出（3）を出した。続くテイク（5）でザネリは図２－５のように演技を変更した。

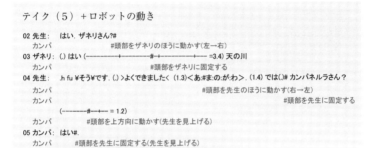

これまでみてきた演出（1）も演出（2）も、演出（3）と同じ『天の川』のセリフタイミングに関するものであった。演出（3）がこれまでの演出と異なるのは、「ザネリはね、ロボビーが完全にそっちを向いたら、『天の川』って言ってください。そこまで引っ張ってくださいい」といったように、人間の役者の発話タイミングをロボットの身体動作を合図にしてほしいと述べている点である。それまでの演出（1）と演出（2）では、ロボットの身体動作には全く言及していない。

この演出家と俳優のやりとりに、本章執筆者の一人の坊農が提案した「押しピンモデル（後述）」という考え方の重要な要素が織り込まれている（坊農 2015a）。演出家がザネリ役の俳優に出した演出（3）は、発話するタイミングを指示するものである。すなわち、発話するタイミングを俳優に知らせる合図は、ロボットのふるまい（「ロボビーが完全にそっちを向く」演出（3））なのである。具体的には、俳優がその合図を察知してセリフを発すれば、続くロボットの応答のタイミングが適切なものになるという指示である。

ここに、舞台上で展開しようとしている会話場面と舞台上でロボットとの会話を成立させようとしている作業場面との間に、乖離ができてしまっている。具体的にはここでザネリは、参与枠組み上「傍参与者（side participant）」（Goffman 1981; Clark 1996）といった周辺的な参与枠組みが割り当てられているカンパネルラにさほど注意を払う必要はない。しかし、ロボット演劇を創り出す上では、俳優が視界の端のロボットのふるまいに注意を払い、自分の発話タイミングを調整する必要があるのである。

このように、事前にプログラミングされたロボットのふるまいをきっかけに、前後の演技を調整する人間の俳優と演出家による試みを「押しピンモデル」と呼びたい。押しピンモデルのイメージは、事前にプログラムされたロボットのふるまいを目印にして、人間の俳優がセリフをロボット演劇上の発話として適した位置に固定するというものである。別の言い方をするならば、ひらひらと時間的に自由に浮遊しながら進められる発話の連なりを、ロボットのふるまいを合図に押しピンで固定するかのように、人間の俳優たちが時間調整するものである。

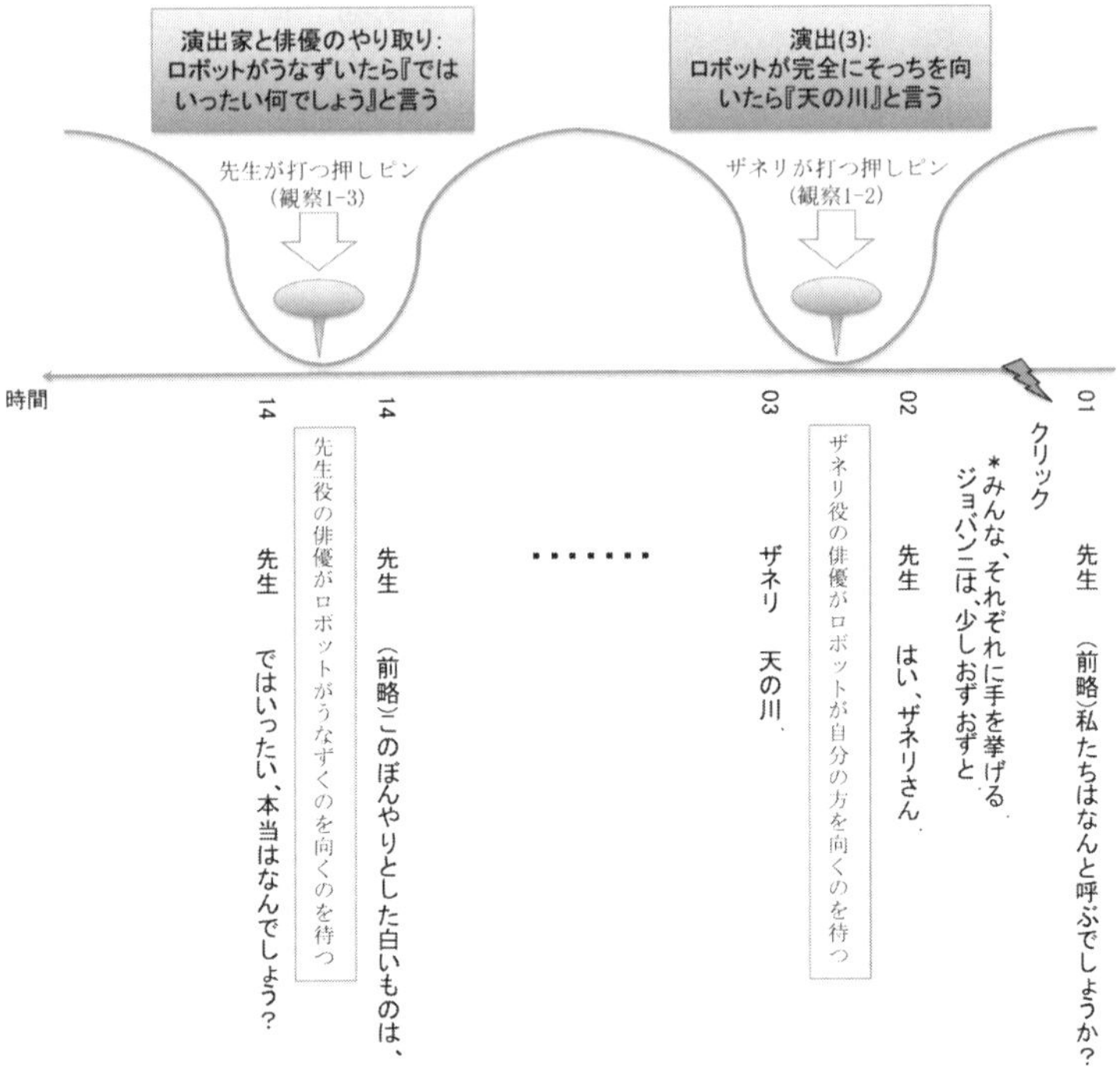

図２－６　押しピンモデルのイメージ

【観察1－3】 俳優の不安と演出家の解決

では次に、俳優たちはこの「押しピンモデル」をどのように思っているのかについて、舞台上の俳優と演出家のやりとりから観察したい。

図2－3に示した脚本のうち、14行目に「ではいったい何でしょう」という先生のセリフがある。演出家はそのセリフの前にロボットがうなずくモーションをプログラムしている。演出家は先生役の俳優と次のやりとりをする。

演出家：ここでロボットがうなずくんですけど、これを見てから「ではいったい何でしょう」って言ってください。
俳　優：本番とかで多少（ロボットのうなずきが）遅れた場合とかは、待った方がいいんですか？
演出家：ロボットは基本的に遅れない。
俳　優：その前のペースとかで、合わなかったりしたときはどう修正したらいいですか？
演出家：だからそれをいま（稽古で）修正する。
俳　優：もしかして、このうなずくのを見過ごしていて、あれ？ってなる可能性があるんですけど
演出家：何度か（稽古を）やれば大丈夫です。
俳　優：この子（カンパネルラ）、オープニングからここまでぐわーって一続きってことですか？
演出家：そう。

（括弧内は筆者による補足。また部分的にやりとりを割愛している箇所がある）

（筆者フィールドノートより）

このやりとりの中で興味深いのは、「ロボットは基本的に遅れない」という演出家の発言である。この発言は多少過大解釈になるかもしれないが、「ロボットが遅れているように見える場合は、人間が合わせ損なっているからだ。そこは、調整と稽古を重ねることで克服できる」という演出家のロボット演劇に対するスタンスとして解釈できるのではないだろうか。すなわち、ロボット演劇における会話は、プログラミングによってすでに作られたやりとりの流れに人間の俳優がセリフを挟み込んで行く活動なのである。

これらの観察から感じること

演劇上の会話は脚本家から脚本を与えられた時点で、「骨」は出来上がっている。しかし、「骨」だけでは、日常会話にはとうてい見えない。日常会話に見せるには、生身の人間である俳優たちが、ジェスチャーといった「肉」をつけ、視線といった「血」を通わせ、タイミングといった「循環」を制御し、衣装といった「皮膚」を身につけ、舞台装置といった「環境」になじむ必要がある。ロボット演劇において、舞台上のロボットは、多少動き、音声を発する舞台装置に近い。

それを観客に対し「人間」のように見せるには、ロボットと俳優による舞台上の会話成立のための、演出家と俳優のやりとりが必要不可欠なのである。

フィールドワーク中に、俳優や舞台監督が平田について次のように私に語った。

「平田さんはロボットを使い始めてから、私たち俳優に対する演出に気が回らなくなった。ロボットをいかにタイミングよく動かすかに夢中になっている。」（先生役の俳優）

「ロボットという新しいおもちゃを手にいれた平田さんは、楽しすぎて仕方がないみたい」（舞台監督）

（筆者フィールドノートより）

平田は以前、魅力的な演技をする俳優を劇団に迎え入れたら、その俳優を使うという手数が増えて楽しくなると語っていた（平田 1998）。こういった発言から推測するに平田の中で新しく加わったロボットは、単なる舞台装置ではなく、舞台の上で人間の俳優とともに自己と他者の関わりを実現できる社会的な存在、すなわち人間の俳優と同等になっているると考えられるのではないだろうか。

フィールドワーク2 ―― 役者が創り出す社会的ロボット像[4]

フィールドワーク2では『三人姉妹』の稽古場面を観察する。この作品の稽古場面をフィールドワークする中で面白いことを発見した。それは人間の役者が自ら演技を変え、ロボットと人間の関わりを舞台の上で表現しようとしていることである。またそれが、近未来社会におけるロボットの存在を浮き彫りにしているように我々には感じられた。

本作品は2012年7月に富山県利賀村で行われた合宿(以下、利賀村合宿)で脚本が配られ、合宿期間中に立ち稽古まで完了している。その後、新宿(以下、新宿稽古)と吉祥寺(以下、吉祥寺稽古)の稽古場で演出がつけられ、2012年10月20日に初演を迎えた。また同年12月フランスの演劇祭の招待作品としてジュヌヴィリエ(以下、ジュヌヴィリエ稽古)にて上演された。本節で観察するターゲット箇所である4・3・3場は3ヶ月の間に、演出家の前での稽古が33回なされた。それぞれの場所における稽古回数は表2-1のとおりである。

物語の中で、理彩子は三人姉妹の長女(以下、長女)、真理恵は次女(以下、次女)、イクミは三女(以下、三女)である。とある事情により、イクミはアンドロイドである。[5]

利賀村合宿では三女を人間の俳優が演じていたが、その後の新宿稽古からこの場面の三女はア

表2－1　三人姉妹データ4.3.3場の稽古詳細

期間	撮影地	4・3・3の稽古回数
2012.7.27-8.5	富山県利賀村（合宿）	3回
2012.9.20-9.29	東京都新宿稽古場	18回
2012.10.01-10.19	東京都吉祥寺稽古場・劇場（ゲネプロ）	10回
2012.12.15-12.19	フランス・ジュヌヴィリエ劇場（ゲネプロ）	2回

ンドロイドが演じている。技術的には、利賀村合宿最終日に行った公開通し稽古（劇団関係者に対する公開稽古）を映像収録し、その映像から音声を切り出し、アンドロイドの発話タイミングと動作タイミングを割り出す。それらのタイミングを記録した合成ファイルを作成し、本番を含めた全上演において、舞台袖でエンジニアが決められたタイミングでそのファイルを再生させている。

『三人姉妹』（脚本：平田オリザ、オリジナルストーリー：アントン・チェーホフ）（前略）４・４・２場～４・３・３場（後略）
（セリフ番号は筆者による）

01　理彩子：この国も同じよね、
02　イクミ：そう？
03　理彩子：たぶん…　ただ、何となく、ゆっくりだめになってってってるだけなのに。

＊やがて、真理恵も上手奥から登場。

4・3・3

04　理彩子：ああ、
05　真理恵：焼けてるって、
06　理彩子：え？
07　真理恵：魚、サバ、いい匂いよ、
08　理彩子：うん、
09　真理恵：食べようよ、
10　理彩子：うん。
11　真理恵：…送別会にサバなんて、ばかみたい、
12　理彩子：あんた、さっきからそればっかりね、
13　真理恵：うん。
14　イクミ：いい匂いね
15　理彩子：分かるの？
16　イクミ：もちろん、
17　理彩子：そうか

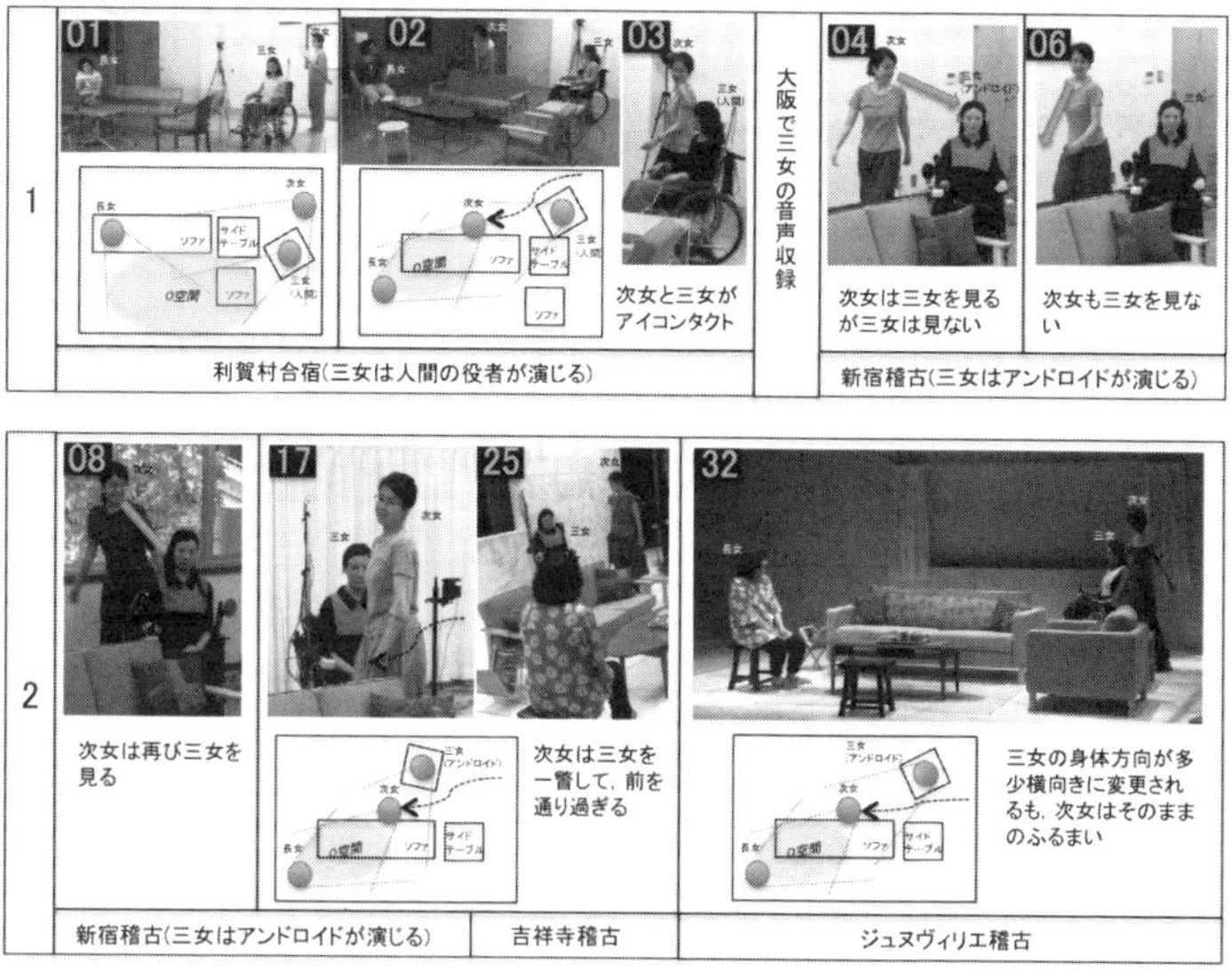

図２－７　三人姉妹の 4.3.3 場の稽古場面（抜粋）

4・3・3場は、長女と三女が話しているところに、次女が夕飯ができたことを知らせに来るシーンである。ストーリー上のエンディング部分であり、それまでの大人数で会話を進めていたクライマックスシーンに比べ、幾分ゆっくり時間が流れている印象がある。演目にある三人姉妹が彼らの家のリビングに集まり、これまでの日常と変わらない時間を過ごしているが、それぞれの心の中には晴れやかな部分があるというシーンである。ここで匂いや味覚がないはずのアンドロイドの三女イクミが「いい匂いね」（セリフ14番目）と発言し、長女と次女は驚く。そしてアンドロイドの三女は少しやりとりしたあとに「私は、あなたたちがいい匂いと思うものをいい匂いと思うの。

同じ父親から生まれたんだし」と述べ、舞台は溶暗に包まれ、『三人姉妹』は終演する。

図2－7[6]は三人姉妹の4・3・3場にみる「F陣形」と「参与枠組み」の観察である。紙面の都合から、上下2段にわけて記載しているが、これらは連続している。図2－7は、33回の稽古のうち、俳優の動きに変化があった稽古を抜粋している。この33回の稽古のうち、稽古場で演出家が演出をつけたのは一度きりで（8回目の稽古）、次女が舞台に登場するタイミングを調整するものであった。

【観察2－1】ソファーの手前で話すのか、ソファーに手をついて話すのか

利賀村合宿1回目の稽古では、長女、次女、三女ともに台本を手に持って演じている。ここで注目したいのは、4・3・3場で上手《かみて》[7]から登場した次女が舞台の端で演技をしている点である。次に2回目の稽古では、次女は三女の後ろを通り、ソファーまで歩いて行き、09番目の「食べようよ」のセリフを発する前にソファーに手を付き、ソファーに重心をのせている。この立ち位置の微細な変更は、実は次女のアンドロイドに対する認識を浮かび上がらせるものになっている。

まずF陣形の理論（Kendon 1990）に添って説明する。F陣形とは対面した人と人とが空間をどのように使って相互行為をしているのかを分析する概念である[8]。この場面では次女が登場するまでに、長女と三女がそれまでの会話において、互いの身体の前に形成される「操作領域（transactional segments）」を重ね合わせ、会話が行われる空間としての「O空間」を作っている。

1回目の稽古での次女の立ち位置は、長女と三女のO空間を阻害しない位置に留まり、話しかけている。一方で、2回目の稽古では、次女は三女の右横（観客席からみると奥）をセリフを発しながら通り抜け、ソファーにたどり着く。ソファーにたどり着いた次女は自分の身体の前に形成される操作領域を長女のほうに方向付け、長女と次女との間に新しいO空間を形成するというふるまいを選んでいる。次女のこのふるまいによって、それまで形成されていた長女と三女のO空間はいとも簡単に解消され、新たに長女と次女のO空間が作り出される。アンドロイドの三女は、全く動いていないにもかかわらず、次女のふるまいによって相互行為空間から追いやられる格好になっている。

次に参与枠組みの理論（Goffman 1981）に添って説明する。参与枠組みとは対面した人と人とがどういう立場で相互行為しているのかを分析する概念である。[9] 次女の登場までは、長女と三女が話し手と受け手の役割を交替させて、順番交替を成立させていた。しかしながら、次女の登場により、04番目のセリフで長女が「ああ」と発し、長女が次女に気がついたことが分かる(Heritage 1984)。一般的に、会話において現行の話し手の注意を獲得した人物は会話参与者になることが容易となると考えられる。続く05番目で次女は「焼けてるって」とそれまでの長女と三女の会話と関連のない話題を持ち出す。上述したような現行の話者（長女）の気づきと次女の話題転換を達成させるには、次女がすぐさま話し手になる身体的ふるまいが必要である。前節のF陣形に関する観察でみたように、1回目の稽古では、長女と三女の「傍観者」といった位置からの会話参与を身体的に表していたが、2回目の稽古では、長女と三女のそれまでの参与枠組みを尊重することなしに、すぐさま「話し手」といった位置の会話参与を身体的に表していた。

以上の観察から、脚本家から与えられた台本通りのセリフ連鎖を実現させるためには、そのセリフを発するのに適した立ち位置（F陣形）と既存の会話に対する参与の姿勢（参与枠組み）が重要であることが見て取れる。

【観察2-2】アンドロイドの身体が失うもの

前節で観察したように、利賀村合宿での2回目の稽古から、次女は三女の右横（観客席からみると奥）を通り過ぎるように演技を変更した。この際、三女役の人間の俳優は、長女の04番目の「ああ」という気づきと自分の背後から聞こえてくる次女の05番目の「焼けてるって」というセリフを受け、首を右後ろにねじる演技を加えている。これに呼応する形で、次女は三女とアイコンタクトをしながら、7番目のセリフのうち「魚、サバ」を発し、続く「いい匂いよ」を長女に向けていい、ソファーにたどり着く。しかしながら、三女がアンドロイドになった4回目と5回目の新宿稽古では、次女は三女に視線を向けながら歩いてソファーにたどり着く演技をしているにもかかわらず、アンドロイドは微動だにしない。すなわち、アンドロイドになった三女との間でアイコンタクトができなくなっている。よって、次女は6回目の稽古では三女に視線を向けながら登場する演技をいったん止めている（図2-7、写真06参照）。その後、次女は三女に視線を向ける演技を復活させるが（図2－7、写真08参照）、相変わらずアンドロイドからの視線の返答はない。この演技はその後ずっと安定しているが、17回目の稽古で次女役の俳優は大きく演技を変更させる。それは、アンドロイドの右横（観客席からみると奥）を通り過ぎる演技から、アンドロイドの左横（観客席からみると手前）を通り過ぎる演技に変更した点である。F陣形の観点からこの次女の演技変更をみると、非常に大きな変更であることが分かる。なぜなら、ここで次女は三女の操作領域を横切っているのである。操作領域とはいわゆる視野のようなものであるが、視野以上に、その操作領域を保持する人物が何らかの操作を加えることが可能な所有空間（なわばり）として理解することができる。すなわち、次女は「ちょっとごめん」などのことばによって了解を得ることなしに三女のなわばりを侵害していると解釈できるのである。こういった形で演技が変更されると、次女が三女に視線を向けるふるまいは、アンドロイドの三女を「一瞥して」通り過ぎるというふるまいに見えてくる。

17回目の新宿稽古で変更された次女の演技は、このあと固定され、33回目のジュヌヴィリエ稽古でもその後の本番でもこのとおりであった。

観察から感じること

ここでは、三人姉妹データから、人間の俳優がアンドロイドの俳優に対してどういった演技を試み、どの演技を最終形として選択するのかを観察した。33回の稽古を通して見えてくるのは、俳優は脚本家に与えられたセリフを発するために最も適した身体配置を選んでいるということである。

またもう一つの観点として、次女がソファーの位置に立ち位置を固定したことにより、この後に発せられる、14番目のセリフ「いい匂いね」を三女が発したとき、次女が身体をねじりながら三女を振り返るというふるまいが生じる点も興味深い。この部分は今回観察対象としていないが、もし次女が利賀村合宿での1回目の稽古の立ち位置を維持したままであったならば、三女の「いい匂いね」で次女が振り返るというふるまいは生じなかっただろう。匂いを感じないという設定のアンドロイドが、二人の姉妹が感じた匂いをあたかも自分も感じたように発言するこのシーンは、長女と次女が三女の発言に驚きつつも、アンドロイドにはなっているが姉妹である三女との、気持ちの交流を描く重要なシーンである。サバを食べるのも、サバの焼けた匂いを感じるのも人間の長女のみであると思い込んでいる次女は、夕食の準備が整ったことを長女に向かって話していた。しかしながら、三女の「いい匂いね」というセリフによって、それが真であるか否かに関わりなく、三人姉妹としての「つながり」を実感するのである。このシーンへのつながりをとってみても、次女は上手から現れ、長女に向かって発言しながら直進し、三女を含まないF陣形および参与枠組みを創り出すことが必須であるように思えてくる。ここで重要なのは、こういった身体のふるまいが脚本には書かれておらず、俳優自身が判断して実践していることである。

ロボット演劇が〈見せる＝魅せる〉もの

ロボットを他者として期待する

ロボット演劇は公演後、観客とのインタラクティブなアフタートークの場を準備していることがある。ロボット演劇を見終えた観客から頻繁に出る質問の一つに、

「演技中のロボットと周りの俳優を見て、例えば自閉症のようなコミュニケーションに障害を持つ人とその人を取りかこむ人々を思い出した。」（筆者フィールドノートより）

というものがある。この質問に対して平田はいつも、

「私もそれを感じてきた。現代口語演劇理論に基づくロボット演劇は、単に芸術作品としての価値を持つのではなく、コミュニケーションに困難を感じている人々に対するコミュニケーション体験のフィールドとして利用したいと考えている」（筆者フィールドノートより）

と回答することが多い。

　人間はモノを含む対象に対し、生物であるか無生物であるかというカテゴリーを自分とのかかわり合いの中で認識する。また、それが生物でありなおかつ動物である場合、人間が持つ知恵や知識を動物が持っているものと仮定して、「人間よりこの部分が劣っている」といった理解の仕方をしがちである。人間は対象とのかかわり合いの中で、それが生物であるか無生物であるか、また自分と同等の知性や能力を持つか否かといった比較をすることに根ざした判断をする。人間の手によって作られた機械は、生物か無生物かのカテゴリーにおいては当然無生物である。では、社会的ロボットはどうであろうか。人間と同様にこの世に生を受けたわけではないという点では当然無生物である。しかしながら、社会的なふるまいをデザインされれば、とたんにそれは生物のように見えてくる。岡田（2012）は、「弱いロボット」をデザインする中で、人間がそれらにエージェンシーを感じ、生物のように扱う事例を紹介している。生物か無生物か、すなわち、人間か機械かのカテゴリーの線上に社会的ロボットはゆらゆらと位置している。ロボットの機能的デザインやロボットを社会に置く際のデザインによって、人間はロボットをより自分たちに近いところに位置させたくなってくる。

　宮内（1995）によると、社会学者のゴフマンは、『スティグマの社会学』という著書の中で、目の前にいる相手に対し、「こういう人でなければならない」という要求を知らず知らずのうちに課していると指摘する。ゴフマンは、「肉体のもつ様々な醜悪さ」「個人の性格上のさまざまな欠点」「人種、民族、宗教などという集団的スティグマ」の3つのスティグマの種類をあげている。しかしながらゴフマンは、この3つを分類することを主目的とせず、「スティグマのある人」と対する「ノーマルな人」を観察する枠組みを提案した（宮内 1995: 234-235）。人間は相手に対してノーマルさを求め、それが裏切られたときにスティグマが出現するのである。

さて、アフタートークでの平田の発言に戻ろう。本章で見てきたようにロボット演劇で登場人物を演じるロボットには必ず裏で操作するエンジニアがいる。「影の俳優」ともいうべきこのエンジニアは、人間の俳優たちと息を合わせ、ロボットに生命を吹き込んでいく。実際にはロボット演劇で用いられるロボットは自律性を持って動いているのではないが、ロボット演劇を作品としてみた観客がロボットに人間らしさを感じ、裏で操作しているエンジニアには想いを馳せることはしない。観客は舞台の上のロボットに対してノーマルさを求め、ロボットの多少のズレや動きづらさにスティグマを感じるのである。ロボット演劇は、ロボットを取り巻く人々、ロボットを取り巻く社会を我々に見せる試みである。今現時点で想像できるロボットとの近未来の形を見せられた観客は、人間が人間という他者のみならずロボットという他者に対しても「ノーマルであること」を無意識のうちに押し付けてしまうかもしれないという未来を目の当たりにするのである。

ロボットが裏で操作するエンジニアから完全に切り離されて初めて、「人間であるか、ロボットであるか」という判断が現実味を帯びてくる。ロボットの自律性が確保されたとして、人間は相手がロボットであるなら「（人間と比較した上での）ノーマルであること」からの多少の脱線は許しつつ、すなわち、ロボットが多少ずれた発言や場を読まない行動を取っても許容しながら、ロボットを他者として捉え、相互行為を進めていくのであろう。

人間とロボットが共生する未来

ここで、最初にあげた他者性を獲得するということはどういうことか、志向性を持つ存在とはどういうものか、「共生しつつある」から「共生している」にパラダイムシフトするには何が必要かの議論に入りたい。現実世界において、ロボットが他者性を獲得するのは容易ではないが、ロボット演劇はロボットが他者性を獲得したあとの世界を描いている。また当然、ロボットは志向性を持つ自律した存在として描かれている。では、「共生している」についてはどうか。本章の「フィールドワーク2」に示した観察2－1と2－2では、ロボットが他者性や志向性を獲得してもなお、「F陣形や参与枠組みからはじき出しても構わない存在」「操作領域を侵しても構わない存在」として描かれていることが明らかになった。こういった未来は人間とロボットが等価に共生している状況とは呼び難いのではないだろうか。坊農（2015b）では、「ロボット演劇は、ロボットの中心性を排除することには成功しているが、ロボットの異質性を浮かび上がらせる結果をもたらしている」と指摘している。ロボットの中心性とは、従来のロボット研究がロボットを実世界（学校や商店街など）に持ち出し、目玉の展示物としてその場の人々に注目されることである。ロボット演劇は、ロボットを目新しいものとして扱わない時代を観客に喚起させ、人間がどのようにして「ロボットは自分とは違う」すなわち「ロボットは不完全である」という感覚を持つのかについてひとつの例を提示している。ロボットに自律性が確保された時代において、人間は自分とのかかわり合いの中で、ロボットを含む対話相手に対し、自分との能力の同一性を前提としている。

ロボット演劇がロボットの異質性を浮かび上がらせる結果を導いていることは、決して否定的な洞察ではない。人間とロボットが共生する未来には、前節で言及したように人間主導の判断による「対象が人間であるか、ロボットであるか」という認識上の新しいカテゴリーが自然と伴うと想像できる。すなわち人間は、常に世界の中心にいると認識している。人間とロボットが共生する未来においては、おそらく人間はロボットに対し、「人間ではない他者」すなわち「ロボットとしての他者」といった条件を付け、相互行為の相手として認識してかかわり合うことになるのだろう。

謝辞

データ収録を許可してくださった東京芸術大学平田オリザ氏をはじめとする青年団のみなさまに感

謝する。本稿に記載した研究成果の一部は、ＪＳＴさきがけ「情報環境と人」および国立情報学研究所グランドチャレンジ「ロボットは井戸端会議に入れるか」に支援された。執筆にあたり、京都大学高梨克也氏に貴重なコメントをいただいた。

注

［1］http://www.ai-j.jp/about

［2］本節は坊農（2015b）で発表した内容の一部が土台となっている。

［3］これらの研究についての解説は高梨（2009）を参照されたい。

［4］本節は坊農（2015a）で発表した内容の一部が土台となっている。

［5］本作品にはストーリー構成上、人間の三女とアンドロイドの三女が登場する。台本上では人間の三女は「育美」、アンドロイドの三女は「イクミ」と表し、区別している。

［6］各写真の左上に記載している番号は稽古の通し番号である。以降の分析では、「写真01」のように図内の写真を指し示すための番号としても利用する。

［7］観客席から見て、向かって右側。向かって左側を下手（しもて）という。

［8］F陣形の理論的枠組みの解説は、坊農（2009）を参照。

［9］参与枠組み（もしくは参与構造）の理論的枠組みの解説は、高梨（2009）を参照。

3　人工共感の発達に向けて

浅田　稔

はじめに

人間に対する共感的行動は、真のコミュニケーションを実現する上で社会性ロボットに期待されており、特定のコンテキストでの試みが報告されている（例えば、サーベイ（Leite et al. 2013））。しかしながら、現状では、設計者が共感的行動を明示的に指定しており、異なるコンテキストに拡張したり、一般化することが困難である。ヒューマン・ロボット・インタラクションにおいて、「情動」の重要性が認識されており、感情コンピューティングの観点からも指摘されている（Riek & Robinson 2009）。しかしながら、本質的な共感的行動の実現にはほど遠い。発達ロボティクスの観点（Lungarella et al. 2003; Asada et al. 2009）からは、このような共感的行動が人間との社会的相互作用を介して学習されることが期待される。浅田らは、認知発達ロボティクス（Cognitive Developmental Robotics: CDR）（Asada et al. 2009）の観点から、人工共感がいかに設計されるべきかを議論した（Asada et al. 2012）。しかしながら、神経科学と生物行動学の観点からの正確な議論が欠けていたので、それを加味し、CDRの一部分として情動発達ロボティクス（Affective Developmental Robotics: ADR）を提案した（Asada 2014）。

本章では、まず最初に、レビュー論文である浅田（Asada 2015）を復習しながら、神経科学と生物行動学における共感の進化と発達を概観する。情動伝染から始まり、情動的共感、認知的共感、同情や哀れみを介して、妬みや他人の不幸を喜ぶシャーデンフロイデ（ドイツ語のSchadenfreudeからきている。本シリーズ第1巻6章参照）までに至る過程である。また、これらの用語をADR／CDRの観点から自他認知の発達過程にそって再考し、ADR／CDRの観点から人工共感発達の概念モデルを提唱した。特に、ここでは、物まねと情動伝染、さらに情動的／認知的共感について議論を深め、人工共感に向けた試みを紹介し、最後に、今後の展望を議論する。

共感の進化と発達

共感と同情はしばしば混同して用いられており、浅田ら（Asada et al. 2012）は、それらを人工共感設計の観点から区別しようと試みたが、神経科学や生物行動学の観点からの正確さを欠いていた。ここでは、個体発生、系統発生、脳のメカニズム、コンテキスト、精神病理学の観点からの神経科学的レビューであるゴンサレス－リエンクレスら（Gonzalez-Liencres et al. 2013）の文献の定義に従って、共感を定義する。ポイントは、

1　単純な情動伝染から高次のパースペクティブテーキングにまで至る共感の多様かつ統一的な有り様を神経科学として探る。

2　共感の明確なニューラルネットワークは、系統発生的に古い大脳辺縁系の構造と新皮質の脳領域の両方を含む。

3　オキシトシンやバソプレシンなどの神経ペプチドは、共感を調節する役割を果たしている。

1と2は互いに関連している。情動伝染は、主に系統発生的に古い辺縁系の構造に基づいてお

り、一方、高次の認知的な他者視点取得（パースペクティブテーキング）は、新皮質の脳領域に基づいていると考えられるからである。神経修飾は、ポジティブにもネガティブにも、共感のレベルを増幅（低減）する機能を持っていると考えられる。

広義の共感の定義は、次項で示すように、情動伝染から妬みやシャーデンフロイデまでに至る。これに対し、狭義の共感は、他者の情動的状態の身体化表現を構築すると同時に、他者の情動的状態がどのようにして引き起こされたかのメカニズムに気づく能力である（Gonzalez-Liencres et al. 2013）。これは、共感者が自身の身体的状態を内受容的に気づき、自他を区別する能力を引き出す。このことは、以下での共感に関連した用語の進化的観点からの定義の要である。

情動伝染から妬み／シャーデンフロイデまで

情動伝染は、動物が自身の情動状態の共有を可能にする進化的プレカーソル（前駆機能）である。ただし、動物は、なぜ他者がそのような情動状態になったかを理解できず、その意味で、情動伝染は、自動的、無意識的、そして、より高いレベルの共感のための基礎でもある。

情動的共感（Emotional Empathy: ＥＥ）と認知的共感（Cognitive Empathy: ＣＥ）は、自身への気づき（self-awareness）能力のある動物、すなわち、霊長類、象やイルカなどに生じる。ただし、気づきの存在に関しては、議論が尽きない[1]。このような複雑な情動と自身への気づきの神経表象は、前帯状皮質と前部島皮質を中心に局在する（Craig 2003）。情動的共感と認知的共感の違いは、次のようにまとめられる。情動的共感は、認知的共感よりも古い系統発生特性を持ち、情動伝染により引き起こされる過程である身体化シミュレーションを通じて、他者の感情を共有することで、他者の感情の表現を構成可能にする。認知的共感は、「心の理論」（Premack & Woodruff 1978）の定義とかなり重なっており、類人猿とヒトに存在する（Edgar et al. 2012）。また、他者視点獲得や他者の心の理解（mentalizing）を必要とする（de Waal 2008）。

他者に引き起こされる情動の原因に関する推論を必要としない情動伝染に比べて、情動的共感と認知的共感は、自他の情動状態の区別を必要とし、自身の身体化された情動表現を構成する。発達後期の情動的共感と認知的共感では、観察者の情動状態は、観察された他者のそれと必ずしも一致する必要はない。

同情と哀れみは、情動状態の観点で共感に似て見えるが、相手の情動状態への応答の方法で異なる。ともに、他者の情動表現を形成する能力を必要とする。共感の場合は、情動状態は、同期していたが（Goetz et al. 2010）、情動は必ずしも共有される必要はない。このことは、同情と哀れみが、自他の識別に加え、自身の情動を制御する能力を必要とすることを示唆する。

情動制御には二つの拡張された考えがある。一つは、集団の内か外かの認知によるもので、内の場合、同情や哀れみが、外の場合、その逆の応答が現れる。これは、妬み／シャーデンフロイデと呼ばれており、初期の非定住民のなかでの社会的団結の淘汰圧への応答の中で進化したと言われている（Gonzalez-Liencres et al. 2013）。

二つ目のタイプはメタ認知を必要とし、一種の代理情動を表す。すなわち、自己と他者のイマジネーションである。典型例は、悲しい音楽を楽しんでいる状況に見られる。そこでは、悲しい音楽を客観的（仮想的）自己が悲しいと知覚するのに対し、主観的自己は、悲しい音楽を聴くことを楽しむ（Kawakami et al. 2013a,b）。これは、自己を他者とみなすメタ認知による情動制御の一例である。

共感に関連する用語の図式的記述

図3－1は、これまでの共感に関連する用語を図式的に表している。横軸は、意識のレベルで、無意識（左端）から自他認知を伴う意識（右端）を表している。これに対し縦軸は、物理的／運動的レベル（下）から情動的／心的レベル（上）へのバリエーションを示している。一般には、これらの軸は、分離した「意識／無意識」、「物理的／心的」レベルを表すが、共感に関連する用語は、これらの二軸による二元論が必ずしも明らかでない空間に分散していると見なす。加えて、三つのポイントがある。

1　この空間では、位置は、二軸の相対的重みを表し、上位（右か上）は下位を内包する階層構造を示している。当然ながら、下位は上位を内包していない。すなわち、意識と自他認

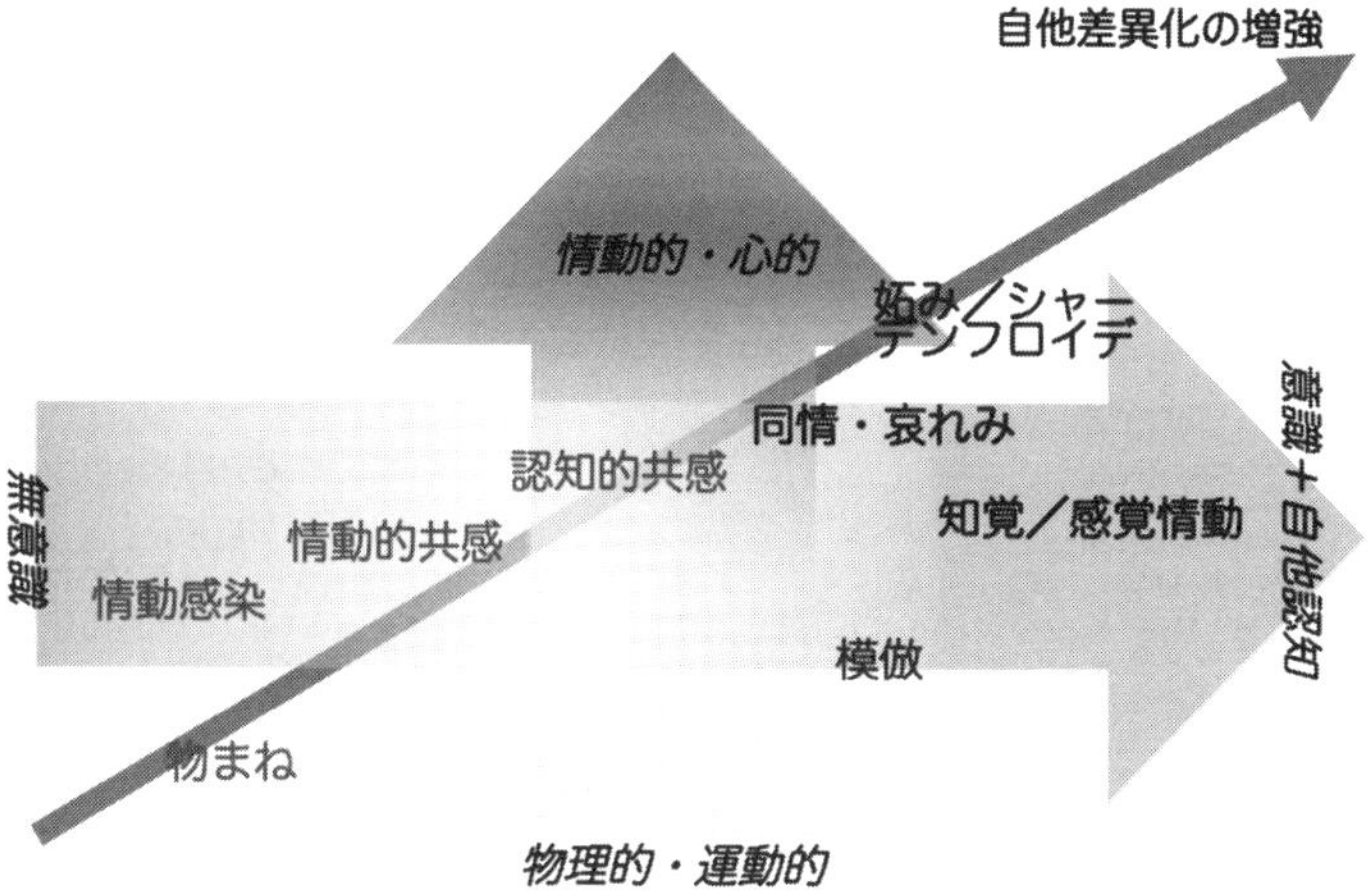

図３－１　共感に関連する用語の図式的記述（Asada 2014b の Fig.2 から適応）

知は無意識下のプロセスを内包するが、逆はない。

2　左（下）から右（上）に向かう方向は、進化の方向を示し、個体発生が系統発生を繰り返すならば、発達過程とも見なせる。それ故、共感発達の全体概要は、左下から右上に向かう緩やかなスロープと見なせる。

3　上記の矢印は、自他差異化の発達過程（de Waal 2008）も表す。詳細は、文献（Asada 2014b）で議論している。

情動発達ロボティクス

我々は、認知発達ロボティクス（CDR）（Asada et al. 2001, 2009）を提唱し、共感発達は、CDRの一部と見なしてきた。実際、サーベィ（Asada et al. 2009）では共感発達の研究を紹介し、CDRの一例として、（Watanabe et al. 2007）を引

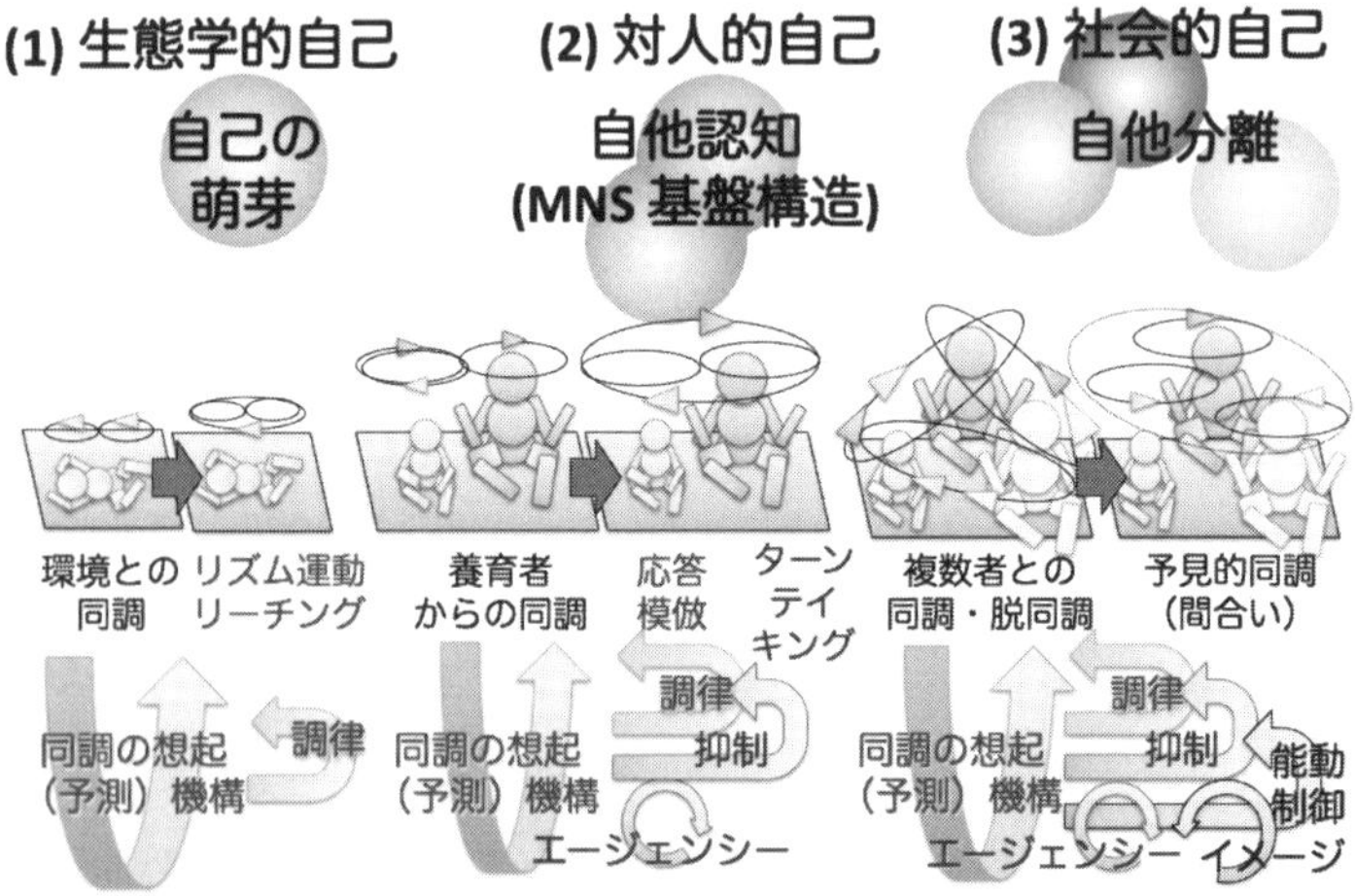

図３－２　自己と他者の概念を確立する発達過程（上）とそこに期待される機構（下）

用している。ここでは、この部分に焦点を当てるために、ＣＤＲの一部を情動発達ロボティクス（Affective Developmental Robotics: ＡＤＲ）と言い換える。[2] 以下では、ＣＤＲのアプローチに基づき、情動発達に焦点を置いたＡＤＲの手法を紹介し、共感発達にどのようにアプローチするか議論する。

ＡＤＲの概念とそのアプローチ

ＣＤＲの基本コンセプトに倣い、ＡＤＲは、人間の情動の発達を構成的アプローチによって理解することを目指す。その核となるアイデアは、「物理的身体性」とより重要な「社会的相互作用」であり、環境との相互作用を介した情報の構造化を可能にする。情動発達は両方をシームレスに繋ぐと期待される。

大まかに言えば、発達過程は、二つの

フェーズで構成される。個体発達の初期段階、そして、後期の個体間の相互作用を通じた社会的発達である。過去には、前者が神経科学（内部機構）に主に関連しており、後者は、認知科学や発達心理学（行動観察）が関連するとされてきた。今日では双方が互いに密に交叉している。例えば、社会的相互作用研究に徐々に脳機能イメージング研究が取り入れられたりして、行動研究と神経科学的アプローチが融合しつつある（本シリーズ第6巻参照）。しかしながら、まだまだ十分でなく、そのギャップが存在する。ＡＤＲは、単にそのギャップを埋めるだけでなく、より挑戦的に、将来我々と共生し、共感する存在であるヒューマノイドの設計論をベースに、人間のより深い理解を提供する新たなパラダイムを構築することを目指す。

主要な二つのアプローチは、（Ａ）シミュレーションや実ロボットによる検証を含んだ情動発達の計算モデルの構築、および、（Ｂ）心理実験などにおけるシステマティックな刺激や道具としてロボットを提供することを含め、人間の発達過程の新たな理解のための手段やデータを提供することである。

自他認知の発達

図３－２の上段は、ナイサーの自己の定義（Neisser 1993）を部分的に利用した自己と他者の概念形成の発達過程を表している。同調という用語は、他者を含む外界との相互作用を通じて、この概念がどのように発達したかを説明するキーワードである。図３－１に示しているように、

同調のターゲットは、物理的物体から始まり、他者の動き、そして最終的に他者の心的状態と変化する。したがって、行動も初期のリズミックな運動のプリミティブから、それらが構造化されたもの、さらには、心的状態によって引き起こされる共感的／同情的な顔表情や利他的行動にまで至る。自己の発達の三段階は、実際はシームレスに繋がっていると想定される。より詳細な議論は、文献（Asada 2011）を参照されたい。

自他認知の発達と共感の関係

図3－2の三段階の変化中、異なるレベルの同調が起こる。

1　情動伝染：後で述べるように、情動伝染は、他者のプリミティブな運動を自動的に真似する物まね（motor mimicry）と密に関連する。それ故、このタイプの同調のレベルは、周期的な運動のような原初的なものである。

2　情動的共感と認知的共感：情動伝染や物まねを通じ、自己への気づきや他者視点取得の発達を経て、他者の心的状態を観察したり、推定することで、様々な心的状態が引き起こされる。その心的状態は、他者と同じであり、同調対象は心的状態とみなされる。

3　同情と哀れみ：情動的共感や認知的共感と異なり、同情や哀れみでは、引き起こされる心的状態は、他者の心的状態と異なる。これは、いったん、他者の心的状態を理解（同調）し、その後、悲哀や悲しみなどの心的状態を引き起こす（脱同調）。

これらの異なる（脱）同調の構成は、以下に述べるように、自他認知の発達を伴う。図3－2上段に示される発達過程に応じて、下段は、三つの段階に対応する機構を示している。共通の構造は、一種の「引き込み」機構であり、エージェントの同調対象は、物体から他者に変化する。この変化に応じて、自他認知のより高度な概念やその制御を獲得するための副次的な構造が付加される。

最初の段階では、物体との単純な同調が実現され、第2段階では、養育者が同調を初期化し、エージェントの表象（agency）が徐々に確立し、抑制のサブの構造が、ターンテーキング用に付加される。最後に、同調対象切替のための、より高度な同調制御スキルが足され、十分に発達した切替スキルに基づいて、ごっこ遊びなどの、対象に対する仮想的な行動が実現される。

表3－1は、自己の発達、自他認知、共感や模倣に関する用語の間の関係を関連文献と一緒にとりまとめている（Asada 2014b）。模倣関連の用語は、ドゥ・ヴァール（de Waal 2008）による。彼は、模倣と共感の進化の並行性を自他認知の軸と合わせて主張しており、我々は、この過程を共感の発達に適用する。

表３－１　自己の発達、自他認知、共感や模倣に関する用語の関係のまとめ（Asada 2014b）

自己の発達 （Neisser 1993 に基づく）	自他認知（Asada 2014a） とその要件（－）	共感に関連する用語 （Gonzalez-Liencresa et al. 2013）	模倣に関連する用語 （de Waal 2008）
生態学的自己 （Kuniyoshi & Sangawa 2006） （Mori & Kuniyoshi 2007）	識別なし －原初的情動（Russell 1980） 自己／非自己識別 － MNS ／運動共鳴アーキテクチュア	情動伝染 （Chen et al. 2009; de Waal 2008） （Chartrand & Bargh 1999）	物まね （Gallese et al. 1996） （Rizzolatti et al. 2008） 運動共鳴 （Sommerville et al. 2005） （Agnew et al. 2007）
対人的自己 （Meltzoff 2007） （Nagai & Rohlfing 2009） （Inui 2013） （Kuhl et al. 1997）	自己の気づき －原初的情動の差異化 完全な自他識別 －他者視点取得（Moll & Tomasello 2006） と心の理論（Premack & Woodruff 1978）	情動的共感（Craig 2003） （Shamay-Tsoory et al. 2009） 認知的共感 （Premack & Woodruff 1978） （Edgar et al. 2012; de Waal 2008） （Smith 2006）	協同 共有ゴール
社会的自己 （Asada 2011）	自己を他者とみなす情動制御 －情動制御 自己を他者とみなすメタ認知 －メタ認知（Schraw 1998） 集団内／集団外情動制御 －社会的発達さらに 代理情動（Amodio & Frith 2006）	同情／哀れみ （Goetz et al. 2010） 知覚された／感じた情動 （Kawakami et al. 2013a,b） 妬み／シャーデンフロイデ （Gonzalez-Liencres et al. 2013）	エミュレーション 模倣 （de Waal 2008）

人工共感に向けた二つの主要な発達

ＡＤＲの観点から、人工共感設計には、初期の二つの発達時期が重要である。それらは、情動伝染（物まねの関係）と情動的共感／認知的共感である。

情動伝染と物まねとの連結

前項「情動伝染から妬み／シャーデンフロイデまで」で述べたように、情動伝染は自動的である（無意識）。一例は、ネズミの実験で、一匹のネズミＡが音刺激とともに他のネズミＢが電気ショックを受けるところを観察したとき、ネズミA自身は、電気ショックの経験がないにもかかわらず、音を聞いただけでフリーズする（Chen et al. 2009）。ここで、フリーズ行動は、ネズミＡの情動的応答によって引き起こされ、情動伝染のサインと見なされる。

ドゥ・ヴァール（de Waal 2008）は、情動伝染と物まねからはじまる模倣と並行する共感の進化の過程を提案した。情動伝染と物まねはともに、知覚行動照合（perception-action matching：ＰＡＭ）と呼ばれる照合過程に根ざしている。他の用語の正確な定義を越えて、情動伝染のための基盤構造を与える物理的身体からの一種の共鳴機構を物まねは必要とする（Uithol et al. 2011)。そして、情動伝染と物まねの関係は、物理的／心的同調を結ぶ最初の重要な段階である。

ハットフィールドら（Hatfield et al. 2000）は、他者の顔の表情、発声、姿勢、動きを自動的に真似したり同調して、最終的には情動的に収束する傾向として、原始的な情動伝染を定義した。後に、ハットフィールドら（Hatfield et al. 2009）は、物まね、フィードバック、感染の三つのフェーズからなる情動伝染の機構を定義した。この機構に基づき、人間は自動的に他者の顔の表情、発声、姿勢、動きを真似し、それにより他者の情動の弱い反射を感じ、最終的に他者の情動を経験する傾向にある。

ソンビィ－ボルグストロム（Sonnby-Borgstrom 2002）は、情動的状況の意識的な解釈にかかわらず、自動的に（無意識のうちに）他者の情動を共有し理解することを物まねが可能にすることを提案した。被験者を高／低共感グループに分け、「幸福」と「怒り」の顔写真を呈示した際の顔の筋電位（EMG）を測定した際、高共感グループは、呈示した写真と自身の引き出された情動に正の相関が見られた。同様の状況はカメレオン効果にも見られる。カメレオン効果とは、相互作用相手の姿勢、くせ、顔表情、動きなどの無意識な物まねであり、それ故、現在の社会的環境の中の他者に合わせようとして、自身は受け身的かつ意図せずして、行動が変化する。物まねが協力関係を強化し、これが他者との関係を助長するので、この効果は社会的接着剤として作用すると考えられる（Chartrand & Bargh 1999; Lakin et al. 2003）。片や、低共感グループは、「怒り顔」の写真に対して、逆の「笑顔反応」を示し、このことは、顔からのフィードバックを通して、負の感情に対する防御として作用することを示す。

最初の無意識の瞳孔感染は、機能的磁気共鳴画像法（ｆＭＲＩ）の研究で発見された（Harrison et al. 2006）。被験者は、様々な瞳孔サイズの「悲しみ顔」を呈示された。大きな瞳孔の写真よりも小さいサイズの瞳孔の写真に対し、彼ら自身の瞳孔は、顕著に小さかった。瞳孔サイズを調節する脳幹のエディンガー・ウェストファル（Edinger-Westphal）神経核は、この感染効果に有意に関わっていた。この皮質下の構造の活動は、瞳孔感染が我々が気づかずうちに起こっていることの証拠を提供し、共感の先駆者であることを示しているかもしれない。彼らのデータは、他者の瞳孔サイズの皮質下のミラーリングが共感評価や彼らの悲しみ感情の理解を強化する神経学的実体を同定したことになる。この研究は、また、物まねと情動伝染の強い重なりを示している。

これらの観察は、物まねは、他者の情動的表出に対する、ある種の自動的、もしくは事前に埋め込まれ結線された運動共鳴と想定しているようにみえる。しかしながら、物まねのトップダウンの影響も示唆されている。それ故、物まねは、自身や他者の間の信頼関係や好意を強化する社会的機能として作用するとみられる（Singer & Lamm 2009）。

スペリー（Sperry 1952）は、知覚運動サイクルが神経システムの基本的なロジックであると論じた。知覚と行動の過程は、機能的に相互に絡み合い、知覚は運動の手段であり、逆もまたそうである。

マカクザルの腹側運動前野および頭頂皮質におけるミラーニューロンの発見（Gallese et al. 1996）は、運動知覚と運動生成の直接的な照合の神経生理学的な証拠を提供した（Rizzolatti et al. 2008）。ミラーニューロンシステム（MNS）は、情動伝染を引き起こす運動共鳴と呼ばれる物まね現象（観察された他者の運動と同じ運動を生成する）と強く関連する。さらに、これは、自他識別、行動理解、共同注意、模倣、心の理論とも関連する（詳細な議論は、文献 Asada 2011 参照）。

人間の場合、前運動野、後頭頂皮質の運動共鳴は、被験者がゴール志向の運動を見たり、生成したりするときに生じる（Grezes et al. 2003）。そのような運動共鳴は、事前にハードに組み込まれているか、少なくとも、かなり初期に機能していると思われる（Sommerville et al. 2005）。

情動的共感と認知的共感の関係

ドゥ・ヴァールのモデル（de Waal 2008）に従えば、情動的共感は認知的共感より早く発達（進化）するので、ある種の階層構造（図3-1）の中で、認知的共感は情動的共感を含んでいると考えられる。しかしながら、複数の研究で、それらが包含関係ではなく、異なる役割を持ち、脳内の異なる領域に位置する異なる二つのシステムであることが、報告されている。

前項「情動伝染から妬み／シャーデンフロイデまで」で述べたように、複雑な情動と自己への

表３－２　情動的／認知的共感のための二つの分かれたシステム

（Shamay-Tsoory et al. 2009 の Figure 6 を改変）

情動的共感（EE）	認知的共感（CE）
シミュレーションシステム	メンタライジングシステム
情動伝染	他者視点取得
個人的心痛	イマジネーション（情動的将来の結果）
共感的な心配	情動認識
	心の理論
核となる脳構造	核となる脳構造
IFG（下前頭回）BA 44	VM（腹側内側前頭前野）BA 10, 11
発達	発達
乳幼児	子ども／青年
系統学	系統学
齧歯類、鳥類	チンパンジー

気づきの神経学的表象は前帯状回皮質（ＡＣＣ）と島前部（ＡＩ）にある（Craig 2003）。ブッシュら（Bush et al. 2000）は、ＡＣＣのイメージング研究を調べ、ＡＣＣが認知的／情動的処理を制御するために働く注意を構成する回路の一部であるとの仮説を立てた。その二つの主要な分割領域は、明確に異なる機能を持つ。これらは、背側認知領域（ACcd）と吻腹側情動領域（ACad）である。調査した研究のメタ解析を行い、情動的／認知的タスクの制御は、これらの2つの領域に分かれて位置していることを示した。

シャメイ－ツーリィら（Shamay-Tsoory et al. 2009）は、腹内側前頭前野皮質（ＶＭＰＦＣ）に病変がある患者では、認知的共感と心の理論（Theory of Mind、以下、ＴｏＭ）に障害があり、下前頭回（ＩＦＧ）に病変がある患者では、情動的共感や情動認識に障害があることを発見した。例えば、ブロードマン領域44（前頭皮質のなかの、運動前野の前）は、情動的共感に必要不可欠であることは発見されており、同じ領域は、以前、人間のMNSの一部であると同定されていたところ（Rizzolatti 2005）でもある。

シャメイ－ツーリィら（Shamay-Tsoory et al. 2009）は、これら二つの異なるシステムの差異をまとめている（表3－2参照）。

ファーナら（Fana et al. 2011）は、被験者が共感に関してテストされることを知らされていない場合（彼らは「情動的－知覚的」と称した）と共感に関連した手がかりに注意を向けるように指示された場合（彼らは「認知的－評価的」と称した）の調査した脳領域の中の違いを報告した。両方の条件で背側前帯状皮質（dACC）、前中央帯状回皮質（aMCC）、補足運動野（SMA）、両側島部などが賦活したが、認知評価条件では、加えて、背側aMCCが、また情動知覚条件の場合は、右の前島部が賦活した。

これまでの研究では、情動的／認知的側面は個別の脳領域で、それ故、独立に処理されると議論されてきた。しかしながら、両者は密に関係しているようである。一例は自身を他者視点で観察できるメタ認知に関係する。このケースでは、観察している自己と、されている自己があり、仮想化された（客観的な）自己と、主観的な自己に、それぞれ対応する。典型的な現象は、悲しい音楽を楽しんでいる状況に見られる。そこでは、悲しい音楽を客観的自己が悲しいと知覚するのに対し、主観的自己は、悲しい音楽を聴くことを楽しむ（Kawakami et al. 2013a,b）。この場合、情動的／認知的側面の関係は複雑である。知覚された情動自身は、感じる情動のターゲットであり、状況自身は認知的過程（メタ認知）によって組織化されている。

ペソア（Pessoa 2013）は『認知的‐情動的脳（*The cognitive-emotional brain*）』と称する書籍を出版し、その中で、いかに複数の脳領域が異なる機能にコミットしているかを脳内の機能的多様性マップ（functional diversity maps）と指紋（fingerprints）を使って示した。彼は、情動と認知の対立ではなく、それらが動的に関係しあうネットワーク構造を主張している。これはＡＤＲにとって人工共感を設計するうえで示唆的である。なぜなら、ここの独立した機能モジュールの統合よりも、そのような動的ネットワークによる統一アーキテクチュアのほうが魅力的だからである。我々は、まだそのような統一的なネットワークを設計・発展させていないが、以下では、その方向のいくつかの試みを紹介する。

ＡＤＲ／ＣＤＲによる人工共感への試み

ＡＤＲ（情動発達ロボティクス）／ＣＤＲ（認知発達ロボティクス）の観点から、以下の課題が挙げられる。

・情動伝染と物まねを結ぶ基本構造は何か？
・情動的共感は自己への気づきや自他認知の能力により情動伝染から発達したと想定されるが、それはいかに発達したのか？
・認知的共感設計のカギは、他者視点取得や心の理論だが、それはどうやって獲得されるのか？

ここでは、既存研究を紹介するが、いくつかの研究はADRの範疇とは想定されていない。しかし、上記の課題と関連するので、含めて紹介する。

情動伝染と物まね

ダマシオとカルバリョ（Damasio & Carvalho 2013）は、身体のホメオスタシスの欠如が、脳のネットワークを通じて、適応行動にトリガーをかけると説明している。例えば、知らない人の次の動きに対する注意などがあげられる。これは、ホメオスタシスのような構造が、身体化した情動表現を設計するうえで必要であることを示唆する。初期のパイオニア的研究の一つは、早稲田大学のWAMOEBA（Ogata & Sugano 2000）で、彼らは、自己観察システムとホルモンパラメータに基づく自己保存と連結した情動状態を表出する情動モデルを提案した。このシステムは外界からの刺激に対して、身体感情を安定に保つように適応的であった。したがって、最適行動は、エネルギー消費を最小にするため、外界からの刺激がない限り、睡眠することであった。

この研究は、自己保存と本能的な部分に繋がる情動に関して先駆的であった。これらの情動モデルに従い、情動的表情表出する点も評価される。ここで、本能的な部分は、生き残りパラダイムを意味し、生物進化にならい、設計者がロボットに埋め込んだものである。しかしながら、情動状態に関して、いかに人間と共有できるかは不明である。もちろん、当初はそのような課題が意識されていなかったので、ほとんどの行動は設計者が事前に埋め込んでおり、人間との情動状態共有の学習や発達の余地が皆無に近かったからである。

情動伝染と物まねは、知覚行動照合[3]（PAM）を介して、互いに関連し、運動共鳴がこれらを結ぶ重要な役割を担うと考えられる。森と國吉（Kuniyoshi & Sangawa 2006; Mori & Kuniyoshi 2007）は、神経振動子、筋骨格系、子宮内（胎児の場合）や重力下の外環境（新生児の場合）の全体相互作用により生ずる神経振動に基づく行動生成の最も基本的な構造を提案した。コンピュータシミュレーションにより、胎児や新生児の振動的運動が生ずることを示した。このような相互作用が視覚や聴覚などの多種のモダリティを通じて他者との相互作用（運動共鳴）に拡張され、秩序だった行動が自己組織化されることが期待される。彼らの神経アーキテクチュアは、自他認知の最初の段階の基本メカニズム（図3－2左下）の典型例と考えられる。この種のアーキテクチュアは、社会的相互作用に焦点をおいたサブの構造が足される（創発される）ことにより、後段に発展することが期待される。

物まねは、そのような相互作用の一種であり、情動的共感に繋がる情動伝染を引き出す可能性がある。この過程の中に、ＭＮＳの一部が含まれている可能性がある（Shamay-Tsoory et al. 2009）。サルのミラーニューロンは見えるターゲットに対する目標志向の行動（他動詞）にしか反応しないのに対し、ヒトの場合は、ターゲットがなく、自動詞的動作にも反応する（Rizzolatti et al. 2008）。これは、議論の余地があるところで、さらなる検討が必要である（Agnew et al. 2007）。

長井ら（Nagai et al. 2011）は、初期の未熟な視力に基づくＭＮＳの発達の計算モデルを提案した。このモデルは、結果として二つの連合を生み出す。一つは、自身の運動指令とその帰結の視覚、もう一つは、自身の運動指令と他者の運動を観測した視覚との関係である。彼女らの実験は、自他認知システムの初期発達を達成し、このことが、ロボットが他者の行動を模倣することを可能にする。これは、共感発達ではなく、行動（模倣）であるが、共感と模倣との強い連関を考えると、このモデルは、図３－２に示す自他認知発達過程の第１段階から第２段階に至るブリッジと想定される。視覚モジュールを先に述べた神経システム（Kuniyoshi & Sangawa 2006; Mori & Kuniyoshi 2007）に加えることで、自他認知発達過程の第１段階から第２段階にシームレスで繋ぐことができると期待される。

人間以外の霊長類と異なり、人間のＭＮＳは、非合目的な行動も適応可能である。栗山ら（Kuriyama et al. 2010）は、遊びのための、偶発性と内的動機付けに基づくインタラクション・

ルール学習の手法を示した。このような非合目的な母子インタラクションは、ＭＮＳのような機能や初期の模倣能力である物真似を獲得するのに重要な役割を果たすので、長井ら（Nagai et al. 2011）のモデルの後継と考えられる。これは、自他認知の発達過程の第二段階に付加される構造（図３－２下段中央）に対応するかもしれない。ただし、長井らや國吉ら（Kuniyoshi & Sangawa 2006; Mori & Kuniyoshi 2007）のモデルとの直接的な連結は単純ではない。

情動的共感と認知的共感

右記の研究は、最も基本的な情動の軸（Russell 1980）である快（不快）または覚醒（睡眠）などの情動状態と直接関連しない。もし、人間の幼児が、情動の基本的な形態を持って生まれるとするならば、例えば幸せと怒りなどの様々な情動状態をどのようにして持てるのかは、非常に興味ある課題である。

養育者が子どもの情動的な顔の表情を真似したり、大仰にしたりする直観的親行動は、発達心理学において、母親の足場作りと見なされている（Gergely & Watson 1999）。子どもたちは、これに基づいて、共感を発達させるとされている。渡辺ら（Watanabe et al. 2007）は、ロボットが共感的な応答を学習するために、ロボット自身の内部状態と養育者が真似したり、誇張した顔の表情とを関連づける人間の直感的親行動をロボットを使ってモデル化した。内部状態空間と顔の

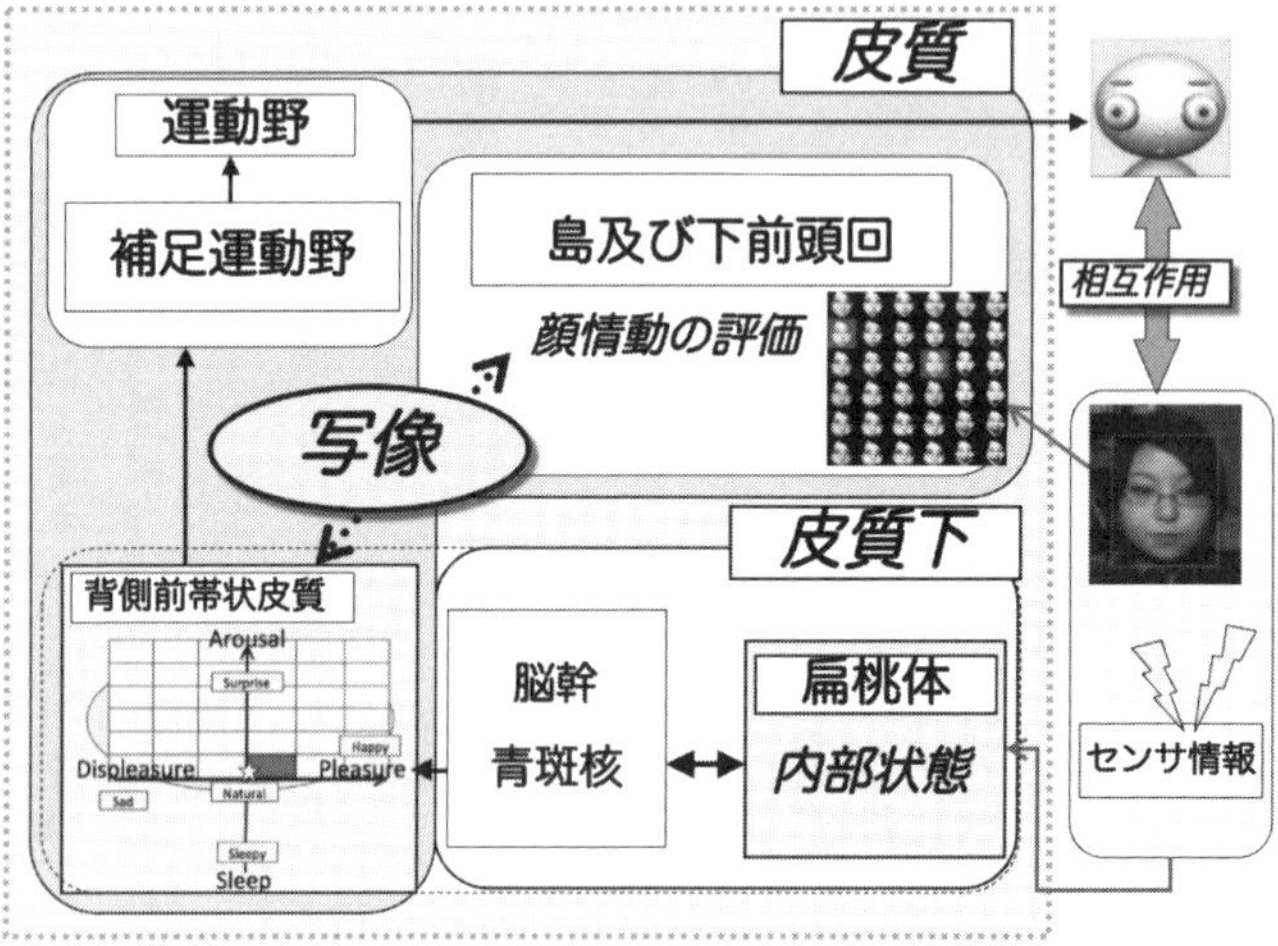

図３－３　渡辺ら（Watanabe et al. 2007）における計算モデルのための神経解剖学的構造

表情を心理学的知見を用いて定義し、それらは、外的刺激に応じて、ダイナミックに変化する。学習後、ロボットは人間の顔表情を観察することで、養育者の内部状態に応答する。そして、ロボットは、それに呼応するように、自身の内部状態を変化させ（共感）、それに対応する顔の表情を表出する。

関連文献（例えば、Fana et al. 2011; Shamay-Tsoory et al. 2009; Liddell et al. 2005）中の共感に関する神経学的実体を考慮して、上記の計算モデルのための神経解剖学的構造の概要を図３－３に示す。それぞれの文献では、異なるタスクデザインと機器で行っており、神経学的実体の統一性は保証されない。むしろ、この構造はおよそのネットワーク構造を伝えることを意図している。学習者が相互作用中に偶然遭遇する養育者の顔表情は、下前頭回（ＩＦＧ）と島で処理されると想定され、背側前帯状皮質（ｄＡＣＣ）に投影される。そこは、自身の情動状態を表出するための顔筋を駆動する学習者の情動空間を保守管理すると想定される。

右記過程は、自他認知の発達過程の第二段階に（図３－２下段中央）に対応するかもしれない。より正確には、応答がＭＮＳシステムのようなものなので、第２段階の初期かもしれない。さらに、養育者の顔表情から学習者の情動状態への写像は、表３－１に示した自己への気づきやメンタライジングを少なくとも必要とする。しかしながら、この段階では、他者視点取得やメンタライジングは、まだ完全なものでない。これらについては、次節で議論する。

ＭＮＳに加えて、認知的共感は、「他者視点取得やメンタライジングを必要とする」（de Waal 2008）。これらはともに、「心の理論」（Premack & Woodruff 1978）の機能を共有している。「心の理論」は、共感発達だけでなく、より一般的に人間の発達にとって重要な課題である。

他者視点取得の初期の発達は、視覚的他者視点取得として、24ヶ月の子どもで観察されることをモルとトマセロ（Moll & Tomasello 2006）は示した。ただし、18ヶ月では観られず、このことは、この期間に発達的変化があることを彼らは示唆した。

通常の工学的解決法は、最初に、自己と他者と物体の三次元幾何学的再構成があり、そのあと、自己および世界中心の座標間の変換である。再構成に必要なパラメータを18ヶ月と24ヶ月の間に正確に推定できるようになるとは、現実的には思えない。より現実的な解決は、互いに関連した二つの解決法であり、後者は前者を含んでいると思われる。ともに、ゴールが何であるかを知っていることが必要である。

最初の解決策は、養育者とゴールを共有した経験の蓄積である。ビューベースの認識の傍証としては、サルの脳の下側頭皮質における顔細胞があげられる（Purves et al. 2012 の第26章）。この顔細胞は顔の向きに選択的に反応する。ビューベースのコンピュータビジョンは、物体認識や空間知覚の工学的手法である[4]。吉川ら（Yoshikawa et al. 2001）は、モジュラー型のニューラルネットワークを用いた呈示者のビューの逐次再構成法を提案している。これにより、学習者は、異なる位置姿勢の呈示者とのビューベースの模倣学習のための空間知覚を組織化できる。最近はやりのビッグデータ処理はこれに対するよりよい解を提供できるかもしれない。

二番目は、強化学習によって推定可能な価値に基づいて、異なるビューを等価と見なす手法である（Takahashi et al. 2010）。学習結果は、猿の脳のMNS機能に類似している。すなわち、自己と他者の見かけの異なる運動を同じゴールに向かう行動と見なしているからである。

表　情

顔や身振りの表情表出は、非常に重要でかつ欠くことのできない人工共感の部分である。パイオニア的な研究であるWE-4RII（Miwa et al. 2004, 2003）[5]は、非常に豊かな顔や身振りの表情表

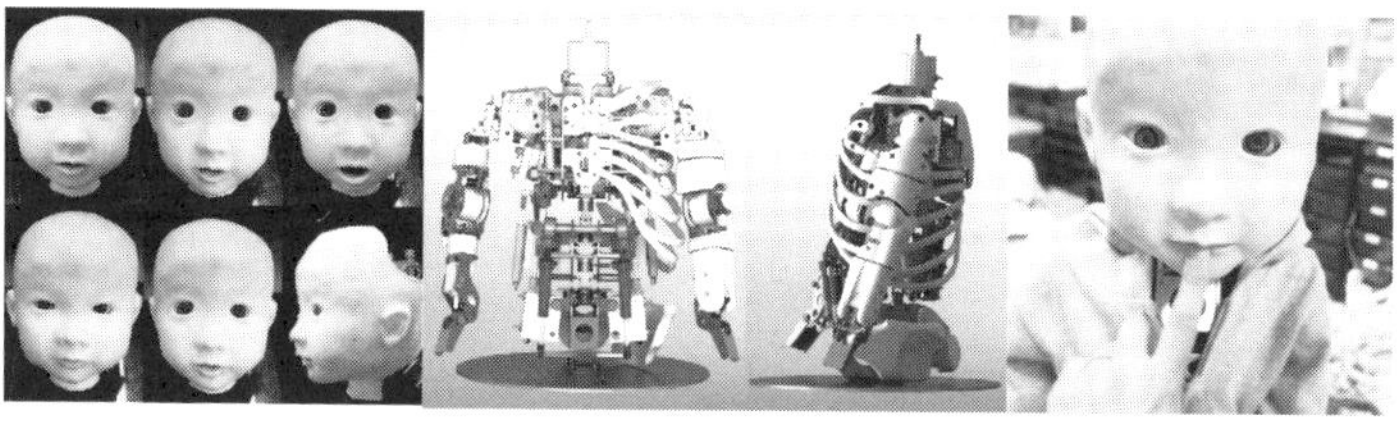

図３－４　Affetto

顔表情（左）、胴体の内部構造（中）、物理的接触の例（右）

出に成功しており、観察者に対応する情動を想起させる。彼らの設計概念と具現化技術は秀逸であるが、実際のインタラクションは、設計者のスキルに依存するところが多い。

ＡＤＲ／ＣＤＲで説明されるように、我々は二つの方向でより写実的な研究プラットホームを必要とする。一つは、情動発達の計算モデルを有する写実的ロボットの設計で、もう一つは、幼児と養育者の情動的インタラクションの研究用である。これらの目的のために、20ヶ月頃の幼児を想定した外観を持つロボットAffettoが設計され、構築されつつある（Ishihara et al. 2011; Ishihara & Asada 2014）。図３－４は、Affettoの現状を示している。

社会脳解析

ＡＤＲのもう一つの側面は、人間の発達過程の新たな理解のための手段やデータを提供することである。３・１節で述べたように、ロボットは、心理実験などにおいて、再生可能でバイアスがかからないシステマティックな刺激や道具として利用可能である。

高橋ら（Takahashi et al. 2014）は、異なるエージェントとの社会的相互作用が、マインドホルダーやマインドリーダーなどの心的能力の印象に、いかに影響を与えるかを調べた。彼らは、人間、アンドロイド（Actoroid F）、メカ的ヒューマノイド（infanoid）、ペットのようなロボット（Keepon）、そしてコンピュータの5種類のエージェントを用意し、fMRIスキャナーの中で、硬貨合わせゲームを被験者にさせ、印象を聞いた。アンケートを主成分分析（PCA）した結果、第一、三主成分が心的機能評価（マインドホルダー）とエントロピー（高い値がゲーム戦略の複雑さを表す。マインドリーダー）と対応した。図3-5は、5種類のエージェントの2次元配置を示しており、x軸はマインドホルダーを、y軸はマインドリーダーを、それぞれ表している。それぞれの相手に対する主成分の評価値は、被験者全員の平均を表している。人間、アンドロイド、ヒューマノイドは、マインドホルダーとマインドリーダーの正の相関を持っているが、Keepon（コンピュータ）は、負の相関で、高い（低い）マインドホルダー性でかつ低い（高い）マインドリーダー性を示した。

これらの二つの社会的印象の側面が、二つの異なる脳内ネットワークの活動と対応していることをfMRI計測結果は示している。両側の内側前頭前野（MPFCs）、後部傍帯状回（posterior PCCs）、側頭頭頂接合部（TPJ）、後部上側頭溝（pSTS）に加えて、左の海馬がマインドホルダーに対応、右の側頭頭頂接合部（TPJ）、後部上側頭溝（pSTS）、側頭極（TP）がマインドリーダーに対応して賦活する（右のTPJ/pSTSは共通）（図3-6）。マイ

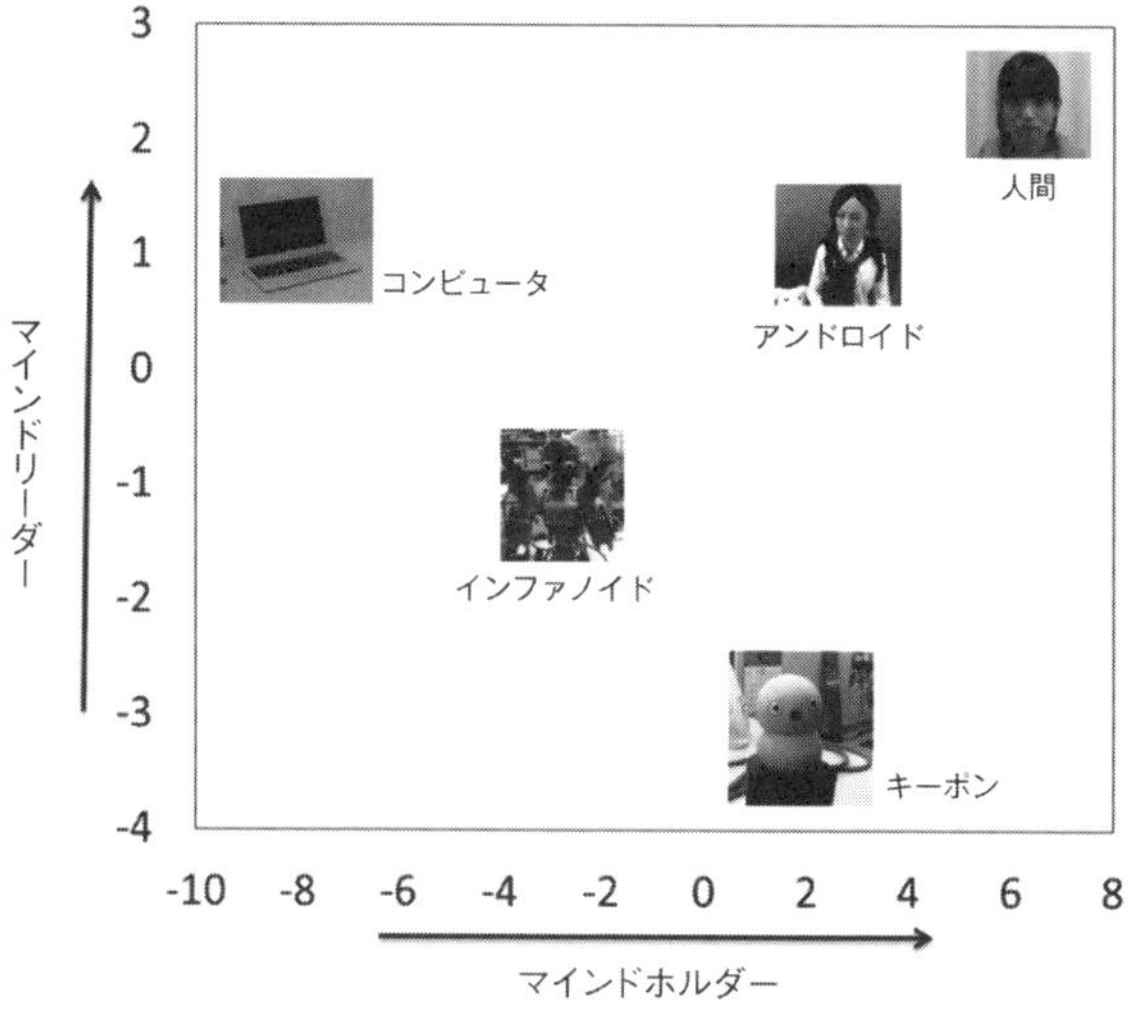

図３－５　５種類の相手の２次元配置（Takahashi et al. 2014）（カラー口絵参照）

ｘ軸はマインドホルダーを、ｙ軸はマインドリーダーを、それぞれ表す（本文参照）。それぞれの相手に対する主成分の評価値は、被験者全員の平均を表している。

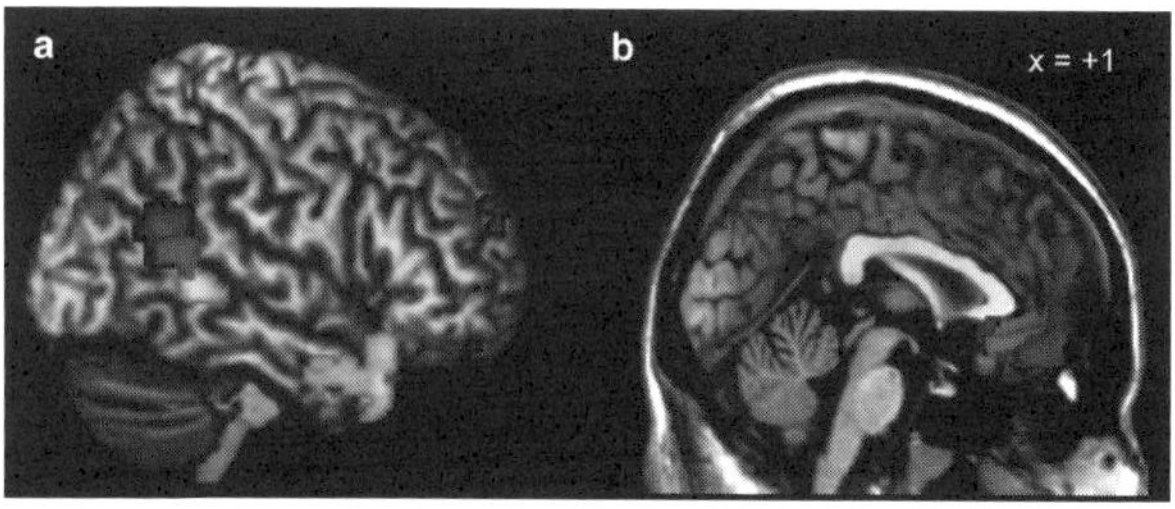

図３－６　fMRI 計測の結果（Takahashi et al. 2014）（カラー口絵参照）

マインドホルダー（赤）とマインドリーダー（青）によって活動した脳領域。(a) では、MNI 標準脳の側面に領域が描かれ、(b) では、矢状断面 ｘ＝＋1 上に領域が描かれている。青灰色は、両方に共通して活性化した領域である。

ンドホルダーやマインドリーダーなどのエージェントとの社会的相互作用は、我々の社会脳内表象を明瞭に形作る。それは、我々の社会で遭遇する様々なエージェントに対して、いかに行動するかを決定する。

主成分分析結果の第二成分について、特定の心的属性や賦活脳領域に対応していないが、今後の解析により明らかになることが期待される、マインドホルダー性とマインドリーダー性は、情動的／認知的側面に部分的に対応するかもしれない。ただし、それらの関係やネットワーク構造は我々の理解からほど遠いが、チャレンジする価値はある。

討論

既発表のレビュー（Asada 2014b）に基づき、本章では、情動伝染、物まね、そして認知‒情動対立に焦点をおいた。情動伝染と物まねでは、物理的同調と心的同調を繋ぐ機構の可能性について議論した。最低限必要な機構は環境との同調を可能にする引き込みを起こすシステムで、胎児・新生児シミュレーション（Kuniyoshi & Sangawa 2006; Mori & Kuniyoshi 2007）は第一ステップで、これらのシミュレーションは、他のエージェントとの相互作用に拡張されるべきである。これを支援するためには、同調の神経科学的証拠が必要である。最近、平田ら（Hirata et al. 2014）は、

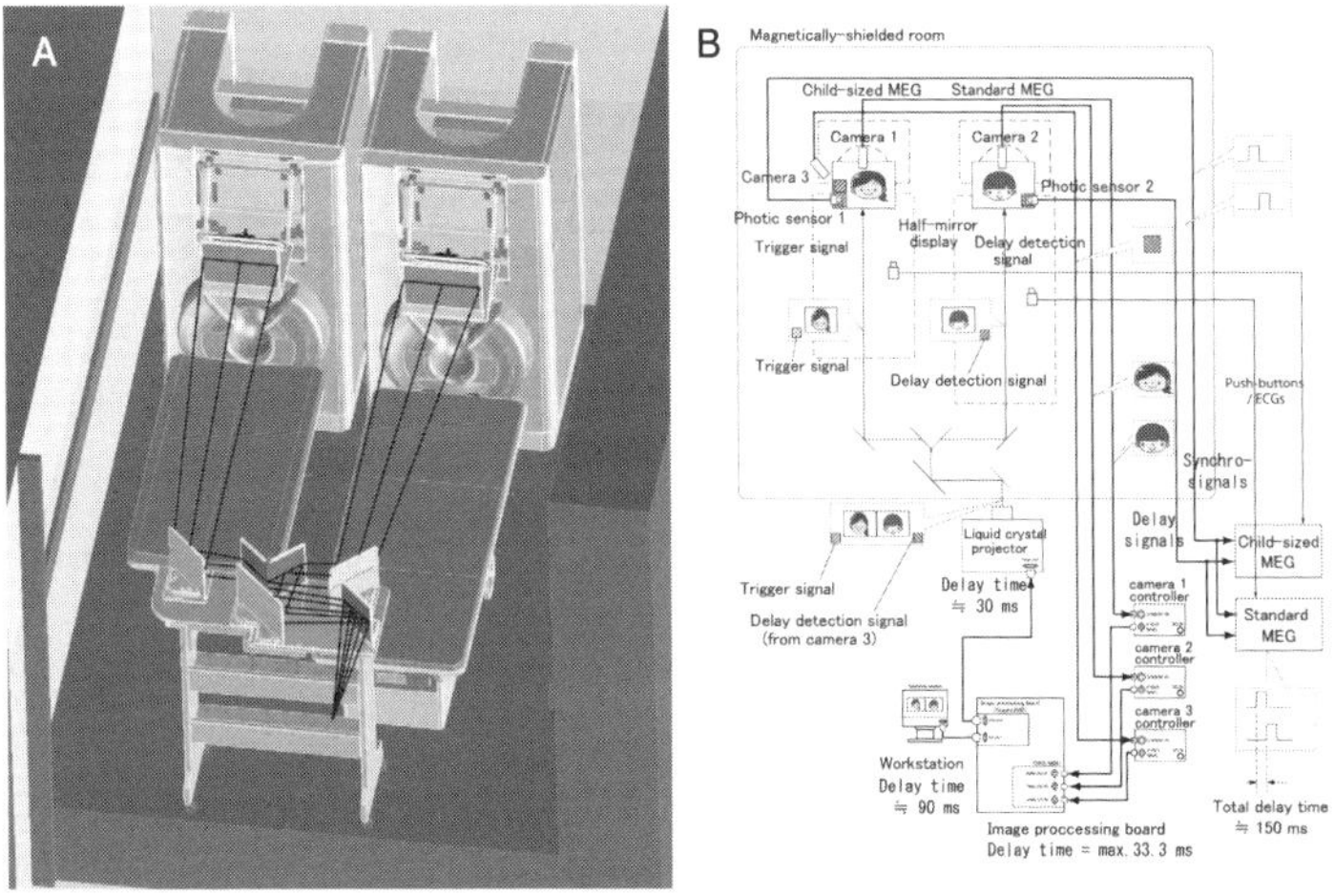

図３－７　MEGのハイパースキャニングシステム（Hirata et al. 2014）
（A）大人用（右）と子供用（左）MEG、（B）視聴覚呈示・記録システム。

脳磁図（magnetoencephalogram: ＭＥＧ）のハイパースキャニングシステムを構築した（ハイパースキャニングについては第6巻9章を参照）。子供用と大人用の二つのＭＥＧスキャナーが一つのシールド室に配置され、ビデオ表示システムにより、実時間、静止画、共通のビデオ映像など、種々のモードの刺激を与えることができる（図３－７）。このハイパースキャニングシステムによる計測と解析により、母子間同調の基礎知識の獲得とモデル検証が期待される。

　心の理論における言語の包含性や必要性に関する議論がある。ミラーニューロンが発見されたサルの脳の領野Ｆ５の近くの領域が人間の脳でのブローカ領野のホモロジーと想定されているからで、心の理論（ＴｏＭ）とＭＮの活動は、いくつかのイメージング研究で調べられている、重い失語症の患者を対象とした研究（例えば、Varley et al. 2001）では、通常の心の理論の能力が報告されている。これは、言語能力が心の理論の本質的な要件でないことを示している（Agnew et al. 2007）ように見える。

前項「情動伝染と物まね」で述べたように、初期のパイオニア的研究の一つは、早稲田大学のWAMOEBA（Ogata & Sugano 2000）で、彼らは、自己観察システムとホルモンパラメータに基づく自己保存と連結した情動状態を表出する情動モデルを提案した。最適行動は、エネルギー消費を最小にするため、外界からの刺激がない限り、睡眠することであった。しかしながら、動物の行動、特に人間の場合、生存のための基本的な構造によってのみ行動が生成されている訳ではなく、いわゆる内発的動機付け（Ryan & Deci 2000）によって、より能動的に行動生成がなされると考えられる。実際、転倒は5歳以下の子どもの突発の怪我や死亡のトップの原因である（Joh & Adolph 2007）。にもかかわらず、子どもは、彼らの未熟な行動を駆使して、彼らの環境を探索する。

機械学習と発達ロボティクスのコミュニティでは、内発的動機づけは、種々の行動を生成する駆動力として、近年、注目を集めている（Lopes & Oudeyer 2010）。彼らの関心は、内発的動機づけがいかに発達したかではなく、その存在を前提として、情報理論からの定式化にある。共感と内発的動機付けの関係について、まだ、しっかり研究されていない。我々は、人工共感を発達させる内発的動機付けのある種の構造を考慮したい。明示的か非明示的か？　アタックされるべき課題である。

認知・情動対立に関して、(Decety & Lamm 2006) は、共感の生成や調整の過程で、ボトムアップ（すなわち知覚と行動の直接照合）とトップダウン（すなわち、調整、脈絡評価、制御）の情報処理過程が基本的に密接に絡み合うモデルを提案した。ボトムアップ処理は、知覚入力により（抑制されない限り）、自動的に活性化される直接の情動共有を説明する。前頭前皮質や帯状回皮質に実装された実行機能は、選択的注意や自己調整を通じて、認知と情動をともに制御することに努める。このメタ認知レベルは、ボトムアップ情報により連続的に更新され、そして見返りにトップダウンのフィードバックを提供することにより下位を制御する。トップダウンの調整は、実行機能を通じて、下位を調整し融通性を付加する。これにより、個人は外的な手がかりに頼らないようにすることができる。メタ認知のフィードバックループは、他者の情動状態に応答する（もしくはしない）ために自身の心的能力を考慮に入れる重要な役割を果たす。このモデルは、古典的には結びつけられていなかった実行機能とその神経科学的構造、特に、内側、背外側前頭前皮質のトップダウン処理によって補われるべきである（実行機能については本シリーズ第3巻参照）。

このシステムは、機能的な人工システムとしては実現されていないが、チャレンジする価値はあるだろう。もし実現されれば、最初の養育者との初期体験（アタッチメント）、現在の雰囲気、他の環境的随伴性などの脈絡的要素は考慮されるべきであろう。なぜなら、これらの要素は、共感を調整することができるからである (Gonzalez-Liencres et al. 2013)。これは、共感、同情、自身の心痛のシステマティックな定義を必要とするだろう。これらは互いに密に関係しているので、実際、いくつかの研究がこれらの関係を議論している（Shamay-Tsoory et al. 2009; Bush et al. 2000; Lamm et al. 2007）。

謝辞

本稿の執筆に際し、生産的な討論をしてくれた下記の研究者に感謝する。荻野正樹准教授（関大）、長井志江特任准教授（阪大）、石原尚助教（阪大）、高橋英之特任助教（阪大）、川上愛研究員（玉大）。なお、科研特別推進研究（24000012）、学振研究拠点形成事業（認知脳理解に基づく未来工学創成のための競創的パートナーシップ）の一部、補助を受けた。

注

[1] 例えば、以下を参照：http://www.world-of-lucid-dreaming.com/10-animals-with-self-awareness.html

[2] ＡＤＲはＣＤＲの一部から始まったが、ＣＤＲの現在の範囲を超えて、進展することが期待されている。

[3] 元は、pesrception and action mapping だが、ここでは、物理的身体性と等価と見なす。

[4] 一般的な解説として、http://www.cs.rutgers.edu/～elgammal/classes/cs534/lectures/

appearance-based%20vision.pdf などがある。

[5] http://www.takanishi.mech.waseda.ac.jp/top/research/index.htm 参照。

4 ロボットに「人らしさ」を感じる人々

神田崇行

はじめに

家庭、学校、オフィス、商業施設、など、日常的な場所で人とかかわりながら活動するロボットの実現が近づいてきている。人々と協調的に振る舞い、社会に自然と溶け込み、役に立つようなロボットである。このようなロボットの開発は90年代後半から少しずつ進みだした。博物館の中を動き回りながら展示物を説明するロボット（Burgard et al. 1998）などが作られ始めた。初期のロボットの多くは、人らしさをあまり感じない外見であったが、2000年に入って、人型ロボットが作られ始めてから（Sakagami et al. 2002 など）、だんだんとロボットが人らしくなってきている。人間に似た見かけのロボットが作られるようになってきた。人間とそっくりの顔をしたロボットや、少し機械的な外見でも、顔があり、目があり、手がある、という人のように見える、擬人化できるロボットが多く作られてきている。国内だけでなく、海外でもこのような擬人化できるロボット（Gross et al. 2008; Lee et al. 2009 など）が作られてきている。

もちろん、「人らしい」のは見かけだけではない。いくら見かけが人らしくても、振る舞いが伴わないと、「おかしいな」と我々は感じる。例えば、話しかけても顔も向けない振り向かないロボットがいたら、誰でも変だと思うのではないだろうか。とはいえ、筆者らは人のようにふるまうロボットの研究に取り組んでいるが、いざ作ろうと思うとロボットに人らしく振る舞わせるのは、案外、難しい。人にとっては当たり前の振る舞いが、ロボットにとっては当たり前ではないからである。人は、生得的に、あるいは後天的に獲得して、社会の中で、他の人々に協調的に調和する行動を身につけている。そのような機能は、ロボットには生得的には備わるはずもなく、へんな動きをしてしまうのである。こういった取り組みを重ねる中で、だんだんと、人らしいロボットを作る、ということができるようになってきている。

本章は、直接、脳に関する研究を扱うものではないが、本巻のテーマ「ロボットと共生する社会脳」を理解するという大きな目的に寄与するために、人々とロボットとの関わりについて、動向、事例を紹介する。こういった「社会的」なロボットとはいったいどういうものなのか、そのためにどういった機能が備わっている必要があるのか、最新の研究事例を明らかにし、それにより、人々がこのような社会的ロボットに遭遇するとどのようなことが起きるのか、考察するきっかけとしたい。

社会的ロボット――人ではないのに、人らしく振る舞うロボット

ロボットと話す、というとどんな場面を思い浮かべるだろう。SF映画の中で見られるように、人そっくりのロボットが、人と同じように身振り、手振りを行って動いている、そんな場面を思い浮かべる方も多いのではないだろうか。あるいは、もっとシンプルなロボットに、人が何か命令を与えている、といった場面を思う方もおられるだろう。

こういった場面一つとっても、ロボットを社会的に振る舞わせる、ということの難しさを見ることができる。図4‐1は、あるユーザがロボットに話しかけている場面である（Kanda et al. 2007）。この実験では、ユーザは別の部屋までの道順をロボットに話すように求められている。少し離れた部屋なので、そこにたどり着くまでに何度も道を曲がる必要がある、少しややこしい場所の案内場面である。その際、一つの条件では、ロボットは静かに特に動くことなく話を聞く。この写真は、その条件で、ロボットに話しかけている人の様子である。写真を見ても、ちょっと不思議な、変だなぁ、という感じがするかもしれない。実際のところ、ロボットの内部に搭載されているコンピュータは、マイクロフォンから人の話し声が入力されるので、問題なく話を聞く

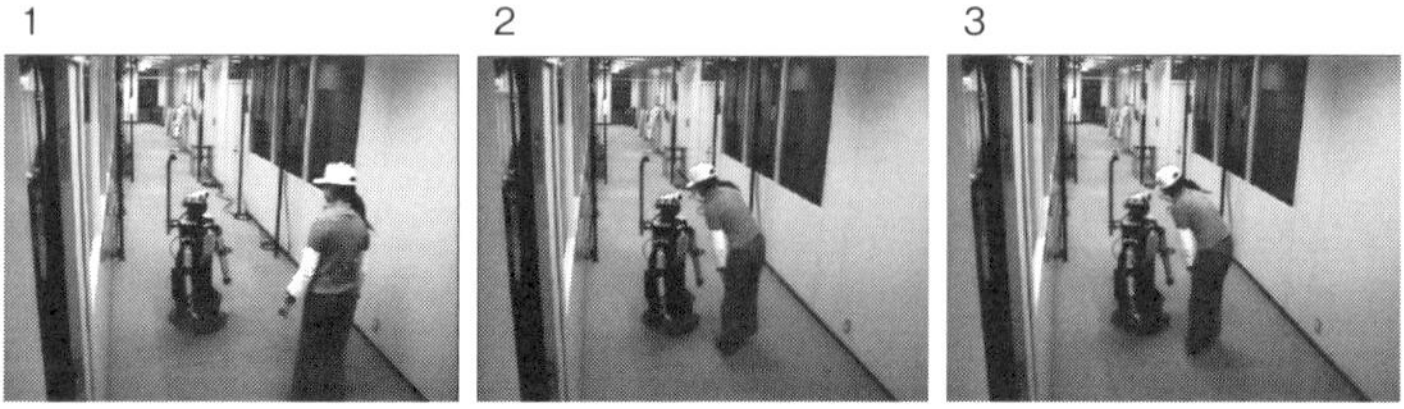

図４－１　人が人らしいロボットに話しかけているが、ロボットは反応しない

図４－２　人が話を聞く際の動きを真似して作られたロボット

ことができている。しかし、普通、人であればするような、アイコンタクト、頷き、などの反応が一切起きないのである。結果として、ロボットと話している人は、何か不自然だな、本当に話を聞いているのかな、と思ってしまう。

これに対して、図4－2は、同じような場面で、人がどのような反応を返すのかを調べ、それに基づいて、身振り手振りを行い、反応をするようなロボットである。体を相手の方に合わせて向ける、視線を合わせる、頷く、また方向を指で指されたらその方向を確認するようにさしかえす、といった18種類の要素行動が実装されており、人の発話状態や手の動きに反応するようにこれらの要素行動を表出することで、話を聞いていることを示すような反応動作を行う。このような、反応動作を行うロボットを、行わないロボットと比較した所、反応動作をするロ

図4－3　まっすぐ向かって話しかけるロボット

ボットに話しているユーザは、ロボットがよりしっかりと話を聞いて、分かってもらえた感じがすると感じることが見いだされた（Kanda et al. 2007）。

もう一つ、人らしい振る舞いが必要となる例を紹介する。図4－3は、パソコンの画面を見ているユーザにロボットが近づいて行って話しかける、「このパソコンはね、……」と言ってパソコンについて説明をこれからする、という場面の様子である。実はそもそもロボットが人の位置を計測することも簡単なことではなく、数メートル先の人を安定して検出するために様々な技術開発が行われている（Brscic et al. 2013 など）。それはさておき、人の位置が分かったとして、ロボットはどのような行動をすべきだろうか？

人間ならば、なんとなく自然に近づいて行って話しかければ、上手く話しかけができる、と思うのではないだろうか？　しかし、こういった単純なやりとりの中でも、実は人間は賢い認知情報処理を行っているのである。図4－3では、ロボットは単純に、その人の位置に向かって近づいて行って、話しかけている。しかし、この場面、ロボットはこれからパソコンの話をするのにもかかわらず、そのパソコンはユーザの背後に隠れてしまっ

図4－4　モノと人の位置を考慮して立ち位置を計算して話しかけるロボット

ていて見えない。普通、我々、人間なら、こういった位置関係に立って話しかけたりはしないだろう。ロボットは、そのままでは、こんな簡単なこともできないのである。

これに対して、図4－4は、モノと人の位置を考慮して行動するロボットの例である（Shi et al. 2011）。人は普通、モノについて会話する際にはどのような立ち位置に立つのか、心理学分野などでの研究が進んでおり（Kendon 1990 など）、その知見を再現できるような認知情報処理をロボットに行わせることで、例えば、ロボットからモノと人の両方が見える、人からもロボットとモノの両方が見えやすい、といった場所をロボットが選べるようになる。これによって、人らしい振る舞いをして、上手くモノについて会話しやすい位置にロボットが移動できるようになった。

相手が動いている場合には、より複雑な認知情報処理が必要になる。図4－5は、ロボットがある利用者の横を並んで歩こうとしている場面の一例である。並んで歩く、という行動も、我々人間からすれば、一見簡単に思えるが、これも思ったほど単純な行動ではない。図4－5では、ロボットは、文字通り、人の横に並ぼうと移動し続けている。しかし、

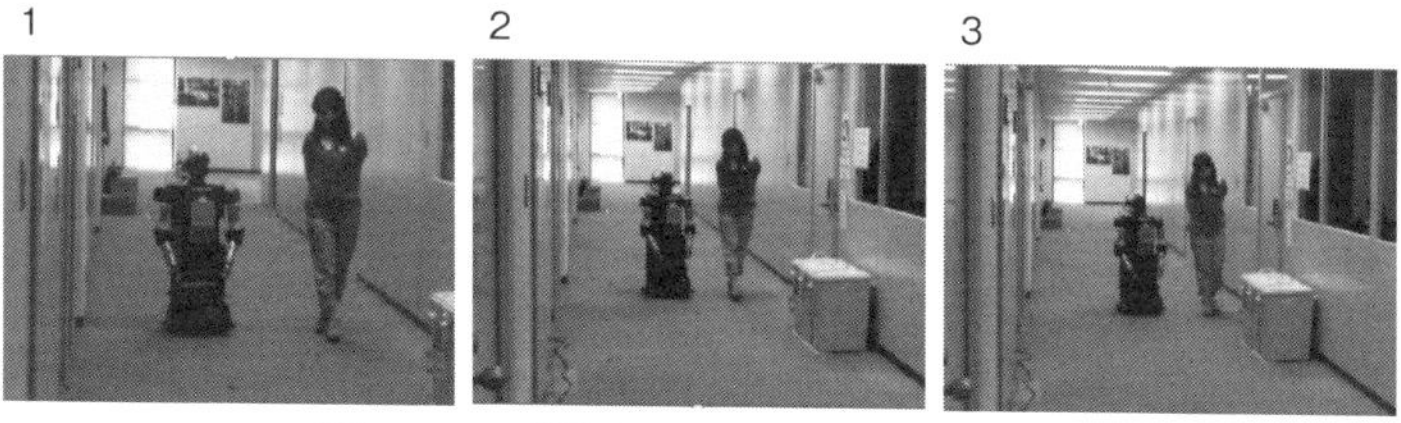

図4－5　通路を並んで歩くことの難しさ

ロボットが単に人の真横に移動しようとした場合。

このような単純な行動の結果として起きたことは、ロボットが人の横に並ぼうとした結果、人もロボットに合わせて少し速度を落とし、結果として壁際の方に追い込まれてしまっている。もし、人がロボットのことを気にかけず、通路の先へと黙々と移動していけば、おそらく、単に横に並ぶ、という行動でもうまく行くのであろう。しかし、人の方はロボットに合わせるような協調的な行動をとった結果、上手く行かなくなってしまった。一方、ロボットは、人はどこに向かおうとしているのか、両者がどのような行動をすれば目的に合うのか、という協調的な行動が行えていない。

そこで、両者がどこに行くことが目的に合うのか、その一歩先の望ましい状態を先読みするようなプランニングを実現した（Morales et al. 2012）。ロボットは、単に人の真横にいるというだけではなく、人もロボットも双方が、障害物から離れ、ゴールに近づくように、一定の歩きやすい速さで移動する、といった行動をなるべくとれるような計画を立てて行動する。図4－6は、ロボットの動作する様子と、その際の、ロボット内部でのプランニングの様子である。左側で、丸印で示されているのが、ロボットと人の現在の位置、その位置の前方（右方向）にある

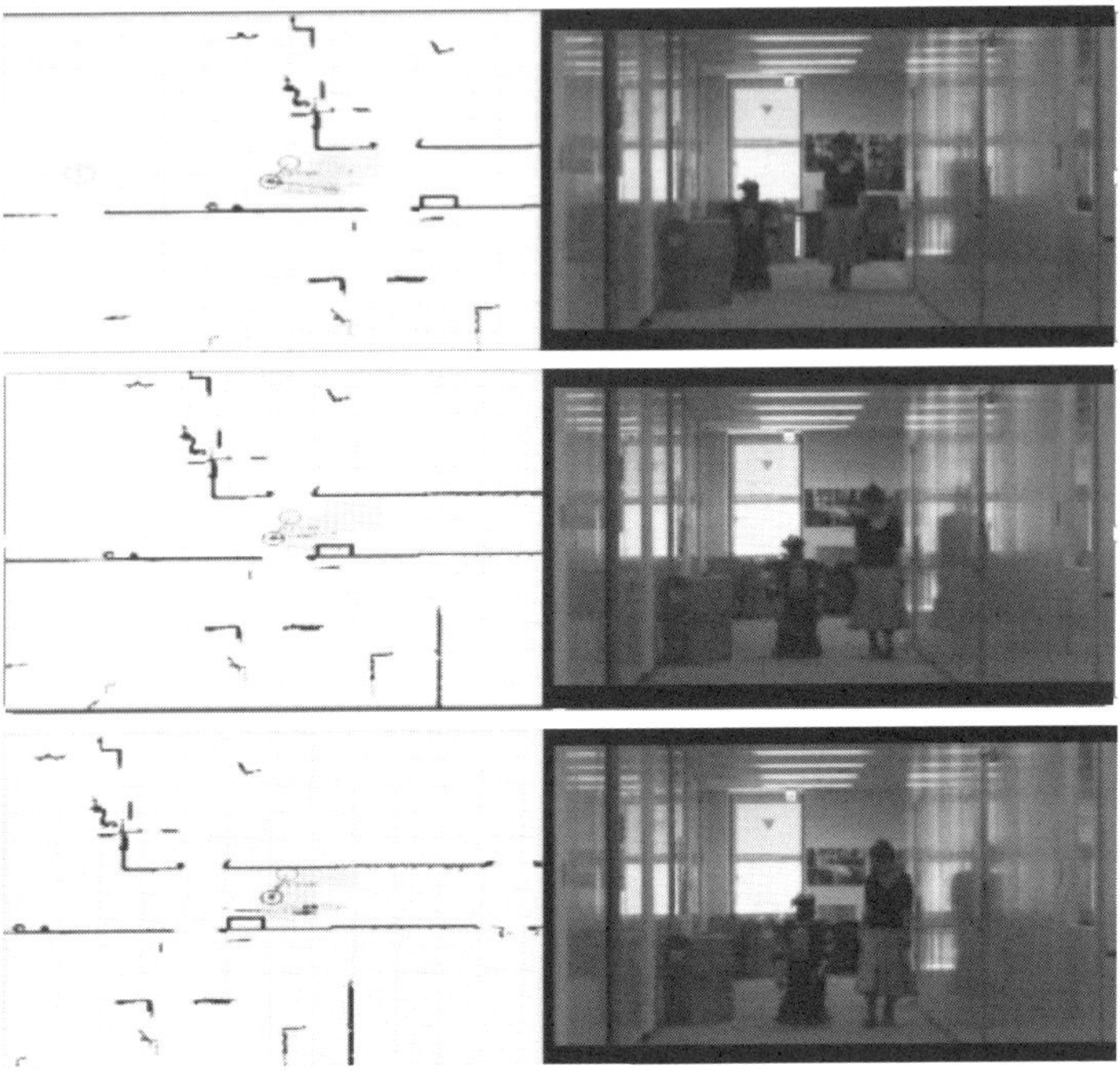

図4－6　通路をうまく並んで歩くロボット（カラー口絵参照）
人とロボットとの両者にとって都合の良い進路を予想して移動している。

着色されているグリッド上の領域において、色の濃さが、その場所の望ましさを示している。最終的に選ばれたロボットの進路が矢印で示されている。図の場面は、ロボットの前方に障害物があって通路が狭くなっていく場面で、1枚目の場面では通路を並んで移動していたロボットが、2枚目の場面ではいったん通路の狭い場所をロボットが少し後ろからついてくるように通り抜け、3枚目の場面では再び通路を広がって並んで歩く行動が計画され、実行されていることが分かる。このように、ロボットは、人がこれからどのように移動しそうか（移動すると都合良いか）を考慮し、それに沿って自らの行動も計画することで、上手く協調的に行動できるようになる。

これらの事例から分かるのは、一見すると、人らしい見かけのロボットが作られてきても、その振る舞いを人らしくするには、ロボットに新たな認知情報処理のメカニズムを設ける必要があるということである。人間であれば、このような反応の多くは、無意識のうちに行われているものである。生得的に備わっていたものも多いだろう。しかし、ロボットには、生得的に備わっている行動は何もないのである。そこで、視線、表情、立ち位置、腕の動きやジェスチャー、話すタイミング、など多くの行動要素について、どのような振る舞いをさせるのかをモデル化するような研究が進んでいる。

すなわち、ロボットが人間社会に受け入れられるようにしていくためには、この人間とロボットとの違いとそこから生じる問題を明らかにし、ロボットを人間の社会に調和するような仕組みを備えていく必要がある。こういった取り組みの上で作られているロボットのことを「社会的ロボット」（Fong et al. 2003; Goodrich & Schultz 2007; Kanda & Ishiguro 2012）と呼ぶ。その多くは、人らしさを備え、実際のところはもちろん人ではないが、人と似たような振る舞いを見せるようなロボットである。ロボットが人らしくなるにつれて、自然と求められている、人らしい振る舞い、人の社会と調和するような振る舞いを行う。

このように、「社会的ロボットを作る」、ということは、認知ロボティクス（浅田他 1999）でも言われているところの「ロボットを作ることで人を知る」、という人の理解に関するサイエンスと工学の融合した研究となっている。もっと言えば、単に人を知る、というよりも、むしろ人々がコミュニケーションし、社会を作り上げている仕組みに迫る1つのアプローチと言えるのかもしれない。

「人らしい」ロボットは何をもたらすか？

ここまで、ロボットが人間社会に調和するための技術的な試みについて述べてきた。このような技術開発が今では多く行われ、ロボットが違和感を生じさせない自然な振る舞いをしたり、人間ならではの高度なインタラクションを行ったり、といったことが徐々にできるようになりつつある。これに対して、人々は人らしいロボットとどのように関わりあうのだろうか？

まず、最初のリサーチクエスチョンとして、そもそも人々は（人らしい）ロボットを必要とするのか、という疑問を持つ方もいるのではないだろうか。実際、こういったリサーチクエスチョンに答える形で、人らしいロボットについて、いくつもの比較研究が行われてきている。すでに、ロボットはコンピュータ画面上のエージェントよりも信頼され、社会的な印象を与える（Kidd &

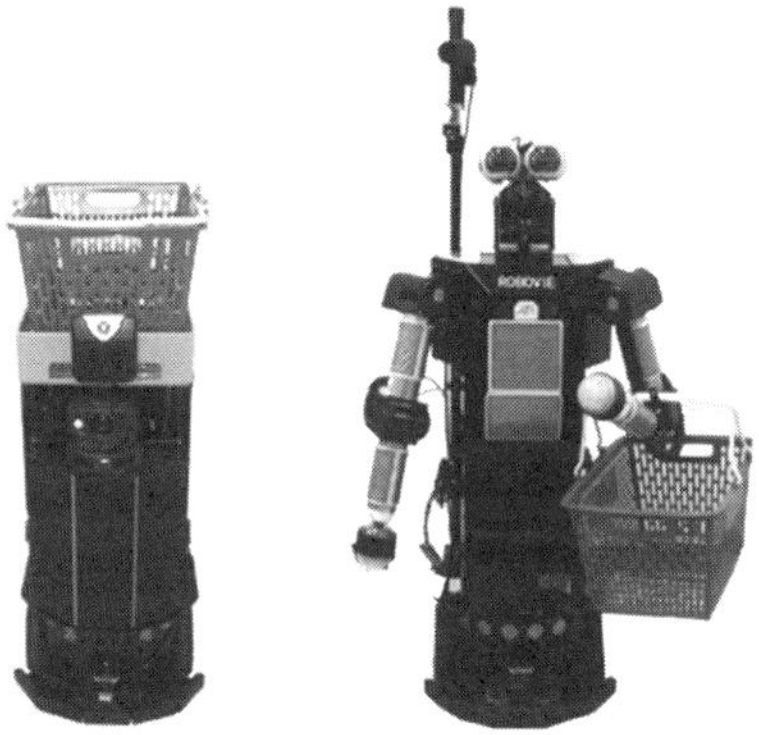

図４－７　カートロボット（左）と人型ロボット（右）

Breazeal 2004; Powers et al. 2007）、ロボットが依頼した方が人に作用しやすい（Bainbridge et al. 2008）といった報告がある。

さらに、本章では、ロボットの「人らしさ」について筆者らが行った研究を１つ紹介したい。この研究は、ロボットを実際のスーパーマーケットに置き、そこに高齢者の方に実際に買い物に来てもらい、ロボットを使ってもらうという文脈で行われた。実験と言えば、実験室の中で行われるのでは、と思われる読者の方もいるかもしれないが、社会的ロボットの研究では、ロボットが実際の社会の中の文脈でどのように使われるのか、受け入れられるのか、が大事だと考えられており、このように「フィールド実験」という形での研究が行われることも多い。

このフィールド実験では、人らしさを必ずしも必要としない場面の一例として、ロボットは買い物の荷物を運ぶ手伝い役、として導入された。図４－７に示す人型ロ

(a) ロボットと会う　(b) スーパー内を歩く　(c) 商品をかごに入れる
(d) ロボットと話す　(e) かごを受け取る　(f) 買い物終了

図4－8　ロボットとの買い物実験の流れ

ボットと、荷物を運ぶのに特化した買い物カートロボット（かごを置く高さは、荷物を入れやすい高さ、など、カートとして最適に作られている）を比較した（Iwamura et al. 2011）。

ロボットは、買い物かごを運びながら、お年寄りについて行く。所々で、「昨日はいっぱいお肉を食べたから、今日は元気いっぱいなんだ」と発話や、ユーザが商品をかごに入れた行動に対して「おいしそうだね」「いいのを選んだね」といった発話をし、とりとめのない雑談のような会話を行う。また、これらのロボットが上記の雑談をした場合としなかった場合の比較も同時に行った。

図4－8にこの買い物実験の一連の流れを、図4－9にある利用者の利用例を示す。

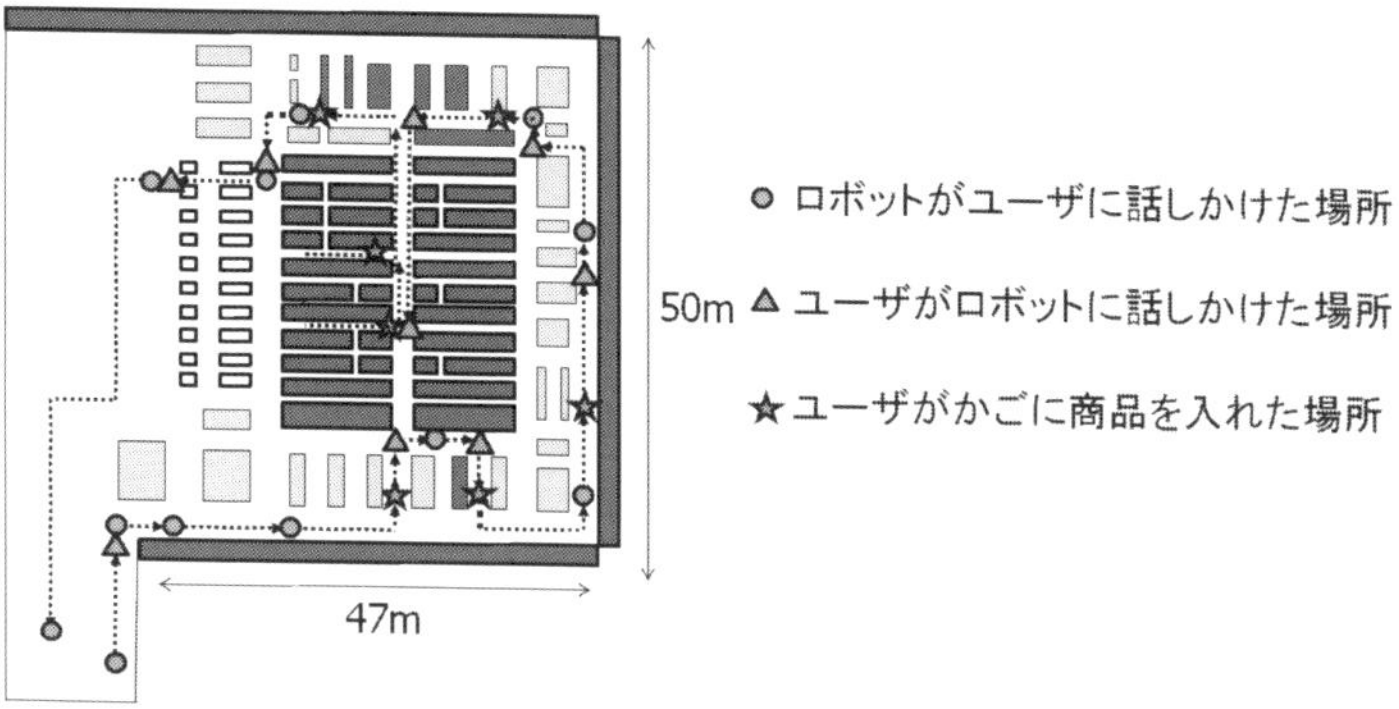

図4－9　買い物実験でのユーザの行動例

利用者はスーパーマーケットの入り口でロボットと会い、買い物かごをロボットに持たせて、スーパーマーケット内を進んでいく。ロボットは、店舗内を進んでいく中で、いくつかの場所で、上記のようなちょっとした雑談発話を行いながら、利用者について行く。利用者は普段どおりに買い物する中で、見つけた商品をかごの中に入れながら進んでいく。こういったやりとりが何度も繰り返されたのち、最終的にはレジまで行き、ロボットから買い物かごを受け取って買い物が終わる。

利用者は、平均15分ほどロボットを利用し、その間に平均8個の買い物をした。利用者のお年寄りの方には、実験後に、アンケート評価を行った。スーパーマーケットでは、買い物が本来のタスクであるから、荷物を運んでくれたらどのロボットでも良い、と思うかもしれないが、この実験の結果、参加したお年寄りたちは、話をする人型のロボットをもっとも好んだ。ロボットは、上に示したような、たいして意味のない雑談しかしないにもかかわらず、である。

なぜ、お年寄りたちは、話をする人型のロボットを好んだのだろうか？　さらに、お年寄りたちにインタビューしたところ、共通して上がってきたのは、人型のロボットと一緒にいると、（孫と買い物しているように）誰かと一緒に買い物をしている感じがする、それが良いのだ、といった回答であった。実際、スーパーマーケットでは、家族連れで買い物する人々も多い中、お年寄りが一人で買い物している様子も見られる。この研究事例は、ロボットの価値が、作業をする、ということに加えて、「人らしさ」をもたらすところにあることを示しているといえる。

人々と「人らしい」ロボットとの関係

さて、ロボットは「人らしい」方がより好まれることが分かってきた。そのうえで、社会の中でのロボットは、人々とどのように関わりあうのだろうか。ロボットは、単に珍しいがすぐ飽きてしまうような存在なのだろうか？　それとも、人同士の関係のように、ロボットとまた会いたい、と思うような関係ができたりするのだろうか？

もちろん、本当は人ではないのに「人らしく」話したり動いたりするロボットが珍しい存在であることは確かである。図４－10の左は、小学校の教室に、英語だけを話すロボットを導入した実験の様子である（Kanda et al. 2004）。ロボットはあいさつ、じゃんけんといった簡単な遊び行

図4－10　ロボットの周りに集まる人々

動を行い、触ったりすると反応する。子供たちがロボットに触れたり、名前の登録されたＲＦＩＤタグ（後述）を持ってロボットのそばに行ったりすると、ロボットが名前を呼ぶなどの反応をしてやりとりが続くようにデザインされていた。図４－10に示すように、初日には、クラス内の多くの子供たちがロボットの周りに集まった。最初の３日間の間、ロボットの周囲は大混雑で、一日、ロボットを見たい、触れたい、といった子供が押し寄せてきた。一方、ロボットと関わりあう子供たちの数は日々少なくなり、２週間たつころには、半分ほどの時間の間、ロボットの周囲に誰もいない時間が生じた。とはいえ、珍しいだけであれば、関係、とよぶようなものは作られず、関わり合いは長続きしない。ロボットとやりとりしたいと思うのは一過性のもので、すぐ飽きられるのでは、と考える人々も多い。図４－10の右は、ショッピングモールにロボットを導入したときの様子で、こちらも初期に多くの人が群がるような現象が見られた。

一方、人と関係を築くロボット、というものも、だんだんと工学の対象となりつつある。例えば、ビックモアらは、人同士のような関係を再現するには、あいさつ、用もないのに話すような雑談、相手の感情を理解した会話、ユーモア、といった振る舞いが重要だと考え、それを基に、関係を構築するようなコンピュータ上の対話エージェントを実現している（Bickmore & Picard 2005）。相手によって、対話の内容を変える（Lee et al. 2012）、ロボットが日々話す内容を変える（Kirby et al. 2010）、といった試みも行われてきた。筆者らも、関係を構築するような振る舞いをするロボットを、ショッピングモールと、デイケアセンター、という2つの場所に導入し、フィールド研究を行ってきた。ここではその研究事例を紹介し、人々と将来のロボットとの関係について考えるきっかけとしたい。

ショッピングモールでは、道案内や店舗情報提供を行うロボットを導入したフィールド研究を行った（Kanda et al. 2010）。図4－11にその様子を示す。図の左は、ロボットが道案内をしている様子である。ロボット内部には、このショッピングモール内部の地図と、１００以上の店舗の情報が備わっており、「本屋さんに行くには、この道をまっすぐ行って…」といった道案内を、指さしによって方向を示しながら行う（Okuno et al. 2009）。

図の右では、利用者が、ロボットの前に立った際、あらかじめ配布されているタグをかざしている様子である。このタグは、ＲＦＩＤタグと呼ばれ、それぞれのタグごとに設定された固有のIDが接触時に読み込まれる仕組みになっている。これによって、ロボットは、前に立った利用者が誰であるか分かるようになっている。また、ロボットの内部では、利用者がこれまでに何度来て、どのような会話をしたのかが記憶されている。ロボットは、利用者の名前を呼びながら会話し、徐々に親しみを深めるような表現、自己開示、といった発話を交えて、関係を築くような振る舞いを行う。また、何度もやってきた人には徐々に親密に振る舞いながら、話の内容を変化させ、また口コミ的に「昨日フードコートでクレープを食べたら、生地がふわふわだったよ」といった発話によって店舗情報についても話すようにデザインされていた。ロボットの内部には約１０００ほどの発話があらかじめ用意され、利用者が来るたびに、その組み合わせにより2分ほど、上記のように、あいさつ、雑談、道案内、店舗紹介、といった会話を行った。

利用者は、おおむねロボットに好意的な印象を持った。利用後にアンケート評価を行ったところ、ロボットをまた使いたい、ロボットは興味深く、知的で親しみやすい、ロボットと顔見知りになった感じがする、といった評価が得られた。また、道案内や、口コミによる情報提供も好評であった。さらに、「ロボットに勧められて、まだ食べていないので、食べに行って見た」「何度も話題にするので、子供が食べたがった」など、ロボットが話したから行ってみたくなった、店舗を訪れた、といった報告もあった。

実験は5週間にわたって行われ、その前半の内に興味を持った来訪者に参加を呼びかけ、ＲＦＩＤタグを配布した。ロボットは、毎日、１００人程度の利用者と対話した。実験時間の内のおよそ80％程度の時間、ロボットは誰かと対話していた。また、利用したユーザの数は、期間中どの日もほぼ一定であった。

最終的に、ＲＦＩＤタグは３３２名の利用者に配布された。図４−12は、ＲＦＩＤタグを持った来客の再訪回数である。実験期間の内に、約半数の来客は一度しか訪れず、2回だけ訪れた来客がその残りの半数程度、再訪回数が増えるにつれて人数が減っていく様子が分かる。最初、珍しさから興味を持っても、必ずしもその興味は続かず、多くのユーザは興味が離れていく。

一方で興味深いのは、4回以上来場した来客も居ることである。この数を多いととらえるべきか少ないととらえるべきかはわからないが、ロボットの持つ「人らしさ」が、何度も関わりたいという気持ちを起こした例と言えるのではないだろうか。なかでも印象的であった事例がある。この実験に参加した5歳の女の子とその母親の事例である。彼女らは、合計で6回来場しロボットと対話した。事後のアンケートで、

とても親しみ易かった。5歳の娘が主に会話していたのですが、最終日にはお別れが辛くて泣くほどでした。今でも家でロボビーの真似をしたり楽しかった事を思い出して絵を描いたりしてます。

といった回答を寄せてくださった。この例にあるように、真似をする、別れが辛く感じる、といった事象は、相当な「人らしさ」を感じてこそ、起きるものではないだろうか。

最後に、高齢者と長期的に関わったロボットの事例を紹介したい。なお、人とロボットとの関係に関する研究では、長期にわたってロボットとの関係を調べることが重要になるが、そのためには実験による比較よりも、むしろエスノグラフィによる研究がしばしば行われてきた（Forlizzi

(a) ロボットが道案内する様子

(b) RFID タグによりユーザを識別

図4－11　ショッピングモールの案内ロボット

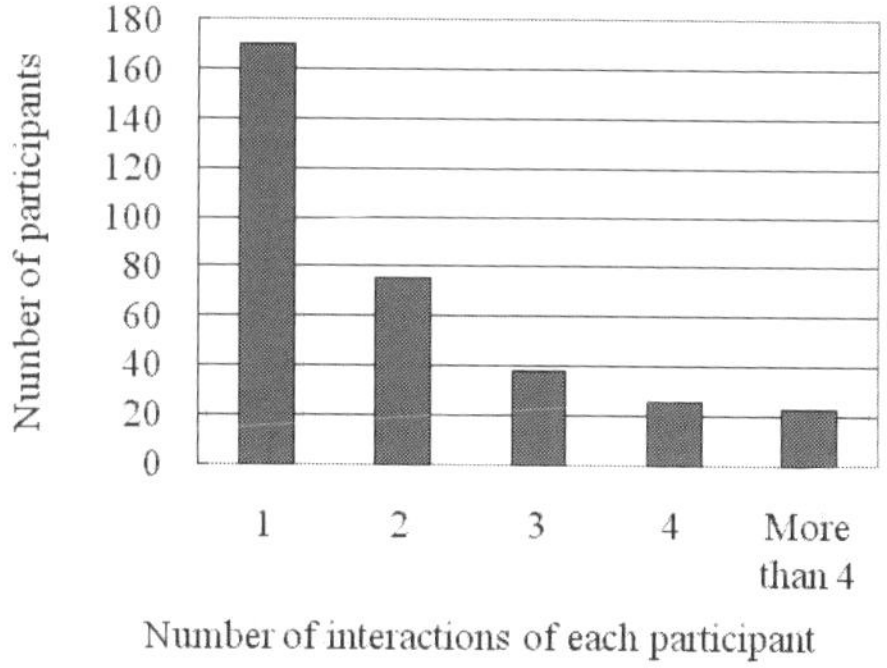

図4－12　ショッピングモールの案内ロボットの再訪回数

& DiSalvo 2006; Mutlu & Forlizzi 2008)。掃除ロボットとの関わり合いでも、従来の掃除機の利用とは異なって、利用者によってはロボットに名前を付けるなど、社会的な関係を築いている様子が見いだされてきた。

ここで紹介する事例も、デイケアセンターでの高齢者との長期的な関わりあいについて、エスノグラフィによる研究を行ったものである（Sabelli et al. 2011）。デイケアセンターは在宅の高齢者が週に一度などの頻度で通い、入浴などのサービスを受けたり、簡単な運動、娯楽活動、グループでの会話・交流、といったアクティビティに参加する場である。こういった場でのロボットの将来的な可能性を見出すために、ロボットを3ヶ月半の長期にわたって設置し、来訪する高齢者の方々とのやりとりや、デイケアセンターで働くスタッフの方たちとの関わり合いを観察するような、観察研究を行った。

図4－13は、デイケアセンターで、来所者とやりとりをするロボットの様子である。ロボットは毎朝やってくる来所者に挨拶してちょっとした雑談をしたり（図4－13a）、グループでの雑談セッションに参加したりした（図4－13b）。期間中、55名の高齢者（平均年齢83・9歳）がロボットと対話した。各来訪者は、週に1回または2回、定期的にデイケアセンターに訪れていたので、この期間中に15～32日、ロボットと対話する機会があった。また、8名のスタッフが、高齢者のデイケアセンター内での活動を支援するために働いていた。

ここでは、少し先の将来について研究するために、ロボットは、様々な高度な対話にも参加できるように、その会話内容は人間の操作者が遠隔操作した。あらかじめ、日々のあいさつや、趣味や旅行の経験などについて尋ねるような雑談会話のコンテンツが用意してあり、それに加えて、ロボットは高齢者の方たちの名前をなるべく呼びながら会話し、子供のように振る舞って「それはなに？」といった質問をしたりした。なるべく、否定的な言動を避け、高齢者からの肯定的な発話にコメントするような行動をした。

　利用者のロボットとのやりとりの観察結果、利用者とスタッフからのインタビュー、を分析した。これらをコーディングし、そこから意味があるまとまりを取り出すような分析を進めることで、ロボットがどのように見られ、受け入れられたのか、を調べた。その結果、主に6つの要素が見いだされた。

　そのうちの3つは、ロボットがいかに受け入れられたのか、を示すものである。1つめは、基本的な社会的インタラクションである。ロボットが日々あいさつし、利用者たちの名前を呼ぶことは、利用者たちに肯定的な影響をもたらしていた。日々、人々が常に肯定的な反応を示すとは限らないが、ロボットは必

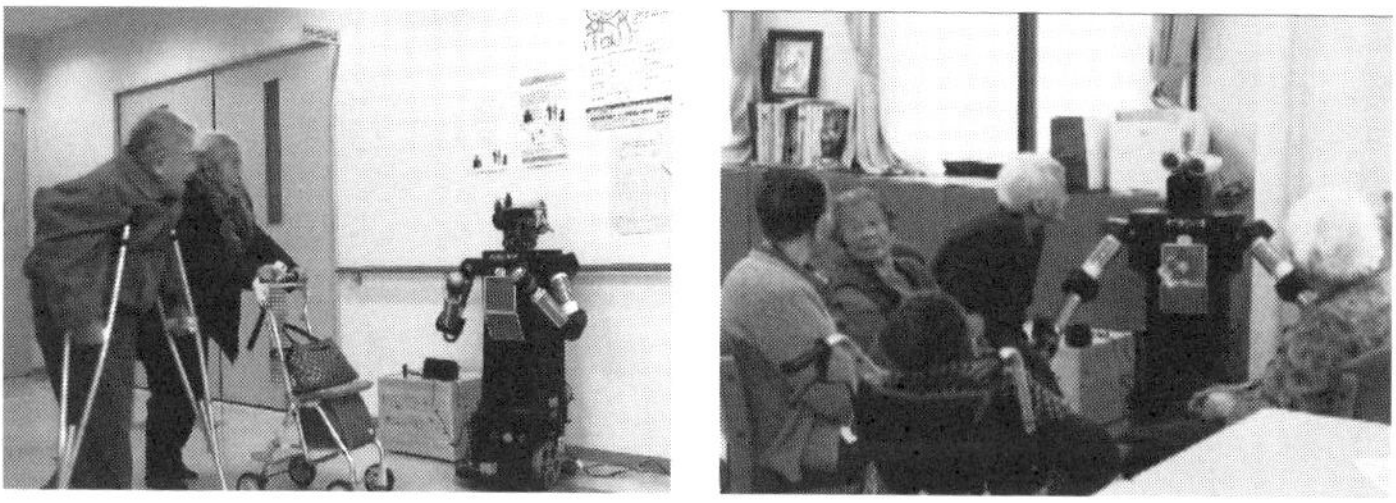

(a) 朝の挨拶　　(b) 集団での雑談

図4－13　デイケアセンターでのフィールド研究の様子

ず肯定的に利用者たちに接し、挨拶した。例えば、利用者の一人はこれについて、「いつも必ず挨拶してくれるだけでも元気がでてくる」「日々、帰ってきて、ただいま、といってでも誰もお帰りと言ってくれないけど、ロボットはいつもちゃんとあいさつしてうれしかった」と言及していた。2つ目は、ロボットに情報を話すような行動、である。利用者たちは、自発的に、ストレスを感じているようなこと、自らの健康問題など、個人的な事象をロボットに話していた。「孫はいつも元気にあいさつしてくれるのに、息子の嫁は…」といった発話が見られた。こういった私的なことについて、ロボットから問うことはしないようにしていたが、それでも利用者たちは自ら話した。ロボットは、こういった話を聞き、肯定的な反応を返すことで、利用者たちを慰め、満足させることに貢献していたと言える。3つ目は、感情的な要素、である。利用者たちは、インタビューの中で、ロボットが親切であったことへの感謝、ロボットからの励ましにより肯定的な気持ちになったこと、などロボットとのやりとりから感じた感情についてしばしば言及した。「ロボットがそこにいると思うだけでもうれしくなります」といった声がきかれた。利用者たちは、ロボットと話すことで、孤独感が減り、ロボットからの励ましにより肯定的になるなど、ロボットとのおしゃべりを楽しんだようである。こういった分析から、ロボットの導入には、ロボットに関する肯定的な感情を生じさせるようなやりとりを引き起こすことが重要だと言えるだろう。

残りの3つの要素は、ロボットの導入のプロセスや改善に関わるものである。4つ目は、ロ

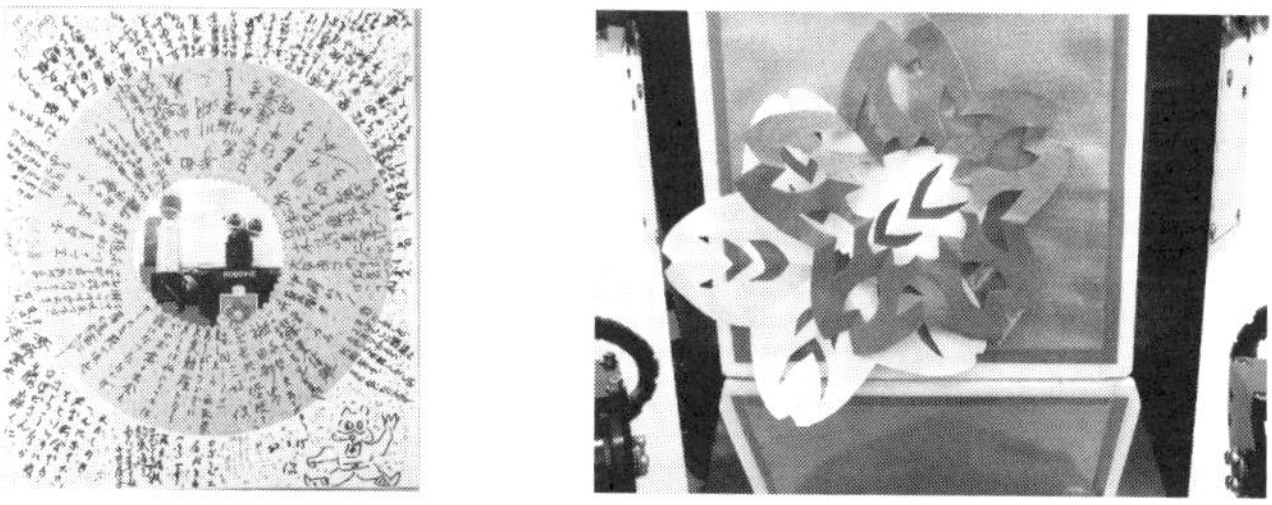

(a) ロボットへの寄せ書き　　(b) 手作りの作品

図4－14　ロボットへのプレゼント

ボットの役割である。我々はロボットを子供のように振る舞う存在として導入し、実際、高齢者もこの役割を受け入れてロボットを子供のようにみなした。利用者たちが、ロボットに歌や、物事を教える、子供を相手にするように話す、といった場面が見られた。また、インタビューからも、「孫のようだ」「子供だけど友達だ」といった返答があった。高齢者やデイケアセンターのスタッフにとって、見知らぬ人型ロボットとどう接するのか、初期の導入が難しい中、子供のようだという役割は、インタラクションが円滑に進むことを助けたと言える。5つ目が、ロボットへの要望、である。ロボットが動き回ったら、もっと声が聞き取りやすかったら、といった様々な意見が、利用者やスタッフから挙げられた。6つ目が、スタッフの支援、である。スタッフたちは、「ロボットが利用者たちに良い影響をもたらす」という考えを始めから最後まで持ち続け、利用者たちがロボットと会話する手助けをした。

最後に、もう一点、興味深いのは、実験期間の最後に来所者たちがロボットのお別れ会を開き、図4－14（a）に示すような寄せ書きを、ロボットに贈ったことである。また、その後しばらくしてから、ロボットに会いたいから、ということで、研究所までみんなでロボットを尋ねて来た。他にも、図4－14（b）のような手作りの作品をロボットに贈った来所者もいた。こういった事例は、「人らしさ」を感じるだけでなく、実際に、人同士が普段社会的に行っている取り組みの中に、ロボットも含めたい、と人々が思うようになった事例であると言えるだろう。

おわりに

本章では、徐々に人らしいロボットができてきている、見かけだけでなく、その「振る舞い」の人らしさの研究も進んできた、さらには、人々が、ロボットに「人らしさ」と、その価値を見出してきている、関係を築くような相手になりつつある、といった最新の研究事例を報告した。

古典的には、人々は、他者を生物か無生物かのいずれかであるとして扱う、と考えられてきた（Rakison & Poulin-Dubois 2001）。その視点からすれば、金属やプラスチックといった素材で構成されたロボットは、明らかに無生物であり、人が関係を感じるような対象とはならないだろう。一方で、従来の無生物は備えることがなかった、自発的な動き、自律性や意図性といった生物を特徴づけるような要素をロボットは備えるようになってきており、従来の生物とも無生物とも異なった、新たなカテゴリーとなる存在とも考えられるようになってきている（Kahn Jr. et al. 2012）。

実際、我々が様々なフィールドで実験を行う中で共通して目撃してきているのは、まずは「ロボットは人々の興味を引き、見てみたい、関わりたい、といった気持ちを引き起こす」ということである。このように、まだ見たことがない新奇の存在であることが興味を引き起こし、観察したい、反応をためしたい、という気持ちにつながるのだろう。そして、単なる珍しさを超えて、ある程度長い期間でも、「ちょっと気になったから」「ロボットが一人で寂しそうだったから」といってロボットと関わりたくなってやってくる人が居たりもする。ここには、新奇性を超えて、「人らしさ」のような複雑に知覚されるものが関わっているのではないだろうか。ロボットが、自律性や意図性を感じられる対象であるということが、インタラクションを成り立たせ、さらに進んでいく中で、ロボットが「人らしい」存在として受け入れられていく様子が見られている。

とはいえ、ロボットが人間と同一視されているわけでは無いのも明らかである。例えば、道案内サービスを例にすると、利用者からは、「店員さんは忙しそうで道を尋ねるのは悪い気がするけど、ロボットになら気にせず聞けるから良い」といった声があがる。高齢者施設でのロボットの利用場面を調査していると、「トイレに行くときには看護婦さんではなくロボットの手を借りたい」、といったお年寄りの声が出てきたりする。ロボットだから、人のやりたくない仕事をさせたい（Hayashi et al. 2012）、あるいは記憶力が良い、といった人間にない長所を生かした仕事をさせたい（Takayama et al. 2008）といった期待もあるようである。

本章では、ロボットを作る側面から起きている最新の研究を紹介した。今後、ロボットの「人らしさ」と、ロボットの社会への受け入れについて、脳の研究も含めて、広く研究が進むことを期待したい。

5 遠隔操作アンドロイドを通じて感じる他者の存在

西尾修一

はじめに

人にとって他者とはどのような存在なのだろうか。我々は他者をどのように見ているのか。どのような人を信じるのか。どのような人を疑うのか。話しやすい人とはどんな人なのか。このような事柄は、心理学の分野で古くから数多く研究されてきており、どのような要素が重要なのかはある程度わかってきている。ではそれをどう組み合わせればよいのか、人はどのように振る舞い、他者とつきあっていくべきなのか、といった具体的な指針のレベルに落とすことは、現状ではまだできていない。書店に行くと、人間関係を円滑にするための様々なハウツー本が数多く売られており、多くの人が買い求めている。次々に出版されるその類の本は、他者とのコミュニケーションのレシピを人がいかに強く求めているかをよく表している。しかし同時に、次々と新しいものが出されるということは、決定版がないということでもある。「私はこうしてうまく行った」という話はあっても、汎用性のある知見はまだないといえるのではなかろうか。別の側面から考えると、これは人付き合いがいかに難しい問題であるかの現れとも言える。人間関係でストレスを感じている人は非常に多く、引きこもりなど社会的に問題となっている現象も生じている。

人は社会的な存在であると言われる。人は生まれたままでは人ではなく、社会的なインタラクションを行うことで、はじめて人となっていくとも言えるかもしれない。逆に言えば、ストレスこそが人のコミュニケーション能力を発達させ、人を人たらしめていくといえるかもしれない。ただし、ストレスがないコミュニケーションとは何なのか、そのベースラインがわかっていない。ストレスのないコミュニケーションとはなんだろうか？　人が本質的に望むコミュニケーションとはどのようなものだろうか。また、人よりも話しやすいロボットは作り得るのだろうか。もし、人よりも話しやすいロボットができれば、人について何かわかるだろうか。

本章では、他者とこれまでにない形で対話するためのロボット・メディアの研究の紹介を通じて、人がどのように他者という存在を認識するのか、どのような認識機構を通じて他者の存在を把握し、志向するのかを考える。以下、まず認知症高齢者とのコミュニケーション支援に遠隔操作型ロボット・メディア「テレノイド」を用いた研究を紹介する。次に、さらに簡易化されたメディアである「ハグビー」による、自らの振る舞いが相手への印象に及ぼす効果について紹介し、最後にこれらの結果から考えられることを論じる。

遠隔操作ロボット・メディア「テレノイド」

テレノイドは人に似た外観を持ち、ソフトビニルの柔らかい外皮で包まれた、高さ約80㎝、重さ3㎏のロボットであり、遠隔地の人により操作されるコミュニケーションメディアである（図5－1）。テレノイドの特徴としては、まずその外見のデザインが挙げられる。男性とも女性とも、また大人とも子供とも見えるそのデザインは、任意の遠隔の対話相手を想起できるように意図されている。つまり、あたかも遠隔地で操作をしている任意の知人が、自分の側にいるかのように思える、存在感の伝達を実現しようとするものである。そのため、特定の人物や性別を想起させるような髪、服、顔や体の男らしさ・女らしさ、といった要因は極力排除されている。このデザインは、同じく遠隔操作型のロボットである「ジェミノイド」（実在する人物に似せて作られたアンドロイド・ロボット）の研究から得られた知見をもとに、人と人とがコミュニケーションを行う上で最低限必要な動作や機能、身体部位を体現するものとして、すなわち遠隔地に存在感を伝達するミニマルデザインを目指して設計されたものである。

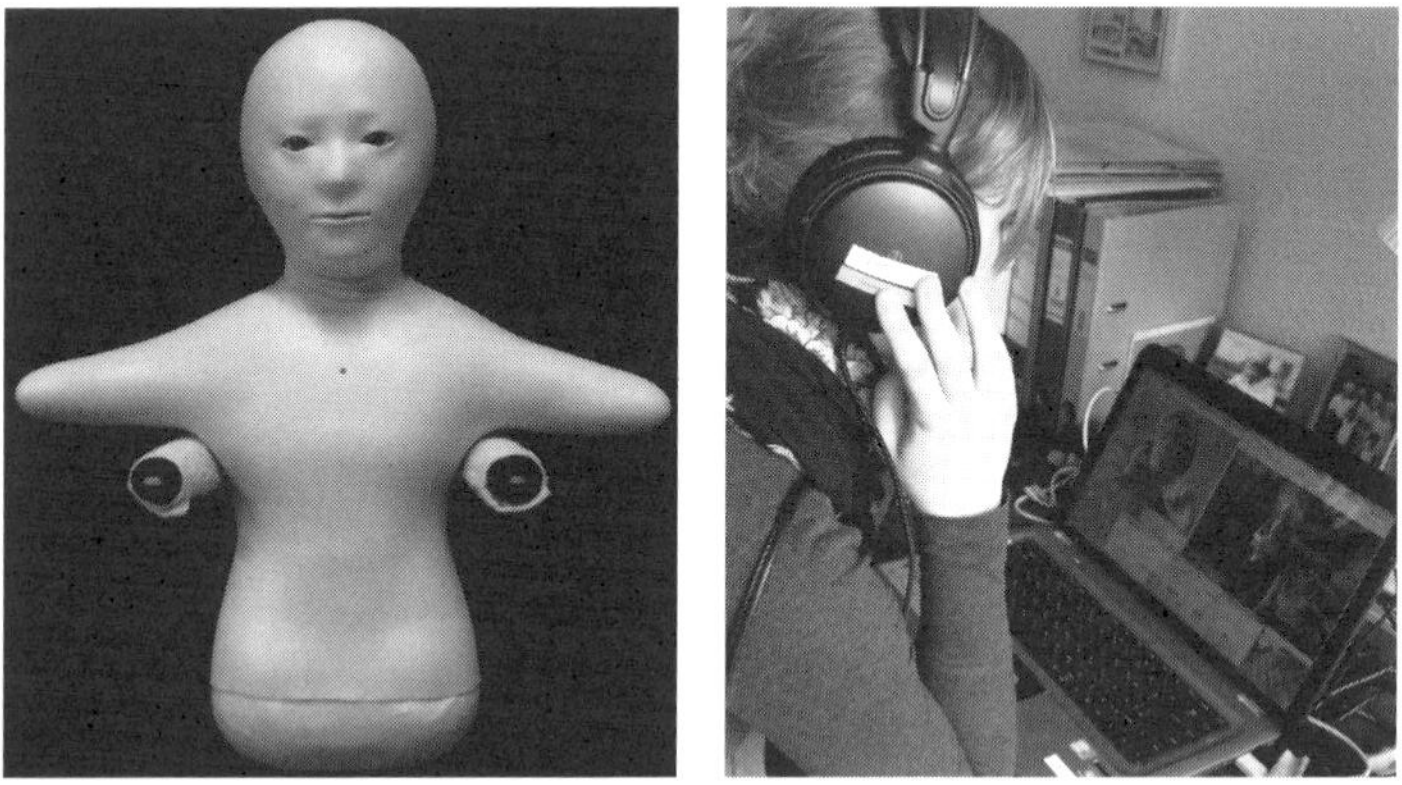

図５－１　遠隔操作型ロボット・メディア「テレノイド」とその遠隔操作

テレノイドの形状と動きも他のロボットにはない特徴を有している。柔らかく、肌触りの良い外装（初期はシリコン製、最近は塩化ビニル製）と、子供のような小型で保持しやすい形状を有し、抱きかかえて対話できるようになっている。テレノイドはコミュニケーションを行う上で必要最小限の動作しか行えない。うなずき、首を振る・かしげる、口の開閉と、ハグを行う動作である。このように動作を限定することで、簡易な操作で効果的に意図を伝えることができ、同時にロボットの軽量化、低コスト化、メンテナンス性の向上を図っている。つまりテレノイドは、誰でも簡単に乗り移ることができ、親密なスキンシップを行いつつ対話を行うことができるものとなっている。

テレノイドは遠隔操作ロボットであるため、遠隔操作を行う仕組みもある。それまでのジェミノイド研究と、国内外でのフィールド実験を通じて開発・改良されたテレノイドの遠隔操作システムは、情報通信技術、音声処理技術などを駆使し、ロボットやパソコンなどの機器に不慣れな人でも簡単に操作できるものとなっている。ヘッドセットをかぶり、ノートパソコンの画面に向かって話しかけるだけで、テレノイドの頭が動き、唇は発話に応じて動く。ボタンを押すだけで、ハグする、といったジェスチャーも行える。パソコンを使った経験がない小学生や高齢者でも、簡単なインストラクションだけですぐに操作が始められる。また、システム自体も持ち運びや設置が容易にできるよう、ノートパソコン1台とヘッドセットのみで動作するよう設計されており、インターネット接続さえあれば、いつでも、どこからでも操作できるようになっている。

テレノイドの受容性

テレノイドの奇妙な形状や白っぽくつるりとした外観に、初見ではとまどい、さらには拒否感や嫌悪感まで感じる人も多いが、テレノイドを介した対話を始めると、数分のうちに急速に順応することがわかっている（Ogawa et al. 2011）。大型ショッピングモールで展示を行った際の来場者の振る舞いが、このテレノイドの性質をよく表している。2日間にわたった展示で、ほとんどの来場者は、興味を持って近寄ってはくるものの、テレノイドに自分から触ってみようとする人は皆無だった。しかし展示員に勧められてテレノイドを介した対話を始めると、最初は戸惑っていた人も、対話が進むにつれて急速にテレノイドに順応し、テレノイドに好感を抱くようになっていった。保護者に勧められても「絶対触りたくない！」と嫌がっていた子供が、数分で対話に熱中するようになり、終わりには「もっと話したい」「離れたくない」と駄々をこねるようになる光景もよく見られた。テレノイドを体験した75名（年齢：10代7名、20代42名、30代14名、50代3名、回答なし2名）にインタビューを行ったところ、下記のような回答が得られた。

■このロボットを触ってみてどうでしたか？

「遠くから見て気持ち悪かった。最初キモイ。しゃべってたらだんだんうすれてきた」

「怖さはぬぐえなかった。箱の中の人と話している感覚」

「普通に会話できてびっくり。声がやさしい。話していると表情を感じる」

「ロボットでも人間でもなく感じた。動きがロボットっぽくなく、人に近い。柔らかかった」

「怖かった。見つめてきて、笑い声に癒された」

■このロボットを介して、会話をしてみてどうでしたか？

「思ったより普通に会話できた」

「不思議な感じ。初めてしゃべる人とこの近さの距離では話さない。他人と異なり親密な距離」

「ロボットじゃなく人が操作している感じがする。ロボットと話している感じがする。慣れると怖くなる」

「話していて親しみを感じた。見つめてきて嘘をつけない感じ」

「目が怖かった。反応がはやかった」

■電話で話すのと比べてどうでしょうか?
「普通の電話より人と人とのリアル感が感じられる」

「仕事の電話でテレノイドはつらい」

「気軽さがない。いつ使うかわからない。懺悔するのに使えるかもしれない」

「触ってるのが大きい。会話で目とか体で感じる。集中できる」

「相手をイメージしやすい。見るところがあって、いろいろ考えて話せる。ちゃんと話せる。つながりが深い人といいかも」

■直接会って話すのと比べてどうでしょうか?
「直接話すのにかなり近い。中に人が入っている感じ」

「直接が良い。本人同士が良い。表情がもう少し欲しい」

「ロボットだと予測ができない。年齢、性別、何もわからない」

「とにかく異質な体験。電話でもなく、友達としゃべってるわけでもなく、独り言でもない。危害を加えなさそう」
「なれなれしくできる。子供と話してる感じになる。人見知りでも大丈夫」
「テレノイドになら子供と接するように優しくなる」

およそ半数の回答者がテレノイドを好ましく感じ、残りの半数の回答は、テレノイドの外観が怖いというものが多かったが、ハグしたり、話しているうちに慣れてきて可愛く思えてきた、との回答も多く見られた。またおよそ7割の人が電話よりテレノイドのほうが良いと答え、同じくおよそ7割の人が直接会うほうがテレノイドよりも良いと答えていた。

高齢者の場合、テレノイドを好ましく感じる傾向はさらに著しく、初見からテレノイドに対する抵抗がほとんど見られない。デイケアセンターの高齢者47名（男性9名、女性38名、平均年齢84・9歳）が、つきそいの介護福祉士が操作するテレノイドと対面したケースでは、テレノイドとの話し方を説明する前からテレノイドを抱きかかえて話しかけ、予定された時間を越えた後も、ほぼ全員がテレノイドとの対話を希望した。事後のアンケートでは、高齢者の9割以上がテレノイドとの対話を楽しんだと答え、その中には、自分の子供や孫を抱いているようだと涙を流す者もいた。6割強の高齢者が電話よりもテレノイドを使いたいと回答しただけでなく、3割程度が孫やひ孫と話すときに、直接対面よりもテレノイドのほうがいい、と回答していた（図5－2）。

高齢者のテレノイドとの対話で特徴的だったのは、テレノイドを遠隔操作していたのがよく知

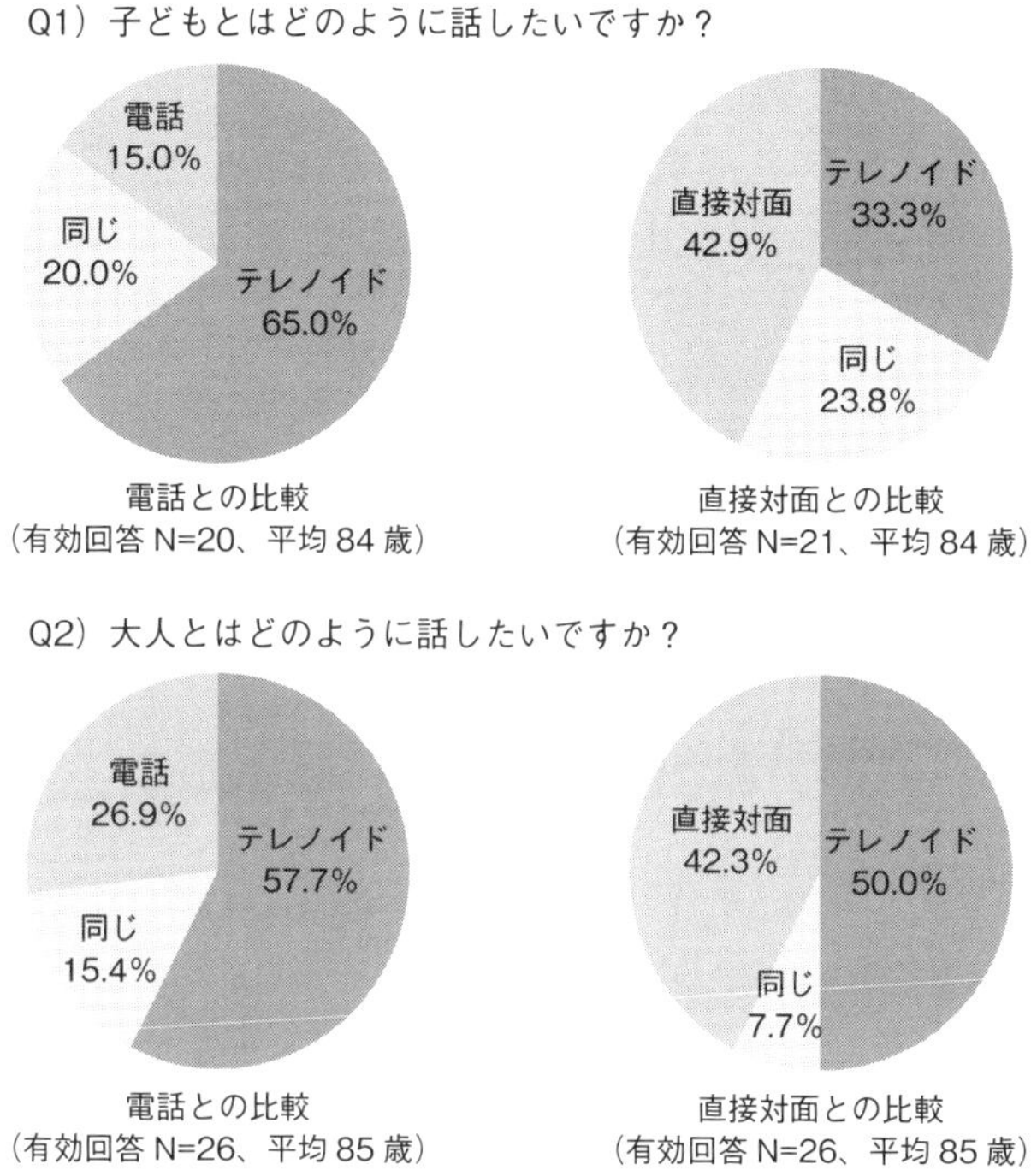

図5－2　高齢者の感想

テレノイドと携帯電話、直接対面との比較。

る介護福祉士であり、共有する経験について対話していたにもかかわらず、およそ半数の人が誰と話していたのかをわかっていなかったことである。テレノイドが遠隔操作されていることは事前に説明されていた。また、テレノイドの話すことにあまり注意を向けず、一方的に話している様子も時折見られた。遠隔地の人の存在感を伝え、対話をするメディアとして開発されたテレノイドだが、その本来の意図からするとあまりうまく動作していたとは言えない。むしろ、高齢者にとっては話しやすい、時には人よりも話しやすい「何か」として捉えられていたように見える。

このようなテレノイドの特性に注目し、国内外で様々な研究プロジェクトが始まっている。テレノイドの身体的な性質を用いて、高齢者の非言語的コミュニケーション語彙の体系化を図ろうとする基礎的研究や、情報通信技術やロボット技術を利用して、通院期間の短縮化を図るデンマークの国家プロジェクトなどである。いずれもテレノイドがコミュニケーションを活性化させる特性に注目したものである。このような研究の一つとして、次にテレノイドを認知症高齢者のコミュニケーション支援に用いた例を紹介する。

認知症高齢者のコミュニケーション支援

日本は空前の長寿社会を迎え、少子高齢へと人口構造が大きく転換し、世界に例を見ない速さで高齢化が進んでいる。餓死、心中、虐待、行方不明など、高齢者をめぐる一連の事件による「無縁社会」報道に代表されるように、高齢者の孤立化が世間の耳目を引くようになっている。高齢者の孤立化は生きがいの低下、消費者被害、犯罪、孤立死などの様々な問題を引き起こすことから、孤立化の防止は安全・安心な社会を築く上でも重要である（平成23年版　高齢社会白書）。この高齢者の孤立の問題は、厚生医療の観点からも重要である。人口の高齢化比率の増大に伴い、認知症高齢者の数とともに、独居高齢者や高齢者のみの老々世帯が年々増加し、他者との対話の機会が減少している。メンタルな刺激の減少は認知症の早期発症や進行につながるといわれ（Fratiglioni et al. 2000）、また認知症の進行に伴い、身体的な能力や自立度の低下を伴うことも多いことから、高齢者の孤立は結果として健康寿命の低減や寝たきりの増加につながるといえる。このような高齢者の孤独をやわらげ、精神・身体両面での健康寿命の延長を図ることは、高齢者の生活の質を向上しうるのみならず、医療・介護費の削減など、社会へのメリットも大きい。このためには、従来の地理的な意味での近傍のコミュニティに留まらず、情報通信技術により地理的な制約を超えて、高齢者を取り巻く幅広い世代の参画するコミュニティを形成する新しいアプローチが必要である。

このことから近年、情報機器を用いて高齢者のコミュニケーションを促進する試みが多く行われている。ボタンを大きくし、音声を聞き取りやすくする、などの機能を持つ高齢者向けの携帯電話が発売され、好調な売れ行きを見せている。また専用オペレータが話相手になる商用コミュニケーションサービスも始まっている。しかし、高齢者施設で入居者の通話頻度を尋ねると、ほぼ皆無に近い、という回答が得られることも珍しくない。要介護の高齢者は、身近に携帯電話や公衆電話があっても、話す相手やきっかけがない、そもそも電話がかかってくることも、自分から通話しようとする意欲もない。既存の機器の改良だけでは不十分であり、高齢者が他者とコミュニケーションをとる意欲をかきたてる何かが必要である。そのため、認知症高齢者の関心を呼び起こす手段として、過去の写真などを見せながら遠隔対話（傾聴）を行う仕組みが考案されており（Kuwahara et al. 2006）、傾聴ボランティアとの遠隔対話によって暴言や徘徊などの不穏行動の抑制に効果が見られたことが報告されている。このような映像通話やテレプレゼンスロボット（移動ロボットとテレビ電話を組み合わせたもの）などの遠隔メディアは、国内だけでなく欧州などでも高齢者支援に用いられるようになってきている。これらの機器は直接対面でのコミュニケーションを理想として、その代用を作り出すことを目指すものである。しかし、直接対面した対話が必ずしもベストとは限らない。

高齢者の通話にかかるもう一つの問題点は、言語能力の衰退である。認知症の中核症状により文章の理解力、構成能力が衰えるため、聴覚など身体的な衰えと相まって、言語的なコミュニケーションがうまくできなくなってくる。認知症でなくとも、老化により難聴や認知機能、文章構成能力の衰退が進むことから、一般に高齢化と共に言語的な情報伝達から非言語的な交わりに比重を移したコミュニケーションを支援する仕組みが必要となってくる。すなわち、遠隔地からでも非言語的なコミュニケーションを可能とし、なおかつ高齢者の対話意欲をかきたてるようなメディアが望まれる。我々はこの点に注目し、テレノイドを用いた認知症高齢者のコミュニケーション支援に取り組んできた。以下では、国内の介護老人保健施設での例と、デンマークの独居高齢者の例を紹介する。なお、以下の事例は、いずれも事前に国際電気通信基礎技術研究所倫理委員会の承認と、施設長、医師、本人、家族の許諾を得て実施している。

国内での事例

最初に国内の高齢者介護施設にて、入居者にテレノイドを使ってもらった事例（Yamazaki et al. 2012）を紹介する。施設に入居する認知症高齢者のうち、10名（平均86・6歳）が実験に参加した。「認知症高齢者の日常生活自立度判定基準」（厚生労働省）による判定はⅡ（軽度）が8名、Ⅲ（中程度）が1名、M（重度）が1名である。また長谷川式簡易知能評価スケール（HDS－R）によるスコアは1～24の範囲であった（スコアが低い方が症状は重い）。実験では、施設内の広間にテレノイドを設置し、介護スタッフの付き添いで一人ずつ順番にテレノイドのところにきて、対話してもらった。この広間は、昼間、大半の入居者が過ごしている場所である。テレノイドの遠隔操作は介護スタッフと実験者が交代で行った。話題としては、高齢者の健康状態や趣味、家族に関するものを選んだ。実験者が操作する場合は、介護スタッフから当該高齢者の情報を事前にヒアリングし、会話に臨んだ。

結果として、ほとんどの高齢者が積極的にテレノイドに話しかけていた（図5－3）。HDS－Rスコア10点未満の人はテレノイドに対する反応が薄いが、11点以上では、最初からテレノイドを抱きしめ、対話に熱中する、実験予定時間を過ぎてもテレノイドを離そうとしない、など、テレノイドに強い愛着を示す様子が観察された。テレノイドに触ることを拒否する人も1名いたが、この人は子どもに対しても、傷つけてしまうという恐れがあるらしく、普段からひ孫も抱かないということだった。

実験後、介護スタッフにインタビューを行ったところ、以下のような意見が得られた。

- 自分ではかわいくない、うにょうにょ動いたら気味悪いと思ったので、みんなかわいい、と言うので驚いた。大きいし、抱き心地がいいのか？　一生懸命抱っこしていたのが印象に残った

図５－３　認知症高齢者とテレノイドの対話の様子

- （認知症の）重度の人で、赤ちゃん人形を本当の赤ちゃんと認識してしまう人でも、人形と思って話している。ときどき、「あんたどこの子や」と言ったり、錯綜していたようだ。でも人形相手ではあそこまで言葉は出ない。あやす言葉はたくさん出るが、質問したりすることは全くない。テレノイドは、会話のキャッチボールができていたと思う
- 共通の話題で盛り上がることは少ないのだが、特に軽度の人が喜んで、話し終えた人たちでどうだった、何を話したとテレノイドについて話し合っていた。それだけ気に入ったのだと思うし、話のネタになりそう
- 帰宅欲求がある時、納得するように職員が説明しても聞き入れてもらえないが、他の高齢者が泊まる、と言っただけで収まることがある。会話によって不安が緩和することもあり、（テレノイドが）うまく会話を促せたら効果があるかもしれない

次にテレノイドを2ヶ月間、施設に導入した事例を紹介する。当該ユニットには8名（女性6名、男性2名）が入居しているが、胃瘻や一時入院の方もおられ、定常的に個室からリビングに出てくる人は4、5名である。2ヶ月間で10回、テレノイドをユニットのリビングに設置した。自然な状態を観察するため、別室でテレノイドと対面するようなことはせず、リビングに設置したテレノイドに自然発生的に入居者が関わる様子を観察した。入居者がテレノイドを持ち上げて抱きかかえる際など、補助が必要になる場合には、介護スタッフまたは実験実施者が間に入り、

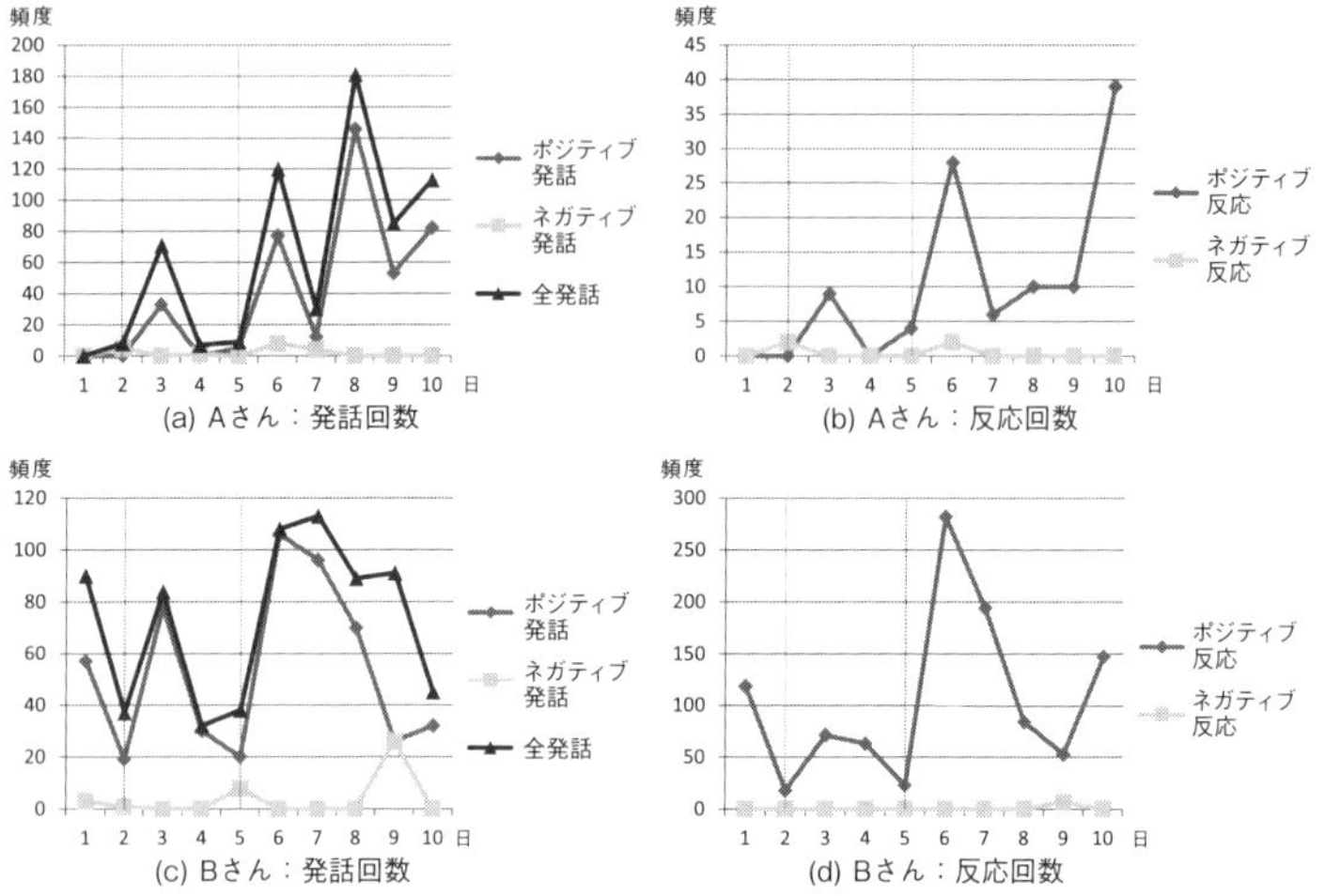

図5－4　テレノイドに対する発話・反応回数

サポートした。また難聴などでテレノイドの音声が高齢者に聞こえにくい場合は、スタッフと実験実施者が適宜反復して伝えなおしている。初回は動いて話せる状態のテレノイドを用いて、普段から高齢者の話相手となっている傾聴ボランティアが遠隔操作を行った。その後、2回目から5回目までは、テレノイドの動作しない模型（モックアップ）を設置し、経時的な反応の変化を観察した。6回目から10回目では再び本物のテレノイドを用いて観察を続けた。テレノイドもしくはモックアップ設置時の様子はビデオで記録を取り、入居者の言動を観察して反応の種類を分類し、出現頻度を数えた。言動について、発言では「いい子ね」「抱っこしてあげる」「食べてごらん」、動作では「頭をなでる」「抱っこする」「物を食べさせる」などの向社会的・愛他的行動に類するポジティブな反応と、ネガティブな反応に分けて増減の変化を抽出した（図5－4）。以下、継続的にロボットが目に入る位置にいた入居者Aさん、Bさんの2名について述べる。Aさん（88歳、女性、車椅子での移動）、Bさん（93歳、女性、車椅子での移動）は両者とも中等度に近い重度の認知症を抱え、見当識障害、記憶・判断力の低下などが進行している。脳画像診断の結果は無いものの、典型的なアルツハイマー型認知症の症状を呈している。

■Aさんの反応

Aさんは気分の変動が大きく、一日のなかでも朝や午後、特に夕暮れが近づくにつれて怒鳴り散らすなど暴言が激しくなる。そうした症状が激しくなると食事を食べなくなったり入浴を拒んだりするなど介護拒否もあり、介護スタッフが対応困難となることが頻発していた。不安が周りの入居者にも伝播して一様に落ち着きを失わせ、本人や周囲の帰宅願望などを強めることもしばしば生じる。

テレノイドを導入した初回は、Aさんはリビングに居ながらも軽眠状態を繰り返し、テレノイドが隣りにあってもほとんど視界にも入らない様子だった。その後、徐々に発言頻度を増していき、日によって浮き沈みがありながらも次第に安定してポジティブな発言を続けるように変化してきたことが図5－4（a）からわかる。普段、車椅子で自力で移動して徘徊することもあるが、食事の支度があるから帰らなければならないと言いながらもテレノイドの近くに留まり、気遣うようになる。3日目の時点でテレノイドを連れて行こうとスタッフに呼びかけたり、「青いさかいなんか赤い服着せてやりな」と指示を出したり、あやすように自ら歌いだしてひとしきりすると「早よしてあげな姉ちゃん（介護スタッフ）、歌うたってはんねん」と再びテレノイドを連れて行くのを待っていることを訴えたりするようになった。

2日目の時点では不穏な状態が著しく、テレノイドに見向きもせず、「要らん要らん」と一蹴したうえ、抱っこを勧めた介護スタッフに対して脅かすように掴みかかろうとしていた。4日目は「重たい」「それはここ（部屋）へ入れといて」と素っ気なく、5日目は「寒いやろ。なんか着せてあげて」と言葉少なに配慮するようになる。6日目も「今日はおとなしく寝んねしな、お母ちゃん遣いに行ってくるから」と自身の役割を見出していき、キスなどの非言語な反応も増えていくようになり、次第に落ち着いた状態に転じていく傾向が見られるようになった。言動の増加量からは、5日目までとそれ以降で比べて、後半のテレノイドが操作されている状態でより関心を引き付けていることが窺える（図5－4（b））。指差しで周りにいる人の紹介や自宅の方角を指し示して教えようとしたり、手振りで周りに誰もいないことを伝えたりして様々なジェスチャーを交える。頭を撫でる、肩を撫でるなどの手を伸ばす身体動作が増えていくようになったことも特徴的である。

ネガティブな反応としては、持ち上げたり抱きかかえたりした際に「重い」と訴えたり他の人に引き渡そうとしたりすることがある。テレノイドは3kgと新生児程度の重さだが、重く感じられるのはモータなど上半身に重心があることが大きい。しかし、次第に長時間持ちかかえていられるようになり、馴化していく過程が見られた。「いきなり動いたら怖いやんか」と急激な動きに驚くこともあった。

■Bさんの反応

Bさんは控え目で日頃穏やかではあるが、認知症の重度化がより進んでいる。当該ユニットでは、普段の状況で介護スタッフが声をかける場面を除き、入居者同士の対話や共同作業などでの交流はほとんど見られない。一般的に認知症の周辺症状、あるいは行動障害（BPSD）はAさんに見られるような陽性の暴言や暴力、徘徊などの目立った言動に注目が集まり、陰性の抑うつやアパシー（無気力、無感情状態）など見えにくい症状は見過ごされやすいが、陰性の障害に対する活動性を増すための援助も重要である。Bさんはそれらの精神症状を発症していないが、後の援助や他者からの関わりを困難にしないためにも、Bさんの言動の増減にも注目した。

「よく来てくれたなぁ、こんなばあさんのところに。いい目をしているな」と初見から涙を流してテレノイドの来訪を喜び、迎え入れた。何度も褒める一方で、「あんまり見たら恥ずかしいよ」と見つめられることへの恥じらいも見せていた。よく動き、応答するテレノイドの賢さを褒めながらも、過剰に感じられる動作などがあったためか「ようわかっているけどこのばあさんはあんまりにもわかると怖い」とネガティブな反応も示された。初めからテレノイドの動きに合わせて頷くなどの同調する反応を頻繁に示し、強い愛着を見せていた。独り占めすることを遠慮し、他の入居者にテレノイドの正面が見えるように位置や方向を変えて喜びを共有しようとする態度も見られた。

2日目は男性の入居者がテレノイドに触れていた。機械整備の職歴を持つ人で、スタッフによると壁を剥がしたりテレビをトレイで叩いて破壊したりしたこともある。本人は仕事をしているつもりのようにも見える。テレノイドを完全に物として扱い、目を合わせることがなく、目をひっかくなどの行動を取っていた。そうした様子を見たBさんは、後ずさりしてしばらく距離を置いたあと近づいていき、「傷つけるんでねえぞ。おじいさんは悪さしないでいりゃあいいのに。おじいさんさ、何度もあんまり悪さしなさんなよ」とたしなめ、テレノイドを保護する行動に出た。

Bさんは A さんと比べ、初めからテレノイドにポジティブに関わり、モックアップ（外見や重さ、触感は同じだが、機械類が内蔵されておらず、動かない模型）でも話しかけたり接触したりしていた。テレノイドとモックアップとの比較では、テレノイドが動くとき、同調する動作が顕著に増えてポジティブにかかわっていた（図5－4（d））。テレノイドの身体動作がBさんを強く惹きつけていることが示唆されているが、時にネガティブな言動が出ることもある。その原因には、テレノイドが急に動き出すことと、テレノイドの声にあった。例えば9日目に、テレノイドがモータの摩耗により痙攣のように震えだすことがあり、病気なのではないかと心配する様子をみせていた。またテレノイドが話し始めると、日によっては当惑する様子を見せることもあり、どこから声が出ているのかを探してキョロキョロと辺りを見回すことがあった。テレノイドを「この子」「坊や」と呼ぶなど、子どもとして認識しているようだったが、テレノイドから大人の男性や女性の声で話しかけられたときに、この認識との不一致が生じたとも考えられる。

このように、Aさん、Bさんの両者からテレノイドに対する継続的かつ多様な反応が示された。これまでの短期的な試行の結果と同様に、両者とも「笑っている」「可愛らしい」と褒める好反応を示し、時間の経過とともにバリエーションのある関わり方を呈するようになった。一貫して外観を褒め、接近していく様子が観察されたことに加え、攻撃対象とすることは一度もなく、一人寂しくしていないかと見守り、掛ける服を探したり飲み物を分け与えて飲ませようと介助したりして、テレノイドを援助対象とする向社会的行動の増加が見られた。ここからテレノイドが高齢者のできないことを補助するのではなく、できることを引き出す点で従来の介護支援ロボットとは異なる役割を担っていることがわかる。

また、この断続的な実験でも、Aさんのように暴言や介護への抵抗を示す人がテレノイドとの対話が進み、関心を増してくるにつれて次第に穏やかになる様子が窺える。Bさんのように遠慮がちで日々話せる相手がおらず、言動を控え目にしている人が初見からテレノイドに対して顕著に好反応を示して話しかけていく様子や、はじめは重たいと言っていても次第に高く持ち上げることなど、テレノイドからの依頼にも意欲的に応えるようになる変化が見られた。事前の他ユニットでの予備実験では、うつ傾向で介護スタッフの直接対面での呼びかけにも無反応な人が、テレノイドを介すると自ら話しかけるようになる様子も見られ、テレノイドに認知症高齢者の発話を促す強い作用があることが観察できた。

デンマークでの事例

次に、デンマークにおけるテレノイド利用の事例（Yamazaki et al. 2014）を紹介する。デンマークでも日本と同様に社会の高齢化と医療・介護費の増大という問題をかかえており、高齢者の生活の質の向上と費用の抑制の双方の観点から、多くの先進的な福祉政策が実施されている。例えば、１９８０年代の大規模施設の新規建設の禁止と高齢者住宅への転換など、日本の福祉政策への影響も大きい。近年では、介護の省力化・介護費用の低減に向け、施設や独居高齢者住宅にロボットやセンサなどの先端技術を積極的に試験導入している。また、デンマークでも高齢者の孤独が問題になっている（Madsen & Olesen 2008）。大規模施設からの転換がその一因になっているとも言われるが、人口の大都市への集中などの近代化や、個々人の強い独立性などの民族的な性質などもその背景にあると考えられる。

デンマーク人と話していると、街並みや文化だけでなく、死生観や親とのつきあい方、介護に関する考え方など、日本人とはかなり異なることがわかる。介護は高齢者も若者も、税率が高いこともあり、基本的には国（自治体）が行うべきものであるという考え方が強く、子が親を介護すべきという考えは希薄である。また高齢者施設や、併設する高齢者住宅の様子も日本のそれとはかなり異なっている。にもかかわらず、デンマーク人の合理的な考え方、行政の迅速な意志決定、まず試して見ようという風潮は、新しい高齢者支援の手法やサービスを検討する上で、また日本の福祉政策への応用を考える上で有用と考えられる。我々はデンマークにおいても複数の大学や介護士教育機関との共同研究を行うとともに、デンマークの大型研究プロジェクトへ参加するなど、テレノイドを用いた様々な形の研究を行っている。

デンマークでも、複数の介護施設や独居高齢者宅にてテレノイドを設置し、介護スタッフらの協力の下でテストを行っているが、高齢者の反応は日本での様子とほとんどかわらず、みなテレノイドを抱きかかえて会話を楽しんでいる。高齢者の中には、遠隔操作をする側もやってみたいという人もおり、テレノイドを通して他の入居者と会話や歌を楽しんでいた。

図５－５　デンマークでのテレノイド対話の様子

例えば、介護施設横のアパートで一人暮らしの元国語（デンマーク語）教師のP氏（75歳）は、テレノイドに本を見せながら書籍や詩集について熱心に話したり、一緒にテレビを見たりしていた。認知症ではない90歳のV氏は、テレノイドと話しながら、ピアノを弾いて聞かせたり、花瓶の花を見せたりしていた（図5－5）。いずれの場合も、独居宅では会話が数十分にもおよび、操作者が疲れて制止しないと、いつまでも話している様子がしばしば見られた。

このように、日本やデンマーク、あるいはドイツ、イタリアなど他の欧州の国々においても、生活様式や文化の違いにもかかわらず、高齢者はテレノイドに高い受容性を示し、抱きかかえて積極的に会話を行う様子が共通して見られる。日本では福祉教育の一環として、保育園や小学校から児童が施設を訪問し、高齢者との交流を行っているが、児童と握手や触れ合うことはできても、抱きかかえるほどのスキンシップを図ることは互いにためらわれ、困難である。テレノイドの抱きかかえて話すという新しい形態の通話方式によって、高齢者との距離感を縮める効果もあることも考えられる。これは施設への訪問者に限ったことではなく、施設内部でも言えることで、介護スタッフや家族とのつながりを、テレノイドを通じた対話によって強められる可能性も考えられる。認知症高齢者の介護では、何をしてあげればいいのかわからない、何をしても反応がない、など、介護への手応えが感じられず、そのために介護者が疲弊していく問題があるが、テレノイドを介した対話を通じて認知症高齢者とコミュニケーションを行うことで、介護意欲の回復や、結果として介護の質の改善につながる可能性がある。デンマークでは高齢者だけではなく、精神障害者施設などでもテレノイドの利用が始まっており、またイタリアでは自閉症施設での実験が始まるなど、これまで対話を行うことが難しかった人々との対話にテレノイドが使われ始めている。では、このような、テレノイドの対話を容易にし、対話を促す性質はどこから来ているのだろうか。

抱擁の効果

テレノイドには（1）抽象的な外観と、（2）抱きかかえて対話できる形態、の二つの特徴があった。高齢者がテレノイドに強い親和性とアタッチメントを感じる理由は、この二番目の抱きかかえて使う、という点も影響しているのだろうか。以下ではこの特徴に注目した実験（Kuwamura et al. 2013）を紹介する。

図5－6　遠隔対話メディア「ハグビー」

間接的な外部刺激による生理的変化を利用して人の情動を喚起する研究としては、ダットンとアロン（Dutton & Aron 1974）の吊り橋効果の研究がよく知られている。吊り橋が揺れているとき、揺れていないときのそれぞれで、女性または男性の実験者が男性被験者に吊り橋の上でインタビューを行い、「実験結果に興味があるなら連絡をください」と連絡先を渡すと、実験者が女性かつ橋が揺れている条件でのみ、他の条件と比べて有意に多くの連絡が来た。ダットンらはこの結果を、橋が揺れることによる緊張を、異性の魅力によるものと勘違いしたために生じたと解釈している。このような帰属錯誤により情動を操作しうることは、他の研究でも明らかになっている。例えば西村らは、視覚刺激（異性の写真）の呈示と同時に、被験者本人の心拍数より拍数を上げた振動刺激を与えると、写真の異性への主観的な魅力度が上昇することを示している（西村他 2012）。

それでは、外部から刺激を与えるのではなく、自発的な行為によっても同様の錯誤を生じさせることは可能だろうか。抱きかかえる行為を人に対して行えば、それは抱擁になる。抱擁とは、相手に愛情や好意を抱いている時に、それを相手に示す行為である。では、相手に愛情や行為を抱いていなくとも、抱擁することで、前述のような帰属錯誤が生じ、相手に対する愛情や行為が生じる可能性が考えられる。しかし、このようなことを人と人とで行うことは難しい。特に日本人は、西洋人と異なり、日常的にハグをする習慣が無いため、他人を抱擁することへの抵抗感が強い。では人でなければよいかと考えると、例えばスーパーの帰り、買い物袋を抱きかかえていても、大根やネギに愛情をいだくことはないだろう。つまり、この仮説を確かめるためには、本人が行為を抱擁と意識しないこと、またその対象が人を表すものである必要がある。

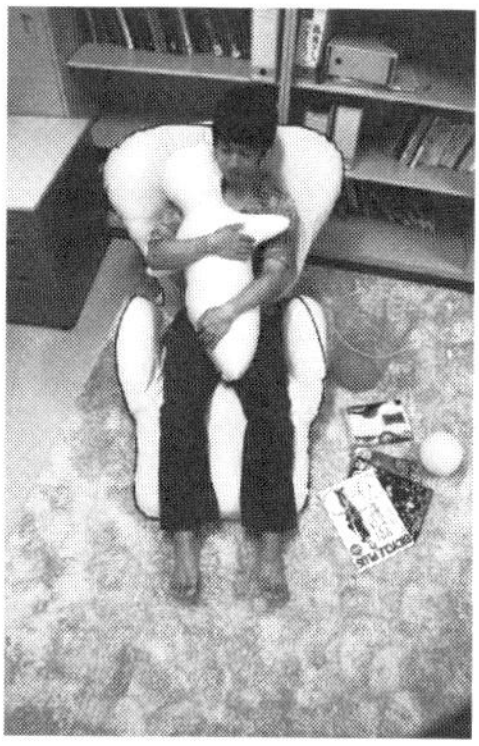

(a) ハグビー条件

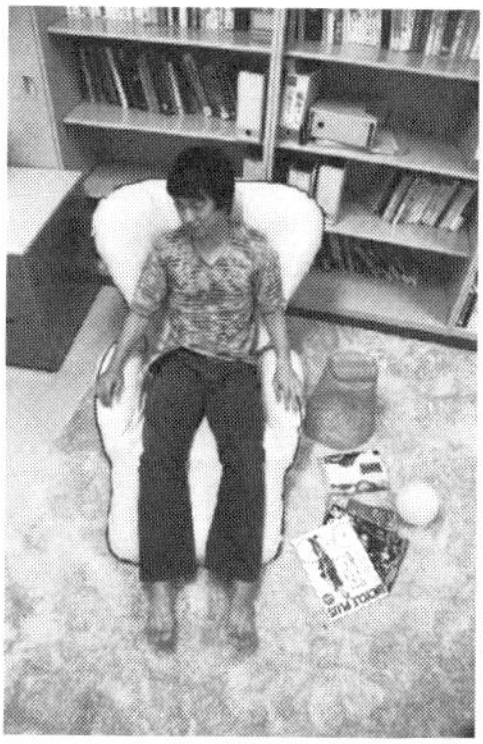

(b) ヘッドセット条件

図5－7　ハグビー／ヘッドセット比較実験の様子

そこで、抱擁が好意に結びつくとの仮説を検証するため、携帯電話を内蔵できる遠隔対話メディア「ハグビー」を用いた（図5－6）。ハグビーはロボットではなく、単なるポケットの付いたクッションである。携帯電話をスピーカーモードにしてハグビーに入れると、顔にかなり近づけないと相手の声が聞こえず、また自分の声も相手に伝わらない。つまり、自然と抱きしめるような形で通話することになる。このハグビーを用いてダットンらと同様の実験を行った。男性被験者15名（平均年齢20歳）に通話メディアを用いて初対面の女性と通話させ、通話後の相手への印象（能動的好意と受動的好意）を評価した。通話メディアとしては、前述のハグビーと、比較対象として携帯電話用の小型ヘッドセットを用いた（図5－7）。つまり、ハグビーでもヘッドセットでも、相手からの音声は共に耳元で聞こえるが、ハグビー条件の時だけクッションを抱きしめることになる。実験は簡単な自己紹介の後、遠隔地の相手と一緒に映画を見るというものである。対話内容の影響を排除するため、女性の発話はすべて事前に録音されたものを用い、また映画視聴中には女性実験者がその映画を見ている時の息づかいや、座りなおした時の物音などを録音し、映画にあわせて再生した。映画視聴が終了した後、能動的好意の評価（被験者の話相手に対する好意の評価）を見るため、「休憩時間」を設け、相手にかけ直すかどうかを観測した。また受動的好意の評価（話相手が被験者に対して好意を持っていると思うかの評価）として、Love-Liking尺度（Rubin 1970; 藤原他 1983）の各文を受動態にしたLoved-Liked尺度を作成し、評価を行った。

その結果、能動的好意の評価では、ハグビー条件では2名、ヘッドセット条件では4名が相手にかけ直していた。理由を聞いてみたところ、かけ直した理由としては、同じ映画を観ていたかどうか疑問に思ったため、などがあり、またかけ直さなかった理由としては、会話が短くて特に話すことがなかった、などの回答があった。このことから、かけ直したか否かと、相手に好意を持ったか否かに関連性を見出すことはできず、またハグビー条件とヘッドセット条件間で有意な差は見出せなかった。次に受動的好意の評価については、Loved指標（$p<0.05$）、Liked指標（$p<0.10$）で、ともにハグビー条件の方がヘッドセット条件よりも高くなる傾向が見られた。

この実験から、ハグビーを用いるとヘッドセットを用いる場合よりも相手から好意を抱かれていると感じることが分かった。好意を抱かれたと期待するということは、好意を持っていることの裏返しだとも言えるので、抱擁する行為を行うことで相手に好意を持ち、結果として好意を抱かれたという指標に有意な差が出たとも考えられる。この結果からは、抱擁という行為によって好きになる、とまではわからないが、対話メディアを抱擁することによって相手が自分に好意を抱いていると感じることは分かった。

おわりに —— 遠隔操作アンドロイドを通じて感じる他者の存在

本章では、遠隔操作ロボット・メディア「テレノイド」に対する人々、特に認知症高齢者の反応を紹介してきた。テレノイドは特に高齢者、中でも認知症高齢者に洋の東西を問わず発話を促す作用があり、介護で問題となる認知症の周辺症状を抑制しうる可能性がある。それでは、このようなテレノイドを介した対話の効果はなぜ生じるのだろうか。前節では、その一因と考えられるものとして、抱擁の効果について紹介した。しかし、これだけではまだ説明できない部分も多いと考えられる。

現在考えられている仮説は、テレノイドの効果は補完と抱擁の相互作用によるものだというものである（Kuwamura & Nishio 2014; Kuwamura et al. 2014）。高齢者になると、老化による視覚、聴覚などの機能低下が生じる。認知症になると、さらに機能低下が著しく、視聴覚だけでなく、

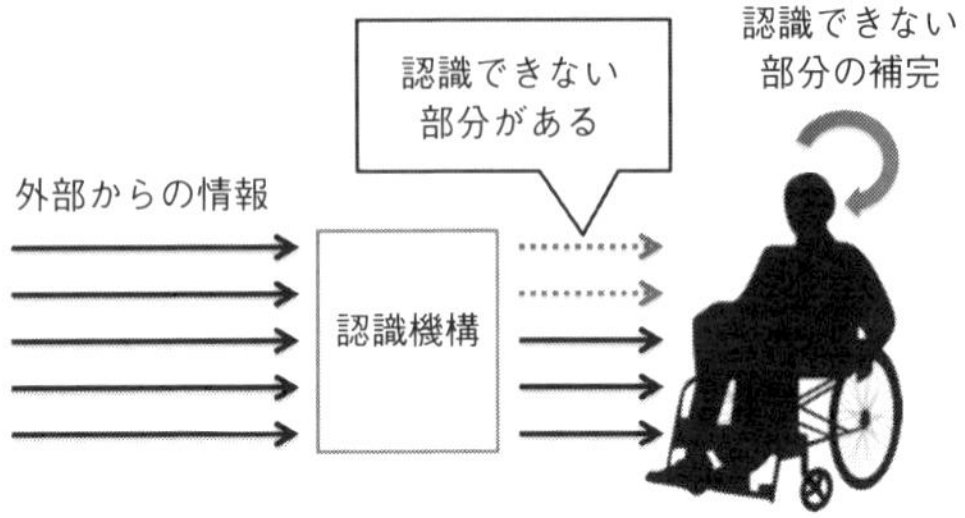

図5－8　高齢者の補完

記憶、言語構成力なども低下する。高齢者と対話していると、うん、と頷いてはいても、話を全くわかっていないことがある。この極端な例として、「偽会話」がある。アルツハイマー型の認知症で見られる偽会話は、一見対話を行っているようであっても、両者の発話内容が全く噛み合っていないものである。相手の話を聞き、それに応じて発話を行う通常のインタラクティブな対話ではなく、一方的な発話を互いに向けて続けている。しかし偽会話においても、相手に相槌を打ったり、交互に話したり、といったような、発話内容を聞いていなければ対話しているかのように見える行為が行われることもある。このような高齢者の振る舞いは、脳内での文脈による補完によるものであるといわれる（図5－8）。例えばピコラ－フラーら（Pichora-Fuller et al. 1995）は雑音下で、若者と高齢者が文脈情報の多少によって聞き取りにどのような影響を受けるかを実験し、高齢者がより文脈情報に依存することを示している。またマッコイら（McCoy et al. 2005）は聴力に問題がある・ない高齢者を比較し、聴力に問題がある場合、聞き取りにより多くの処理リソースが必要となるとの仮説を示している。しかし、これは高齢者に限った話ではなく、人は一般に脳内での文脈や記憶による補完に多くを頼っている。網膜の盲点に普段気づかないことも、周囲がうるさい時にも話が聞き取れることも、すべて脳の補完プロセスが働いているためである。その意味では、我々が感じている「現実」は、すべて脳によるプリプロセスを経た「処理済み」の現実であり、高齢者や認知症高齢者が見せる前述のような振る舞いは、単に健常者よりも補完される度合いが高まっただけとも言える。

このような補完作用により、どのようにテレノイドの効果を説明できるだろうか。本章で紹介したテレノイドやハグビーは、人にできるだけ外観を似せたアンドロイド・ロボットとは異なり、人を抽象化した外観を備えており、対話相手の見た目の再現を目指すものではない。テレノイドは口を開閉することができるが、表情を変えることはできず、ハグビーに至っては単なるクッションであるので、可動部位はひとつもない。それにもかかわらず、テレノイドと対話している人は、しばしば「笑っている」などテレノイドに表情があるかのように感じている。表情が無いということは、対話相手の表情の変化を伝えることができないことになるが、逆に言えば、相手がどのような表情をしているのか、との想像の余地が広くなるとも言える。近年の工学的な関心は、専ら再現性の高いメディアを開発することに注力している。高解像度のテレビなどはその好例といえるが、そこであえて再現性を低くすることで、想像の余地を広くすることができる。しかし単に想像の余地が広いだけでは、悪印象になってしまう可能性もある。すなわち、この想像

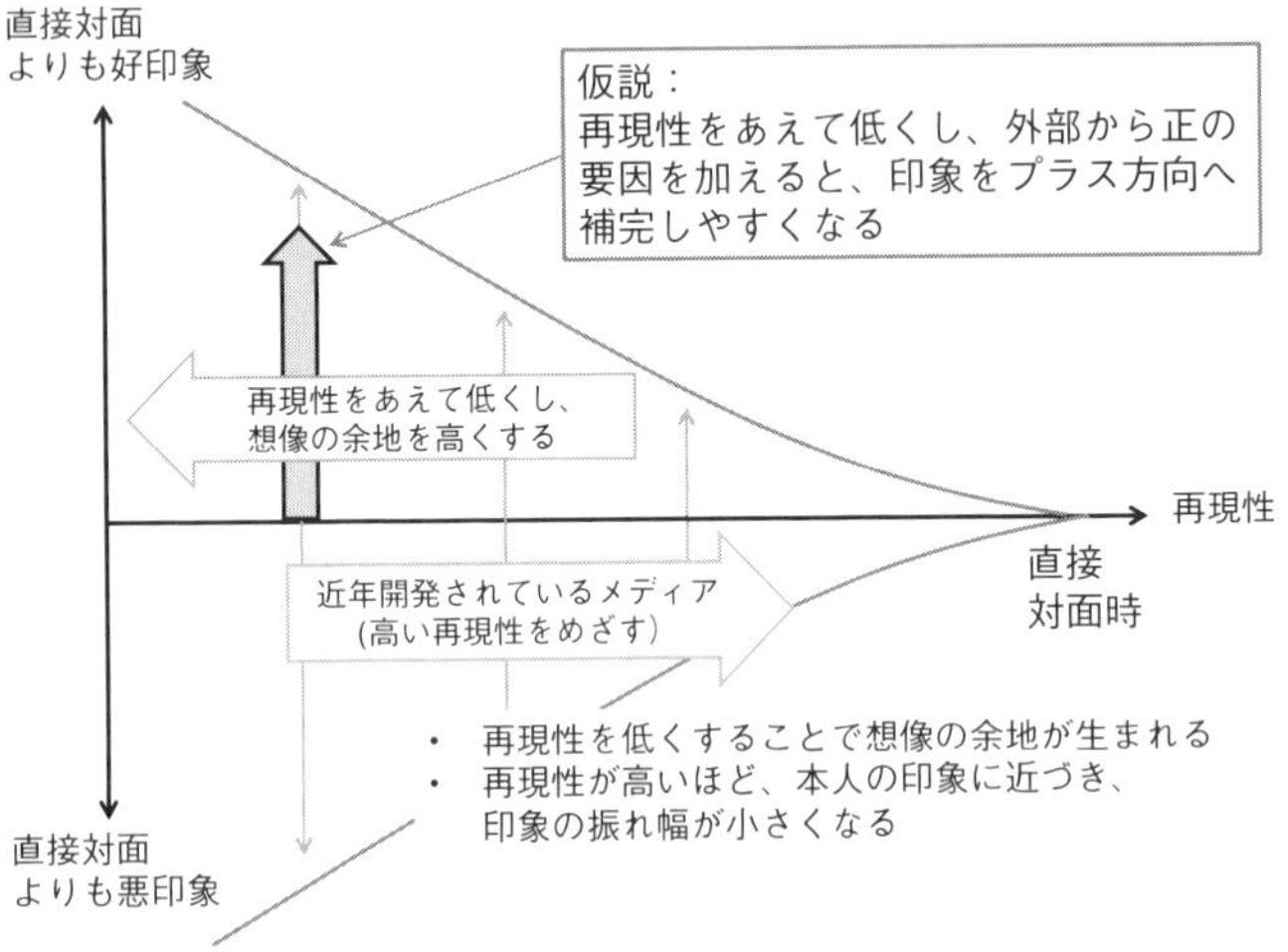

図５－９　低再現性と補完による印象強化

の余地を利用して、相手に好印象を与えるためには、何らかのプラスの要因が必要なのではないかと考えられる（図５－９）。

では、テレノイドやハグビーという再現性の低いメディアを使っている人が、相手を好ましく感じるために必要な要因は何だろうか。それが前節で挙げた抱擁の効果と考えられる。テレノイドやハグビーを使うために自ら行う抱きしめるという行為が、帰属錯誤により相手に対するポジティブな印象を生み、これが想像の余地をプラスの方向に補完させているのではないか。老化や認知症によって、補完が日常的に特に強く働いている高齢者では、その効果がより顕著に現れるのではないだろうか。このような、「抱きしめる」という自ら能動的に行う行為がプラス要因となって、正方向の補完を強化するという仮説を「能動

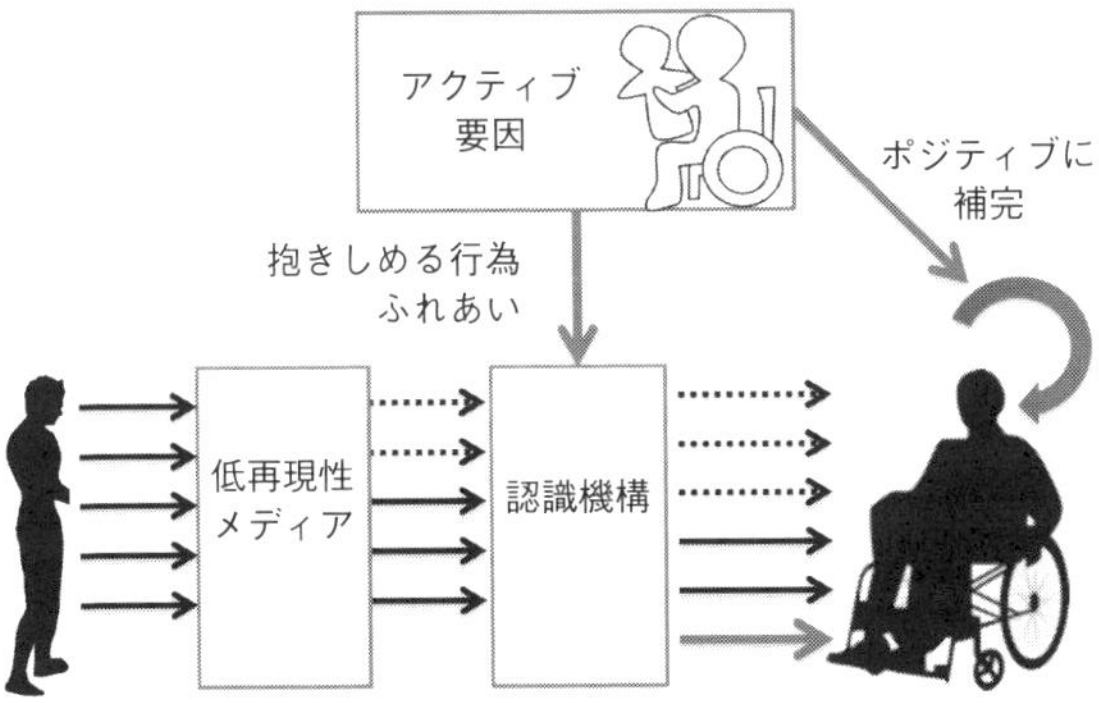

図5－10　能動的共存在感（Active Co-Presence）の仮説

的共存在感」（Active Co-Presence）の仮説と呼んでいる（図5－10）。この仮説が、高齢者がテレノイドを好み、対話意欲を増大させることを本当に説明できるのかはまだわかっておらず、今後さらに研究を進めていく必要がある。また、このような仮説に従えば、今後よりよいコミュニケーションメディアを開発できるかもしれない。

人も身体を通じて外界の情報を受け取り、脳で処理した上で、身体によって他者に働きかけている。すなわち、我々の身体は、最も身近で長い間使い続けている外界との通信メディアといえる。しかし、長い間使っている道具が最善の道具とは限らない。携帯電話が固定電話に変わって急激に普及し、最近ではスマートフォンに取って代わられようとしているように、進化により発達してきた我々の身体もまた、他者の存在を理解し、他者とコミュニケーションを行う上で最善のものとは限らない。本章で紹介したロボット・メディアのような新しい道具を使うことで、人はかつて無かったほど他者の存在をより感じ、より良く通じあえる可能性があるといえよう。

謝辞

本研究の一部はJST, CRESTおよびJSPS科研費24300200の支援により行われた。

6 アンドロイドへの身体感覚転移とニューロフィードバック

西尾修一

はじめに

使っている道具を自分の一部と感じることがある。箸で何かに触ると、柔らかいのか硬いのかがわかる。車の運転に馴れてくると、車幅がどれくらいなのか、どれだけハンドルを切ればどう動くのか、などがわかるようになってくる。これらの現象は我々が持つ身体図式（ボディスキーマ）の物体への延長と考えられ、人だけでなく、サルや、ヤドカリでも生じていると言われる（Maravita & Iriki 2004; Sonoda et al. 2012）。こうした例を考えると、共通点があることに気づく。それは、いずれの場合でも道具を介して対象の物体が操作されていること、また操作の結果、感触を得たり（触覚フィードバックがある）、動きが見えたりする（視覚フィードバックがある）ことである。例えば豆腐を箸で掴むとする。箸が豆腐に触れると、なんとなく柔らかい感触がする。この感触は、箸が豆腐に触れた際の圧力や振動が箸を伝わって指の感覚器を刺激することで生じると考えられる。しかし、指が触れているのは硬い箸なのに、なぜ柔らかく感じるのだろうか。また、このとき指で豆腐にさわっている感じではなく、箸の先で豆腐に触っている感触がするだろう。刺激されているのは指の感覚器なのに、なぜ箸の先で触っているように感じるのだろうか。こうした現象は偏心投影（eccentric projection）と呼ばれる（Ladd 1887）。一番わかり易いのは視覚である。赤いりんごを見て、自分の目に赤いペンキが付いたと思うだろうか。そうではなく、赤いのはりんごだと感じるだろう。赤い光を受けているのは目の網膜なので、網膜の一部が赤くなったと感じてもおかしくないはずなのに、そうは感じないのは、脳が感覚を対象の物体に「投影」しているためと考えられる。この投影の結果、箸などの道具を自分の体の一部と感じるようになると考えられる。このような仕組みは通常うまく動いているが、時に奇妙な現象を生み出すこともある。事故などで切断され、もう存在しない手に痛みを感じるような、幻肢と呼ばれる症状（Ramachandran & Hirstein 1998）もその一例といえる。

同様の興味深い例として、ラバーハンド錯覚（Rubber Hand Illusion：以下ＲＨＩ）がある（Botvinick & Cohen 1998）。ＲＨＩとはゴム製の義手を自身の腕のように感じる錯覚現象である。机に自分の腕を置き、その腕と並行にゴム製の義手を置く。ここで、自分の腕を隠し、義手のみが見えるようにした上で、腕と義手とを同時に筆でなでられると、次第に義手が自分の腕だと感じるようになってくる。これがＲＨＩである。この錯覚はそう感じる、という主観的なものだけではなく、自分の腕がどこにあるかを反対の手の指でさすと、義手の方にずれた位置になること（Botvinick & Cohen 1998）や、義手をナイフで刺したり、注射したりして刺激したときの皮膚コンダクタンス反応（ＳＣＲ）の上昇（Armel & Ramachandran 2003）、といった客観的な評価によっても確認されている。ＲＨＩは人が自らの身体をどのように把握しているのか、逆に言えば、どういった対象を自らの一部と感じ得るのかを知るための実験手段を提供するものであり、遅延に対する敏感性、身体姿勢の一致の重要性、ＲＨＩ発生時の脳賦活部位など、これまでに多くの研究が報告されている。このような錯覚が生じる原因としては、視覚刺激（義手がなでられている様子）と触覚刺激（腕がなでられている感覚）の受容が時間的に同期することが重要と考えられている（ＲＨＩについては本シリーズ6巻2章も参照）。

しかし、ＲＨＩは自己の身体を認識するプロセスの一側面しか捉えていない。ＲＨＩは他者から刺激を与えられた時、すなわち受動的な錯覚である。しかし人は自らの意思で身体を動かすことができるため、意図して体を動かし、その結果を見たり感じたりすることで、より強く身体部位が自己に帰属することを感じることができる。運動意図を用いても様々な研究が行われており、例えばブレイクモアら（Blakemore et al. 1998）は、人からくすぐられるとくすぐったいのに、なぜ自分でやるとくすぐったくないのか、を調べている。刺激としては同様のものが生じているにもかかわらず、自らくすぐる場合は動作により生じる刺激が予測され、脳内でキャンセルされる

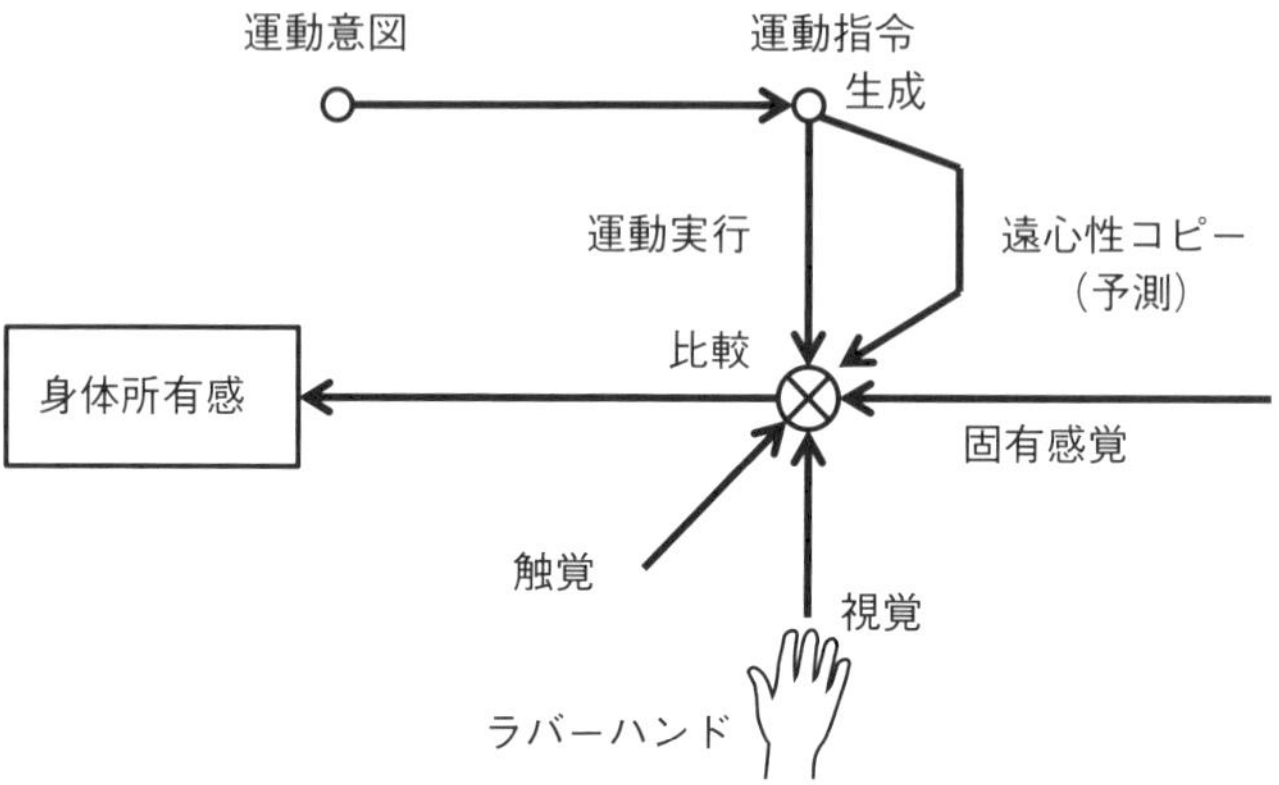

図6－1　身体所有感のモデル（Tsakiris et al. 2005 をもとに作成）

ため、意識的にはくすぐったく感じないとしている。つまり、運動指令の実行結果の予測と、実際に生じた刺激とがマッチした場合、これをキャンセルする機構があると考えられている（Blakemore et al. 2002）。これを逆に考えると、運動意図に対して、予測した通りの刺激が帰ってくるならば、刺激の発生元は自分の一部と感じることが考えられる。ツァキリス（Tsakiris et al. 2005）は運動意図から生じる運動指令、その結果の予測、そして感覚の受容が合致することで対象物体が自分の一部である、すなわち身体所有感が生じるというモデルを提案している（図6－1）。冒頭の遠心投影を振り返ると、特に触覚のフィードバックが重要と考えられる。つまり、触覚、固有感覚、視覚、運動意図（運動予測）の合致により、RHIを含め、身体所有感が形成されると考えられる。

　本章ではこの運動意図による身体所有感の生成をさらに進めた、遠隔操作型のアンドロイド・ロボット

（以下アンドロイド）への身体感覚転移の研究を紹介する。身体感覚転移（Body Ownership Transfer：以下ＢＯＴ）とは、自分以外の物体を自らの身体の一部のように感じる現象、特に操作を通じて自分の一部と感じる現象を指す。遠隔操作型アンドロイドでは、操作者はモニタ越しに相手やアンドロイドの様子を見ながら操作を行う。操作者の身体動作は画像認識やセンサで捕捉され、アンドロイドの動作に反映される。そのため、頷きや首を傾げるといった無意識の動作も再現される。しかし、アンドロイド側から得られる情報は、アンドロイドと人とが対話している様子の映像や音声だけであり、触覚などのフィードバックがあるわけではない。このようなシステムを用いてアンドロイドの前にいる人と対話していると、対話が進むにつれ、対話相手はあたかもアンドロイドの操作者が目前にいるかのような感覚を得るようになる。それだけでなく、操作者の方はアンドロイドを自分の体のように感じるようになる。例えば、アンドロイドの頬をつつかれると、触覚フィードバックが無くとも、あたかも自分がつつかれたように感じる（Nishio et al. 2007; 西尾・石黒 2008）。これがＢＯＴである。

アンドロイドへのＢＯＴはＲＨＩや、従来の運動意図による研究とは異なる観点から人に内在する仕組みを解き明かす手がかりを与えてくれる。遠隔操作型のアンドロイドを使うことで、従来成し得なかった、対話などの高度なタスクを通じた人の反応を調べ、人がどう作られているのか、どういう仕組みで外界を捉え、他者と接しているのか、などについての明確な手がかりを得ることができる。遠隔操作型アンドロイドを用いたＢＯＴ研究を通じて、ＲＨＩとは異なる性質、

図6−2　ジェミノイド

あるいはRHIでは明確にできなかった性質がわかってきた。さらには、アンドロイドを操作するときのフィードバックを変化させることで、操作者にBOTを生じさせるだけではなく、操作者自体の反応も変えられることがわかってきた。つまりアンドロイドを操作することを通じて、アンドロイドの操作者を制御することもできるわけである。

以下、節を改め、実験に用いている遠隔操作型アンドロイド「ジェミノイド」の概要とともに、アンドロイドへのBOTが確かに生じていることを確認した実験を紹介する。次に、BOTが運動だけではなく、対話と、対話に伴う社会的な要因によっても影響を受けることを示す。さらに、脳波によるブレイン・マシン・インタフェース（BMI）を用いたアンドロイドの遠隔制御による実験を紹介する。そしてBMIによる固有感覚の排除を利用した、BOT生成のメカニズムと最小条件に関する研究、アンドロイドを用いたニューロフィードバックの研究を紹介する。

遠隔操作型アンドロイドと身体感覚転移

ＢＯＴの実験では、遠隔操作型アンドロイド「ジェミノイド」（Nishio et al. 2007）を用いている。ジェミノイドは外見を特定の人に似せた、遠隔操作型アンドロイドの総称である（図６－２）。ジェミノイドに初めて会った人が驚くのがそのリアルさである。ジェミノイドが設置されている実験室脇を通っても、そこにいるのがロボットであるとは気づかない人が多い。またロボットと紹介された後も、アンドロイドの目の動きや時折身じろぎする様子に、まるで人と対峙しているような感覚を抱くのか、近づいたり触ったりすることをためらう人も多い。ジェミノイドのロボット部分、つまりアンドロイドの外観は、形状記憶フォームによるモデル人物の全身の象りと、頭部ＭＲＩ像や写真から、専門家の手により形状やシリコン製の皮膚の質感や色が整えられており、うぶ毛や血管に至るまで本人との高い類似性を再現している。また頭髪、眼鏡、衣類など、モデル本人から採取したものをそのまま用いている部分もある。アンドロイドの動きは、頭部や腕など、対話に必要な部分に12～50個程度（ジェミノイドのタイプにより異なる）の空気圧アクチュエータを採用しており、静かで滑らかな動作が可能である（Ishiguro & Nishio 2007）。

このアンドロイドの動作は、人による遠隔操作と、システムによる自律動作の組み合わせで実現されている。テレビ電話のように、ＰＣの画面に表示された遠隔地の映像を見ながら話すことで、相手に向きなおる、首を振る、といった操作者の動きがセンサによりアンドロイドに再現される。また発話時に重要な口唇の動きは、発話音声のリアルタイム解析により、アンドロイドの口の動きとして自動的に再現される。この遠隔操作では、センシングや空気圧アクチュエータの反応速度による遅延が累積で２００〜８００ms程度生じるが、アンドロイドの遠隔操作は物体の操作ではなく、対話を行うだけであるため、操作者への遅延による影響は見られない。さらに、瞬きや呼吸による体の細かな動きなど、人間では自律神経系により生じる無意識的な身体動作も自動的に生成している。このような無意識動作の生成と、人による遠隔操作を通じた意識的な動作・発話の組み合わせで、アンドロイドと対峙する人に強い「存在感」を感じさせることができる（Nishio et al. 2007）。

その一方、アンドロイドは対話する相手だけではなく、アンドロイドを操作する人にも影響をあたえることが分かってきた。アンドロイドを介した対話を始めてしばらくすると、操作者は無意識のうちに、限定されたアンドロイドの動きに自分の動きを合わせるようになってしまう。口調もゆっくりとなり、操作者の体の動きや姿勢もアンドロイドに合わせて、制限されたものとなっていく様子が観察できる。さらに、しばらく対話した後にアンドロイドの頬をつつくと、操作者が自分の頬をつつかれたような感じを抱くことがある。アンドロイドの体表面には触覚センサが取り付けてあるが、このセンサからの情報は遠隔操作では一切用いられていない。それにもかかわらず、操作者は操作画面を見て対話するだけで、このような感覚を持つのである。

このように、操作者が操作対象のアンドロイドへの刺激を自分への刺激のように感じるのは、単なる「気のせい」なのだろうか、それともＲＨＩや道具使用時のサルのように、本当に何らかの反応が我々の中で生じているのだろうか。この点を確かめるため実験を行った（渡辺他 2011; Nishio et al. 2012）。

この実験では操作をアンドロイドの腕を左右に動かす動作に限定して行った。アンドロイドの通常の遠隔操作においては、会話を行うことが主目的であるため、操作者の動きに連動する部分は主として口唇と頭部とである。しかし、会話をタスクとした場合、様々な変動要因が生じることが考えられ、統制を取ることが難しいことから、この実験では実験参加者の腕の動きに従ってアンドロイドの腕を動作させることに限定している。具体的には、まず一定時間、実験参加者に腕を左右に振ってもらい、自分の動きにアンドロイドの腕が連動する様子を見てもらう。これはＲＨＩを生じさせる手順において、筆で腕をなでながら、その様子を観察させることに相当する。また、遠隔のアンドロイドの様子の観察も、通常の遠隔操作のようなモニタを使うのではなく、ヘッドマウントディスプレイを用いることで、自身の腕の様子が見えないようにしている。このようにして、一定の回数、腕を振ってもらった後、アンドロイドの腕に対して痛みを伴うような刺激（注射）を与え、反応を測定した。測定方法としては、質問紙による主観評価を行うとともに、客観評価として皮膚コンダクタンス反応を計測した。これは、従来研究からラバーハンド錯覚が生じているとき、注射などの刺激をラバーハンドに与えると、自身の腕への刺激ではないにもかかわらず、ＳＣＲが生じることが知られているためである（Armel & Ramachandran 2003）。ＳＣＲは、手のひらに微弱な電流を流すことで発汗の度合いを計測するものであり、緊張の度合いなどを表すとされ、嘘発見器などに使用されている。しかし、腕に注射される様子を見ると、それが自分の腕でなくても痛そうな感じがする。実際、単に注射の様子を見せるだけで、ＳＣＲは大きく反応する。そこで実験に先立ち、アンドロイドに注射する様子を、ＳＣＲが反応しなくなるまで参加者に繰り返し見せてから実験を行った。さらに、遠隔操作の効果を確かめるため、参加者の腕の動きにあわせてアンドロイドの腕が動く「通常条件」に加えて、参加者が腕を動かしてもアンドロイドが動かない「静止条件」を設定し、比較することにした。

アンドロイドを用いた実験に際しては、操作遅延の影響も考慮する必要がある。ＲＨＩでの従来研究からは、視覚刺激（ラバーハンドがなでられている様子）と触覚刺激（自身の腕がなでられている感覚）との間の遅延が大きくなると、錯覚が生じなくなると言われている（Armel & Ramachandran 2003）。特に嶋田（Shimada et al. 2009）は、遅延が３００㎳を超えるとＲＨＩの度合いは低くなり、遅延が５００㎳を超えるとほとんど生じなくなると報告している。しかし、アンドロイドの遠隔操作時には前述のように遅延が機構的な制約から生じており、その遅延が５００㎳を超えることも多い。ＲＨＩでは遅延なしの条件を設定できるが、現状のアンドロイドではどうしても遅延が発生してしまう。そこで操作遅延による影響を検証するため、遠隔操作のシミュレーションシステムを開発した。これは、あらかじめアンドロイドの動く様子を撮影した上で、この映像を静止画像に分割し、操作者の腕の位置を元に画像を選択し、連続的に表示するというものである。映像の動きを滑らかにし、また動きによる画像のブレ（モーションブラー）を排除するために、高速度カメラを用いて毎秒300フレームで、計5000枚の静止画像を撮影し、用いた。このシミュレーションシステムを用いることで、操作遅延を任意の値に設定することが可能となったため、通常条件を遅延が無い「同期条件」、および遅延が1000ms（1秒）の「遅延条件」の二つに分け、先の静止条件を加えて、合計3条件で実験を行った。

実験の結果を図6－3（a）に示す。同期条件と静止条件との間に主観評価・客観評価とも有意差が得られたことから、操作対象のアンドロイドを自身の身体のように感じる現象、すなわちBOTは確かに生じていることがわかる。またアンドロイドへの注射に対する反応は、単に他者が注射されることを見ることで生じているのではなく、操作することではじめて生じるものであることがわかる。

ただし、図6－3に見られるように、本実験での主観評価の値は全体的に低く（7段階評価で3程度）、そもそも同期条件でもほとんど錯覚が生じていなかったとも考えられる。この原因として、実験での遠隔操作の内容に問題があるのではないかと考えた。通常のアンドロイドの遠隔操作では、操作者はアンドロイドを通じて遠隔の人と対話をすることに集中しており、どのようにアンドロイドを動かすかを考えながら操作しているわけではない。すなわち、目的は対話であ

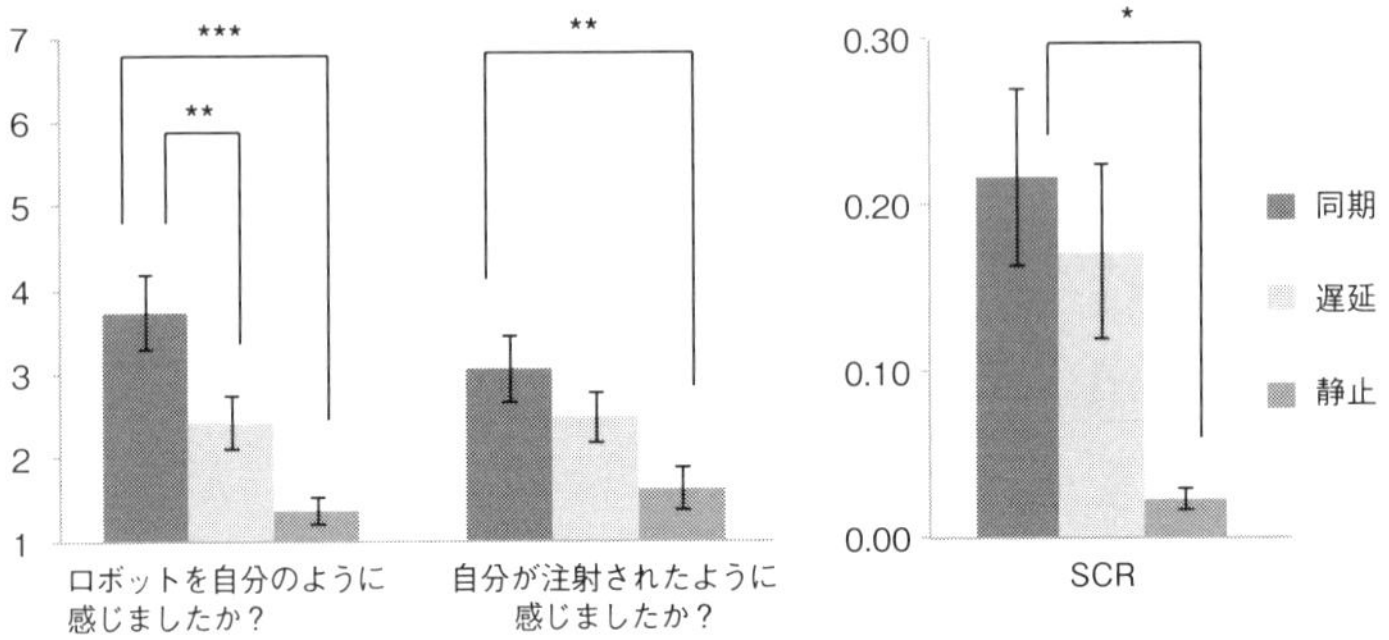

(a)　単純運動による結果

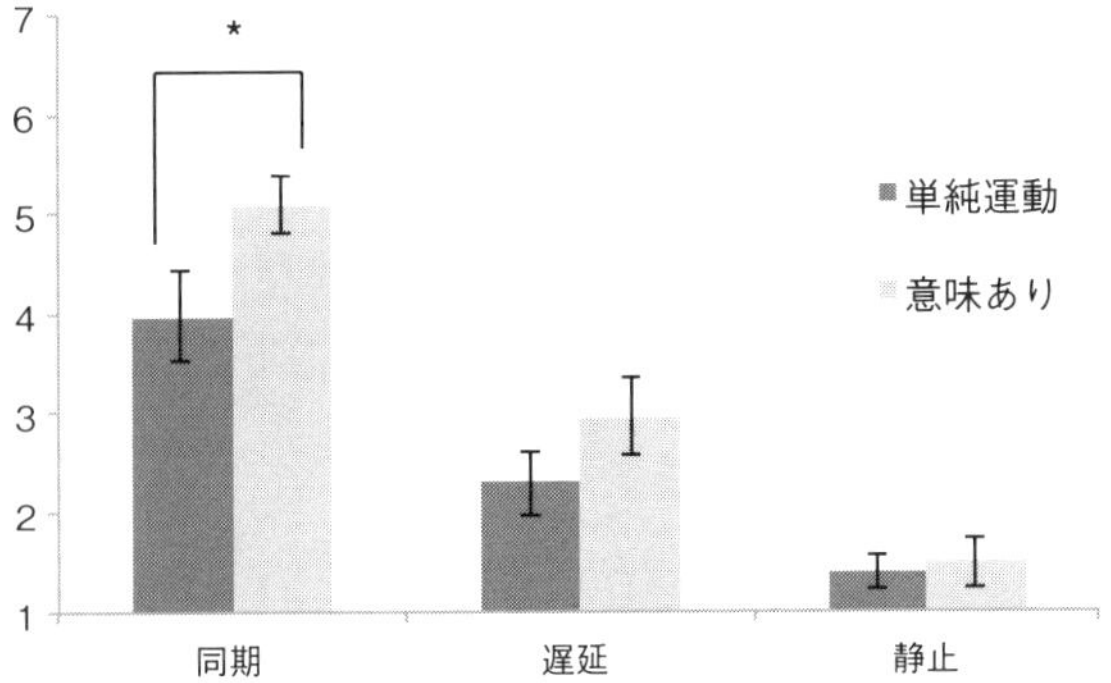

(b)　単純運動・意味のある動きの違い

図6－3　ＢＯＴ実験の結果

（*: p<.05, **: p<.01, ***: p<.001）

り、対話を行う際に「勝手に」アンドロイドが動くのが見えるだけである。我々の普段の動きを考えてみても、歩くときにどのように足を動かすかをいちいち考えていない。どこかへ移動することを意図しても、どのように足を動かすかを考えることは稀である。むしろ、足の動かし方を考え始めた途端、うまく歩けなくなったりする。すなわち、主観評価の値が低かったのは、実験参加者へのタスクが「腕を動かす」という単なる運動指令だったためであり、腕を動かすことが必要になるより高次のタスクを行った場合には、評価値が上昇するのではないかと考えた。

そこで、一定間隔で読み上げられる音声指示に従って、操作画面上に表示された色付きのマーカー（丸印）の位置まで腕を動かすというタスクで同じ実験を行ったところ、単に腕を動かす場合と比べて有意に主観評価の結果が上昇した（図6－3（b））。さらに、アンドロイドの腕を「ラバーハンド」として用いて、被験者とアンドロイドの腕を筆で同時になでるRHIの生成実験も行ったところ、遠隔操作による主観評価の値は、RHIによる主観評価と有意な差が認められなかった。すなわちアンドロイドへのBOTは、タスクの種類の影響も受け、身体を直接的に意識しない方が度合いが高まることが考えられる。

さらにこれらの実験結果から、遅延が1秒の条件においても、同期条件と比べて明確な差は生じていないこともわかる。検定による有意差が検出されていないため、この結果だけでは断定はできないが、アンドロイドの遠隔操作による身体感覚転移は、比較的大きな遅延があっても生じると考えられる。前述のようにRHIの実験では、遅延が500㎳を超えると、ほとんど反応が生じなくなり、主観評価などで大きな差が出ることがわかっている（Shimada et al. 2009）。それにもかかわらず、1秒の遅延があっても明確な差が生じないということから、BOTとRHIとでは脳内で錯覚が生じるメカニズム、もしくは遅延耐性の異なる、別のマッチング機構が用いられていると考えられる。電話などの音声対話では、遅延（片道平均遅延時間）が200msを超えると発話の重なりなどが生じて、遅延が気になりはじめると言われる。ニュース番組での外国との衛星中継で、現地特派員とスタジオのアナウンサーとの対話がずれてしまい、ちぐはぐな会話になっていることがあるが、それも遅延の影響である。しかしジェミノイドやテレノイド（本巻5章参照）を介した対話では、1秒近く遅延が生じているにもかかわらず、遅延を意識することはほとんど無い。

対話による身体感覚転移

ではアンドロイドへのBOTは、明示的な身体動作を意図しないと生じないのだろうか。日常生活において、人は歩く際の足の動きや、何かを掴む際の腕の動きといった、身体の詳細な動作を意識することはほとんど無い。あの場所に行く、コーヒーを飲む、といった抽象度の高い目的があり、それに伴って身体が「自動的」に動くことが多い。前節の最後で述べたように、実験のタスクを単なる身体部位を動かすことだけではなく、身体運動が必要であってもより抽象的な目的を持ったタスクに変えるだけでＢＯＴの度合いが高くなる。そもそも、ＢＯＴという現象に気づいたきっかけはアンドロイドを通じた遠隔対話であり、明示的にアンドロイドの体を動かそうという操作ではなかった。このように考えると、運動それ自体に集中するよりも、目的に集中し、その過程（手段）として意識していなくても体が動いている（アンドロイドが操作されている）、といった場合でもＢＯＴは生じるのではないだろうか。

ここで、自己概念の形成について考えてみると、心理学では様々な仮説・理論が提唱されてきた。例えばクーリー（Cooley 1964）は他者の自分に対する言動や態度を手がかりに自己を把握すると考えた。つまり、他者という鏡に映った像から自分を把握すると考え、これを「鏡映的自己」と名付けている。また、ベム（Bem 1972）は人が自分の行動や、その行動をとった状況から自身の内的状態を知ると考え、「自己知覚理論」を提唱した。通常の因果関係としては、自分の欲求などの状態がまずあり、そこから行動が生じる、という順のはずだが、その逆で自分のとった行動を振り返ることではじめて自分の状態がわかるというものである。この二つの理論は、人が自分のことを常に把握しているわけではないこと、また自分の行動、状況や他者からの影響を受けて、自らに関する考え方が変わり得ることを示しているといえる。このような自己概念の形成と同様に、アンドロイドを介して対話を行っているとき、相手がアンドロイドに対して人らしく接する様子を見ることで、アンドロイドをより自分の身体のように感じるのではないだろうか。

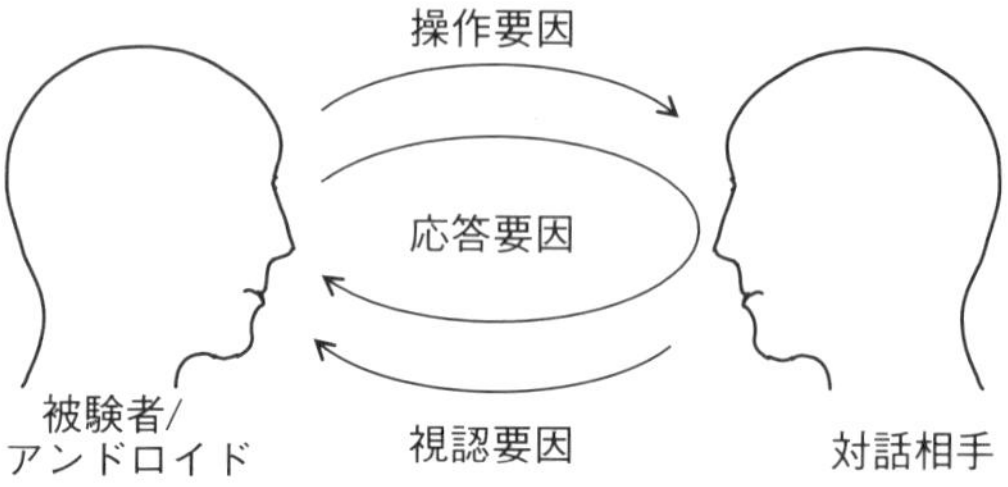

図６－４　対話実験での３つの要因

また、対話相手にアンドロイドを通じて働きかけ、相手がそれに対して応えてくれることで、アンドロイドを「自分」としてより強く認識するかもしれない。すなわち、アンドロイドを介した他者とのインタラクションにおける相手の対応によって、ＢＯＴの度合いが高くなる可能性がある。

以上の点を確かめるため、アンドロイドを遠隔操作して人と対話するだけで、操作者にアンドロイドへのＢＯＴが生じるかを検証した（Nishio et al. 2013a）。この際、対話を他者とのインタラクティブ性という観点から三つの要因を用いて検証した（図６－４）。

- 操作要因：相手への働きかけの有無（アンドロイド操作の有無）
- 視認要因：相手の存在の有無（相手が視認できるか否か）
- 応答要因：相手からの応答の有無（相手が適切に応答するか否か）

つまり、自分から相手に（身振り手振りを踏まえて）話しかけることが操作要因、相手が同じ空間にいて、姿が見えることが視認要因、自分の話に対し、うなずきなど交えた返答が相手から得られるかが応答要因となる。通常の対面対話においては、目の前に相手がいて、話しかけると応えてくれる。つまり、この三つの要因がすべて存在している。これらの3要因の有無を操作し、実験を行った。

実験計画としては、操作要因は学習効果を避けるため被験者間比較とし、視認要因と応答要因は被験者内比較の混合計画とした。それぞれの要因はあり・なしの2水準である。操作要因が無の場合、被験者が動いてもアンドロイドは動かない。視認要因が無の場合、相手は見えない。応答要因が無の場合、相手はヘッドフォンを付け、うつむいて本を読み、被験者の話への相槌などの反応も示さないこととした。この際、被験者の声は対話相手には聞こえないようにし、対話相手が被験者の声に無意識的にも反応してしまうことが無いようにしている。図6－5に実験の様子を示す。

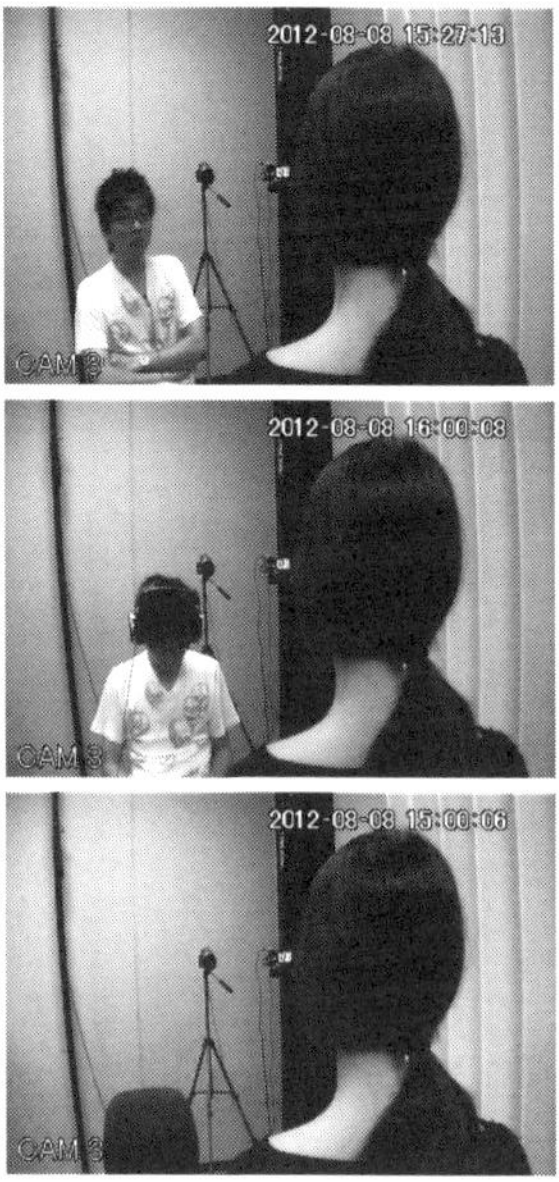

図6－5　対話実験の様子

（上）応答・視認あり条件、（中）応答なし条件、（下）視認なし条件アンドロイドの操作内容としては、操作者の頭部動作をアンドロイドに反映するとともに、発話に伴う口唇動作の自動生成のみを行っている。つまり、ボタンを押すなどの操作に伴う動作は無い。ただし、遠隔操作は一人称視点で行ったため（図6－5）、アンドロイドが自分の動きにあわせて動いていることがわかりにくい。そのため、操作あり条件の被験者には、実験前の操作練習時に二人称視点の映像（アンドロイドを正面から見る映像）も並べて見せ、被験者の動きや発話に合わせてアンドロイドの頭や口が動くことを確認させている。

実験は以下の手順で行った。まず、被験者（36名）を操作あり・なしの2グループに分け、各グループで視認あり・なし×応答あり・なしの計4条件をランダムな順序で行った。各条件のセッションでは、あらかじめ用意した30項目のテーマから話しやすいテーマを選ばせ、自由に話をしてもらった。5分間話を続けたところで、実験者によりアンドロイドへの刺激（首をなでる、頬を突く）が与えられ、実験参加者は会話を続けながらその様子を観察した。そして、終了の合図の後、実験参加者はアンケートに回答した。アンケートでは以下の質問を7段階で評価してもらった。

Q1　ロボットはどれほど思いどおりに動いていましたか？
Q2　話しているとき、ロボットをどれほど自分のように感じましたか？
Q3　ロボットが触られているのを見て、自分が触られたような感じがしましたか？

Ｑ４　話しているとき、どれほどロボットのいる場所にいるような感じがしましたか？

結果を図６－６に示す。アンドロイドを操作しないときよりも操作するときに、思い通りに動いたと感じ（Q1: $F(1,34)=20.68$, $p<0.001$）、アンドロイドを自分のように感じ（Q2: $F(1,34)=10.60$; $p<0.01$）、アンドロイドが触れられているのを見て、自分が触れられているような感じがした（Q3: $F(1,34)=5.61$; $p<0.05$）。また対話相手が見えないより見えるほうがロボットが思い通りに動き（Q1: $F(1,34)=6.95$; $p<0.05$）、ロボットを自分のように感じ（Q2: $F(1,34)=9.21$; $p<0.01$）、その場にいるような感じ（Q4: $F(1,34)=9.67$; $p<0.01$）がすることが分かった。

応答要因については、主効果として有意差は確認されなかったが、Ｑ２について、視認要因と応答要因の間で交互作用が確認された（Q2: $F(1,34)=8.13$; $p<0.01$）。下位検定を行うと、応答がある時、対話相手が見える方がロボットを自分のように感じ（$F(1,68)=16.87$; $p<0.001$）、また対話相手が見えない時、応答がない方がアンドロイドを自分のように感じることが分かった（Q2: $F(1,68)=4.12$; $p<0.05$）。さらに操作しているとき、応答がある場合の方がアンドロイドを自分のように感じることが確認された（Q2: $F(1,34)=5.19$; $p<0.05$）。

これらの結果から、アンドロイドを操作すると、また対話相手が見えていると、アンドロイドへのＢＯＴが強くなるといえる。また、相手が見えているとよりうまく操作できたと感じていることから、対話相手の存在がアンドロイドの操作を促したと言える。つまり、対話相手が見える

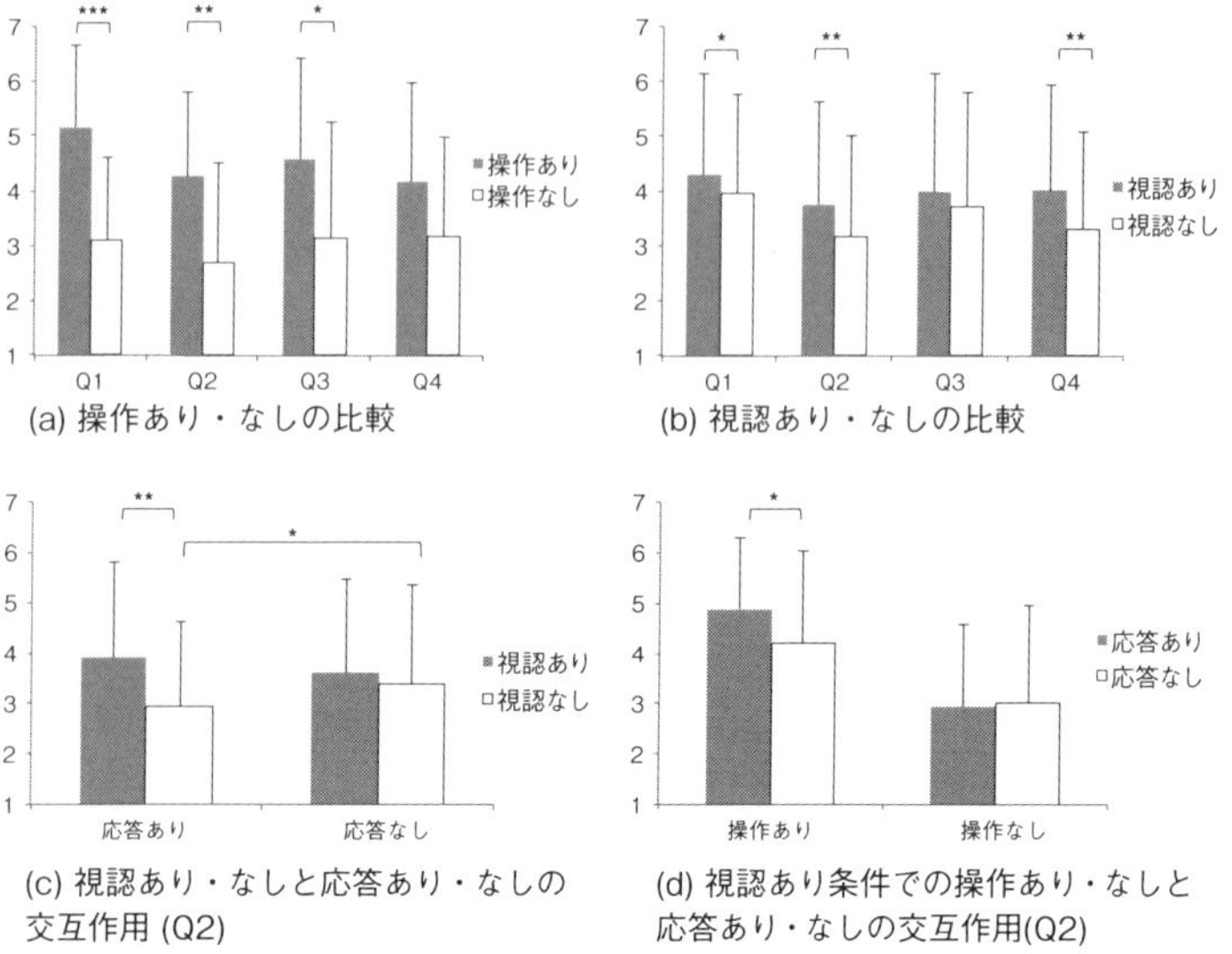

(a) 操作あり・なしの比較

(b) 視認あり・なしの比較

(c) 視認あり・なしと応答あり・なしの交互作用 (Q2)

(d) 視認あり条件での操作あり・なしと応答あり・なしの交互作用(Q2)

図6－6　対話実験の結果

（*: $p<.05$, **: $p<.01$, ***: $p<.001$）

ことで、頷きなどの操作が促進され、BOTが強まったのではないかと考えられる。一方で、相手からの応答だけでは明白な結果は出なかったが、相手が見える時・見えない時、また操作している時・していない時のそれぞれで、相手からの応答が異なった形で影響を与えていることがわかる。

特に、視認要因と応答要因の組み合わせは、アンドロイドを自分の身体のように感じる強さに影響している。これは、相手が見える条件と見えない条件で大きく伝達される情報に差異があったからでないかと考えられる。つまり、人が見える時は頷きといったノンバーバルな情報を受け取る事ができるが、見えていない時には受け取る事ができないという事である。ここから、相手からの応答の効果はバーバルな情報だけでは不十分で、ノンバーバルな情報にこそ意味があるということがいえる。また、相手が見えない場合、応答がある場合は、無い場合より自分の身体のような感覚は弱い。それは、相手が見えず会話するというのが、電話をしているような感覚であり、アンドロイドに対する意識が弱まったからでないかと考えられる。

この実験は、前節の実験と異なり、タスクは対話を行うことであって、特定の身体部位を動かすことではない。意図した運動ではなく、対話に伴ってうなずきなどの頭の動作や、発話による口唇動作が自然と、無意識に近く生じるだけであっても、遠隔操作の有無によってBOTの度合いに明確な差が出ること、また相手の視認性や応答性、すなわち対話の自然さによって差が出ている。つまり、単なる運動予測と視覚フィードバックの一致という、ボトムアップの機構により身体所有感が生じるだけではなく、社会的なインタラクションの自然さというトップダウン方向の刺激によっても身体所有感が形成されると考えられる。すなわち、自己概念の形成のように、対話という社会的な行為を自分が行う際、自分が操作しているアンドロイドに相対する他者がアンドロイドを対話相手として認識し、それに対して反応する様を見ることで、アンドロイドとの一体感が強くなると言える。別の実験では、遠隔操作アンドロイドを介した対話時に、自動的にアンドロイドの表情を変化させると、アンドロイドの操作をしているときに限り、BOTの度合いが高まるにつれて操作者の情動も表情にあわせて変化するようになることもわかっている

(Nishio et al. 2013b)。楽しいから笑うのか、笑うから楽しいのか、という情動が先か、身体の反応が先かという論争があるが、表情を変えることで情動も変化するという顔面表情フィードバック仮説（Zajonc et al. 1989）と同様の効果も確認されていることから、対話という社会的行為が身体所有感、さらには情動に至るまで、人の基本的なメカニズムに強い影響を及ぼすことがわかる。

脳波による遠隔操作 —— 固有感覚の影響の排除

これまでのＲＨＩや身体所有感の研究では、常に触覚刺激が用いられている。ＲＨＩ実験では、身体とは独立し、触覚のフィードバックが存在しない義手を用いるが、この場合も義手と自身の腕の双方に同期して触覚刺激を与えており、常に何らかの触覚刺激が与えられている。一方、アンドロイドの遠隔操作系では触覚フィードバックはなく、視覚フィードバックしかない。そのため、操作しているアンドロイドに触られても、操作者には触られた感覚は伝わらず、触覚への刺激は生じていない。しかしアンドロイドの遠隔操作では、操作者の体の動きに追随してアンドロイドが動くようになっている。つまり、アンドロイドを動かすためには自分の体を動かす必要がある。前節までの実験では、操作者の腕や頭の動きがアンドロイドに反映されていたため、アンドロイドを動かしている時には、操作者の動きや姿勢の変化に伴って触覚刺激が生じ、これがBOTの生成の原因になったとも考えられる。

人には様々な体性感覚があるが、特に皮膚感覚（触覚や痛覚）は特に身体所有感の発生に関わりが深いと考えられる。視覚や聴覚は身体から離れた場所からの刺激でも受容することができる。しかし、触覚は身体に触れられた時しか発生しない。また固有感覚は、能動的・受動的にせよ、身体が動いた時にしか発生しないものである。このため、これらの感覚は特に身体のイメージを構成する上で重要な役割を果たしていると考えられる。それでは、本来の自分の身体とは異なる物体を、自身の一部と感じるためには、最低限、どの感覚への刺激が必要なのだろうか？　固有感覚や触覚を完全に排除した場合でも、つまり身体運動を伴わずに遠隔操作を行った場合でも、アンドロイドを自らの身体と感じることはできるだろうか？　繰り返しになるが、これまでの実験ではアンドロイドを操作するために自身の身体も動かしていたため、「触られた」触覚のフィードバックがなくとも、自らの運動によって生じる触覚（例えば肘を曲げることによる皮膚のこすれ）や、姿勢の変化による固有感覚への刺激は、前述のくすぐりの研究のように、意識することはなくても生じていたため、これらの感覚がRHIでの筆による刺激と同様の効果をもたらしていた可能性も否定できない。それとも運動意図と、この意図に伴う視覚フィードバック（動かそうと思うとアンドロイドの腕が動いている様子が見える）だけでも、アンドロイドへのBOT、すなわち外部の物体への身体所有感は生じるのだろうか？

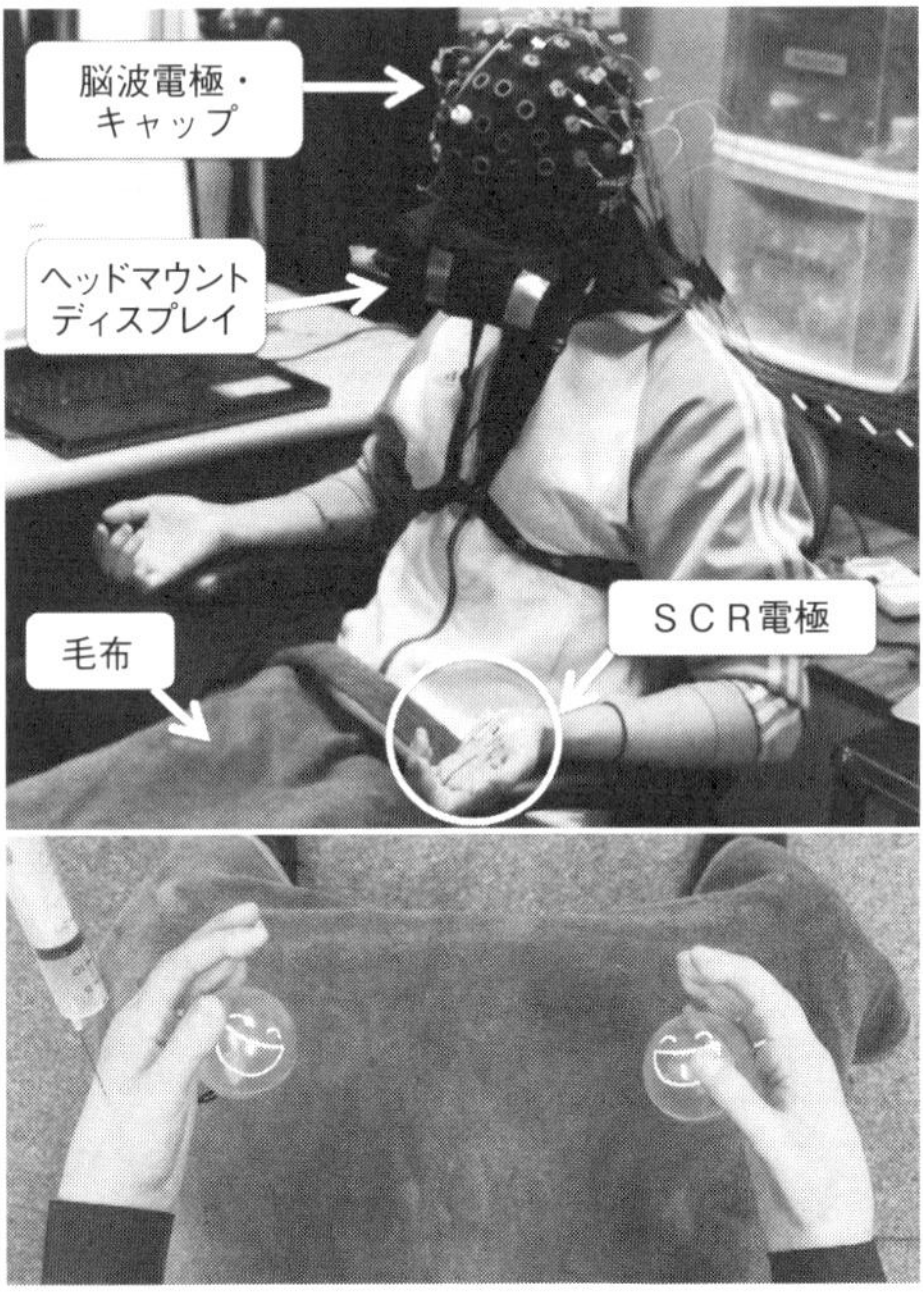

図6－7　BMIによるアンドロイドの遠隔操作実験の様子（上）**BMI操作の様子、**（下）**注射刺激の様子**（注射器は左）

この点を確かめるため、ブレイン・マシン・インタフェース（以下BMI）を用いた遠隔操作系を作成し、これまでと同様の実験を行った（Alimardani et al. 2013）。このBMI遠隔操作システムでは脳波から特徴量を求め、左右いずれの運動野でより強い活動が見られるかを算出する方法を用いている。運動野とは、人の脳では頭頂部付近に位置する部位で、人が運動を行ったり、運動のイメージを抱くとこの部位で活動が生じる。人の身体は、左右別々に脳の半球に対応して結合されているため、左手を動かす際には（自分から見て）脳の右側が、右手の場合は左側が反応する。そのため、運動野からでる脳波をみることで、どちらの手を動かそうとしているのかの大まかな区別をつけることができる。

このような仕組みで動作するBMIシステムを操作に用いて、「遠隔操作型アンドロイドと身体感覚転移」の節で述べたものと同様の実験を行った。被験者がアンドロイドの操作をしばらく行った後、操作対象のアンドロイドに注射による刺激を与え、その際の被験者の反応を計測する、という手順である。ただし先述の実験とは、操作にBMIシステムを用いている点が異なるのと、アンドロイドの動作も変えている。まず、アンドロイドが左右の手に持つ玉のいずれかを光らせる。光った方の手を握るイメージを操作者（被験者）に想起してもらう。この際の脳波の空間的パターンから、左右どちらの手での動作をイメージしているかを判別し、アンドロイドに動作コマンドを送る。そして、その様子を被験者に見せる、というものである（図6－7）。注射刺激の際にはSCRを計測し、動作、注射というセッションを終えた後には質問紙調査を行った。ここで、共に脳波計は装着するが、イメージに応じてアンドロイドが動く条件と動かない条件（ともに被験者20名）とを比較した。

その結果、アンドロイドが動く場合の方がSCR、主観評価の双方で、有意に高い評価値が得られた（図6－8）。すなわち、アンドロイドを操作しようとする意図があり、その結果としてアンドロイドが動く様子が見えた場合にのみ、アンドロイドを自身の体のように感じ、またアン

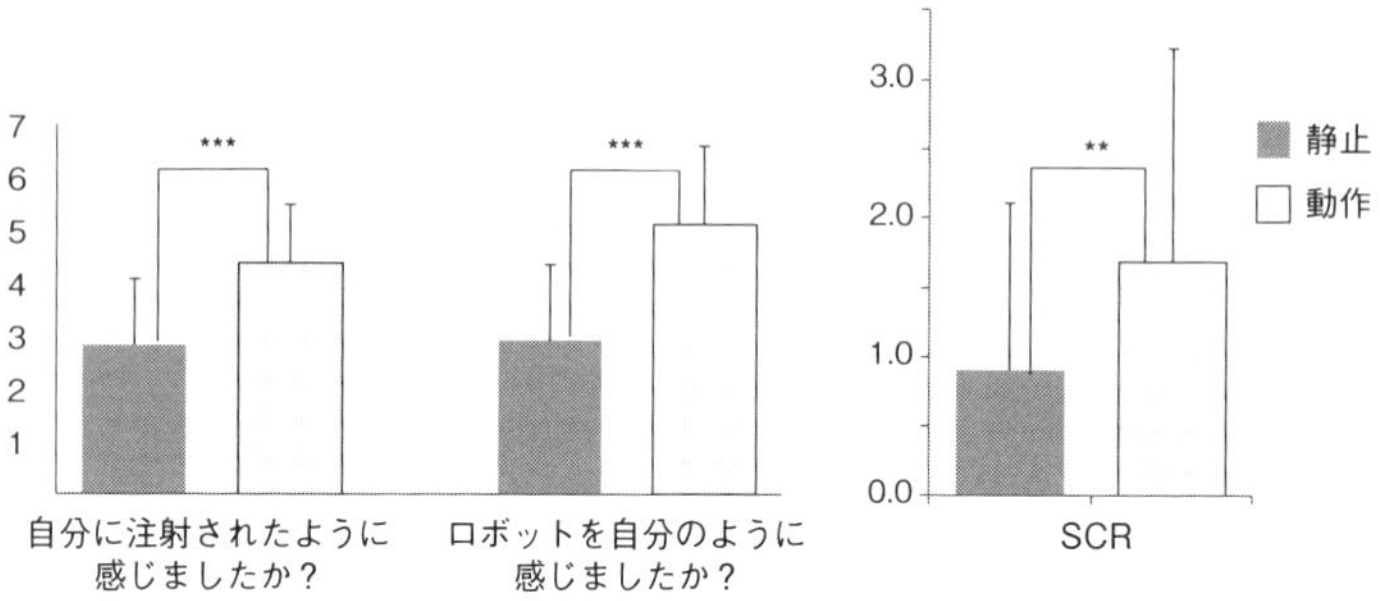

図6－8　ＢＭＩ実験の結果

（**: p<.01, ***: p<.001）

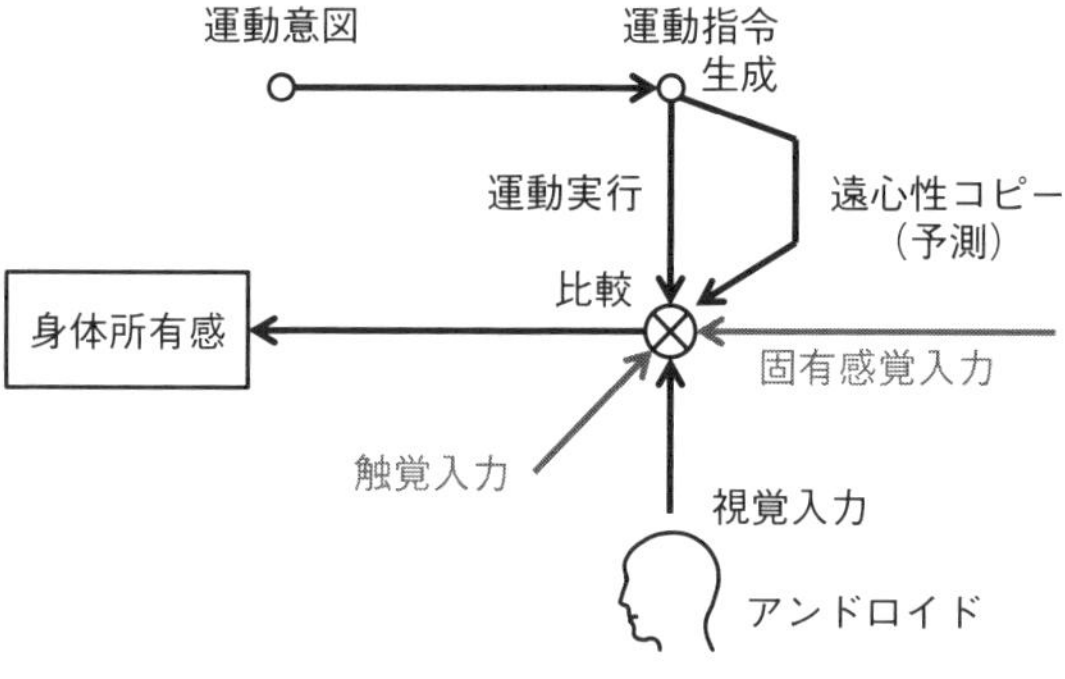

図6－9　遠隔操作型アンドロイドへの身体感覚転移のモデル

ドロイドへの刺激を自らへの刺激のように感じたことがわかる。またこの結果から、運動に伴う体性感覚がなくとも、運動意図（もしくは、意図に沿うアンドロイドの動きの予測）と視覚フィードバックの二つが合致すれば、アンドロイドへのＢＯＴが生じるといえる（図６－９）。これまでの研究では、触覚や固有感覚は、身体所有感の形成に必要不可欠と考えられていたが、この実験結果から、ＢＯＴなどの、人が何かを自分の一部と感じる仕組みは、従来考えられていたよりずっと簡単にできていると言える。

操作者の脳活動への影響

実は前章の実験では「ずる」をしている。それは有意な差が見られたのは、アンドロイドの動きを恣意的に変えた場合だけだということである（もちろん論文にはそのことは明確に書いてある）。前章のＢＭＩシステムで利用した脳波は、脳の神経活動の結果、漏れだす電磁波を頭蓋骨の外側から測るものなので、脳の様々な部位での活動が混ざっており、またノイズも大きく信号自体も弱い。そのため、信号処理やパターン認識処理を行って、得られる信号に含まれるかすかな特徴を抽出しなければならない。また、運動をどの程度「きれい」にイメージできるかも、個人差がかなり大きい。そのため、脳波によるＢＭＩシステムでの識別率は一般に低く、非常に高い人で

8割程度、低い人だと2、3割しかない（右左の2択なのに半分に満たない）。つまり、BMIシステムで操作しても必ず思い通りにアンドロイドが動くわけではなく、動かなかったり、意図とは反対の手が動くこともある。そこで前章の実験では、玉が光った方と、BMIシステムの出力とが合致した時にのみ、アンドロイドの手が動くように設定している。つまり、左右のうち「正しい」方がBMIシステムから出力された時に限って、アンドロイドの手が動くようにしたのである。これをBMIシステムの出力をそのまま用いて、間違った場合でもアンドロイドの手が動くように設定すると、主観的な評価も、SCRによる評価も共に下がることがわかっているのように感じる度合いには相関（r=0.56; p<0.05）がある。つまり、アンドロイドが意図したとおりに動くほど、BOTの度合いが高くなる、すなわちアンドロイドを自分のように感じるということになる。

反対にBOTが高くなると、何が起きるのだろうか？　ここで我々は、フィードバックループがあるのではないか、つまりBOTが高くなると、BMIシステムの正解率も高くなるのではないかと考えた。アンドロイドをうまく操作できればできるほどアンドロイドを自分の体と感じ、また自分の体と感じれば感じるほど、うまく操作できるようになる、という循環構造があるのではないかと考えたのである。生まれたての赤ちゃんは、まだ自他分離、つまり自分と他者や他の物体との境界が曖昧であると言われる。どこまでが自分の体なのかがよく分かっていない。また赤ちゃんはうまく体を動かすこともできない。大きくなるに従って、次第にうまく体を動かせるようになっていく。寝返りを打ったり、手や足をばたばた動かしたり指をしゃぶったり、といった様々な意図した動作と、それによる視覚（動いているのが見える）や触覚（何かに触った感じがする）の相関を通じて、次第に自分の体を把握し、またうまく体を「操作」できるようになっていくと考えられる。この、赤ちゃんの発達過程と同様のことが、アンドロイドを操作する際にも生じているのではないかと考えた。

では、操作がうまくなるとはどういうことかと考えると、ここではBMIシステムを介して操作を行っているので、脳波がBMIシステムにうまく認識されるように変化していく、すなわち、操作する人の脳波の発生パターンが、操作を行うに連れて変わっていくということになる。脳波が変わる、ということは、脳の活動する部位が変わったり、活動量が変わるということである。直感的にはそんなに簡単に脳が変わるわけがないと思える。しかし近年の動物や人の実験で、脳は意外と短期間で変わり得ることがわかってきている。例えば柴田ら（Shibata et al. 2011）は、被験者（人）の視覚野（後頭部にある、目から入ってきた情報を処理する脳の部位）の活動に応じて表示される図形の大きさが変わるようにして、被験者に何とかしてその図形を大きくするように、と指示すると、実際に大きくできる、つまり脳活動を変えられることを示している。このような、脳活動に応じた刺激を本人に与えることで、脳の活動を制御しようとする方法は「ニューロフィードバック」と呼ばれ、近年治療などへの応用可能性も含めて研究が始まっている。しかしこのようなニューロフィードバックは、ＢＭＩの練習期間も含め、数週間かけてやることが普通であり、そもそもＭＲＩなど精密に脳活動を計測できる装置を使うことが前提である。ノイズの多い脳波を使って、たかだか十数分アンドロイドを操作したくらいで、脳に変化など生じるものだろうか？　またそもそも、前述のようにＢＭＩシステムをうまく動かせる人と動かせない人とがいるのに、ＢＯＴが高くなれば、すなわちアンドロイドを自分の体のように感じるようになれば、という前提はどのように実現できるのだろうか？

そこでこの実験では、前の実験での「ずる」を積極的に用いることにした。つまり、被験者がアンドロイドが思い通りに動いていると思いさえすれば、ＢＯＴの度合いは高くなるのではないかと考えたのである。そのためには、実際のＢＭＩシステムの出力がどうあれ、アンドロイドが「正しく」動いているかのように見せてやればよい。言い方を変えると、アンドロイドをちゃんと動かせる、という自信がもてれば、それだけで脳波のパターンが変わるのではないか、ということである。前節の実験では、間違った動きがＢＭＩシステムから出力されたときには、アンドロイドの手を動かさないようにした。今回の実験ではさらに手を加えて、被験者の脳波によるＢＭＩシステムからの出力は無視して、とにかく一定のパターンで、操作するに連れてアンドロイドが正しく動く割合が高くなるようにし、その結果、被験者の脳波パターンが変化するかを観察した（Alimardani et al. 2014）。

具体的には、以下の４つの条件を設けて比較を行った。

1　そのまま条件：被験者の脳波によるＢＭＩシステムの出力に応じて、アンドロイドの手が動く
2　合致条件：ＢＭＩシステムの出力が正解と同じ時だけ、アンドロイドの手が動く
3　偽＋条件：ＢＭＩシステムの出力にかかわらず、常に90％の正解率が得られるようにする
4　偽－条件：同様に20％の正解率しか得られないようにする

比較の指標としては、被験者の脳波の特徴空間上での分離性を用いた。前述のように、実験で用いたＢＭＩシステムでは、脳の左右半球から得られる脳波を用いているが、出てくる脳波をそのまま使っているのではなく、信号処理などを行った上で、特徴量を抽出し、最終的にその値が左右のどちらなのか、を識別している。この最後の識別を行う段階で、左手の運動をイメージしたときと、右手の運動をイメージした時との値がきれいに分かれていると識別率は高くなるし、まざっていると低くなることになる。例えば、左右の手に同じ大きさ・色のビー玉を何個かずつもって、床に落としていくとする。このとき、左右の手が十分離れていれば、右手からのビー玉と、左手からのビー玉の落ちる場所はそれぞれ離れているので、あとから見てもどの玉がどちらの手から落ちたのか、がよくわかる。しかし、左右の手をくっつけた状態で落とすと、まざってしまって、どれがどちらの手から落ちたものなのかはほとんど区別がつかなくなってしまう。こ

のビー玉を落とす、ということに相当するのが、左右どちらかの手の運動をイメージすることに相当し、どちらの手から落ちたのか、を当てるのが、ＢＭＩシステムの出力に相当する。つまり、ビー玉を持つ左右の手が十分離れている状態になるように、脳波が変化すればいいわけである。被験者には、まず上の４つの条件で最初に練習を行ってもらい、その後、ＢＭＩシステムの出力をそのままアンドロイドの動きに反映させる状態で操作を行ってもらった。

この操作セッションでの脳波を比較した結果が図６－10である。被験者によるばらつきはあるものの、合致条件、偽＋条件で分離性が高まっている事がわかる。図６－11は、偽＋条件のある被験者の練習前半と後半の脳波特徴量の分布である。練習を通じて、分離性が高まり、左右の識別しやすさが向上していることがわかる。思い通りに動かせている、と被験者に思い込ませると、実際に脳波のパターンがより思い通りに動かせる方向に変わっている。さらにおもしろいことに、同様の実験をアンドロイドではなく、機械的な外観のロボットアームで行うと、ほとんど変化が見られない。つまり、人らしいアンドロイドの操作をしている時にだけ、脳波パターンに変化が見られることになる。ＲＨＩやＢＯＴは人らしい外観でないと生じにくいこともわかっていることから（Armel & Ramachandran 2003; Tsakiris et al. 2010; 大久保他 2014）、ＢＯＴの度合いが高くなるとＢＭＩのパフォーマンスも向上するという仮説は正しいように思えるが、今後さらなる検証が必要である。

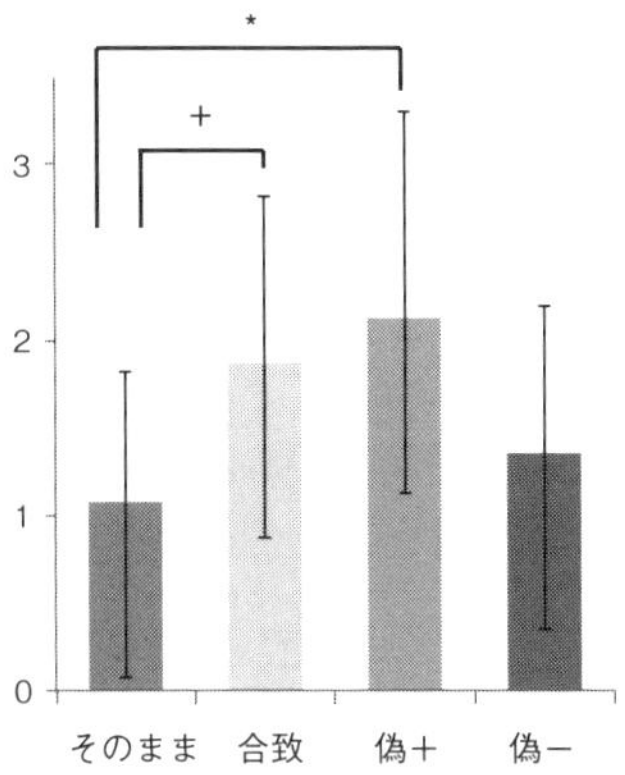

図６－10　分離性の前後比較

（＋：p<.10, ＊：p<.05）

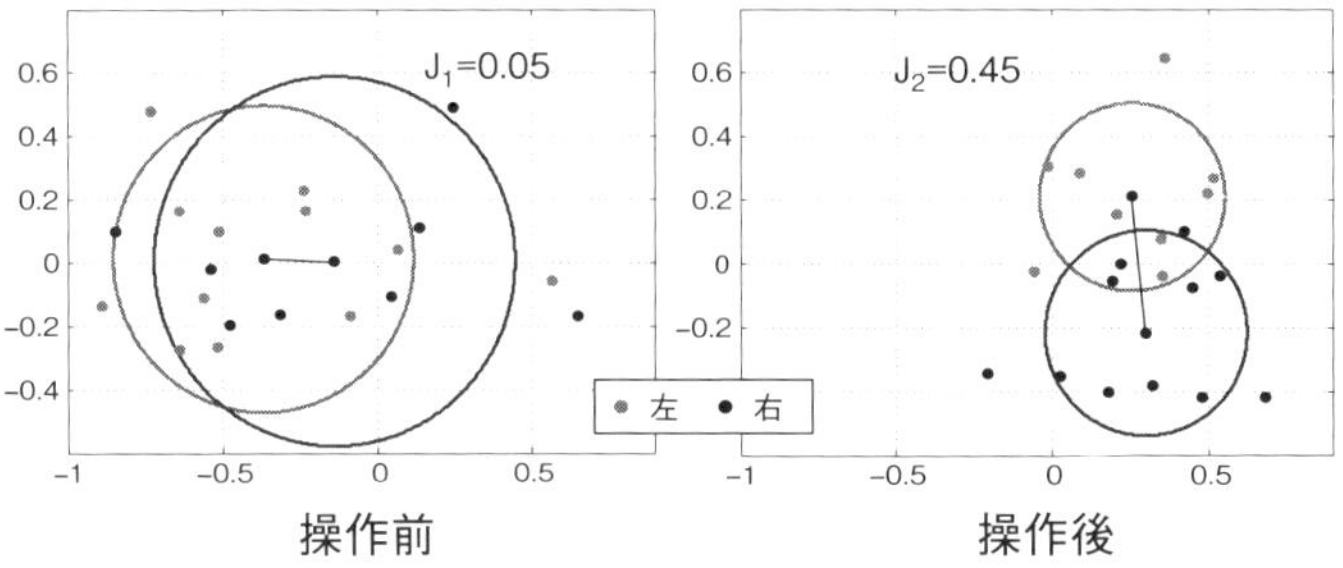

図６－11　脳波の特徴量の分離例

おわりに

本章ではアンドロイドを遠隔操作した際に、ロボットの身体を自らのように感じるようになるBOTの研究成果について、関連研究と共に紹介した。遠隔操作を通じ、感覚的に切り離された遠隔地のアンドロイドを自己の身体と感じるようになるだけでなく、対話という社会的な行為が身体所有感や情動に強い作用を及ぼすなど、アンドロイドという新しいデバイスを用いることで人の認知機構に関する新たな知見が得られつつある。

しかし、BOTの研究はまだ始まったばかりである。ミラーニューロンシステムや共感覚、メンタライジングなどとの関連性を含めたメカニズムの解明、操作者のBOTの向上がアンドロイドと相対する人に及ぼす作用など、多くの研究課題が考えられる。認知症高齢者の対話支援のような、遠隔操作型アンドロイドの応用面からは、BOTを通じた遠隔操作の訓練課程の開発も考えられる（中道他 2013）。さらに、自動車の運転に上達した人が車両感覚を得るように、BOTを遠隔操作機器一般に対しても生じさせることができれば、遠隔操作の練度を急速に向上できる可能性がある。今後、多様な研究分野との学際的研究や実利用に向けた応用研究などの進展が期待される。

謝辞

本研究はＪＳＰＳ科研費20220002, 24650114, 25220004, 26540109 の助成により実施されたものである。

7　感覚・運動情報の予測学習に基づく社会的認知機能の発達

長井志江

はじめに

乳幼児は生後数年の間に、驚くほどの多様な認知機能を獲得する。自己の身体と外界の区別もできていない状態から、自己を発見し、身体を意図的に動かすことを学び、やがて物体操作などの目標を持った運動を生成できるようになる。さらに、自己だけではなく、環境中から自己の運動に随伴的に応答する他者を発見し、他者の視線や発話などの社会的信号を理解し、そして、意図や信念などの内的状態に気づくことで、他者との社会的関係を形成する。スイスの発達心理学者であるジャン・ピアジェは、彼の3人の子供たちの発達を詳細に観察し、分析することで、生後から2歳までに現れる乳幼児の感覚運動の発達が、6段階に分かれることを示した（Piaget

1952; Butterworth & Harris 1994; Bremner 1994）。

Ⅰ　反射期（0～1ヶ月）：吸啜反射や把握反射のように、生得的な反射行動を示す。

Ⅱ　第一次循環反応期（1～4ヶ月）：たまたま生成した運動の結果としての感覚に興味を向け、その運動を反復するようになる。この段階は、指吸いのように、主に自分の身体に限定された反応を示す。

Ⅲ　第二次循環反応期（4～8ヶ月）：物体や他者との関係において、興味深い感覚を引き起こす運動を繰り返すようになる。

Ⅳ　協応化した第二次循環反応期（8～12ヶ月）：運動を意図的に生成したり、複数の運動を組み合わせることができるようになる。また、物体の永続性を理解するようになる。

Ⅴ　第三次循環反応期（12～18ヶ月）：新規なものに興味を示し、試行錯誤的に感覚と運動の関係性を探索する。

Ⅵ　心的表象期（18～24ヶ月）：心的表象を獲得し、直接的な感覚運動を離れて外界を認識するようになる。

ピアジェが提唱した理論と、乳幼児の発達段階を調べるために彼がデザインした心理実験は、その後の発達心理学研究の基礎となり、多くの研究者がこの理論に基づいて乳幼児の認知発達を研究してきた。特に、乳幼児がいつどのような能力を獲得するのか、そして、その能力が他の能力とどのような関係にあるのかが、様々な行動実験によって明らかにされた。しかし、乳幼児の劇的で多様な認知発達が、どのような神経的・身体的メカニズムによって生み出されているのかはまだ完全には明らかになっていない。近年の脳イメージング技術の進展により、乳幼児の認知発達を脳活動レベルで理解しようとする研究も多く行われているが（例えば、Marshall et al. 2011; Shibata et al. 2012）、マクロな身体的運動とミクロな神経活動との間には大きなギャップがあり、これらを直接的につなぐことは非常に困難である（本シリーズ第8巻参照）。

これに対して、構成的な視点から認知機能の発達メカニズムの解明を目指す、認知発達ロボティクス研究が提唱され、多くの成果を挙げてきた（Asada et al. 2001; 2009; Lungarella et al. 2003; Cangelosi & Schlesinger 2015）。発達心理学や神経科学では、乳幼児の行動や脳活動を「解析」することで発達メカニズムの理解を目指しているが、認知発達ロボティクスでは、解析的研究から得られた知見をもとに発達の計算論的モデルを「構築」し、それをロボットに実装した際の行動変化を観察することで、発達原理の解明を目指す。つまり、創ることによってその仕組みを理解する、構成的アプローチである。多様な認知機能を併せ持つ乳幼児を観察する方法では、ある行動の発現においてどの機能が重要な役割を果たしているのか突き止めることは難しい。一方で、計算論的モデルを組み立てていく認知発達ロボティクスでは、発達を実現する最小限の機能の発見や、発達に及ぼす神経的・身体的・環境的要因の、個々の影響を明らかにすることが期待できる。

本章では、認知発達ロボティクスの例として、乳幼児の社会的機能に注目した研究を紹介する。著者は、社会的認知発達の基盤に、「感覚・運動情報の予測学習」があると提唱してきた（Nagai 2015; Nagai & Asada 2015）。本章では、まず感覚・運動情報の予測学習に基づく発達の原理を説明し、その後、それを応用したロボットモデルとして、自他認知の発達や物体操作能力の学習、そして共同注意の発達メカニズムを紹介する。最後に、感覚・運動情報の予測学習に基づくモデルが、社会性の障害と呼ばれる自閉スペクトラム症の発生原理も説明しうることを示す。

社会的認知発達の基盤としての感覚・運動情報の予測学習

乳幼児の認知発達は、いかにして起こるのであろうか？　そして、そこにはどのようなメカニズムが内在するのであろうか？　これらの問いに答えるためには、まず、発達が連続的な現象であることを認識しなければならない。本章の冒頭で述べたように、乳幼児は自己の認知や物体操作、他者とのコミュニケーションなど、生後数年の間に様々な認知機能を獲得する。これらの能力は、一見、独立したもののようにも見えるが、実は、そこには共通の発達原理が存在していると考えられる。ここで、乳幼児の発達を木の成長に例えて説明したいと思う。木は成長するに従って徐々に枝分かれし、その先に無数の葉をつけ、やがて魅力的な実をつける。ここで見られる葉や実も、それぞれが独立した物体であるかのように見えるが、これらが言わば、乳幼児が月齢の増加とともに獲得する認知機能に相当する。そして、木の成長が一個の種から始まっているように、乳幼児の発達も限られた能力から出発していると考えられる。木の種は、環境から日の光や水といった栄養を受けることで、多くの葉と実を持つようになるが、これと同様に、乳幼児も生後まもなくは限られた能力のみを持ち、それが環境、特に養育者からの援助を受けることで、様々な感覚・運動様式上で認知機能を発現する。つまり、一見、独立に見えていた認知機能も、木の成長と同様に連続したダイナミクスを持っており、発達の「種」を知ることこそが、乳幼児の認知発達の真の理解につながると期待できる。

著者はこの発達の種として、人間の脳が持つ予測学習の機能に注目し、乳幼児の「感覚・運動情報の予測学習」が、認知発達の基盤であると提唱してきた（Nagai 2015; Nagai & Asada 2015）。予測学習とは、現時刻・空間の信号から、将来や未知の空間の信号を推定できるように、その対応関係を学習することである。人間が目標指向の運動を生成したり、環境に応じて適切な行動を決定することができるのは、この予測学習のおかげであると考えられている（Friston & Kiebel 2009; Kilner et al. 2007）。図７－１に予測学習の概念的モデルを示す。本モデルは、大きく分けて二つのモジュールからなる。一つは感覚・運動器で、脳で生成された運動指令をもとに実際に身体を動かし、環境との相互作用の結果得られた感覚信号を脳にフィードバックする役割を担う。

もう一つは予測器で、運動指令の遠心性コピーと現在の感覚信号から、次時刻・空間の感覚・運動信号を予測する役割を担う。そして、これら2つのモジュールから出力された実際の感覚信号と予測した感覚信号の差として予測誤差を計算し、人間はこれを最小化するように自己の内部モデルを学習する。

では、この予測学習の能力が、実際に乳幼児の社会的認知発達とどのように関係しているのであろうか。著者は、感覚・運動情報の予測学習には主に2通りの方法があり、それを基盤として多様な認知機能が創発していると考えている。図7－2にその2通りの方法と、乳幼児が発現する社会的行動との関係を示す。まず一つ目の方法（図7－2（a）参照）は、予測器を更新することによって予測誤差を最小化する方法である。これは主に、発達初期に重要な役割を担うと考えられる。生後まもない乳幼児は感覚・運動経験が乏しく、未熟な予測器を持って生まれる。そして、身体バブリングなどの探索行動を通して、自己の身体（内受容）や環境（外受容）からの感覚信号を獲得し、その信号とそれを生成した運動との対応関係を学習することで予測器を精緻化していく。この過程で最初に発現するのが、自他認知の能力である。乳幼児は全ての感覚信号に対して予測学習を行うと、予測誤差がゼロに収束する信号群と、そうでない信号群に大別されることに気づく。これが、自己と他者（自己以外）に対応している。自己の身体は、ある運動指令に対して毎回、同じ感覚信号をフィードバックするため、感覚と運動の関係は予測誤差ゼロとなる。これに対して、他者や物体などの自己以外は、感覚と運動の対応関係をいくら更新したと

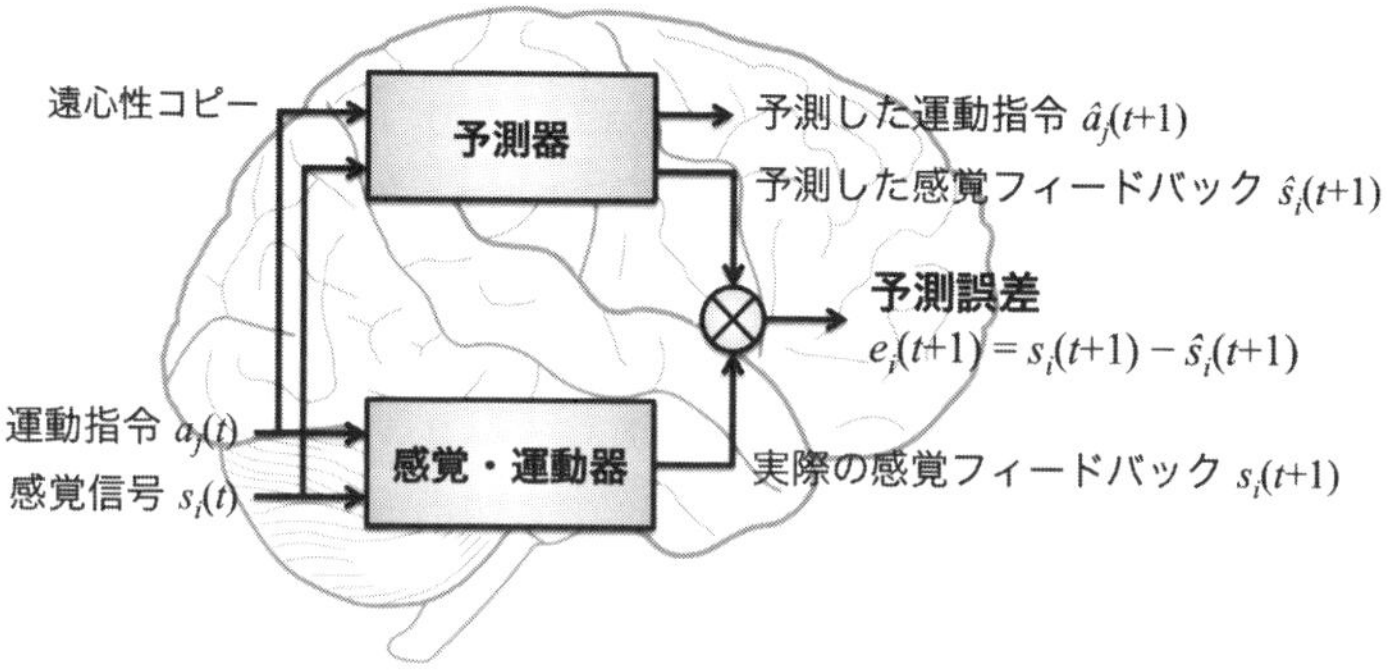

図7－1　脳の予測学習モデル（Wolpert et al. 1995; Blakemore et al. 1999 を改変）

人間は運動指令をもとに感覚・運動器を通して得られた実際の感覚フィードバックと、遠心性コピーをもとに予測器で計算された感覚フィードバックとの間の誤差（予測誤差）を最小化することで、感覚・運動情報の予測学習を行う。

しても、自己では予測し得ない他者の内的な状態（意図や信念など）や文脈の影響を受けるため、多少の予測誤差を残してしまう。このように、予測学習の結果として残る予測誤差を規範に、感覚信号をクラスタリングすることで、自他認知が可能になると考えられる（ここでは、低次の自他認知を対象としており、高次の概念的な自他認知はより複雑な過程で起こることに注意されたい）。

では、発達の後期に見られる、自己と他者の社会的な関わりについてはどうであろうか。これには、予測学習のもう一つの方法である、運動指令の選択が主に関与していると考えている（図7－2（b）参照）。先に述べたように、予測器をいくら精緻化したとしても、他者の行動を完全に予測することは困難である。そこには、他者の内的状態の影響であったり、文脈の影響が残る。では、乳幼児はこの予測誤差を、どのように解消してい

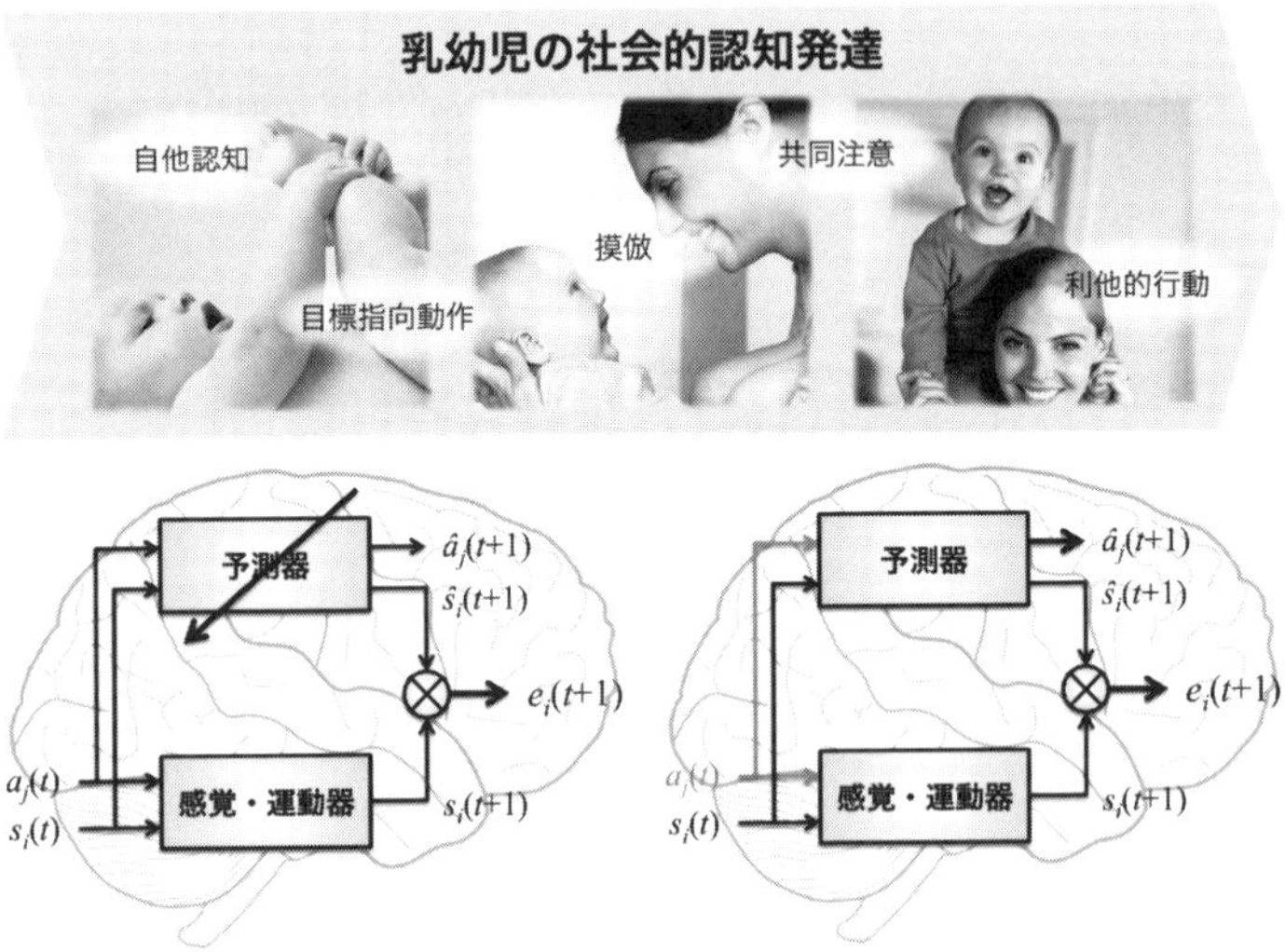

(a) 予測器の更新による予測誤差の最小化　(b) 運動指令の適切な選択による予測誤差の最小化

図7－2　感覚・運動情報の予測学習に基づく乳幼児の社会的認知発達

乳幼児は感覚・運動経験を通して (a) 予測器を更新するか、もしくは (b) 適切な運動指令を選択することにより、予測誤差を最小化する。その結果として自他認知や共同注意、利他的行動などの、様々な社会的認知機能を獲得する。

るのであろうか。そこには、乳幼児自身の行動選択が関係しているのではないかと考えられる。例えば、利他的な行動を例にとってみると、14ヶ月頃の乳幼児は、他者が動作目標を達成できない様子を見ると、自主的にそれを助けるようになることが知られている（Warneken & Tomasello 2006, 2007）。このとき、乳幼児には必ずしもご褒美（報酬）が与えられるわけではないが、他者の代わりに動作を遂行しようとする様子が見られる。著者は、ここに予測誤差の最小化規範に基づく行動選択が関係しているのではないかと考えている。つまり、乳幼児は他者の運動を観察したときに、それがどのような結果をもたらすのか、常に自己の予測器をもとに予測している。その過程で、もし他者が何らかの理由により運動の目標を達成できなかったとすると、乳幼児は観察した信号と予測した信号との間に予測誤差を検出する。これが引き金となって、乳幼児は他者の代わりに自己の運動を生成することで、生じた予測誤差を最小化するのではないかと考えられる。言い換えれば、乳幼児の初期の利他的行動には、他者を助けようとする意図はまだないが、予測誤差の最小化をきっかけに生まれた行動が、その後、環境や他者からの様々な社会的報酬を得ることで、真に社会的な認知機能へと発展していくという仮説である。

以降では、ここで述べた仮説に基づく、具体的な計算論的モデルを紹介する。感覚・運動情報の予測学習という共通のメカニズムが、いかに多様な社会的認知機能を創発しうるかを、実際のロボットを使った実験で証明していく。

自他認知の発達とそれを通したミラーニューロンの創発

まずは、認知発達の基盤とも言える、自他の認知能力について考えたいと思う。乳幼児は自己と他者の境界があいまいな状態で生まれ、他者を含む環境との相互作用を通して、徐々に自他を識別するようになると言われている（Bahrick & Watson 1985 など）。ピアジェが定義した反射期や第一次循環反応期の乳児は、まだ自己を認識できておらず、この時期に観察される指吸いやハンドリガード（自分の手をじっと見つめること）は、自己を探索している過程であると捉えることができる。また、2歳くらいの幼児であっても、鏡に映った自分を自己として認識できないことが知られている（Amsterdam 1972）。これはミラーテストやルージュテストと呼ばれ、鏡の中の自己を認識できていれば、鼻先につけられた赤いインクを手で拭うことができるが、自己を認識できていないと鏡のなかの自分の姿に驚いたり、友達を見るかのような反応を示すことが報告されている（本シリーズ第6巻5章参照）。

発達心理学者は乳幼児がいつ、どのような信号に基づいて自己を認知するようになるのか探るため、様々な行動実験を提案した。バーリックとワトソン（Bahrick & Watson 1985）は乳児の目の前に2台のディスプレイを置き、一方にはその乳児の脚をリアルタイムで撮影した映像を表示し、他方には同一の乳児の脚ではあるがリアルタイムではない映像か、他の乳児の脚を映した映像を表示して、乳児がどちらをより好んで見るか（選好注視法）を調べた。リアルタイムの映像は、乳児の身体運動に対して視覚が随伴的に応答するのに対して、非リアルタイムの映像や他の乳児の映像は、運動と視覚との間に随伴性が存在しない。つまり、乳児が二つの映像のどちらかに選好性を示すか否かで、自己の運動に対する視覚的応答を予測できているかどうかを調べることができる。3ヶ月児と5ヶ月児を対象に実験を行った結果、3ヶ月児では随伴的／非随伴的映像に対して選好性を示さない（どちらも好んで長く見る）のに対して、5ヶ月児は非随伴的な映像を有意に長く見ることが明らかになった。これは、乳児が5ヶ月頃になって初めて、運動と感覚の随伴性に気づけるようになったことを示しており、随伴性が自己認知の一つの指標になっていることを示唆している。また、ロシャとモーガン（Rochat & Mogan 1995）は感覚信号の空間的特徴に注目し、乳幼児が自己の身体をどのような空間座標に基づいて認識しているのかを調べた。前述の実験（Bahrick & Watson 1985）が随伴性という時間的特徴に注目していたのに対して、本実験はそれとは異なる側面を調べていることになる。実験設定は前述のもの（Bahrick & Watson 1985）に類似しているが、2台のディスプレイに表示する映像は、一方が乳児自身の脚を自己視点から撮影したもの、他方がその映像を他者視点に変換したもの、もしくは左右反転したもの、上下反転したものであった。自己視点映像では、自分で自分の脚を見ているときのように、足先が映像の上部、大腿部が映像の下部に表示されるのに対して、他者視点映像ではそれが上下反転し、さらに左右反転も加わった状態になる。時間的特徴はいずれもリアルタイムの映像なので、条件は同じである。このような設定で3ヶ月から5ヶ月の乳児を対象に選好注視法で実験を行った結果、どの月齢の乳児も左右反転が加わった映像（他者視点映像も含む）を有意に長く観察し、また、そのときの身体運動も増幅させることが確認された。この結果は、乳児の自己身体の知覚に、空間的な左右性が貢献していることを示している。さらにロシャとストリアーノ（Rochat &

Striano 2002）はこれらの実験を発展させ、乳児がいつ頃から自己と他者（単なる非自己ではない）を識別するようになるのか、そしてどのような信号を手がかりに他者を認識するのかを調べた。彼らは乳児を椅子に座らせ、目の前に1台のディスプレイを置き、一つの条件では乳児自身のリアルタイムの映像を表示し、もう一つの条件では乳児の動きをリアルタイムで摸倣する他者（成人の実験者）の映像を表示して、乳児の反応を調べた。3分間の実験の中で乳児の微笑みや発声、注意を引こうとする社会的行動がどのくらい表出されたかを測ったところ、4ヶ月児は自己の映像が表示されているときよりも、他者が表示されているときにより多くの社会的行動を表出し、9ヶ月児ではその傾向がさらに強まることが分かった。この実験では、他者は乳児の動きを摸倣しているが、完全に随伴的に振る舞うことはできず、動きの遅れや空間的なずれ、また見た目の違い（乳児と成人）を含んでいる。乳児はそのわずかな時間的・空間的随伴性の差を検出し、それによって自己と他者を識別していたと推測される。

著者らはこれらの行動実験で得られた知見を検証し、さらに、感覚・運動情報の予測学習を基盤にそのメカニズムを説明するため、自他認知の計算論的発達モデルを提案した（Nagai et al. 2011; Kawai et al. 2012）。ここでの仮説とは、生後まもない乳幼児は感覚・運動能力が未熟なため、自己と他者が未分化な状態にあるが、身体バブリングを通した感覚・運動情報の予測学習により、徐々に自己と他者を予測誤差の大きさに基づいて識別するようになるというものである。図7－3に、本仮説を検証する計算論的モデルを、図7－4にそれをロボットに実装して実験を行った様子を示す。提案したモデルは、視覚表象（図7－3上段）と運動表象（図7－3下段）の二つの層からなり、左が発達初期の状態を右が発達後期の状態を示している。ロボットはこのモデルをもとに、まず運動表象層にある運動ニューロンからランダムに一つを発火させ、それに対応した運動を生成する。ここでは、腕を上下／左右に動かす運動を用意している。そして運動実行中に自分の腕の動きを視覚上で観察しながら、ロボットは検出したオプティカルフローを自動でクラスタリングし（図中の楕円）、そのクラスタと発火した運動ニューロンとの関係をヘッブ則で学習する（視覚表象と運動表象間の結合）。ここで重要なのは、発達初期では自己と他者の動きが同一のクラスタとして認識され、発達とともに徐々に分化していくという点である。図7－4に示すように、人（他者）はロボット（自己）と対面した状態で、養育者と乳幼児の関係と同様に、ロボットに対してある程度（完全ではない）随伴的に応答する。すると、発達初期ではロボットの感覚が未熟なため、ロボットは自己の動きと他者の動きの時間的・空間的ずれを検出することができず、両方を同一視したクラスタを形成してしまう（図7－3左参照）。そして、このクラスタは同時に発火していた運動ニューロンと結合されるので、自己と他者の区別ができない状態を生み出してしまう。一方、発達が進み感覚が精緻化すると、他者の動きに内在する時間的・空間的ずれが検出できるようになり、自己と他者の動きが別々のクラスタとして認識され（図7－3右参照）、運動ニューロンとの結合にも違いを生じるようになる。常に随伴的な関係にある自己の動きのみが運動ニューロンとの結合を強化し、他者の動きは発達初期に獲得した結合だけを残す

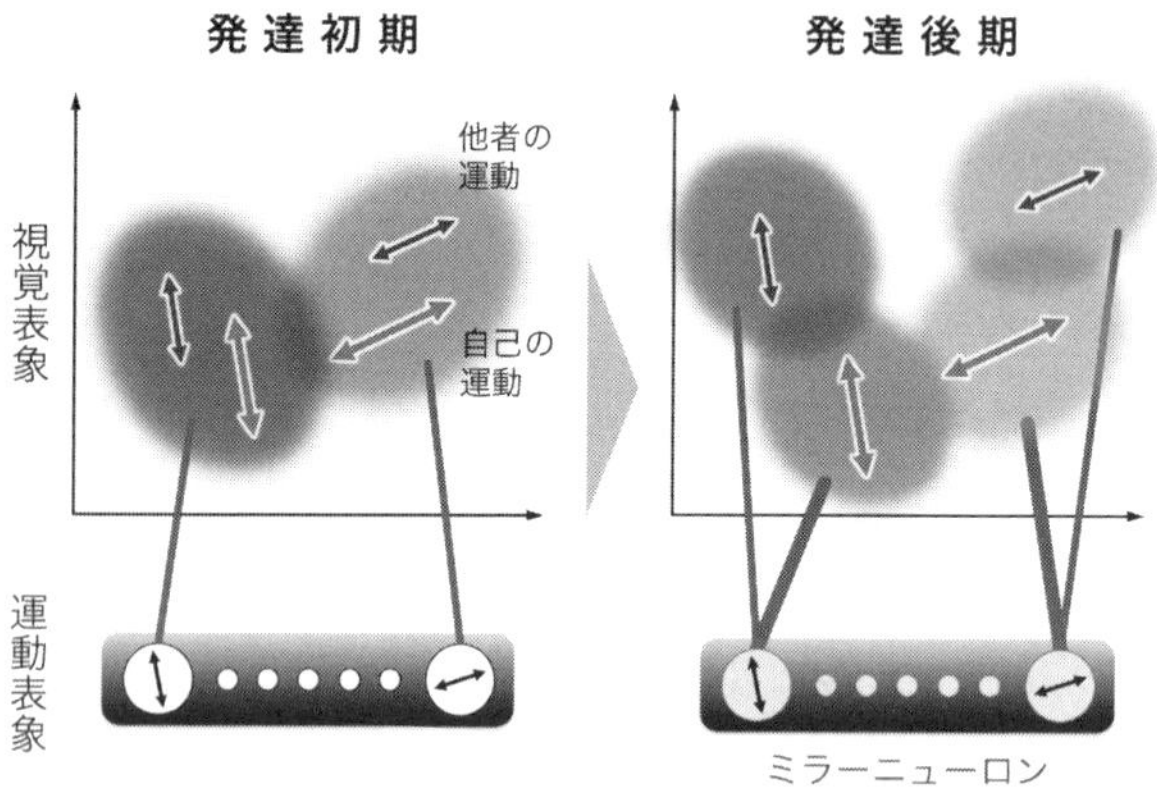

図７－３　自他認知の発達モデル（Nagai et al. 2011 より引用）

左が発達初期、右が発達後期を表している。ロボットは運動表象（下段）と視覚表象（上段）の対応関係を、ヘッブ則により学習する。発達初期は感覚が未熟なため、自他が未分化の状態にあるが、発達にともない感覚が精緻化し、自他の運動に内在する時間的・空間的随伴性の違いが検出されるようになると、徐々に自他を識別できるようになる。またこの過程で、未分化であった自他に起因して、運動表象にミラーニューロンの機能が創発する。

ようになる。この結合強度が感覚・運動情報の予測性に対応しており、ロボットは結合強度の違いによって自己と他者を識別することができる。

ここまでが自他認知の発達であるが、実は、本モデルにはもう一つの興味深い特徴が存在する。それは自他認知の発達過程で創発する、ミラーニューロンである。ミラーニューロンとは、他者の運動をまるで自己の運動であるかのように認識するニューロンで、運動野に存在していながら、自己の運動を生成するときだけではなく、それと同じ他者の運動を観察しているときにも発火することが知られている（Gallese et al. 1996; Rizzolatti et al. 2001;

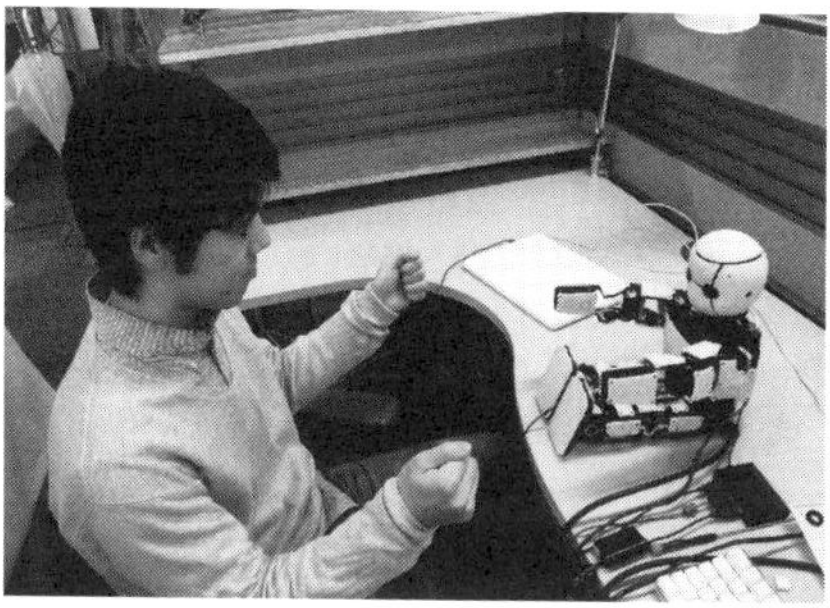

図７－４　自他認知の発達のための、人とロボットのインタラクション実験
（Nagai et al. 2011 より引用）

Rizzolatti & Sinigaglia 2008）。著者らが提案したモデルを見てみると、学習の結果、獲得された感覚・運動のマップ（図7－3右参照）では、個々の運動ニューロンが視覚表象層の自己の動きだけではなく、それと等価な他者の動きとも結びついていることが確認できる。ミラーニューロンの発達的起源としては、これまで主に二つの仮説が考えられてきた。一つはメルツォフとムーア（Meltzoff & Moore 1989, 1997）による能動的様相マッピング（active intermodal mapping）説で、そもそも自己と他者にはモダリティを超えた等価性があり、それを検出する機能が生得的に備わっていることによって、自己と他者の対応関係を知ることができるというものである。もう一つはヘイズら（Catmur et al. 2009; Heyes 2010）による連合的逐次学習（associative sequence learning）説で、自己と他者の等価性を仮定せずとも、社会的環境において他者からの随伴的な応答を利用することで、自己と他者の関係を学習によって獲得することができるというものである。著者らのモデルは、これらの二つの仮説の統合であると見なすことができる。感覚と運動の関係をヘッブ則で学習しているという点で連合的逐次学習説を基盤とするが、能動的様相マッピング説で仮定する自己と他者の等価性を積極的に利用することで（特に、感覚機能の発達を想定することで、発達初期に自他の等価性を顕在化させている）、ミラーニューロンの獲得を実現している。以上のように、感覚・運動情報の予測学習という共通の原理に基づき、自他認知の発達とミラーニューロンの創発が連続したダイナミクスとして説明できたことは特筆すべき点である。

物体操作能力の発達における目標指向性の発現

では次に、外界へ向けられる動作として、物体操作能力の発達について考える。乳幼児は自己を認知できるようになると、身体を意図的に動かすことを学び、やがて物体を操作する能力を獲得する。ピアジェが定義する協応化した第二次循環反応期に見られるように、乳幼児は興味深い感覚を引き起こす運動を発見すると、それを繰り返すことで、自己の感覚・運動パターンとして獲得していく。

カーペンターら（Carpenter et al. 2005）は、この時期の乳幼児の物体操作の様子を詳細に観察し、乳幼児の物体操作能力には目標指向性があることを発見した。目標指向性とは、動作を構成する要素を、「目標」とそれをどう達成するかという「手段」に分けて考えたときに、目標をより重要視するという性質である。彼らは、12ヶ月から18ヶ月の幼児に、おもちゃを持ってそれを箱の中へ入れるという動作を呈示し、幼児がその動作をどのように模倣するのかを調べた。このとき、環境中には箱（目標）が2個置かれ、おもちゃを箱の方へ動かす手の動き（手段）にも2種類あった。すると、ほとんどの幼児は、実験者と同じ箱へおもちゃを入れることはできたが、おもちゃを動かす手の動きを真似ることはできなかった。この結果は、箱の位置や手の動きを変えた場合でも同じであり、つまり、幼児は目標を再現することはできたが、手段の再現はできなかった（もしくは、しなかった）ことを示している。ベッカーリングら（Bekkering et al. 2000）は、3歳から5歳の子供に自分の耳を手で触るという動作を呈示し、それが正しく摸倣できるかどうかを調べた。それぞれの手で同側の耳を触る条件や、反対の耳を触る条件、また両手を使ってそれぞれの同側、もしくは反対の耳を触る条件など、全部で6通りの動作を呈示した。その結果、子供は実験者と同じ側の耳を触ることはできたが、使用する手は実験者の呈示動作に関係なく、耳と同側の手を使う傾向があることが分かった。つまり、この実験でも、どちらの耳を触るかという目標を達成することはできたが、どちらの手を使ってそれを達成するかという手段を再現することができなかったことを示している。では、なぜ乳幼児はそのような目標指向性を示すのであろうか。成人であれば、目標と手段の両方を再現できることは明らかであり、このような不連続な発達的ダイナミクスを生成する仕組みは明らかになっていない。

著者らは、様々な物体操作能力が感覚・運動情報の予測学習を通して獲得され、その過程で、上記のような不連続な発達的変化も起きるのではないかと考えた。特に、動作の目標と手段に内在する予測誤差の大きさの違いが、乳幼児期の目標指向性を生み出すという仮説を立て、それを計算論的モデルによって検証した（Park et al. 2014）。図7－5（a）にシミュレーション実験を行った環境設定を、（b）に目標と手段の関係性を表した概念図を示す。ここでは、カーペンターら（Carpenter et al. 2005）の実験を参考に、2リンクの腕型ロボットが、初期位置から目標位置まで様々な軌道を通って手先を動かすという動作を設定した。つまり、最終位置に到達することが動作の「目標」に相当し、手先の軌道が動作の「手段」に相当する。このような設定のもと、ロボットに感覚・運動情報の予測学習をさせると、目標と手段に対して異なる速度で誤差の最小化が進むと推測される（ロボットは、目標と手段を明確に区別していないことに注意されたい）。図7－5（b）に示すように、目標（初期姿勢から目標姿勢への移動）とは大きな時定数を持った変化であり、それ故、大きな予測誤差を生じる。一方、手段（目標姿勢へ向かう個々の軌道）は小さな時定数を持った変化で、それ故、小さな予測誤差を生じる。この相対的な予測誤差の大きさの差が、学習の速度に影響を与える。つまり、相対的に予測誤差の大きい目標に関して、誤差の最小化が先に行われ、それが収束すると、手段に関する予測誤差が相対的に大きく見えるため、それについての誤差最小化が進むという仕組みである。ロボット自身は感覚・運動情報の予測学習に基づき、連続的な学習をしているだけであるが、学習対象の動作に内在する予測誤差の相対

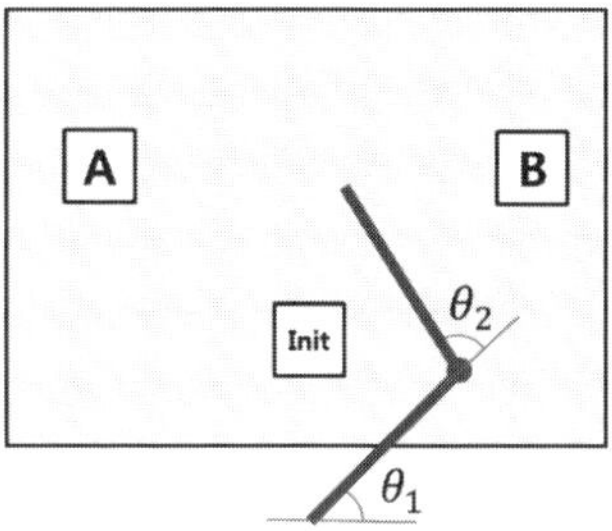

(a) シミュレーション実験の設定

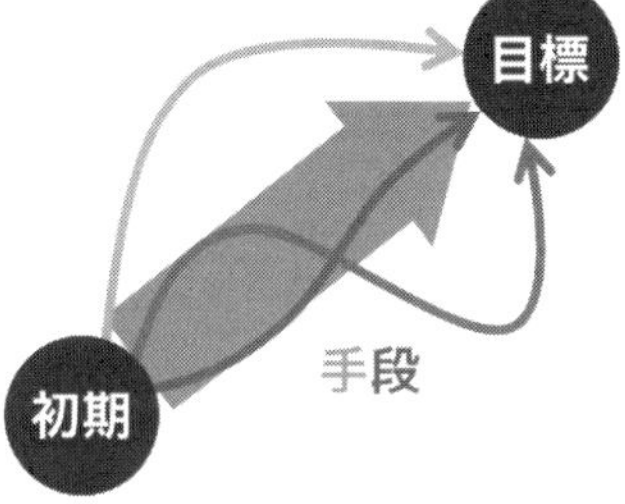

(b) 動作の目標と手段の関係性

図７－５　物体操作能力の発達における目標指向性の発生メカニズム
（Park et al. 2014 より引用）

動作には目標と手段の２つの要素があり、目標は時定数の大きなダイナミクスとして、手段は時定数の小さなダイナミクスとして表現される。そのダイナミクスの差が予測誤差の大きさの差を生み、それが学習の早さに影響する。

的な差が、不連続な発達的変化を生み出すと考えられる。

本仮説を検証するため、予測学習モデルとしてパラメトリックバイアス付きリカレントニューラルネットワーク（Tani & Ito 2003）を用いて実験を行った。リカレントニューラルネットワークは、時系列信号を予測学習することのできるニューラルネットワークであり、それにパラメトリックバイアス（以下、ＰＢ）を加えることで、複数の時系列信号を学習することができる。さらに、学習後のＰＢ値を解析することで、複数の時系列信号がどのような関係を持ってネットワークに記憶されたかも確認することができる。著者らは図７－５（ａ）の実験設定で６種類の動作（二つの目標（Ａ、Ｂ）と三つの手先軌道（０、１、２））を定義し、ロボットにＰＢ付きリカレントニューラルネットワークを用いてその動作を学習させた。

図７－６に（ａ）発達初期、（ｂ）発達中期、（ｃ）発達後期での実験結果を示す。それぞれ左図がＰＢ値を解析した結果を、右図が生成された運動を示している。まず図７－６（ａ）を見ると、全ての動作のＰＢ値が重なり、動作の識別ができていないことが分かる。運動出力も期待する軌道とはほど遠く、初期姿勢から動いていないことが確認できる。これは、物体操作能力の発達前の乳幼児に対応していると考えられる。そして、学習中期の図７－６（ｂ）を見ると、乳幼児のように目標指向性が現れていることに気づく。まず左図のグラフから、ＰＢ値が大きく二つのグループに分かれていることが確認できる。右上に位置するのが、目標Ａに向かう三つの動作、左下に位置するのが目標Ｂに向かう三つの動作である。そして、運動出力の結果は、目標位置には到達しているが、それに至る手段はまだ再現できていない（最も効率的な直線的な運動を生成している）。これがまさに、カーペンターら（Carpenter et al. 2005）やベッカーリングら（Bekkering et al. 2000）の実験で発見された、目標指向性である。そして学習を続けると、図７－６（ｃ）に示すように、ロボットはもちろん正確な動作を獲得し、目標も手段も達成できるようになる。このときのＰＢ値は、６種類の動作をきれいに識別しており、さらに、動作間の類似性をＰＢ値の幾何学的な位置関係として表現していることが分かる。以上のように、複雑で不連続に見える発達のダイナミクスも、感覚・運動情報の予測学習という単一のメカニズムから生成することが可能であり、予測学習が認知発達の原理として妥当であることを示唆している。

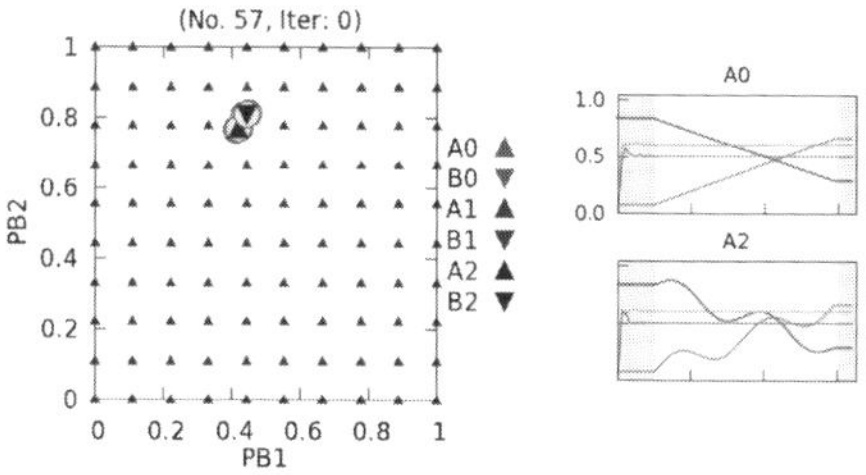

(a) 発達初期

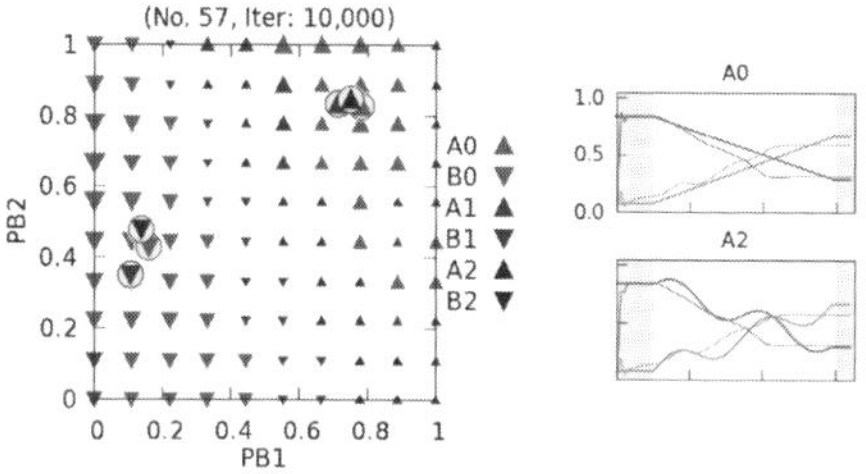

(b) 発達中期

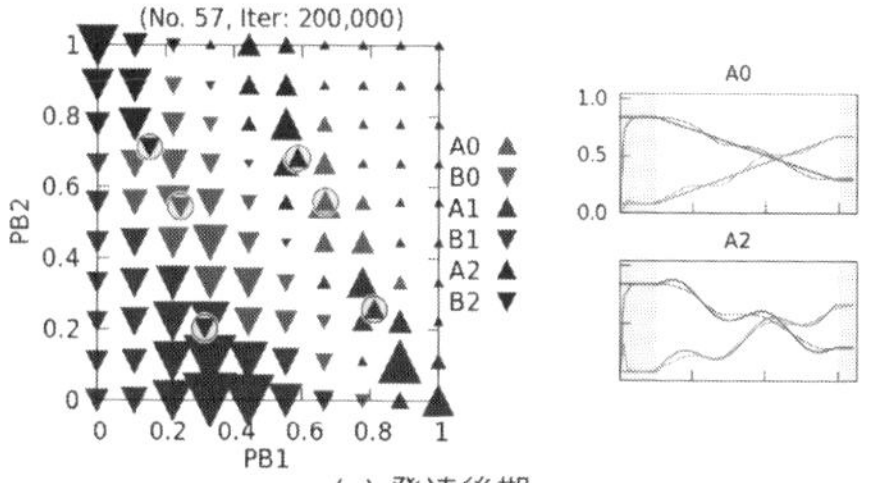

(c) 発達後期

図7－6　発達過程における PB 値（左：A, B が目標を、0, 1, 2 が手段を表す）**と生成された動作**（右：太線が期待する動作を、細線が生成された動作を表す）（Park et al., 2014 より引用）（カラー口絵参照）

(a) 発達初期では６種類の動作がまだ区別できておらず、期待する動作も生成されない。これが (b) 発達中期になると、動作が主に２つのカテゴリに分類され、動作の目標のみが正しく再現できるようになる。そして (c) 発達後期になって初めて、６種類の動作がきれいに分類され、目標と手段の両方が再現できるようになる。

社会的信号の予測学習を通した共同注意の発達

次は、社会的能力の一つである、共同注意（joint attention）の発達について考えたいと思う。乳幼児は自己の身体運動について学習するのと同時に、他者との社会的な関わりについても学んでいく。乳幼児が生後獲得する社会的行動の一つに、共同注意がある。共同注意とは、他者の視線を追従することで、他者が見ている物体を同時に見ることであり（Scaife & Bruner 1975; Moore & Dunham 1995）、他者の模倣や意図の理解（Baron-Cohen 1995）、そして言語の獲得（Brooks & Meltzoff 2005）などに重要な役割を果たすと言われている（本シリーズ第8巻1章および4章参照）。

バターワースとジャレット（Butterworth & Jarrett 1991）は乳幼児がいつ共同注意の能力を獲得するのか探るため、実験室の様々な位置に物体を置いて、乳幼児が他者の視線をどの程度正確に追従することができるのかを調べた。異なる月齢の乳幼児で実験を行った結果、共同注意の発達には段階的な変化があることを発見した。まず、6ヶ月から9ヶ月頃に見られる「生態学的段階」では、乳幼児はまだ他者の視線を追うことができず、ただ環境中の目立つ物体を見たり、他者の頭部の動きに反射的に反応するような行動を示す。これは、本章の最初に示したピアジェの発達段階での、第二次循環反応期に対応している。それがやがて、12ヶ月頃になると「幾何学的段階」に移り、乳幼児は他者の視線を正しく追従するようになる。物体の顕著性だけにとらわれることなく、他者の視線の意味を理解し、共同注意を成立させる。しかし、ここで共同注意が成立するのは、物体がもともと乳幼児の視野内に入っていたときだけであり、視野外のものを振り返って見つけるようなことはまだできない。これが可能になるのは18ヶ月頃の「表象的段階」で、乳幼児はこのとき初めて、自分の視野外（背後など）を注視する他者の視線を追うことができるようになる。ピアジェの発達段階で言えば、これは心的表象期と対応しており、乳幼児が視野内の直接的な感覚から離れて心的表象を作りだしている証拠であると解釈できる。ではいったい、乳幼児はどのようなメカニズムに基づいて、共同注意能力を獲得しているのであろうか。特に、ここで説明した段階的な発達を生み出すメカニズムとは何か。

著者らは社会的信号、ここでは他者の視線に対する感覚・運動情報の予測学習が、共同注意の発達を引き起こすという仮説を立て、それを検証する計算論的モデルを提案した（Nagai et al. 2003; Nagai et al. 2006）。他者の視線だけではなく、表情や言語なども社会的信号の一種であり、共同注意に限らず様々な社会的機能が、ここで説明するメカニズムに基づいて創発すると考えている。図7－7に著者らが提案した発達モデルを、図7－8にそれをロボットに実装して実験を行ったときの様子を示す。ロボットはカメラから得られる画像とカメラの向き（視線方向）を感覚入力とし、次時刻のカメラの姿勢制御（視線方向の変化）を運動出力としたモデルを持つ。そしてモデルの中には、主に3つのモジュールがあり、これらのモジュールが生み出す連続的な変化として、前出の段階的な発達を表現する。まず一つ目のモジュールは、乳幼児の生得的機能に相当する、顕著性に基づく注視モジュール（図7－7上部）である。人間だけではなく、霊長類は視覚的に顕著な対象を抽出することができ、その能力があることで、外界の危険から身を守ったり、餌を得ることができると言われている。ここでは、色やエッジ、動きなどの低次の画像特徴に基づいて、画像中から顕著な物体を注視するメカニズムを与えた。そして、二つ目のモジュールは、感覚・運動情報の予測学習モジュール（図7－7下部）である。本章の冒頭で示したように、自己に関する運動も社会的な行動も、連続的な発達の結果として現れるものであり、その発達の基盤として、感覚・運動情報の予測学習があると考えている。提案したモデルでは、階層型のニューラルネットワークを用いて、先述した顕著性に基づく注視モジュールで生成された感覚・運動経験から、その予測性を学習することとした。そして、最後のモジュールがゲート（図7－7右部）である。本モジュールは運動出力を調停する役割を持ち、顕著性に基づく注視モジュールの出力と予測学習モジュールの出力を徐々に切り替えることで、乳幼児に見られる発達的な行動変化を生み出す。ここでは、生得的な能力に対応する顕著性に基づく注視モジュールの出力を発達初期に多く採用し、徐々に、後天的な予測学習モジュールに切り替えるようなゲートを設計した。

本モデルを図7－8に示すロボットに実装して、人間とのインタラクション実験を行った結果、乳幼児のような共同注意の発達を示すことが確認された。図7－9（a）が環境に設置する物体

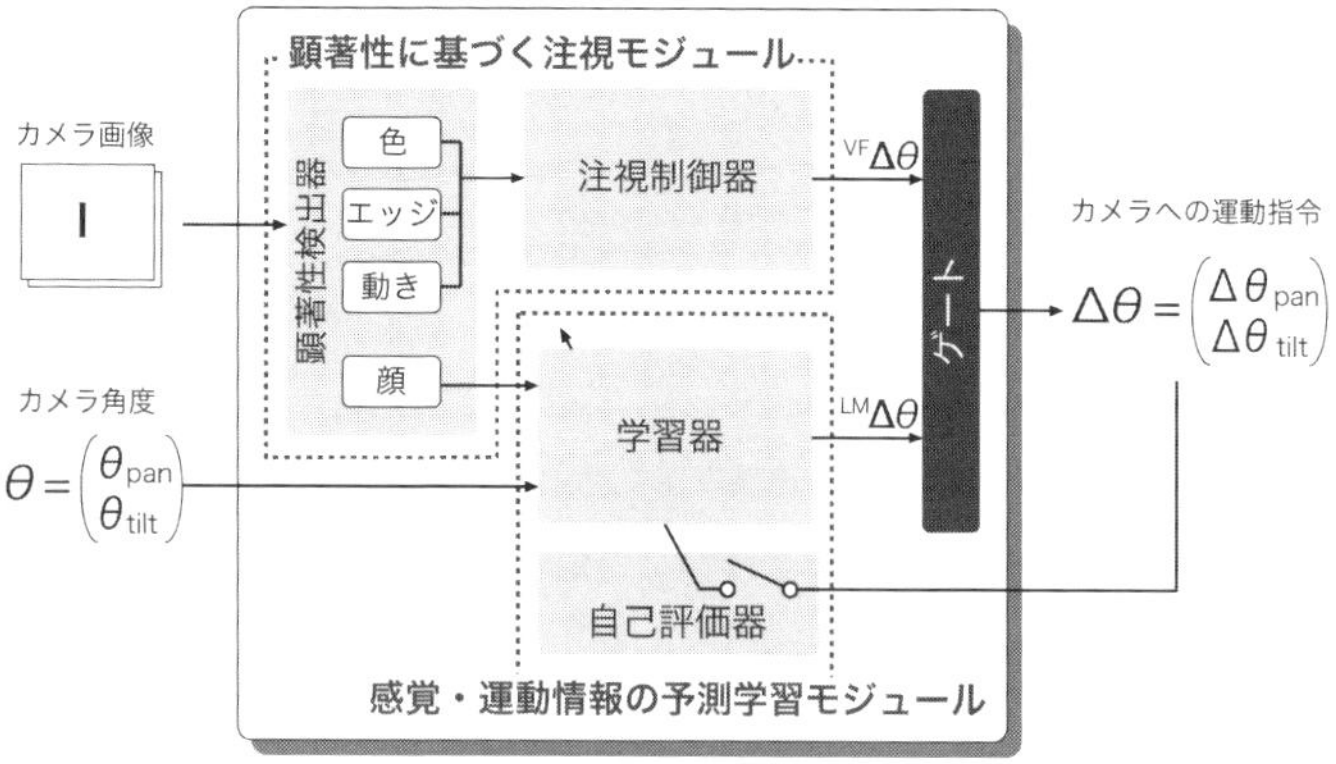

図7－7　共同注意の発達モデル（Nagai et al. 2003 より引用）

予測学習モジュール（下部）は、顕著性に基づく注視モジュール（上部）で生成された感覚・運動経験をもとに、他者の視線と自己の運動との間の随伴性を発見することで、共同注意能力を獲得する。

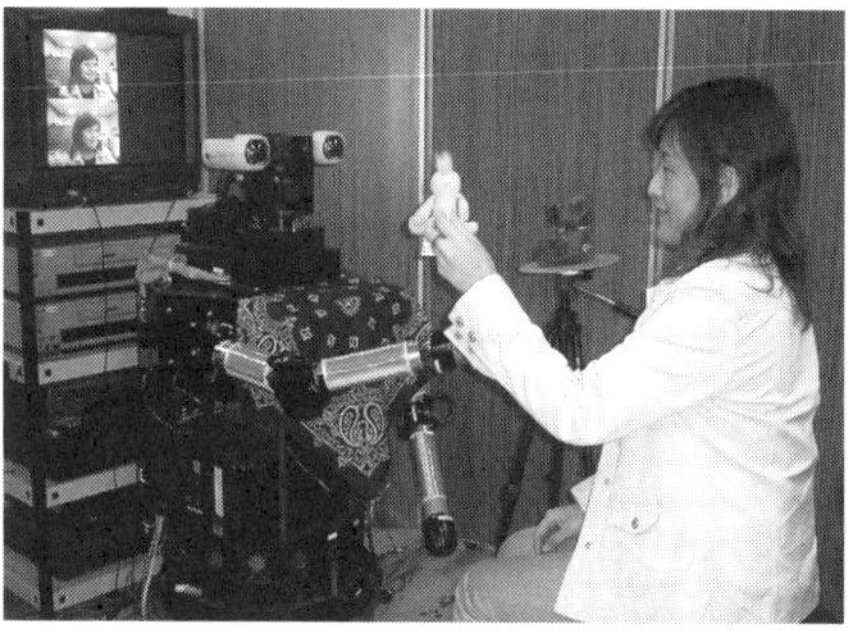

図7－8　共同注意の発達のための、人とロボットのインタラクション実験
（Nagai et al. 2003 より引用）

の数を変えて（1、3、5、10個）実験した際の、共同注意の成功率の遷移を、（b）がどの物体に対して共同注意を成功させたかを示している。まず図7－9（a）から、物体の数が多くなるにつれて成功率は多少低くなるが、発達初期と後期とでは成功率に大きな差が現れていることが確認できる。例えば物体が5個の場合、発達初期では主に顕著性に基づく注視モジュールを使って行動を決定しているため、共同注意の成功率はチャンスレベル、つまり20％となる。これに対して、学習が進み発達後期になると、ゲートの働きによって予測学習モジュールの出力が採用されるようになり、共同注意の成功率は80％以上と非常に高くなる。この結果は、予測学習モジュールの中で、社会的信号とそれに対応した運動が適切に結びつけられていることを示しており、社会的認知機能が感覚・運動情報の予測学習に基づいて創発したことを証明している。

また興味深いことに、ロボットの行動の発達的変化も、乳幼児のそれに大変近いものとなった。図7－9（b）のグラフは、共同注意がどこに置かれた物体（ロボットの初期視野内か視野外か）に対して成功したのかを示している。図中のⅠ、Ⅱ、Ⅲは図7－9（a）の三つの発達段階に対応しており、ロボットの行動変化の代表的な時期として選択した。この結果から、まず段階Ⅰでは共同注意の成功率（◯の割合）が低く、バターワースとジャレット（Butterworth & Jarrett 1991）が発見した生態学的段階のように、ロボットも顕著性に基づいて初期視野内の物体を注視していることが分かる。そして、段階Ⅱになってようやく◯の数が増え、共同注意が高い確率で成功するようになることが確認できる。しかし、乳幼児の幾何学的段階と同様、この時期に共同注意が成立するのはロボットの初期視野内に限られている。これは、ロボットが段階Ⅰの経験をもとに感覚・運動情報の予測性を学習しているためで、乳幼児の場合も同様の理由によってこのような現象が起きているのではないかと推測される。そして、最後の段階Ⅲになって、初めてロボットは初期視野外での共同注意を成功させるようになる。これは乳幼児の場合、表象的段階と呼ばれ、直接的な感覚から離れて心的表象を形成しているためだと説明されている。これに対して、著者らの提案したモデルでは、感覚・運動情報の予測学習の延長としてこれを説明することができ、乳幼児の社会的認知能力の理解に新たな示唆を与えている。

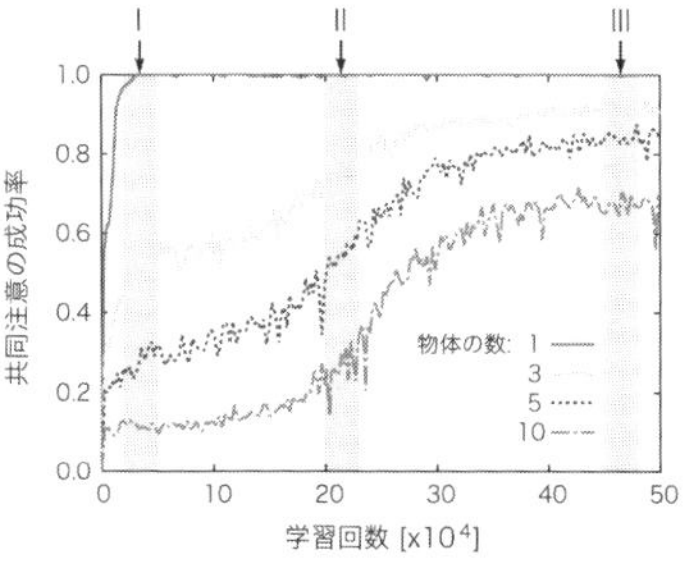

(a) 共同注意の成功率の推移。学習回数の増加にともない成功率が上昇する。

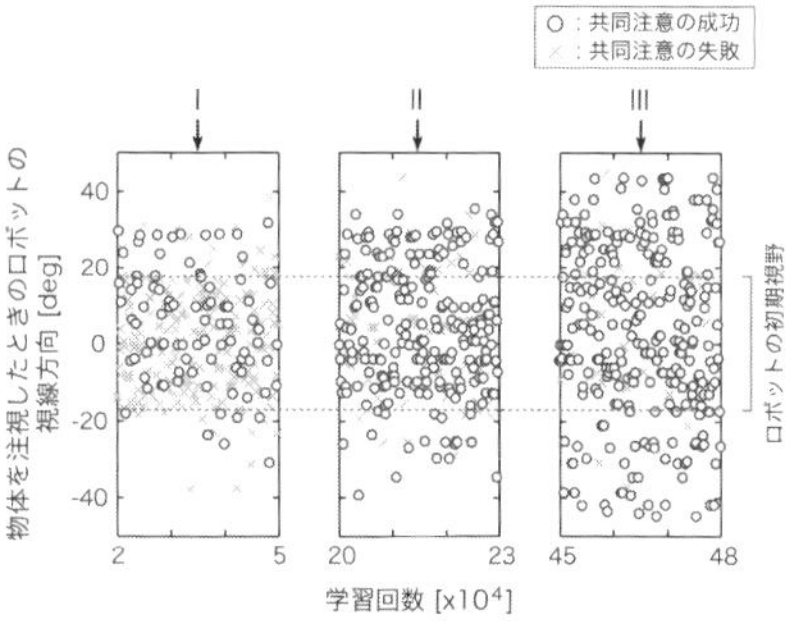

(b) 物体を注視したときのロボットの視線方向。○が共同注意の成功、×が共同注意の失敗を表している。

図7－9　共同注意の発達の実験結果

(Nagai et al. 2003 より引用)

Ⅰが生態学的段階、Ⅱが幾何学的段階、Ⅲが表象的段階に対応しており、乳幼児の発達的変化を再現していることが確認できる。

ここで示した発達モデルは、共同注意という一つの社会的機能に注目したモデルであるが、先にも述べたように、多くの社会的機能の発達がここで示した仮説に基づいて説明できると考えている。乳幼児には初期の探索行動を生み出すいくつかの生得的機能（共同注意の場合は、顕著性に基づく注視機能）が備わっており、その機能に基づく探索行動を通して、感覚と運動の予測性を学習する。ここで重要なのは、社会的コミュニケーションには、そもそも何らかのルールやパターンが存在しているという点である。言語を使った会話であったり、表情のやりとりであったり、特に、乳幼児と養育者の間では、養育者の援助的行動によって社会的随伴性が高まることが知られている（Nagai et al. 2012）。この社会的関係に内在する随伴性を、乳幼児は感覚・運動情報の予測学習を通して発見することで、多様な社会的認知機能を獲得することができると考えられる。著者らは、他者運動の理解（Copete et al. 2014）や利他的行動の発達（Baraglia et al. 2014）についても、同仮説をもとにした計算論的モデルを提案しており、そちらの研究も参照されたい。

予測誤差への特異な感度が引き起こす自閉スペクトラム症

ここまでは、生後3歳頃までに見られる乳幼児の社会的認知発達が、感覚・運動情報の予測学習によって説明できることを示してきた。いわば、定型発達児の発達過程をなぞってきたことになる。では、自閉スペクトラム症などの発達障害は、同じ原理でどのように説明できるのであろうか。感覚・運動情報の予測学習が本当に発達原理に相当するとしたら、発達障害も本モデルのパラメータ変動として説明できると期待される。

自閉スペクトラム症は従来、社会的能力の障害と考えられ、アイコンタクトや共同注意能力の欠如、心の理論の問題、そして定型パターンへの選好といった症状に特徴づけられてきた（Baron-Cohen 1995）。その診断も、幼児が社会的能力を獲得する3歳頃になって初めて可能となり、幼児によって症状の程度やパターンも異なることが知られている（自閉スペクトラム症については本シリーズ第6巻1章参照）。一方で、近年の認知心理学研究や神経科学研究、そして当事者研究によって、その原因が感覚・運動情報のまとめあげの困難さにあることが指摘されている（Frith & Happé 1994; Happé & Frith 2006; 綾屋・熊谷 2008; 石原他 2013）（フリスの研究については本シリーズ第8巻1章に詳しい）。ここで当事者研究とは、発達障害を持つ当事者が、自己の中で起こる感覚・運動情報の処理過程を内省することで、自分が環境をどのように知覚し行動決定をしているのか、そしてそれがどのような形で社会性の困難さに結びついているのかを研究する分野である（綾屋・熊谷 2008; 石原他 2013）。一般に人間は感覚・運動に関する信号を時空間的に統合することで環境を認識し、行動決定を行っているが、彼らの提案する説では、自閉スペクトラム症者はその情報統合能力が弱いことによって定型発達者とは異なる形で環境を認識し、その結果、定型発達者との間にコミュニケーションの問題を生じると考えられている。

著者は綾屋と熊谷（綾屋・熊谷 2008）と協働で、情報のまとめあげ困難説を計算論的視点から定式化することを試みている（Nagai 2015; Nagai & Asada 2015）。図７－10にモデルの概念図を示す。本モデルは、本章で提案した感覚・運動情報の予測学習に基づく認知発達を基盤に、自閉スペクトラム症者が持つ予測誤差への特異な感度が、定型発達者との間で内部モデルの相違を生み、その結果、コミュニケーションの障害を引き起こすという仮説に基づいている。図中、複数の点が環境からの感覚・運動信号を、直線がそれを認識している内部予測モデルを表現している（ここでは簡単化のため、線形回帰モデルを適用したと考える）。まず、左図に示す定型発達者は、予測モデルを生成する際にある程度の予測誤差を許容することで、環境の変化に対して頑健なモデルを獲得する。例えば、共同注意を例にとると、定型発達者は他者の表情の違いや個人の違いを無視することで、他者の視線と顕著な物体を見たときの自己の運動との間に随伴性が存在することを発見し、共同注意の能力を獲得することができる。これに対して、右図に示す自閉スペクトラム症者は、感覚・運動情報を予測学習する際の許容誤差が小さい（右上）、もしくは大きい（右下）ために、定型発達者とは異なる内部モデルを獲得する。共同注意の例では、他者の表情の違いや個人の違いを無視することができないため、他者の視線と自己の運動との間に内在する随伴性を発見することができず、共同注意能力の獲得に困難を抱える。そして結果的に、定型発達者と自閉スペクトラム症者との間では、内部モデルの違いが原因となって、コミュニケーションに問題を生じると考えられる。

著者らは、自閉スペクトラム症者の社会性の問題が、感覚・運動情報の予測学習の非定型性から生まれるという本仮説を検証するため、自閉スペクトラム症者の感覚の特異性を定量的に評価し、それをヘッドマウントディスプレイ上に再現するシステムの開発を行っている（Qin et al. 2014; 長井ら 2015）。このような工学的アプローチを通して、発達障害の発生要因とそのメカニズムを理解し、それに基づいた支援システムの設計原理を提案したいと考えている。

おわりに

本章では、乳幼児の社会的認知機能の発達の基盤に、感覚・運動情報の予測学習があることを主張してきた。乳幼児が生後獲得する認知機能は多様であり、それらは一見、独立したもののようにも見えるが、実は、そ

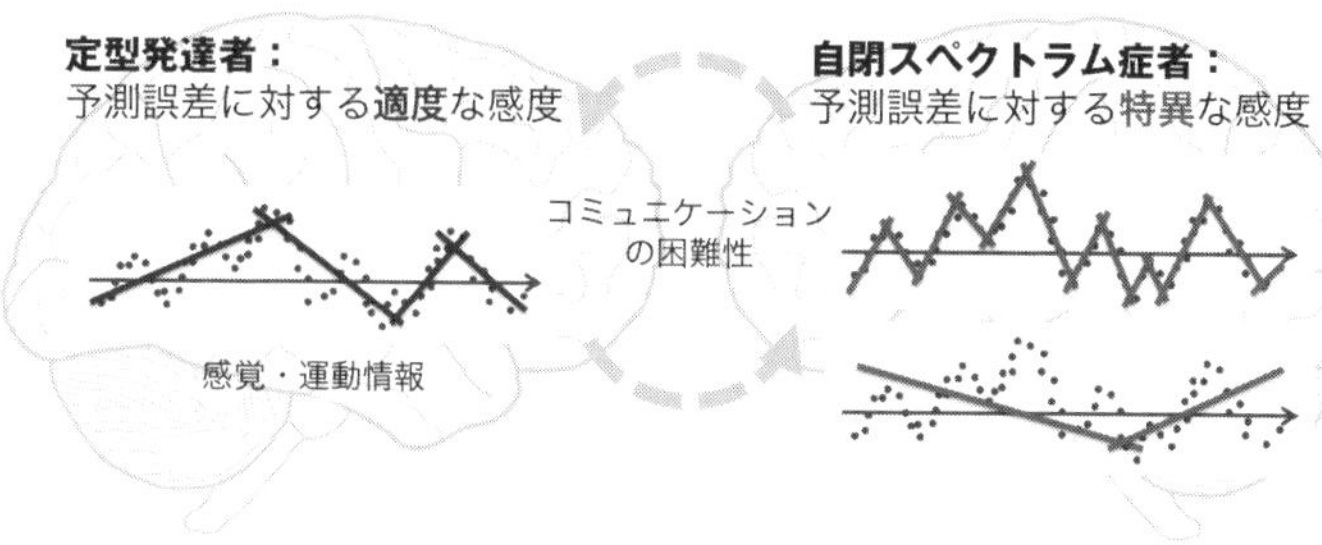

図7－10　感覚・運動情報の予測学習に基づく、自閉スペクトラム症のモデル（Nagai & Asada 2015 より引用）

感覚・運動情報の予測学習における予測誤差への特異な感度が、自閉スペクトラム症者と定型発達者との間で内部予測モデルに相違を生じ、その結果として両者間のコミュニケーションの困難性を生み出している。

こには共通した発達原理が存在している。本章では、自他認知、物体操作、そして共同注意の発達を例に、著者らが提案した予測学習に基づく計算論的モデルを紹介し、それを実装したロボットが、実際に乳幼児と同様の発達過程を再現することを示した。また、そのモデルのパラメータ変動として、社会的能力の障害と呼ばれる自閉スペクトラム症が説明しうることも指摘した。一つの共通した原理で、乳幼児の複雑な発達ダイナミクスを説明できたことは、特筆すべき点である。

一方で、ここで示した社会的認知発達はあくまでも初期の発達であり、より高次の認知機能については今後の課題である。特に、他者を「物理的」ではなく「概念的」に認識することや、他者からの信号を「社会的」な信号として理解する能力は、より高次の認知機能を研究する上で重要な課題である。今後は、ここで紹介した発達原理をより精緻化し、さらに拡張することで、構成的アプローチから社会脳の理解に貢献したいと考えている。

8 人間とロボットの間の注意と選好性

吉川雄一郎

はじめに

近年のロボット工学の発展により、人間社会に参加する社会的なロボットを実現することに注目が集まっている。なかでも人間型のロボットは、それが備え持つ人間らしさを利用して、人工システムと人間の直感的なインタフェースとしての役割、あるいは人が社会的状況での人の活動をサポートする役割を担うものとして期待されている（Kanda et al. 2004; Ishiguro & Minato 2005; Robins et al. 2004）。

この方向でロボット工学をさらに発展させていくためには、その作用の対象となる人間の社会性のメカニズムを知る必要があり、人間の行動や認知に関する分野の従来研究から様々な洞察を得ることができると期待される。しかしながら、ダイナミックな現象であるコミュニケーションを対象とした実験のデザインは容易ではない。なぜなら一人あるいは何人かの人間をコミュニケーションの刺激として用いる場合、人間は無意識的な反応を抑制することができないため、全く意図したとおりにこれらを統制することは一般的に容易でないからである。一方、人間型ロボットはコミュニケーションに関する実験において、制御可能な人間の刺激として利用できる可能性がある。つまり、研究者はそのようなロボットを用いることによって、人とロボットの違いに関して慎重な議論が必要であるものの、コミュニケーション場面を意図したとおりに統制できる。したがって、人間のようなコミュニケーションができるロボットを構成するための工学的な研究は、逆に人間の社会性のメカニズムについての科学的な研究を促進することにも貢献すると期待される。

社会的なロボット、すなわち人間に選好され、人間と良好な関係を築くことのできるロボットが備え持つべきものとして、人間の社会発達においてもっとも重要なスキルの一つである共同注意（Moore & Dunham 1995）の能力があげられる（Breazeal et al. 2003; Imai et al. 2003）。人が他者と注意を共有していると感じ、他者と良好な関係を築いていくためには、相手に注意を向けられている感覚を持つことが必須であろう。ロボットが人間にそのような感覚を持たせるには、「私はあなたに注意を向けています」と明示的に発言するのではなく、非言語的チャンネルを活用することが望ましい。なぜなら、そのような非言語的モダリティはよく人間によって使用されるものであるとともに、充分な言語的な能力を持つロボットは現状では実現されておらず、またもしあったとしても、対話が進む中で自然にそのようなことに触れて話す機会があるとは限らないからである。

これまでの研究において、ロボットが非言語的モダリティを用いて人間に応答することで、効率的に、ロボットが人間に注意を向けていると感じさせられることが示されてきた。例えば、ロボットの応答的な頷きによって、すなわち相手の発話音声に応じて相手に頷く仕草を示すことで、ロボットが話し手の話を聞いているように感じさせ、話し手が対話に参加している感じを強化できることが示されている（Watanabe et al. 2003; Sidner et al. 2006）。ロボットの応答的な視線によって、すなわち相手の視線に応じて相手に視線を向けたり、外したりすることで、ロボットに見られている感じを相手に与えられることが示されている（Yoshikawa et al. 2006）。また瞬きのような微少な非言語的チャンネルを用いた応答によっても、見られている感じを強化できることが示されている（Yoshikawa et al. 2007）。このような直接応答の受信、すなわち相手から直接的に応答される経験を持たせることは、人間が察知しやすい形で、ロボットが注意を向けていることを表現させる方法であり、ロボットに対する選好性を人間に形成させるのに寄与すると期待される。

一方、人間自身が注意を向ける行動は、人間の選好性の形成において決定的な役割を担っていることが最近の心理学研究において指摘されている。下條らは、スクリーン上に示された2枚の画像のいずれが好ましいかを選択するタスクにおいて、被験者の注視点を計測し、注意を向ける行動、すなわちいずれかの画像を見ることが選好性の判断に先行することを示した（Shimojo et al. 2003）。言い換えると、被験者が注意を向けたことで、その画像を好ましく思うようになるという因果関係を示した。これは、人間にロボットと良好な関係を築かせる上で、新しい方法を考える重要性を示唆している。すなわち、人間の社会的認知の対象であるコミュニケーション相手に対して注意を向けるように誘発する、という方法である。

これらのような選好性の形成に寄与する行動、すなわち直接応答の受信と注意の誘発は、いずれも人間が直接的に注意を向けられたり、向けたりすることに関するものである。一方で、人間の認知は他者の認知に容易に影響を受ける（Heider 1958）という社会心理学における中心的な想定から、間接的な注意が人間の選好性形成に及ぼす影響についても考察が必要である。すなわち第三のエージェントが参加するような社会的場面では、第三のエージェントが向ける注意に、人間の選好性形成が影響を受けてしまうと考えられる。言い換えると、別の人間あるいは別の非言語的能力を備えた人間型ロボットが、目立たない形でコミュニケーションに参加し、そのような注意に関する行動に関わることで、ロボットに対する人間の選好性形成過程をバイアスできるかもしれない。

図８－１は、これまで述べてきた、二者あるいは三者が参与する状況において、選好性の形成に影響すると考えられた注意の形式を分類したものである。本章では、このうちの三つ、すなわ

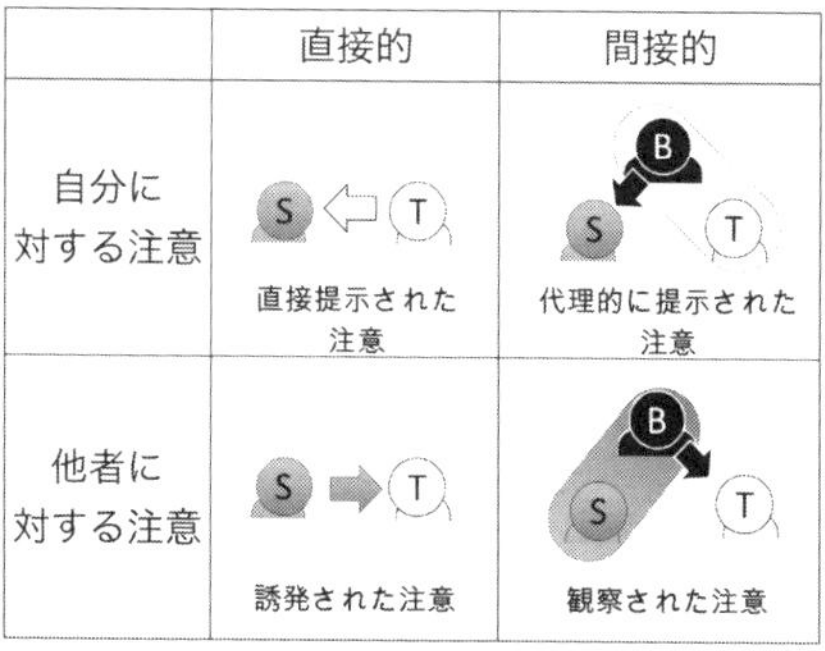

図８－１　社会的状況において選好性の形成に影響すると考えられた注意の形式

Ｓ：認知の主体　Ｔ：認知対象　Ｂ：第三者

ち、代理的に提示された注意、誘発された注意、観察された注意に関して、人・ロボット相互作用を含む実験結果を紹介する。

代理的に提示された注意に関しては、被験者の認知する対象のエージェントの近くにいる第三者が示してきた応答を被験者が認知対象の注意と関連づけるかどうかを議論する。これについて次節「代理的な注意の提示」では、非言語的なモダリティにより注意を表現することのできるロボットを、第三者役の陪席ロボットとして導入して、ロボットや人間に対する（直接的な）選好性の形成に、いかに影響しうるかを調査した実験について紹介する。誘発された注意に関しては、選好性は注意に影響し、注意は選好性に影響する、という行動と認知の鶏と卵の構造が焦点になる。「誘発された注意」の節では、人・ロボット相互作用の研究を紹介し、ロボットに対する注意と選好性にそのような構造がみられるかについて議論する（Yoshikawa et al. 2008）。より具体的には、被験者が被験者自身のロボットに対する偶発的な非言語的応答をいかに解釈するか、またその解釈がロボットに対する選好性形成をいかにバイアスできるか、ということを議論する。観察された注意に関しては、第三者エージェントの対象エージェントに対する注意についての観察を、自分自身に関するものと関連づけるかどうかが焦点となる。「観察された注意」の節では、ロボットと人間の非言語的インタラクションを観察することの効果について調査した研究を紹介する（Shimada et al. 2011）。これは、対象ロボットへの注意誘発の効果の社会的な形式での実装であると見なすことができる。

これらの現象について考察することは、人間とロボットの社会的関係の構築がいかに可能かを考える際のヒントを与えるとともに、人が他者とかかわる際の注意と選好性のダイナミクスについての理解に示唆を与えると期待される。

代理的な注意の提示

三者以上が関わる対人関係認知を考える上で重要な研究として、ハイダーのバランス理論がある（Heider 1958）。この理論では、三者の中の任意の二者関係を正の関係と負の関係で表現したとき、可能な8通りの三者関係の状態のうち、均衡状態と呼ばれる状態に分類される4通りの状態では、その状態にある人は快適と感じる一方、不均衡状態と呼ばれる状態に分類される残り4つの状態では、その状態にある人は不快に感じてしまうとされる。これは他者に対する好感形成や他者同士の関係の評価においては、三者関係が均衡状態となるようなバイアスがかかることを示唆している。例えば、三者の間の三つの二者関係がすべて正の関係にある状態は均衡状態の一つであるが、これらのうち二つの二者関係がすでに正の関係にあり、残る一つの関係についてはこれから認知される、という状況においては、これが正の関係となれば均衡状態に到達できることになるため、そのような関係として認知されるようにバイアスがかかるということである。

人に対する注意を向ける行為として、頷くという仕草を用いる三者間の相互作用を想定し、このような認知のバイアスを考察する。話し手（Speaker）をS、聞き手（Listener）をL、陪席ロボット（Bystander robot）をBと標記し、BがSとLの対話を見ている状況を想定する。もしBがSに対して応答的に頷けば、応答の受信に関する従来研究（Watanabe et al. 2003; Sidner et al. 2006）から、Sは自身の話がBに承認されたように感じ、自身とBの関係を良好なものと見なすと考えられる。ここでさらに、LとBが物理的に近くに位置し、同じ聞き手の役割を担っているように見えるとする。バランス理論では、このように近しく見える関係は、正の関係にあると見なされる。このような状況において、バランス理論における均衡状態に向かおうとするバイアスが働くとすれば、上述の例のようにSにはSとLは正の関係にあると見なすバイアスが働くことになる。このとき、Sはそのようなバイアスされた認知に納得するだろうか。ここで、LもSの話に対して応答的に頷くなどの適切なフィードバックをしていれば、それを根拠として、SがSとLを良好なものと見なすことは受け入れやすいと考えられる。

では、そのような頷きがない場合はどうだろうか。通常、対話において、聞き手の頷きのような非言語的な行動は明示的に意識されない、つまり誰が、いつ、何回、頷いたかということを振り返って克明に思い出すということは困難であると考えられる。そこで本研究では、三者関係の認知を均衡状態に向かわせるバイアスがあるとき、そのような非言語的な応答を受信した経験についての記憶や評価が、そのようなバイアスに従うように塗り替えると考える。すなわち、LがSの話に対して応答的に頷くなどの適切なフィードバックをしていなくても、Lと近しいBがそうしていれば、Lも同じようにそうしていたと錯覚し、それを根拠として、SがSとLを良好なものとみなすように認知がバイアスされると考える。

このような錯覚を頷き混同と呼ぶ。もし頷き混同仮説が正しければ、話者の話に対して頷くロボットを単純に対話に陪席させるだけで、話者による聞き手の評価をバイアスすることができると考えられる。つまり、たとえ話相手であるLが全く頷いていなくても、被験者Sは、Lが頷いているのを見たとだまされてしまう。したがって、対話においてロボットを陪席させ、人に対して適切な注意行動を表出させることで、対話に参加する他のエージェントに対する、その人物による選好性形成を促進できると期待される。本節では、この頷き混同仮説を支持する二つの実験結果を紹介する。まず、対話に陪席するロボットによる代理応答が他のロボットへの選好性形成をいかに促進可能であるかを示す。次に、陪席ロボットによる代理応答は、他のロボットだけでなく、対話相手が人間である場合においても、同様の効果があることを示す。

ロボットの頷きは別のロボットのそれと混同されるか？

2体のロボットの間での頷き混同が生じうるかを調査するため、被験者が2体のロボットに話しかける状況を設定し、ロボットについての印象を評価させる実験を行った。ここでは、2体のロボットうち1体が、人の発話に応答的に頷く場合（Nod条件）と、頷かない場合（UN-Nod条件）を比較する。疑問は、被験者が、このロボットの頷きによる応答を別のロボットのものと混同するかどうかである。

【手法】

（1）被験者：18歳から23歳の24名の青年が実験に参加した。被験者のうち、12名（男性5名、女性7名（M=19.9, SD=1.6歳））

図8－2　ロボットの頷きの混同実験場面

をNod条件に、残りの12名（男性6名、女性6名（M=20.4, SD=1.2歳））をUN-Nod条件に配置した。

（2）実験装置：2体のロボット、M3-Synchyとカレーライスの写真をテーブルの上に置く（図8－2参照）。M3-Synchyは、邪魔にならずに人間同士の対話に導入されるように、小さく、また人間らしさを備えるようデザインされた、身長約30㎝の上半身人間型ロボットである。M3-Synchyは、その目と頭を使って、その注意や頷く仕草を表出することができる。2体のロボットが同時に被験者の視界に入るよう、2体のロボットの距離は35㎝に、各ロボットと人間の距離は45㎝とした。右側のロボットの振る舞いが左側のロボットについての被験者の認知に及ぼす効果を検証するため、左側のロボットを対象ロボット（T）、右側のロボットを陪席ロボット（B）と呼ぶ。発話音声を計測するため、被験者にはヘッドセットを装着させた。会話する様子を記録するため、3×2・5mの実験室に、二つのカメラを設置した。

（3）手続き：被験者は、本実験の目的は人間がロボットに話しかける際にどのような心情を抱くかを調査することと説明を受け、ロボットたちにカレーライスの作り方を説明するように指示される。実験前に、被験者にはカレーライスの作り方を示した文書を読み、壁に向かって説明の練習をする機会が与えられた。練習後、実験者がロボットを実験室に運び入れ、テーブルの上に配置し、実験室から退出した後に、被験者に説明を開始させた。説明が終わったら、実験者は被験者にロボットを運び出し、被験者に自身が抱いた心情に関するアンケート用紙を渡し、回答させた。

（4）刺激：対象ロボット（T：Target）と陪席ロボット（B：Bystander）の2体のロボットを、被験者の説明の聞き手役として用いる。

ロボットTは被験者の左側に置かれ、いずれの条件においても、3秒間カレーライスの写真を見つめ、7秒間被験者の顔を見つめるという視線を動かす行動を示す。しかし実験中、決して頷く仕草を提示しない。

ロボットBは被験者の右側に置かれ、いずれの条件においても、Tと同様の視線を動かす行動を提示する。Nod 条件では、これに加えて、被験者の声に対して応答的に頷く仕草を提示する。しかしUN-Nod 条件では、決して頷く仕草を提示しない。Nod 条件における頷きは、被験者の発話の終点が検出されたタイミングで生成させた。被験者の発話の終点はヘッドセットのマイクロフォンにキャプチャされた音声の音圧レベルにより判定した。ただし頷く頻度が多くなりすぎないように、3回に1回の確率で頷かせた。頷く動きとして、ゆっくり1度だけ頷く動きと、早く2度頷く動きの2種類を用意し、ランダムに選択させた。

（5）測定：被験者が抱いた心情を調査するため、7段階のリッカート尺度の質問紙調査を実施した。具体的には、ロボットX（BあるいはT）について、頷いていたか（Q1－X）、聞いていたか（Q2－X）、理解していたか（Q3－X）、自分に親近感をいだいていたか（Q4－X）、自分は親近感をいだいたか（Q5－X）を、Xのラベルは、対象ロボットあるいは陪席ロボットに置き換えて、両方のロボットについて回答させた。また被験者が説明に完全に失敗してしまったケースを排除するため、「上手に説明できたと思いますか」という項目（Q－S）についても、同様に評価させた。

（6）予測：2体のロボットは物理的に接近している上に、見た目も同じであるので、ハイダーのバランス理論では、正の関係である、ユニット関係と見なされると考えられる。したがって、頷き混同仮説が正しければ、被験者は1体のロボットの頷きをもう一体のものと混同し、Q1－Tに対する評価値は、un-Nod 条件よりも Nod 条件の方が高くなると予想される。またそれに伴い、対話の相手に頷き返されることで生じる、相手に対する印象のポジティブな変化が、実際は全く頷いていない対象ロボットに対しても生じる、すなわちQ2－TからQ5－Tの項目の評価についても、同様に Nod 条件の方が、un-Nod 条件よりも高くなると予測される。

【結果】

（1）実験統制の確認：Nod 条件のBの平均頷き回数は7・9回（*SD*=2.1）であった。また、被験者自身が上手に説明できたかどうかについて、全くそう思わないと回答したケースは無かったため、全てのデータを解析対象とした。

（2）主観的評価：各条件における陪席ロボットおよび対象ロボットに対する評価値の中間値を表8－1に示す。全ての評価値の中間値が、un-Nod 条件よりも、Nod 条件において高いことが分かる。コルモゴロフ－スミルノフの正規性検定により正規性が棄却されなかった項目（Q

表８－１　陪席ロボットおよび対象ロボットに対する評価値の中間値と p 値

	質問	B-unnod	B-nod	P value
ロボットB	頷いていたか	4.5	6	p < .01
	聞いていたか	4.5	6	p < .01
	理解していたか	4	5	n.s
	ロボットからの親近感	4	6	p < .01
	被験者からの親近感	4	5	p <. 01
ロボットT	頷いていたか	4	5	p < .05
	聞いていたか	3	5	p < .05
	理解していたか	3	3.5	n.S
	ロボットからの親近感	2.5	3.5	p < .05
	被験者からの親近感	3.5	5	n.s.

5－T）についてはT検定を、それ以外の項目についてはクラスカル－ウォリス統計量を用いたノンパラメトリック検定を実施した。これらの条件間比較した際のp値を表８－１に合わせて示す。

被験者は、Nod条件の陪席ロボットが、un-Nod条件のそれよりもより強く頷いていると回答しており（Q1-B: $H(1)=9.98; p<.01$）、実験条件の操作が正しくできていたといえる。これに対応して、Nod条件の方が、un-Nod条件よりも、被験者は陪席ロボットが自分の話を聞いているとより強く感じていたことも確認できた（Q2-B: $H(1)=7.75; p<.01$）。これは、従来研究（Watanabe et al. 2003）で示されていた現象を再現したものであるといえる。しかし、ロボットが自分の話を理解しているかどうかに関しては有意傾向を示すにとどまった（Q3-B: $H(1)=3.49; p<.1$）。また、被験者は、un-Nod条件に比べ、Nod条件で、陪席ロボットが自分に対してより強い親近感を抱き（Q4-B: $H(1)=10.13; p<.01$）、自分も陪席ロボッ

トに対してより強い親近感を抱いていた（Q5-B: $H(1)=8.84; p<.01$）ことがわかり、直接応答の提示が親近感の評価にも及んでいることがわかる。

一方、対象ロボットに対しても、un-Nod条件に比べ、Nod条件において被験者はより強く、対象ロボットが頷いていて（Q1-T: $H(1)=4.62; p<.05$）、自分の話を聞き（Q2-T: $H(1)=4.67; p<.05$）、自分に対して親近感を抱いている（Q4-T: $H(1)=4.13; p<.05$）、と感じており、また被験者自身も対象ロボットに対してより強い親近感を抱いていた（Q5-T: $t(22)=2.17; p<.05$）ことが分かる。対象ロボットの振る舞いは両条件で同じであり、また全く頷いていなかったことに注意すると、このような印象の差が生じたのは、陪席ロボットの振る舞いの違いによって起こった現象、すなわち頷き混同仮説を支持する結果であると解釈できる。一方で、対象ロボットが話を理解していたかについては、条件間で差がみられなかった（Q３－T）。これは、そもそも陪席ロボットに対する評価（Q３－B）においても、ロボットが理解していたかどうかは弱い効果でしか示されていないことが原因であると考えられる。

ロボットの頷きは人間のそれと混同されるか？

ロボットと人間の間で、頷き混同が生じうるかを調査するため、人間同士が対話する場面に陪席ロボットを導入した会話状況を設定し、対話相手の人間についての印象を評価させる実験を実施した（図８－３）。ここでは、相手に対する質問が書かれたカードを用意し、一方がカードに書かれた質問を他方に対して投げかけ、他方がそれに対して答える、ということを交互に繰り返させる形で対話を進行させた。ただし実験協力者が被験者の対話相手を務め、被験者が話している間、頷かず、微笑みもしないように振る舞わせる。このとき、陪席ロボットを導入しない場合（Without 条件）、導入した陪席ロボットが人の話に対して頷く場合（Nod 条件）と頷かない場合（un-Nod 条件）を比較する。

【手法】

（１）被験者：18歳から29歳の36名の日本人（男性17名、女性19名）が実験に参加した。12名（男性５名、女性７名（$M=23.3$, $SD=2.7$ [y]））をNod 条件に、別の12名（男性６名、女性６名（$M=22.5$, $SD=1.8$ [y]））をWithout 条件、残りの12名（男性６名、女性６名（$M=20.9$, $SD=1.4$ [yrs]））をun-Nod 条件に割り当てた。

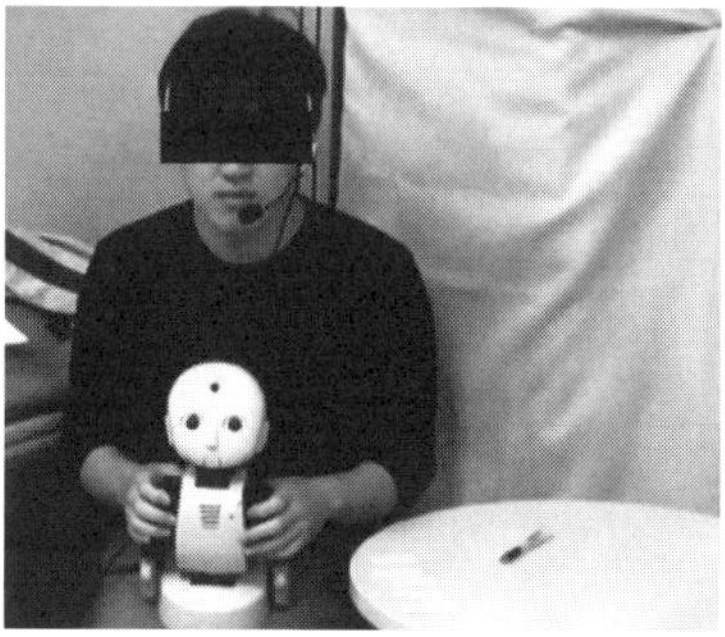

図８－３　ロボットと人間の間の頷き混同実験の場面

（2）実験装置：3m×2・5mの実験スペースに、被験者が対話相手と1mの距離で向かい合わせになるよう、椅子を配置した。両者の椅子の傍に小さい丸いテーブルを置き、その上に相手に対して行う質問を記した5枚のトピックカードを置いた。被験者と対話相手には、それぞれの発話を検出するため、ヘッドセットを装着させた。

（3）手続き：実験前に、被験者にあらかじめ質問のリストを見せ、5分間、どのような回答をするかを考えさせる。その後、実験協力者が実験スペースに入室し、Nod条件およびun-Nod条件の場合、被験者の膝の上に置くロボットを手渡す。トピックカードは会話開始時には全てふせた状態で並べておき、交互に、質問カードをめくり、質問を読み上げ、相手の回答を聞く、という流れを繰り返す。質問は被験者から開始し、5回ずつ質問を行ったら終了し、被験者は実験中の会話を通じていだいた心情についてのアンケートに対して回答する。

（4）刺激：24歳の日本人男性である実験協力者が対話の相手役を務めた。実験協力者は被験者からの質問に同じように回答し、また被験者が話している間、頷いたり、ほほえんだりしないよう訓練した。いずれの条件においても、問いかけるべき質問文を示したカードを用いることで、会話のトピックを事前に用意した。トピックは例えば、「最近驚いたことを教えてください」、「この夏やったことを三つ教えてください」など、被験者が説明可能な簡単なものを選んだ。Nod条件およびun-Nod条件では、それぞれ以下のように振る舞うロボットを陪席させた。

un-Nod条件：被験者と実験協力者は、それぞれの膝にロボットを乗せた状態で、向かい合わせて座る。各ロボットは対面する人間かその膝の上に置かれたロボットのいずれかを見るように その視線が制御され、どちらを見るかは10秒に一度切り替えられる。本条件のロボットは実験中頷きを全く提示しない。

Nod条件：un-Nod条件のロボットと同じ視線の動きを提示する。ただし、ロボットは対面する人間の発話に対して応答的に頷く動作を提示する。発話の終点が検出され、前回の頷きから3秒以上経過していたら、ロボットは頷く動作を提示する。ここでロボットの頷きは、ゆっくり1度だけ頷く動作か、素早く2度頷く動作のいずれかであり、ランダムに選択される。発話の終点の検出は実験1と同じ方法を用いる。

（5）測定：被験者が抱いた心情を調査するため、以下のような設問に対して7段階のリッカート尺度で評価させた。具体的には、被験者が話している間についての印象に関して、相手が頷いていたか（Q1－T）、相手は聞いていたか（Q2－T）、相手は理解していたか（Q3－T）を評価させた。また対話全体を通して抱いた印象に関して、相手は自分に親近感を感じていたか（Q4－T）、自分は相手に親近感を感じたか（Q5－T）、対話中はリラックスできたか（Q6－T）、相手と仲良くなれそうか（Q7－T）を評価させた。

また被験者が説明に完全に失敗してしまったケースを排除するため、上手に説明できたと思うかという項目（Q－S）についても、同様に評価させた。

（6）予測：実験協力者とその膝の上のロボットは物理的に接近していて、ハイダーのバランス理論でいうところの、正の関係であるユニット関係と見なされると考えられる。したがって、頷き混同仮説が正しければ、被験者はロボットの頷きを実験協力者のものと混同し、Q１－Tに対する評価値は、unNod条件およびWithout条件よりもNod条件の方が高くなると予想される。またそれに伴い、ロボット間の頷き混同の実験結果のように、対話の相手に頷き返されることで生じる、相手に対する印象のポジティブな変化が、実際は全く頷いていない実験協力者に対しても生じる、すなわち、話を聞いている感じ（Q２－T）、話を理解している感じ（Q３－T）の項目の評価についても、同様にNod条件の方が、unNod条件およびWithout条件よりも高くなると予測される。またさらにこれらに伴い、対話全体を通じて、実験協力者との人間関係についての評価（Q４－T～Q７－T）も同様にポジティブにバイアスされると考えられる。

【結果】

テューキー・ウェルチの方法を用いて、三つの条件における評価値に差があるかを検定した。ただし、正規性が仮定できないデータについては、クラスカル－ウォリスの統計量を、仮定できるデータについては、F統計量を用いた。

（1）実験統制の確認：実験協力者の振る舞いを録画したビデオをコーディングすることにより、実験条件の操作チェックを行った。意図した通り、実験協力者は被験者が話している間、全く頷く動作および微笑みを示していなかったことが確認できた。また、実験協力者が話すのに要

表８−２　人間とロボット間の頷き混同に対する評価値の中間値と p 値

質問	Nod	Without	un-Nod	p value
頷いていたか	5.5	4	4	Nod > Without (p<.1), Nod > un-Nod(p<.1)
聞いていたか	6	5.5	6	n.s.
理解していたか	5.5	5	5.5	n.s.
実験協力者からの親近感	5	4	3.5	Nod > Without (p<.05), Nod > un-Nod(p<.05)
被験者からの親近感	6	5	5	Nod > Without (p<.1), Nod > un-Nod(p<.1)
リラックス	6.5	5	5	Nod > Without (p<.1)
仲良くなれるか	5	4.5	4	n.s.

した時間についてF統計量を用いたテューキー・ウェルチ検定を実施したところ、条件間で差は見られないことが確認できた（Nod: M=134:4; SD=9:8 [sec], Without: M=138:4; SD=7:8 [sec], un-Nod: M=137:3; SD=6:3 [sec]; F(2, 33)=0:8（n:s:））。したがって、実験協力者の振る舞いは想定通り統制できていたといえる。また、被験者自身が上手に説明できたかどうかの評価（Q−S）について、全くそう思わないと回答したケースは無かったため、全てのデータを解析対象とした。

（2）主観的報告：各質問に対する中間値を表８−２に示す。被験者が話している間、実験協力者が頷いていたかどうかを評価させたQ１−Tの評定の条件間の差について、有意水準0.1で有意傾向があることが見いだされた（F(2, 33)=3.13; p<.1）。また、その後の検定では、Nod条件とWithout条件（F(1, 33)=5.57; p<.1）およびNod条件とun-Nod条件（F(1, 33)=4.80; p<.1）の間に差が見いだされた。

会話を通して形成された、対話の相手に対する心情について分析する。Nod条件の被験者は、他の条件に比べ、実験協力者が自分に親しみを感じていたかについて、有意水準 0.05 で有意に高く評定していた（Q4-T: x^2(2)=10.5, Nod<Without（H(1)=6.75), Nod<un-Nod(H(1)=8.00)）。自分が実験協力者に対して抱いた親近感についても、有意水準 0.1 で有意に高く評価していた（Q5-T: H(2)=5.21, Nod<Without H(1)=3.52), Nod<un-Nod H(1)=4.20)）。また有意水準 0.1 で、Nod 条件の被験者が、Without 条件に比べ、より話しやすかったと回答している（Q6-T: H(2)=5.42, Nod<Without（H(1)=4.69)）。

【結論】

実験協力者が実際には頷きを示していなかったことに注意すると、Nod 条件において被験者がより強く、実験協力者に頷かれたと感じた有意傾向は、頷き混同のため起こったと解釈できる。有意水準が高くないため、議論に注意が必要であるが、実験2の結果は実験1とコンシステントな結果であり、頷き混同の現象は、ロボットからロボットに対してだけでなく、ロボットから人に対しても起こりえるものであることが示唆される。また親近感や話しやすさ等の対話相手に対する一般的な印象について評価が上昇したことを確認した。これはロボットによる頷きが人間どうしの対話における人間関係の評価にさえも影響を及ぼしうるという考え方を指示するものと解釈できる。これらの結果は、小型の人間型ロボットを人間どうしの対話に導入し、調停させるアプリケーションの可能性を示唆している。これを実現するためには、頷き以外のモダリティを利用する可能性の検証や、ロボットの応答タイミングの最適化など、様々な問いに答えていく必要がある。

誘発された注意

ジェームス・ランゲ仮説として知られる心理学の理論が示唆するように、人間の感情は人間の生理学的な反応と結びついている（James 1884）。例えば、人が悲しんでいるシーンは、悲しいから泣いている、と理解するより、泣くから悲しい、と理解する方が適切かもしれない、ということである。これに似た構造の現象として、行為と感情、より適切には、注意行動と選好性形成の間の直観とは逆の因果関係を示す視線カスケードと呼ばれる現象が報告されている（Shimojo et al. 2003）。例えば、ある物体に対する人の選好性は、その人が好きだからそれを見ている、と解釈するのではなく、それを見ているから、それを好きと思うのだ、と解釈する方が適切かもしれない、ということである。

ここでの興味は、人が他者とかかわる場面においても、このような逆向きの因果関係が、人の選好性形成にどのように影響しうるのか、である。素直に考えれば、他者に対する選好性が原因となって、その他者によく注意を向けるという結果が生じる、ととらえることができる。しかし、このような解釈は常に当てはまるわけではなく、偶然の場合も含めて、その他者に応答するという経験が選好性形成の原因になっているというとらえ方も可能である。このことは、ロボットを好ましいものであると人に思わせるのに、ロボットに対して注意を向けさせることを利用できる可能性を示唆している。この仮説を検証するために、我々はロボットシステムを構築し、これを人の注意を操作するのに使用した。すなわち、ロボットと相互作用する自発的な意図を持っていない人を、ロボットに応答しているかのような体験ができるようにした。本節では、この実験（Yoshikawa et al. 2007）について詳細に述べ、人がロボットに対して応答する経験を持つとき、ロボットをコミュニケーション相手としてふさわしいものとして認知するようにバイアスされるかを検証する。

【手法】

（1）被験者：33名の日本人男性と33名の日本人女性（年齢 M=23.8（SD=2.8））を、男女同数となるよう3条件のいずれかにランダムに割り付けた。

（2）実験装置：人間型ロボット Robovie-R2（ATR Robotics）を使用した（図8－4）。ロボットは17の自由度を備えているが、実験には首と眼球のパン軸とチルト軸の合計6自由度のみを使用した。ロボットと被験者の間のテーブルの上には、二つの紙製の箱が配置された。

被験者の注視点を計測するのに視線検出装置（EMR-8B, Nac Image Technology Inc.）を用いた。視線計測装置からは被験者の注視点の系列が、被験者の頭部にマウントされたカメラからは画像

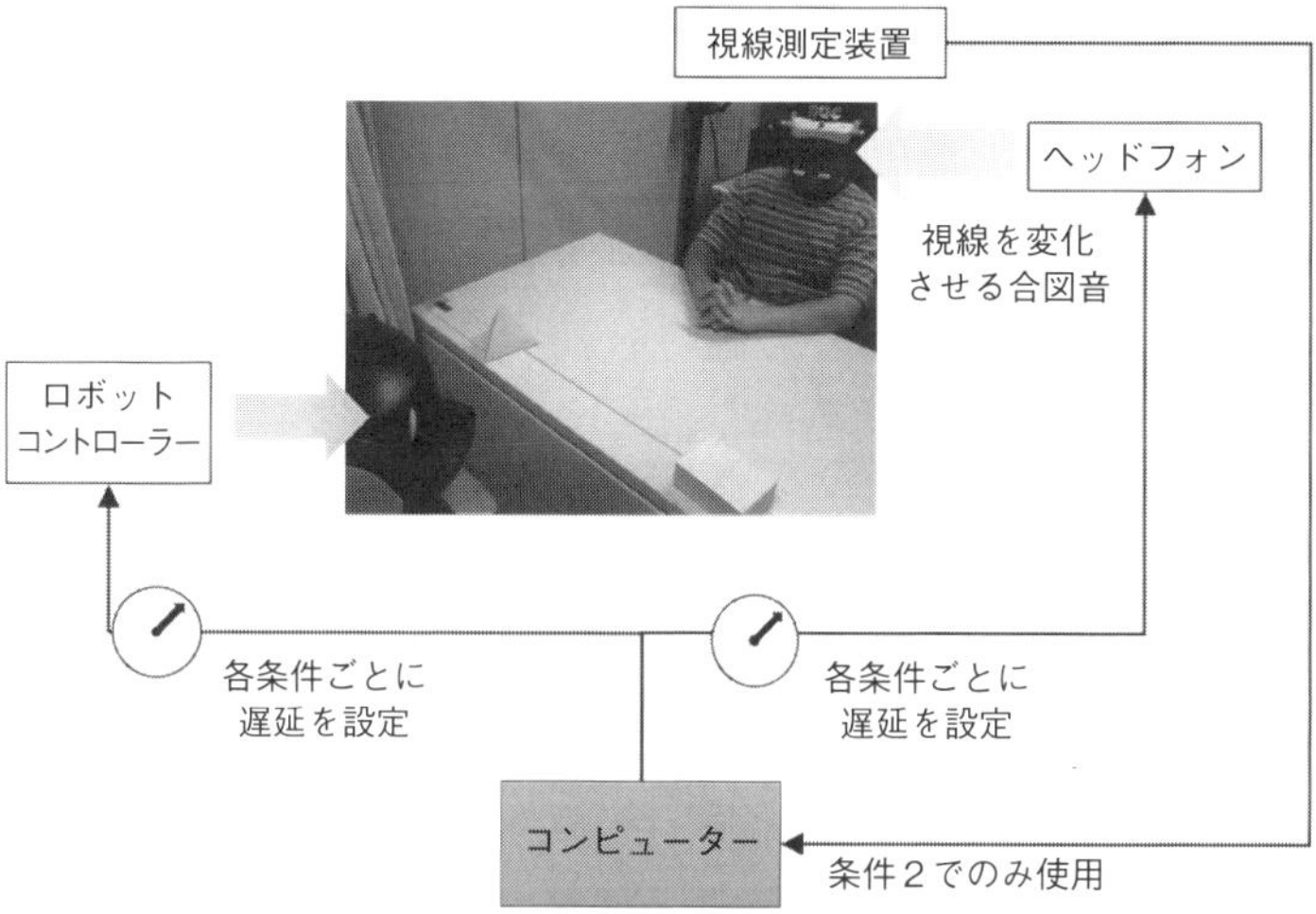

図８－４　誘発された注意実験の場面

系列がホストPCに送信され、被験者がロボットを見ているのか、机の上の二つの物体を見ているのかが判定される。このPCは、被験者が装着するヘッドフォンに音声信号を送信し、被験者が動くべきタイミングを知らせる。

（3）手続き：実験者は、被験者を実験室に案内し、ロボットと机を挟んで向かい合わせになるように置かれた椅子に座るよう指示する。ただしこのときロボットの前にはカーテンが引かれていて、被験者からは見えないようになっている。被験者は、1分のセッションに3回参加すること、各セッションにおいて、イヤホンから音が聞こえている間はテーブル上の物体を、聞こえてこない間はロボットを見るように告げられる。また被験者は、各セッションの後に感想を尋ねるアンケートに回答するように告げられる。

ロボットと対面する前に、実験者は被験者に視線計測装置を装着するように依頼し、その校正を行う。このとき実験者は、被験者が装着している装置はロボットの視線を制御するのに使用されるということを被験者には告げず、後で人とロボットの相互作用を解析するのに用いるものであると説明する。被験者は聞こえてくる音に従って、視線を変化させることを練習する。被験者がロボットに慣れるように、カーテンを開けた状態で練習をさせるが、このときロボットは静止させておく。

被験者がセッションにおいて何をするべきかを理解したら、実験者は実験室を立ち去り、最初のセッションを開始する。実験者は、1分間の視線相互作用のセッションが終わる直前に、被験者の背後に位置する部屋の入り口まで静かに戻る。ロボットが被験者の視線を誘導できるかをテストするため、ロボットは実験開始から54秒が経過した時点で、突然、実験者の方を見る。被験者が実験者の方を振り返るか、ロボットが視線誘導をしようとしてから6秒が経過したら、実験者は、被験者にセッションを通じてどのような印象を抱いたのかをアンケート形式の質問紙に回答させる。アンケートの回答が完了してから2分の後に、2回目のセッションを開始する。3回目も同様に実施する。
（4）計測：アンケートは被験者が抱いた印象を問う15個の設問からなる。始めの7個はどの程度ポジティブあるいはネガティブな感じを抱いたのかを回答するものであり、残りの8個はロボットの特徴に関する形容詞対について評価するものである。いずれのタイプの質問に対しても、5段階の評価をさせた。3回のセッションで同じものを用いたが、1回目のセッションで収集されたものだけを解析に用いる。

またセッション終了時にロボットの視線誘導に反応したかどうかを評価するため、視線データとともに、被験者の装着した帽子のカメラからの映像を記録する。

（5）刺激：ロボットの視線を制御するだけでなく、被験者に視線を変化させるタイミングを合図することにより、被験者とロボットの間の視線の相互作用を制御する。被験者は、イヤホンから音が聞こえている間は、机の上のいずれかの物体を見るように、聞こえていない間はロボットの顔を見るように指示される。したがって、被験者の視線変化のタイミングは音の信号によっておよそ制御される。音は12秒に一度、6秒間提示される。言い換えると、被験者は、ロボットと物体を交互に見るように制御される。ロボットは、被験者の顔と二つの物体のいずれかを交互に見る。二つの内のいずれの物体を見るかは、ランダムに決定される。ロボットが対象を見る動作は首と眼球の姿勢を調整することによってハンドチューニングによって実装された。

ロボットが対象を見るタイミングは条件によって異なる。

人による応答条件：人に音信号を聞かせ、視線をシフトさせる直前に、ロボットの視線を動かす。ロボットの視線は被験者の視線よりも約0・5秒先行してロボットの視線が動いて見えるように調整した。被験者は、ロボットに応答する経験を持つことが期待される。

ロボットによる応答条件：ロボットの視線は被験者が視線を動かす０・５秒後に視線が動いて見えるように、ロボットの視線を制御する。被験者の視線の開始タイミングは視線計測装置を用いて検出される。この０・５秒という数字は、従来研究で、被験者により強い被注視感を抱かせることのできた実験において用いられていたパラメータである（Yoshikawa et al. 2006）。被験者はロボットに応答された経験を持つと期待される。

独立条件：被験者の視線と独立して動いているように見えるように、ロボットの視線を動かす。音信号が開始してから３秒が経過した後に、ロボットは視線を動かす。被験者は、ロボットに対して応答したと感じることも、ロボットに応答されたと感じることもないと期待される。

（６）予測：人による応答条件では、被験者は自分がロボットに応答して視線を動かしたかのような経験をすることになるため、自身がロボットをコミュニケーション相手としてふさわしいとみなしていると感じていたと解釈するように、自身の認知を評価すると考えられる。従って、人による応答条件の被験者は、ロボットに対する親近感や生物らしさ、ロボットへの意図の帰属に関する設問にはより高く評価する回答を付けると予測する。

さらに、被験者がロボットの動きに意図を感じるようにバイアスされているとすると、セッションの終わりにおけるロボットの視線誘導に反応しやすくなると考えられる。したがって、ロボットは人が応答する条件の被験者に対する注意誘導によく成功すると考えられる。

【結果】

（1）実験統制の確認：意図したように視線の相互作用が統制できたかどうかを確認するため、有効な視線データを用いてロボットの平均的な応答潜時を算出した。ロボットが応答する条件および独立条件においては、被験者の視線変化に対するロボットの応答の潜時の平均値を計算した。計算された値から、本実験では、平均的に問題なく応答潜時の操作ができていたと考える（人が応答する条件：M=0.55, SD=0.26, ロボットが応答する条件：M=0.52, SD=0.12, 独立条件：M=3.06, SD=0.63）。なお、人が応答する条件においては、ロボットの視線変化に対する被験者の応答潜時の平均値を算出し、負の値として取り扱った。

（2）主観的な効果：1回目のセッションのデータについて、ロボットの性格に関する印象についての8個の形容詞対の質問に対する評定をバリマックス回転による因子分析を適用した。ただし、応答潜時が2回以上、想定外の値（1・0秒）となったロボットが応答する条件の3人の被験者のデータは解析から排除した。因子分析により、データの分散の59・6%を説明する因子を発見した。第一因子は主に「安心できる／不安である」(0.68)、「思いやりのある／思いやりのない」(0.76)、「冷たい／温かい」(-0.83)、といった評定に関与するものであったため、親近感因子と名付けた。ここで、括弧内の値は因子負荷量である。ANOVAと事後検定（Hoshberg (GT2)）により、独立条件に比べて、人が応答する条件では、親近感因子の得点が有意に高く評価されていると認められた（$F(2, 60)=3.43, p<.05$）。

第二因子は、主に「心配性／冷静な」（0.66）、「自信のない／自信のある」（0.60）、「専門家的な／素人的な」（-0.54）といった評定に関するものであったため、「自己信頼感因子」と名付けた。第三因子は、「思慮深い／短絡的な」（0.70）という評定に関するものであったため、「思慮深さ因子」と名付けた。第二、第三因子については、条件間の差は認められなかった。

ロボットに対する被験者の印象を評価する始めの8個の質問に対する回答の平均値を比較した。ANOVAを適用したところ、「ロボットの動きに意図を感じた」（$F(2, 60)=2.67, p<.1$）という設問に対する回答は条件間で異なるという有意傾向が認められた。また事後検定においては、意図に関する一つ目の質問について、人が応答する条件の方が、独立条件に比べ、ロボットの動きに意図を帰属する傾向がより強い、という有意傾向がみられた（Hochberg: $p<.1$）。

また「ロボットの動きは生き物的でしたか?」という設問において、ANOVAを適用したところ、条件間に差があることが有意傾向として認められ（$F(2, 60)=2.73, p<.1$）、事後検定により、ロボットが応答する条件の方が独立条件に比べ、ロボットを生き物のように、より強く感じるという有意傾向が認められた（Tamhane: $p<.1$）。

（3）行動指標：各セッションの最後にロボットが行った視線誘導のトライアルは合計198回であった。ロボットが視線誘導の開始後、5秒以内に被験者の視線が部屋の入り口の方に移動すれば、視線誘導に成功したと判定した。その成功率は、人が応答する条件では33%、ロボットが応答する条件では15%、独立条件では22%であった。ただし、各条件から21、18、9回分のデータは、視線誘導を評価する5秒間のうち30％以上、被験者の視線計測に失敗、あるいはロボットが応答する条件においてロボットが応答に失敗していたため、解析から排除した。期待していたように、人が応答する条件において視線誘導の成功率はもっとも高かったが、有意差は認められなかった（$\chi^2=4.41$, $df=2$, $p=0.11$）。これは多くの被験者が、ロボットの視線誘導を試行する際、セッションがまだ終わっておらず、入り口を見るという視線を意識的に抑制してしまったことが原因であったかもしれない。

【結論】

実験結果はロボットに対して応答する経験を人にさせることで、それが人の自発的な経験でなかったとしても、より強い親近感を覚えさせられることを示唆していると考えられる。また有意傾向であるが、ロボットに意図や生物らしさをより強く帰属する傾向もみられたことから、偶発的にでも応答する経験をしたことで、その相手を自分のコミュニケーションの相手としてふさわしいものとみなすような認知のバイアスが生じたのではないかと考えられる。さらにこのような認知の喚起は行動に及ぶと期待されたが、つまりロボットに対する自発的な反応も強化されると期待されたが、ロボットの視線誘導に対する反応は条件間で差は認められなかった。これについては、教示の問題があった可能性があり、被験者の行為についての制約を緩和するなどして、さらなる実験を積み重ねる必要がある。

一方で、ロボットに応答される経験をさせた条件は、従来研究の知見によると同様の傾向がみられると期待されたが、本実験では、そのような傾向は確認できなかった。したがって応答される経験よりも応答する経験の方が、必ずしも排他的に考える必要はないが、効率的にそのような認知を喚起することができる可能性がある。この可能性を社会的ロボットの実現に積極的に応用するためには、社会的な状況において人の行動を制御する方法が開発されなければならず、今後の課題であるといえる。

観察された注意

人間の認知は容易に他者から影響を受けると考えられる。日本人の大人は、描かれた人物の表情を認識する際、その周りに異なる表情をした人物が描かれていると、その認識が変わってしまうことが報告されている（Masuda et al. 2008）。ハイダーのバランス理論によれば、認知主体、認知対象の人物、第三者が関与する社会的状況における認知主体の態度は、これらの関係にバイアスを受けるとされている（Heider 1958）。典型的なバイアスは、信頼できる人物の態度をミラーすることである。ここで興味があるのは、他者の非言語的な注意行動をミラーすることによって、選好性がどの程度影響を受けるかである。

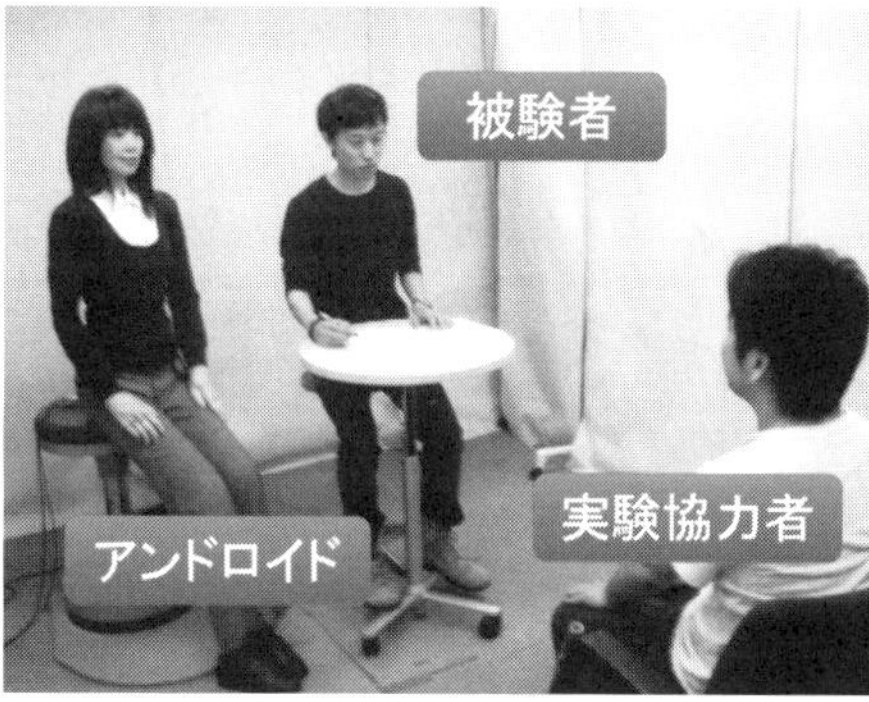

図8－5　他者同士のアイコンタクトの観察が及ぼす影響についての実験場面

本節では、三者間コミュニケーションの一例として、仮想的な就職面接場面を想定した人間－人間－ロボットの相互作用の実験（Shimada et al. 2011）について述べる。本実験では、被験者が主な聞き手、実験目的を知っている実験協力者が話し手を担当する。そして、人間そっくりなロボットであるアンドロイド Repliee Q2が、補助的な聞き手の役割を担当する。実験では、実験協力者とロボットのアイコンタクト（ＥＣ）を統制する。ＥＣ条件では、実験協力者とアンドロイドは何度かアイコンタクトを行うのに対し、アイコンタクトをしないＮＥＣ条件では、全く行わない。実験のコミュニケーション終了後、被験者の抱いた心情が、これらの間のアイコンタクトの有無にどのように影響を受けるか、を調査する。その際、ハイダーの理論が、他者同士の非言語的な相互作用を観察することが、それらに関する社会的認知にどのように影響を及ぼすかに注目する。

【手法】

（1）被験者：30名の日本人が実験に参加した（M=21.2, SD=2.0［歳］）。条件1（ＥＣ条件）には、男性8名、女性7名の計15名を配置し、条件2（ＮＥＣ条件）には、同じく男性8名、女性7名を配置した。

（2）実験装置：アンドロイドRepliee Q2を用いる（図8-5）。これは実在の日本人女性に酷似した外見を持つロボットである。また、アンドロイドの動作は実験前にあらかじめ作成されたものであり、お辞儀や発話者を見るといった人間らしい動作である。これらの動作は遠隔の操作者によって実行される。実験空間は、横3ｍ×奥行き3・7ｍの広さであり、周辺はカーテンおよび防音壁で区切られており、被験者が実験に集中できるように考慮されている。実験空間にはアンドロイドと机一つ、椅子二つが配置されている。また、実験の様子を観察し、アンドロイドを適切にコントロールするために、2台のカメラが配置されている。

（3）手順：実験についての教示を行った後、教示者は被験者を面接官役のアンドロイドが待つ実験空間に入室させる。被験者にアンドロイドの隣に着席させた後、実験協力者を入室させ、被験者の前に着席させる。被験者に、机を挟んで向かいに座っている実験協力者に対しあらかじめ定められた質問をさせる。そして、実験協力者の回答に対し質問ごとに7段階で評価をさせる。質問の内容としては、「今までどういうことをやってきましたか？」や「どういう仕事をしたいですか」といった就職面接で一般的に行われる質問にした。全ての質問が終了した後、アンドロイドや実験協力者についての印象など、対話を通して抱いた印象について尋ねるアンケートを実施した。

被験者には実験空間に入る前に、実験の目的をICレコーダに代わる新たなデバイスである人型録音装置（IAレコーダ）の評価であると伝え、仮想的な就職面接場面において、面接官として振る舞うように指示した。具体的には、机の上にある質問のリストを読み上げて、受験者役のもう一人の被験者（実験協力者）に質問するように伝え、さらにその質問の回答に対して評価するように伝えた。このとき、受験者役の実験協力者は常に一定の回答をした。この実験では解析を簡単にするため、どちらの条件においても被験者と実験協力者の関係が正の関係であることを仮定している。そこで、被験者が実験者に良い印象を持つように、被験者のした質問に対する実験協力者の回答に対しての評価には高得点をつけさせるようにあらかじめ指示をしておいた。回答に対して高得点をつけさせることで、実験協力者の回答が的を射た良い答えであると錯覚させ、正の印象を持たせるためである。

（4）刺激：実験協力者は、被験者からの質問に回答する際、決められたタイミングで何度か被験者から視線をそらすように訓練された。被験者に見せる刺激は条件間において、実験協力者の視線のそらす方向のみが異なる。

条件1（EC）：実験協力者は、視線をそらす際、アンドロイドとアイコンタクトをしていると見えるように、アンドロイドの方に視線を向ける。これにより、実験協力者とアンドロイドが良好な関係を築いていると被験者が感じるとバイアスされると想定している。

条件2（NEC）：実験協力者は、視線をそらす際、アンドロイドと反対方向に視線を向け、アンドロイドとはアイコンタクトをしていないように見せる。

アンドロイドの振る舞いはすべての条件において被験者に人らしく見せるために、入室時には被験者に対し挨拶をさせた。また、被験者と実験協力者が会話をしている間、アンドロイドは発言者の方を向き頷かせることによって、挨拶と同様に人間らしさの維持に努めた。

（5）計測：アンケートは実験の前提が成立しているかを確かめるための項目とアンドロイドに対する印象を問う項目から成る。特に重要な項目として、被験者と実験協力者の関係が正の関係であるかについて、実験協力者とアンドロイドの間に正の関係があったように感じたかどうかについて、また実験協力者がアンドロイドにアイコンタクトをしたことに気がついたかどうかについて尋ねた。

また、実験中の被験者とアンドロイドの様子をチェックするため、面接の様子を二つのビデオカメラで録画した。

【結果】

（1）実験統制の確認：実験協力者とアンドロイドの間のアイコンタクトの有無に関する印象を操作できていたかを確認する。「受験者とIAレコーダは目を合わせていましたか」という質間に対するスコアにおいて、両条件において1例ずつの計2例は、このスコアが平均値から標準偏差の2倍以上離れているものがあったため、解析から除外した。各条件でのこの質問に対する評価値は、意図したように、EC条件の方がNEC条件に比べ有意に高かった（$p<.01$）。また、「受験者はIAレコーダ（書記）に対して好印象を抱いているように感じましたか」という質問に対する評価値も意図したように、EC条件の方がNEC条件よりも有意に高かった（$p<.01$）。以上より、実験協力者とアンドロイドのアイコンタクトについての評価が条件間で異なるように感じさせることによって、これらの関係を想定したように操作できていたといえる。

「あなたは受験者に対して好印象を抱きましたか」という質問に対するスコアの平均値は、この質問に対するニュートラルな回答に相当する4点よりも高く（EC: M=5.8, NEC: M=5.2）、条件間に差は認められなかった（$t(26)=0.12$, n.s.）。したがって、実験協力者をポジティブに評価するという被験者に与えたダミータスクと教示によって、被験者の実験協力者に対する印象はポジティブなものにバイアスできていたといえる。

なお被験者のアンドロイドに対する振る舞い、すなわちアンドロイドを見るのに費やした時間、アンドロイドとアイコンタクトをした回数とそれに費やした時間、実験中の頷きの回数、は条件間で差が認められなかった。

（2）アンドロイドに関する主観的評価：「あなたはIAレコーダ（書記）に対して好印象を抱きましたか」という質問に対するスコアは、EC条件の方が、NEC条件よりも有意に高かった

($p<.01$)。したがって、実験協力者とアンドロイドの間のアイコンタクトを観察した被験者は、そうでない被験者に比べ、アンドロイドに対してよりポジティブな印象を抱いていたといえる。

【結論】

実験協力者とアンドロイドのアイコンタクトを観察したことが、被験者のアンドロイドに対する印象をよりポジティブなものにしたと考えられる。この結果は、ロボットと非言語的コミュニケーションをしているように見える人がいれば、ロボットに対する印象が良くなるという仮説を支持するものである。すなわち、人のロボットに対する選好性は、他者のロボットに対するそれを写し取るように形成され、そのような写し取りは、他者がそれに注意を向ける行動を観察することによって導かれた。

ここでの、他者の注意行動によって導かれた選好性形成におけるポジティブなバイアスは、ハイダーのバランス理論によって解釈することも考えられる。しかし設定する三者間の関係性を変えた別の条件の実験では、ハイダーのバランス理論からの予測とは異なり、観察された注意を自身が示した、誘発された注意と取り違えたのかのような結果が得られている。つまり、被験者と実験協力者の関係をネガティブなものにバイアスした状態で、被験者と実験協力者のアイコンタクトを見せると、見せない場合よりも、アンドロイドに対する選好性が強化されていた。しかし、こちらの実験では、意図したようなネガティブなバイアスのかけ方が不十分であった可能性があり、結論を出すには、さらなる実験が必要である。

まとめ

本章では、人と関わるロボットに対する選好性形成のダイナミクスを構成するいくつかの要素を、人の認知と社会性の性質を考慮し、注意行動という観点から分析した。人とロボットのインタラクションにおいて人間の社会的認知がいかに影響を受けうるかを調べる三つの実験を紹介した。実験におけるいくつかの証拠は弱く、追実験によって、メカニズムをよりクリアにするとともに、人とロボットの相互作用における人の認知に影響を与える社会的ロボットのメカニズム改良につなげていくことが今後の課題である。

ここで分析した三つの選好性形成の方法、すなわち代理的な注意の提示、誘発された注意、観察された注意に基づく方法は、始まったばかりであり、これらを利用した技術の開発を今後進めていく必要がある。例えば、選好性形成に誘発された注意を用いる方法をとるためには、人の注意行動を意図したように導く方法を開発する必要がある。これには、人の社会的行動の予測、すなわちロボットのどの行為が人のどんな注意行動を導くかを予測するメカニズムが必要である。

残り二つの、選好性形成の社会的な方法は、複数のロボットや複数の人が参加する状況に適している。これは人とロボットの相互作用研究において、近年注目を集めている分野である。興味深いことに、これらの選好性形成の過程の裏にある認知過程は、人とロボットの相互作用研究におけるもう一つのアクティブな分野である遠隔コミュニケーションロボットのシステムと関係が深い。遠隔コミュニケーションに使用されるロボットはコミュニケーションにおいて、遠隔操作者の代理の役割を物理的に担わなければならないため、ある程度自律的に、遠隔地において何が起こっているかを解釈し、そこでの応答を生成する必要があると考えられる。しかし、そのような自律的な応答も、遠隔操作者が自身のアクションであると解釈できるものでなければ、操作の満足度は落ちてしまう。言い換えると、遠隔操作ロボットは、自身の注意を遠隔操作者に観察させ、写し取らせなければならない。これは、本章で紹介した、複数エージェントの相互作用場面における現象と似ている部分がある。したがって、ロボットを介した遠隔対話の研究とロボットを含む複数者間の相互作用の研究は、相補的に進めていくことが期待される。

9　ブレイン・マシン・インタフェース――ＱＯＬの回復を目指して

平田雅之

はじめに

ブレイン・マシン・インタフェース（brain-machine interface：ＢＭＩ）とは脳と機械のあいだで直接信号をやりとりして神経機能を補完する技術である。

ＢＭＩはやりとりされる信号の方向性により、出力型ＢＭＩと入力型ＢＭＩに大きく二分される（図９－１）。出力型ＢＭＩは脳信号を計測してこれをコンピュータで解読（decoding）して、脳信号の意味するところ、すなわち脳機能の内容を推定し、外部機器を操作することにより、失われた神経機能を代行する。運動や意思疎通機能を支援するＢＭＩがこれに相当する。一方入力型ＢＭＩではセンサで取得した外界の情報をコンピュータで適切な信号に変換して脳を刺激する

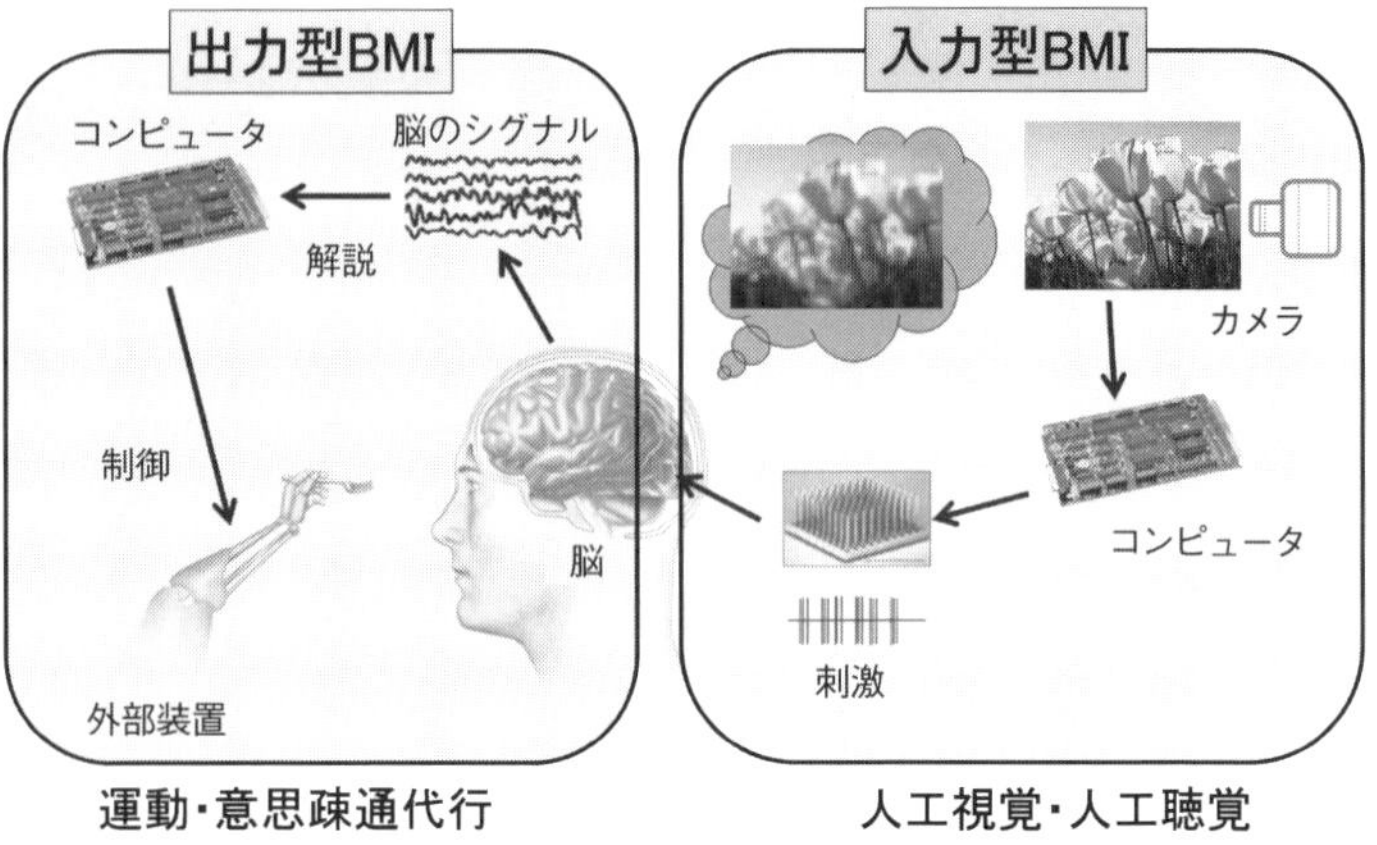

図９－１　ブレイン・マシン・インタフェースの２タイプ

ことにより、感覚情報をえる。聴性脳幹インプラントや人工視覚がこれにあたり、聴性脳幹インプラントは少数ながらすでに臨床で用いられている。元々は出力型ＢＭＩに対してＢＭＩと言う言葉が用いられていたが、最近では入力型ＢＭＩも含めて広義にＢＭＩという言葉が用いられることが多くなっている。

出力型ＢＭＩは侵襲性の観点からさらに侵襲型ＢＭＩと非侵襲型ＢＭＩに分けられる（図９－２）。非侵襲型ＢＭＩは脳波やｆＭＲＩ、近赤外分光法を用いて非侵襲的に脳信号を計測するのに対して、侵襲型ＢＭＩは頭蓋内電極を用いるため侵襲性を伴う。侵襲型ＢＭＩは、脳表電極を用いて皮質脳波を測定する低侵襲型と、微小針電極を用いて神経発火活動を測定する高侵襲型に分けられる。

出力型ＢＭＩは、筋萎縮性側索硬化症（ＡＬ

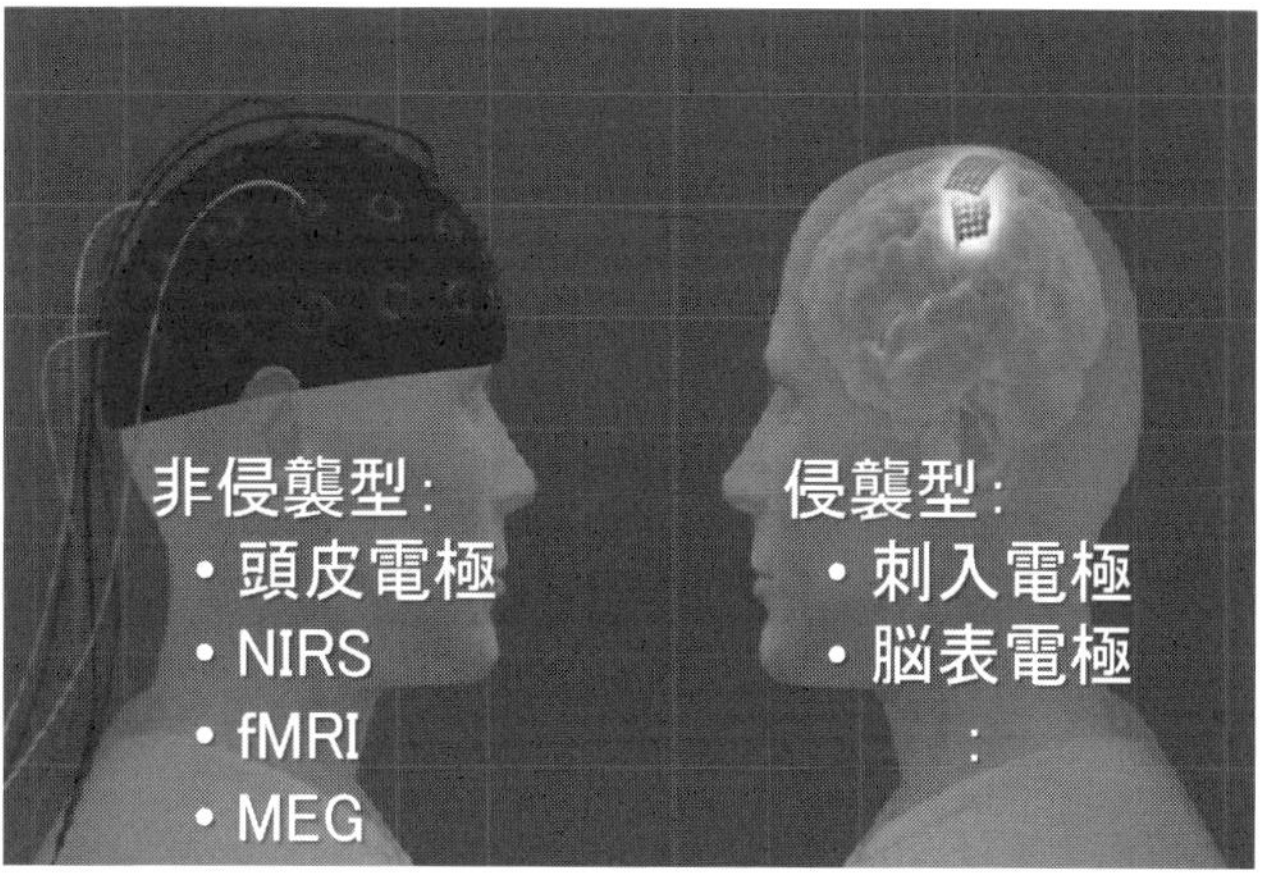

図９－２　出力型ＢＭＩの２タイプ（カラー口絵参照）

Ｓ）をはじめとする神経難病、脊髄損傷、切断肢、脳卒中による身体障害に対する機能補助技術として期待されている。神経難病の多くは稀少疾患であるが、一般的に重症度が高いため、個々の患者の障害機能に対する機能補助の必要度は高い。一方、脳卒中後遺症による機能障害の程度はごく軽度の半身の麻痺から完全な四肢の麻痺まで様々であるが、患者数は国内だけで約２００万人と、機能補助技術に期待する人は多い。

なかでもＡＬＳは上位・下位運動ニューロンが変性脱落し、徐々に筋力低下や呼吸筋麻痺が出現し、全身の運動麻痺が進行していく。その結果、意識や感覚機能はほぼ正常に保たれるにもかかわらず、体を全く動かすことができず、発話することもできなくなり、意思疎通ができない状態になる（閉じ込め症候群）。ＡＬＳ患者における呼吸不全になった場合の呼吸器装着率は日本で30～45％、欧米では数%程度で、呼吸器装着を選択しない患者のほとんどは数年で死に至る。リルゾールという薬剤の延命効果が証明されているが効果は限られており、iPS細胞を用いた再生医療や遺伝子治療なども研究されているが、いまだに根治的治療法はない。その意味では極めて重篤な神経変性疾患であり、日本国内でのALS患者は約8500人と稀少疾患であるが、BMIによってまず最初に機能支援すべき疾患の一つと考えられる。

BMIに用いられる脳信号

BMIに用いられる脳信号には表9-1にあげるように種々あり、計測範囲、計測対象、時間・空間分解能、時間遅れ、計測方法の侵襲性、長期安定性、計測装置の可搬性といった、それぞれの脳信号の特徴をよく理解して、目的に応じて使い分け、活用することが重要である。

頭皮脳波

頭皮脳波は最も基本的な脳信号である。頭皮脳波は比較的容易に計測でき、非侵襲で時間的分解能が高いという利点があり、視覚誘発電位、P300誘発電位、脳律動変化といった神経生理学的特徴量を利用してBMIの研究が行われてきた(Wolpaw et al. 2002)。しかし、頭皮脳波では脳脊髄液、頭蓋骨、頭皮等の介在組織のため、脳信号が1／5～1／10に減衰し、空間分解能も低下する。また高周波帯域の信号を計測することが困難である。そのため、達成されるレベルに現時点では限界があり、リハビリテーションへの応用などに活用を目指して研究が進められている(Birbaumer & Cohen 2007; Birbaumer et al. 2009)。

脳卒中慢性期の運動麻痺の患者を対象とした研究では、麻痺側手の運動想起時の脳律動の変化がうまくでるよう視覚フィードバック効果を利用して訓練したのちに、その脳律動変化にもとづいてＢＭＩにより手指電動装具を用いてリハビリを行ったところ、半数の患者で麻痺側手指進展筋活動が見られるようなったと報告しており、今後リハビリ効果促進技術としての活用が期待される(Shindo et al. 2011)。

fMRI、近赤外分光法

ｆＭＲＩや近赤外分光法等を用いて脳血流変化をＢＭＩの信号として用いる研究も行われている。脳血流変化は脳機能

表9－1　ＢＭＩに用いられる脳信号

	計測範囲	計測対象	空間分解能	時間分解能	時間遅れ	侵襲性	長期計測安定性	可搬性
fMRI	◎全脳	脳血流	○3-5mm	×4-5秒	×4-5秒	◎なし	○高	×なし
NIRS	◎全脳	脳血流	×2cm	×4-5秒	×4-5秒	◎なし	○高	○良
EEG	◎全脳	脳活動	×3-4cm	○1ms	◎なし	◎なし	○高	○良
MEG	◎全脳	脳活動	△5-10mm	◎0.1ms	◎なし	◎なし	○高	×なし
ECoG	○10×10cm^2	脳活動	○2-3mm	◎0.1ms	◎なし	△中	◎高	◎良
LFP	○5×5mm^2	脳活動	○1mm	◎0.1ms 以下	◎なし	×高	△中	◎良
spike	○5×5mm^2	脳活動	◎0.2mm	◎0.1ms 以下	◎なし	×高	×低	◎良

発現に4~5秒遅れるためリアルタイム性に劣るが、非侵襲である点で優れている。近赤外分光法は空間解像度の点で劣るが、運動中も計測可能で比較的小型なのでリハビリへの応用が期待されている（Sitaram et al. 2009）。

ｆＭＲＩは空間解像度が高いので比較的高い性能が得られるが可搬性がなく、主に研究に用いられている。２００６年にＡＴＲとＨｏｎｄａが共同でｆＭＲＩを用いてグー、チョキ、パーの3種の手の動きを推定することに成功したと報告し、注目された（http://www.honda.co.jp/news/2006/c060524a.html）。運動情報の解読ではないが、神谷らは、被験者に左斜め、右斜めの2方向の線分を視覚提示し、そのときの視覚野の活動パターンのわずかな違いをｆＭＲＩにより計測し、サポートベクターマシンを用いて精度よく判別できることを報告し、ＢＭＩが注目される一つのきっかけになった（Kamitani & Tong 2005）。その後神谷らは、これを発展させてＭＲＩ画像の解析領域を細かく多数に分けて解読するモジュール解読（modular decoding）の概念を導入することにより情報抽出能を向上させ、視覚提示した文字を再構成することに成功している（Miyawaki et al. 2008）。さらに最近では夢で見た内容をある程度解読できるまでになっている（Horikawa et al. 2013）。

ＭＥＧ

同じく脳磁図（magnetoencephalography：ＭＥＧ）は可搬性に問題があるが、空間分解能に優れており、これまでは主に研究用に用いられている。ATRの戸田と今泉らは、fMRIを用いて活動部位に関して事前情報を与え、MEGの電流源推定の精度を向上させることにより、手首の運動による人差し指先端位置の動きを平均誤差15㎜で推定できたと報告している（Toda et al. 2011）。我々もMEGを用いて皮質脳波BMIの術前評価法を確立すべく、研究を行っている。これまでに、上肢の3種の運動を1回1回の運動から60～70％の正解率で推定できるようになった。また上肢運動時の運動関連誘発磁界の各成分の振幅が大きいほど運動内容推定の正解率が高いことを明らかにした（Sugata et al. 2012a, 2012b）。今後はニューロリハビリテーション等への応用も期待される（Birbaumer & Cohen 2007）。

刺入針電極

刺入針電極からは個々の神経細胞のスパイク活動や複数個の神経細胞の集合電位である局所フィールド電位（local field potential：LFP）が計測される。先述したように、上肢の運動野の神経細胞は方位チューニング（directional tuning）という特性があり、これを利用すると比較的少数のスパイク活動を計測するだけで、ロボットアームの3次元リアルタイム制御ができる。シュワルツのグループはサルがロボットアームをBMIでコントロールして自在に餌を食べることに成功した（Velliste et al. 2008）。また2006年にホッホバーグらは脊髄損傷で四肢麻痺の患者が手の運動野に刺入された100極の刺入電極からのスパイク活動でディスプレイ画面上のカーソルを自在にコントロールできることを報告している（Hochberg et al. 2006）。ホッホバーグらは2012年には脳幹出血後遺症で四肢麻痺の患者がロボットアームをコントロールして、机の上のボトルを掴んで口元まで持って行き中に入っているジュースを飲むことに成功した（Hochberg et al. 2012）。その後間もなくシュワルツらは四肢麻痺の患者で13週間のトレーニングの後、さらに巧緻なロボットアーム制御に成功している（Collinger et al. 2013）。しかし、刺入針電極は脳実質に対して侵襲性があり、電極の刺入により惹起される炎症反応により数ヶ月単位で計測効率が低下する（Fernandez et al. 2014）。信号が劣化しにくい電極の開発が進められているが、明確な解決策は見つかっていない状況である。

皮質脳波

皮質脳波は脳表面に直接皿状電極をおいて計測される脳波であり、頭皮脳波に比較してノイズが少なく、高周波帯域まで計測できるという特徴がある。また脳実質への侵襲が比較的少なく、長期間にわたる信号安定性に優れている。手術が必要な点を除けば、バランスのとれた計測方法である。

理研の藤井らはサルに硬膜下電極を約1年間にわたり埋め込んで実験を行った結果、皮質脳波で上肢の運動の3次元位置を電極留置期間中ずっと正確に推定できること、またいったんコンピュータに運動パターンを学習させると、再学習なしに半年にわたって正確な3次元位置推定ができることを明らかにした（Chao et al. 2010）。これは皮質脳波の長期安定性を示しており、臨床応用する上では最も重要な要素でもある。

海外の報告では、先述した1次元の位置が２００４年に報告されて以降、皮質脳波の研究報告が増えている。その後２次元の位置推定が複数のグループから報告され（Pistohl et al. 2008; Schalk et al. 2007）、これを用いてカーソル制御ができたとの報告がある（Schalk et al. 2008）。我々は３次元の位置推定ができることを報告し（Nakanishi et al. 2013）、さらに指のレベルでの判別ができることを報告した（Nakanishi et al. 2014）。また通常の臨床で用いられる硬膜下電極は電極間隔は約１㎝であるが、精度向上のためにこれを数ミリ程度に高密度化したmicroECoG電極に関する報告もある（Kellis et al. 2009; Morris et al. 2014; Van Gompel et al. 2008; Wang et al. 2009）。

我々も皮質脳波を用いてＢＭＩの研究に取り組んでおり、これまでに、中心溝内運動野の皮質脳波が運動内容推定に有用なことを明らかにし、γ帯域活動を用いたロボットハンドのリアルタイム制御に成功し、運動障害の程度が強くても運動イメージ時のγ帯域活動を用いると運動内容推定が可能であることを明らかにしてきた。以下に我々の研究成果を概説する。

脳信号の解読

難治性疼痛に対する運動野電気刺激療法の最適刺激部位同定や、難治性てんかんのてんかん焦点源同定のために硬膜下電極を2週間程度留置する場合がある。また難治性疼痛に対する運動野電気刺激療法において、より効果的な疼痛緩和を目的として中心溝内に電極を留置する場合がある（Hosomi et al. 2008）。我々は施設内倫理委員会の承認を得て、これまでにこうした症例を対象にして、留置した電極から上肢運動等の課題施行時の皮質脳波を計測し、ＢＭＩの研究を行ってきた。

運動企図や運動内容の推定を行う脳信号解読（neural decoding）はＢＭＩの中心となる技術であり、種々の手法が報告されているが、私どもはサポート・ベクターマシン（support vector machine：ＳＶＭ）という機械学習の手法を中心に用いている。ＳＶＭは弁別を行う学習機械の一つで、弁別空間上に存在する複数個の群を弁別平面で分離する際に互いの距離が最大になるように重み係数を調整することにより高い弁別能を得ようとする手法である（Kamitani & Tong 2005）。

大脳における運動内容の最終出力部は一次運動野であるが、体性局在があり、ヒトでは一次運動野の大半は中心溝の中に存在すると考えられている。そこで中心溝内電極を用いて上肢運動時の皮質脳波を計測し、ＳＶＭを用いて運動内容推定を行った。その結果、中心溝前壁から記録した皮質脳波を用いると、他の部位よりも有意に高い正解率で運動内容推定ができることが明らかになった（Yanagisawa et al. 2009）。

またどの周波数帯域が運動内容推定に有用であるかを調べた。その結果、γ帯域（80～１５０Hz）のパワーが運動内容推定に有用であることを明らかになった（Yanagisawa et al. 2011）。さらに被験者の運動障害の有無によらず、γ帯域のパワーを用いると高い運動内容推定の正解率が得られることが明らかになった（図９－３）（Yanagisawa, Hirata, et al. 2012）。運動障害の強い症例では、握る、肘を曲げるという運動のイメージが明確にできる被験者では握る、肘を曲げるという２つの運動で、γ波活動の脳内分布に明確な違いが認められたが、運動イメージがしにくいと自覚している被験者では、γ波活動の脳内分布に有意な差を認めなかった。これは、被験者がどれくらい違う運動イメージを自覚してできるかということと、脳内で実際どれくらい違った活動パターンになっているかということが、対応していることを示唆しており、脳機能の再構築に関する知見として興味深い。

さらに最近では、運動制御メカニズムに関する新しい知見を得ている。手の把握時に、運動野において運動開始前にγ帯域活動の振幅がα帯域活動の位相に同期し、運動開始直前に同期がはずれる現象（cross frequency coupling）を発見した（Yanagisawa, Yamashita, et al. 2012）。手の把握において、この現象は運動開始や運動内容の制御に関わっていることを示唆する重要な知見といえる。

ロボットアームのリアルタイム制御

前節で述べた運動内容推定技術を応用して、義手ロボットをリアルタイムに制御するシステムを開発した（図9－4）（Yanagisawa, Hirata, et al. 2012）。このシステムでは手の把握、つまむ、開くや肘の屈曲といった基本的な上肢の運動要素を各40回程度行い、これをSVMの学習データとしてパラメータ設定を行い、次にそのパラメータ設定を用いてリアルタイムに連続的な解読と制御を行う。大脳の一次運動野に留置した脳表電極から皮質脳波を計測し、0・2秒毎に解読・制御をリアルタイムに繰り返す。まずガウス過程回帰という方法により、新たに計測した脳信号があらかじめ学習しておいた脳信号のパターンとどれくらい似通っているかを相互情報量で評価する。ガウス過程回帰の相互情報量が閾値を超えた場合にのみ、その脳信号は運動時の脳信号であると判定して、SVMにより運動内容を推定する。最後に、推定した運動内容にもとづいてロボットアームを動かすが、遷移状態という概念を用いる。つまり、「握る」という動きであれば、「握る」という解読結果が何度も連続して続いた時にのみ、ロボットアームに「開く」の姿勢か

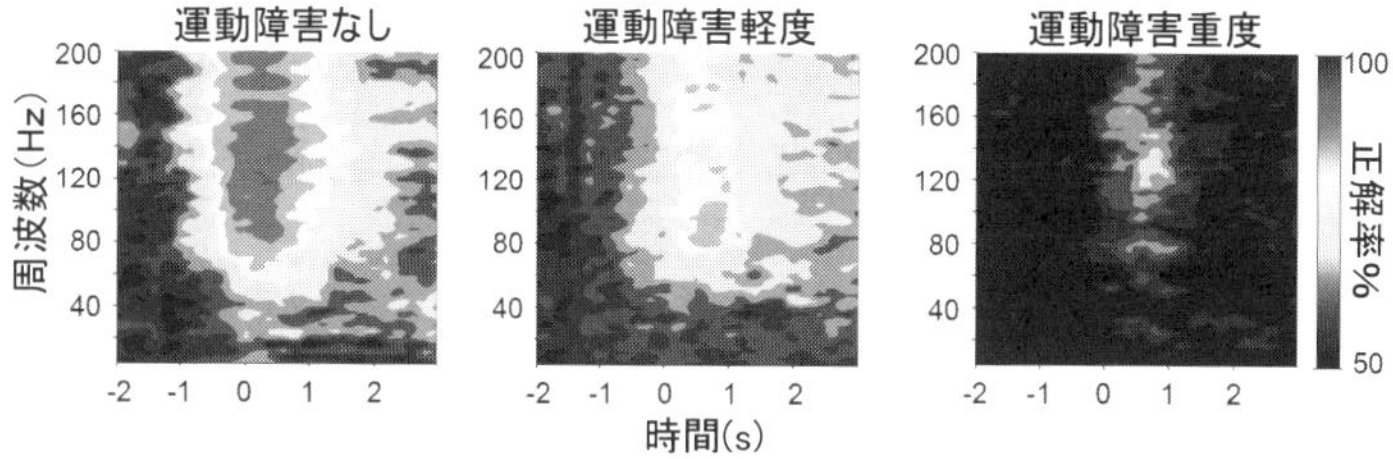

図９－３　運動内容推定に有用な周波数帯域（カラー口絵参照）

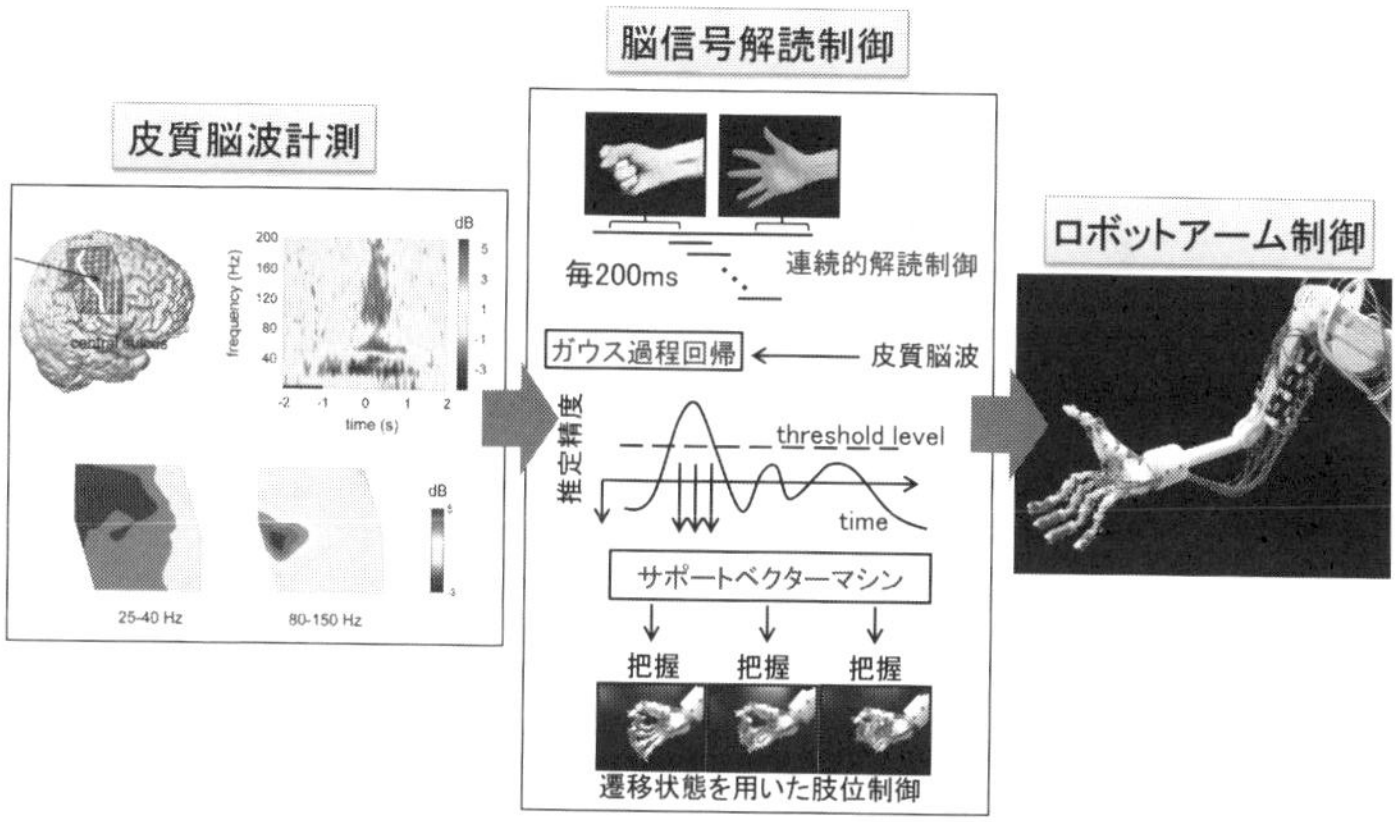

図９－４　リアルタイム義手ロボット制御システム（カラー口絵参照）

ら、「握る」の姿勢に段階的に徐々に姿勢を変えるように設定されている。

これらの結果、運動1回毎の皮質脳波による運動の推定精度は60~80%でも、ロバストな運動推定・ロボット制御法を導入することにより、手から肘までの制御や、物の把握や把握解除など実用的な動作ができるようになった。また、硬膜下電極を用いた皮質脳波計測は長期間安定していることが動物実験で明らかになっている。我々の臨床例でも、約2週間という短期間の電極留置のため長期の安定性は検証困難であるが、初回の実験から4日後でも初回の設定パラメータを利用して、リアルタイムロボットアーム制御により、物体の把握・把握解除ができることを示せた。

最近では重症のALS患者を対象に臨床研究を開始しており、3週間、脳表電極を埋め込み、運動・意思伝達に成功している。(平成25年4月11日、NHK「おはよう日本」で報道:http://www.nhk.or.jp/ohayou/marugoto/2013/04/0411.html)。

今後の研究課題としては、ロボットアーム操作に関しては現在、手関節に関して、握る・開く・つまむの3種の動き、肘関節に関して曲げる・伸ばすの2種の動きを同時独立に解読・制御できるが、今後は肩関節の動きも加えて、腕を伸ばして物体を掴み、口元まで持って行く動作の実現など、より解読・制御の実用性を向上させる必要がある。

ワイヤレス埋込装置

侵襲型ＢＭＩでは、長期に電極を頭蓋内に留置し有線で計測を続けると電極のリード線が皮膚を貫通する部位から感染のリスクが高まる。したがって侵襲型ＢＭＩを臨床応用するためには、感染リスク低減のために電極だけでなく、計測装置全体を小型ワイヤレス化して心臓のペースメーカのように体内に埋め込む必要がある。逆にいったん体内に埋め込むといちいち装置の装脱着・調整の必要がなく、いつでもどこでも使えるようになり利便性に優れるという面もある。

出力型ＢＭＩのワイヤレス埋込装置の臨床研究の報告は、唯一ケネディらのグループが報告しているだけであるが、埋込装置は電極数2チャンネルと数が少ない（Guenther et al. 2009）。動物実験やヒトでの有線でのロボットアーム制御では１００チャンネルレベルのシステムを用いていることを考えると、これらの装置はスペック的に十分とは言いにくい面がある。

そこで現在我々は、情報通信研究機構の鈴木グループらと共同で、電極数１００チャンネル以上の臨床用ワイヤレス体内埋込ＢＭＩ装置の実用化を目指して開発を行っており、プロトタイプを試作した（図９－５）（Hirata et al. 2011）。本装置は頭部装置と腹部装置からなる。頭部装置は、3次元高密度両面電極、マルチチャンネル集積化アンプとアンプを収納する人工頭蓋骨兼用頭部

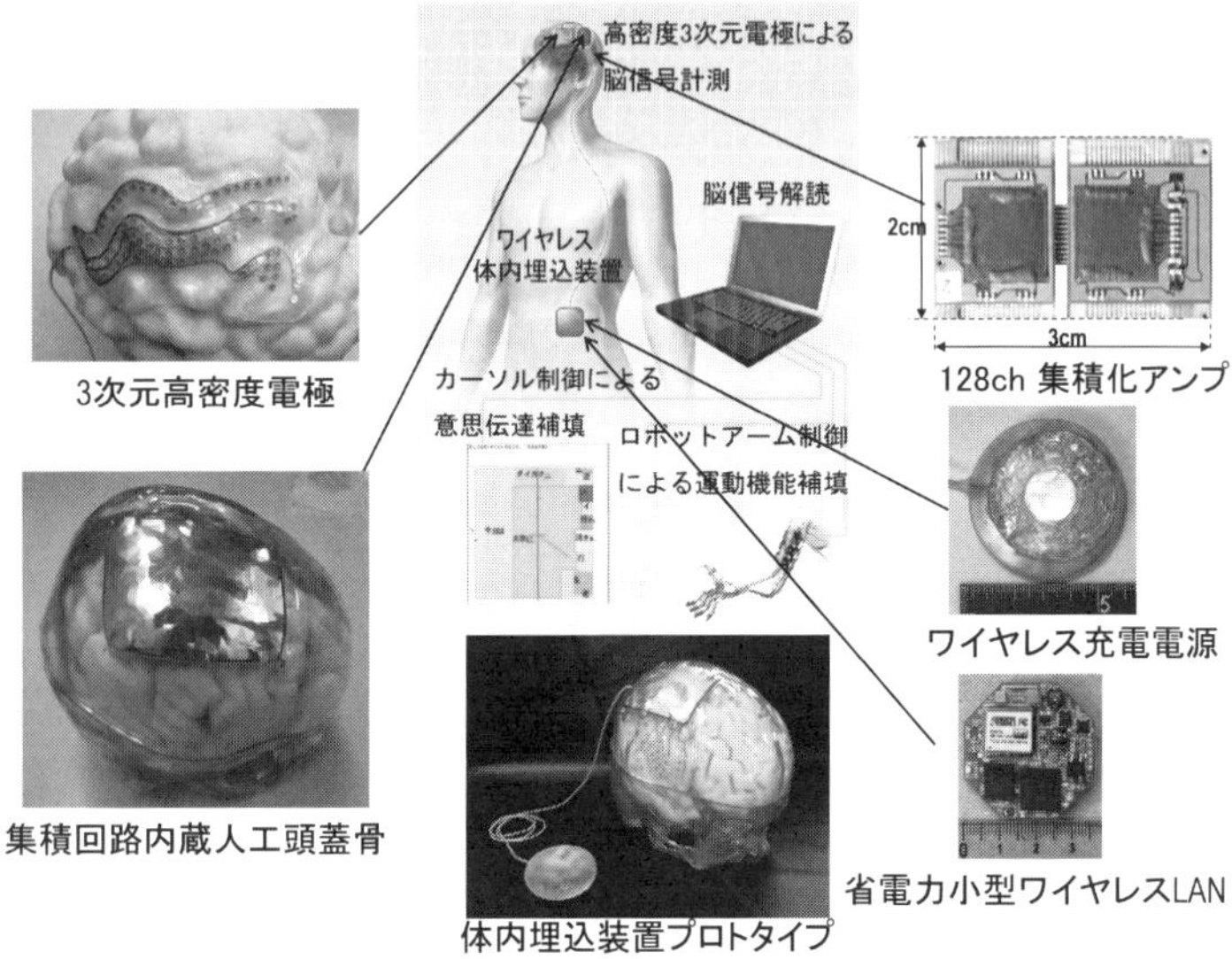

図９－５　臨床用ワイヤレス体内埋込ＢＭＩ装置のプロトタイプ
（カラー口絵参照）

ケーシングからなる。腹部装置は、ワイヤレスデータ通信回路、非接触充電電源とそれらを収納する腹部ケーシングからなる。

３次元高密度両面電極はテーラーメイドにより個々人の脳形状にフィットするものを考案し、国内特許・米国特許を取得した（図９－６）(Morris et al. 2014)。脳表面形状抽出は、Thin slice MRI画像を用いて行い、特に脳溝形状データについては自動脳溝抽出ソフト（Brain VISA, http://brainvisa.info/）を用いた形状抽出を行う。これらの脳形状データから３次元ＣＡＤ（3 matic, Mimics, Materialize Japan, Tokyo）上で電極配置を最適化してシート型の

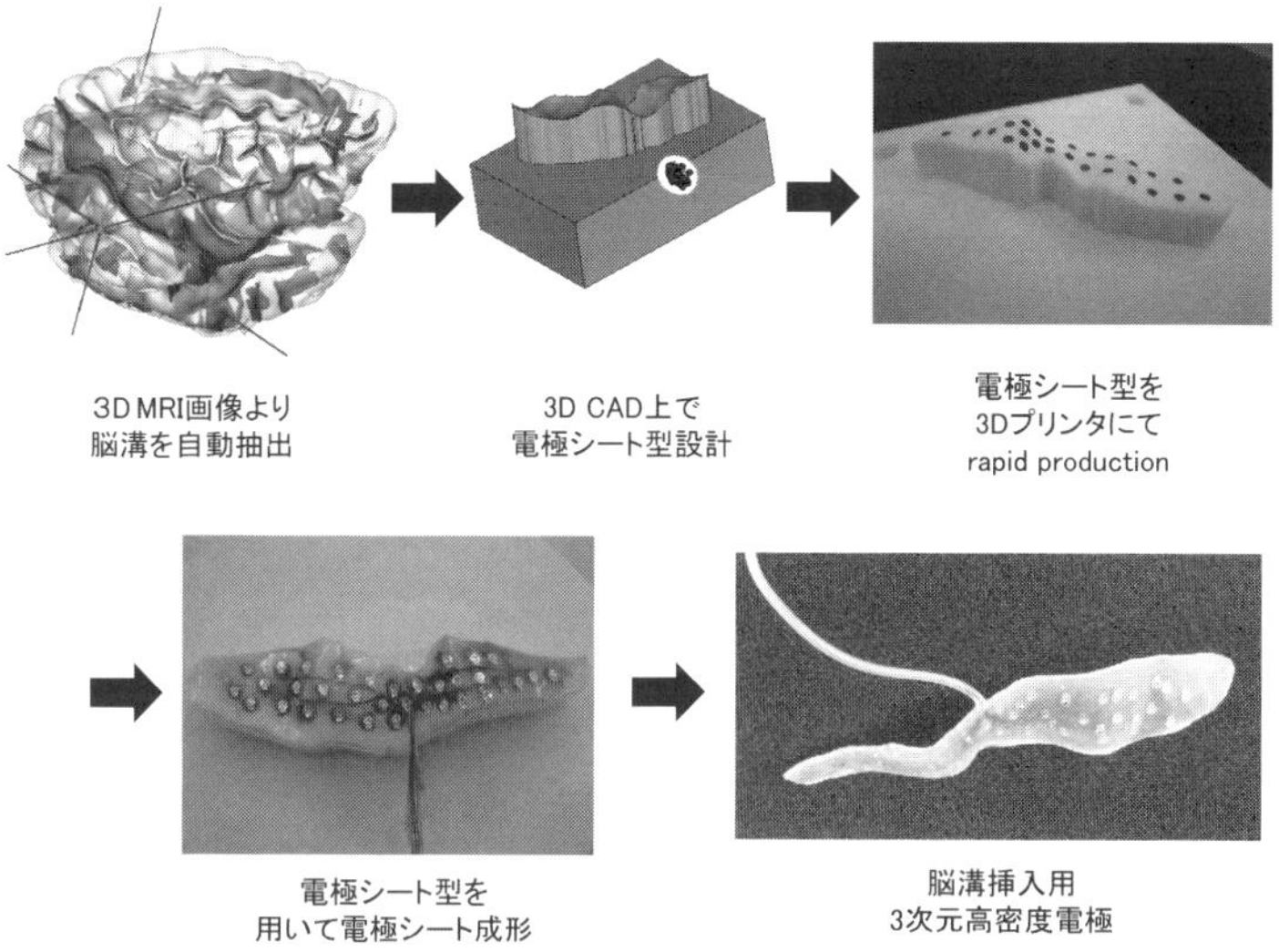
3D MRI画像より
脳溝を自動抽出
3D CAD上で
電極シート型設計
電極シート型を
3Dプリンタにて
rapid production
電極シート型を
用いて電極シート成形
脳溝挿入用
3次元高密度電極

図９－６　３次元高密度両面電極（カラー口絵参照）

設計を行い、3次元プリンタで型を迅速製造する。個々人の脳形状に密着するため、全ての電極から精度の高い皮質脳波が計測でき、脳への圧迫も少ない。電極間距離は最高2・5㎜で従来の電極間隔10㎜に比較して16倍高密度化した。電極は電極径1㎜の白金電極を用いている。極端に小型化すると計測安定性が低下する懸念があるが、同一の電極を用いたサルの実験で1年間にわたり安定して計測できることが示されている（Chao et al. 2010）。脳溝内に挿入する場合には両面に電極を配置できる。

計測した皮質脳波はノイズ混入を防ぐため、すぐに増幅・デジタル化する必要がある。そこで頭部の狭小なスペースに留置できるよう皮質脳波を増幅するアナログアンプを集積化した。1チップあたり64チャンネルを有し、各チャンネルは1kHzでのサンプリングが可能であり、ADコンバーターは12bit、チップサイズは5×5㎜、消費電力は4・9㎽である（Yoshida et al. 2011）。東京大学VDECのCMOS 0.18 um プロセスにて製造した。これを2チップ計128チャンネルとして30×20×2・5㎜大の小型基板上に実装する。この集積化アンプ実装基板は、人工骨兼用頭部ケーシングに収納される。

頭部ケーシングは、集積化アンプを収容し、開頭部の人工頭蓋骨を兼ねるものを考案し、国内・米国特許出願した。Thin slice bone window CT 画像から3次元CAD（3 matic, Mimics. Materialize Japan, Tokyo）上で、開頭範囲、人工頭蓋骨の形状、電子回路のレイアウト設計を行い、3次元CAM（Gibbs CAM, Gibbs and Associates, USA）で切削パスを作成し、切削加工にて製造した。患者CT画像から骨データを抽出して作成し、人工頭蓋骨を兼ねるため埋込による皮膚膨隆がなく、整容学的に優れ、瘻孔形成等のリスクも低い。開頭は頭部ケーシングに合わせて正確に開頭する必要があるため、頭部ケーシングの位置形状データをナビゲーションにあらかじめレジストレーションしておき、ナビゲーションガイド下に開頭を行う。今回切削加工で製造したが、光積層造形により迅速製造することも可能である。

ワイヤレス通信モジュールはWifiプロトコールを採用し1・6 Mbpsの速度で128チャンネル、12ビット、1㎑の皮質脳波データを伝送する（Matsushita et al. 2013）。平均消費電力は80

mWである。非接触充電は４００mWの電力を皮下20mm の距離で充電可能である。

本装置の有用性や安全性を検証するために、サルに埋込可能なサイズにさらに小型化した動物実験用モデルを作成し、１週間の急性埋込実験と６ヶ月間の長期埋込実験を行った。急性埋込実験では皮質脳波が計測でき、サルの上肢運動にともなって生じるhigh γ帯域活動を検出できること、末梢感覚神経電気刺激に対する大脳皮質の反応を検出できること等を確認できた。また６ヶ月間の長期埋込実験では、２台のうち１台は約３ヶ月で皮下ケーブルとケーシングの間からの浸水により故障したが、残り１台は６ヶ月間正常に動作した。６ヶ月後に装置を取り出して調べたところ、留置した電極の周囲に肉眼的にも病理組織学的にも炎症所見をほとんど認めなかった。これは我々の方式が免疫反応の起こりにくい硬膜下に電極を留置するためである。これと対照的に刺入針電極では大脳に微小ながらも傷を加えるため、脳−血液関門が障害されて免疫反応を誘発する結果、電極周囲に慢性組織反応が生じ、半年単位で信号計測性能が低下してしまう（Fernandez et al. 2014）。脳信号が長期間安定して計測できることは臨床応用の点では非常に重要な点であり、我々の硬膜下電極留置法はその点で臨床応用に適していると言える。

今後の研究課題としては、これまでに開発した装置が動物実験レベルの装置であるのに対して、今後は体内埋込医療機器として薬事承認が得られる臨床レベルの仕様を満たした装置の開発が必要であると考えられる。

臨床応用を目指したワイヤレス体内埋込装置の開発に関しては、最近になりフランスから64

チャンネル装置（Mestais et al. 2015）、ドイツから48チャンネル装置が発表されている。米国からも１００チャンネルの埋込装置を動物に長期埋込した報告が発表されており（Borton et al. 2013）、今後の動向が注目される。

ＢＭＩに関するアンケート調査

アンケート調査の方法

ＢＭＩの研究開発においては、真にＢＭＩを患者にとって役に立つ装置にするために、ＢＭＩに対して患者がどんな機能を望んでいるか、すなわちニーズを的確に把握して、それをかなえることが重要である。そこで我々は大阪府下の重症ＡＬＳ患者を対象としてＢＭＩに関するアンケート調査を行った（Kageyama et al. 2014）。実施にあたっては、ＡＬＳ診療を専門とする神経内科医と共同でアンケートを作成し、神経倫理の専門家に内容をチェック・修正していただいた。倫理委員会の承認のもと、大阪難病医療情報センターに登録されている病名告知の済んだ患者77名を、ＡＬＳ診療を専門とする神経内科医がＡＬＳの重症度の観点から選択、アンケート用紙を郵送し、アンケート結果は無記名郵送返送とした。

対象患者77名に関して、重症度の指標であるＡＬＳ FRS（ＡＬＳ機能評価得点）は８～34点で、平均12点、中央値は９点と重症患者がほとんどであることが確認できた。アンケート内容は、身体機能・医療補助・意思疎通の現状、ＢＭＩに対する関心と期待に関して行った。重症患者を対象としたため患者本人が直接回答することが困難な状況が予想されたため、回答者は、患者本人が直接回答する以外に、介護者が患者の回答内容を確認して代筆・代弁する場合、介護者が患者意思を推察して回答する場合も認め、そのいずれで回答したかを確認した。

アンケート調査実施にあたっては、以下の点に留意・工夫した。

①冊子形式の説明文だけでは四肢麻痺の患者にとっては読みにくいと考えられたので、理解しやすい説明ＤＶＤも用意した。
②質問内容はＡＬＳ診療にあたる神経内科医と協議し、未来医療センターや医学部など施設内の倫理委員会と、研究プロジェクトの倫理委員会による審査を受け、承認を得た。
③重症患者の負担にならない簡潔な内容にまとめ、所要時間を約15分に収めた。
④いまだ研究開発段階の技術であるため、過度の期待を抱かせない説明に努めた。
⑤個人情報保護のため、匿名化回答用紙を使用した。

身体機能・医療補助・意思疎通の現状

その結果、37名から有効回答が得られた（回答率48%）。平均年齢は64・3歳、性別は男性21名、女性16名、罹患期間は平均5・4年であった。居住場所は自宅33名に対し、医療機関が4名であった。回答者は、代筆・代弁を含めて患者意思を直接反映したものが62%と半数以上を占め、患者の意思を推察して回答したものが35%であった。

身体機能と医療補助に関しては、会話については、70%が常に意思伝達装置を利用し、歩行については60%近い患者がほとんど足を動かせない状況であった。書字については、約80%がペンも握れず、食事動作でも90%近くがハシもスプーンも使えない状況であった。

嚥下については50%近い患者がまったく嚥下ができず、そのことを反映して4分の3の患者が経管栄養もしくは胃瘻による栄養管理を受けていた。呼吸補助については、約80%の患者が気管切開での人工呼吸をうけており、いずれも重症患者を多く含むことを反映した結果であった。

意思疎通の現状に関しては、意思疎通方法は半数の患者が「伝の心」などの押しボタンや筋電反応を用いた意思伝達補助装置を使用していた。装置の利用者に対するトラブルの経験の有無についての質問には、90%近い患者がトラブルを経験しており、その内容としては「装置の不具合にすぐ対応できない」というものであった。また意思疎通に対するストレスは37名中33名と、ほぼ90％の患者がストレスを感じていた。

ＢＭＩに対する関心と期待

ＢＭＩに対する関心を非侵襲型、侵襲型それぞれについて質問したところ、「とても関心がある」と「まあまあ関心がある」を合わせると、非侵襲型ＢＭＩに対しては54％と半数以上の患者が関心を持っており、侵襲型ＢＭＩに対しても35％と、約１／３の患者が関心を持っていた（図９－７）。

ＢＭＩを用いた意思疎通に期待する機能を質問では、81％の患者が家族や介護者との会話を期待し、会話以外にもメールやインターネットなど多くの機能に対する期待がみられた（図９－８）。

ＢＭＩを用いた家電機器操作に期待する機能の質問に対しては、テレビやベッドのコントロールから緊急アラームなど様々な期待がみられた（図９－９）。手術を必要とす

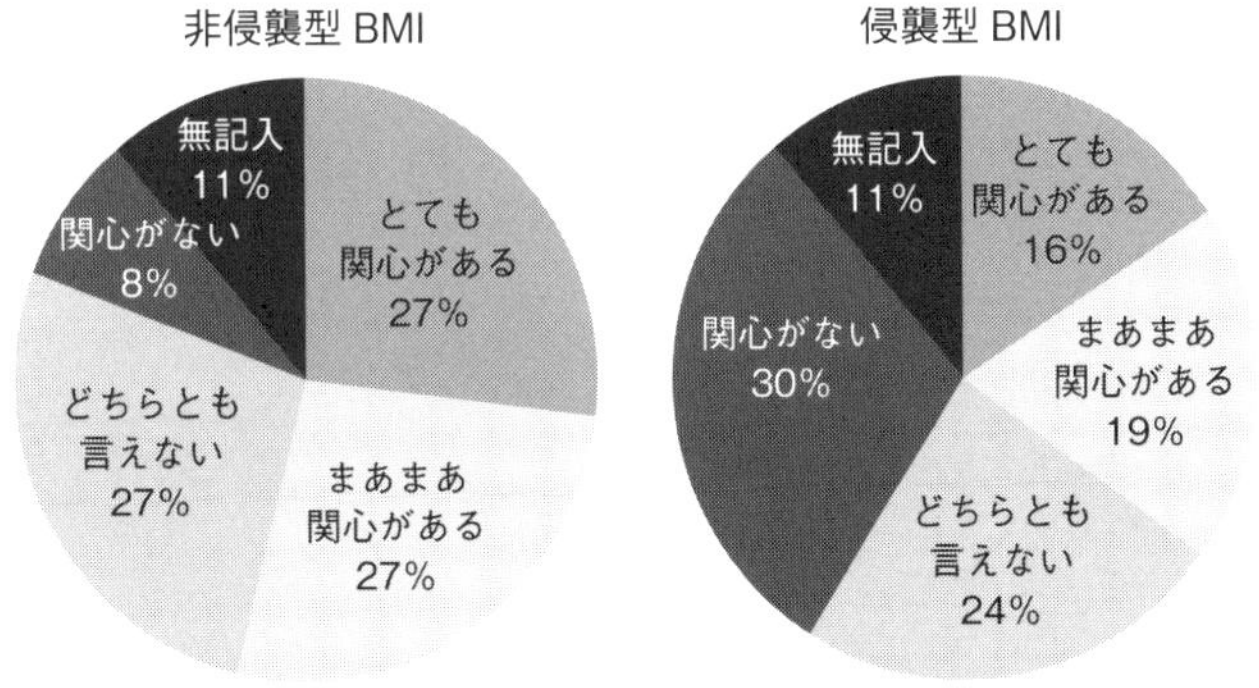

図９－７　ＢＭＩに対する関心

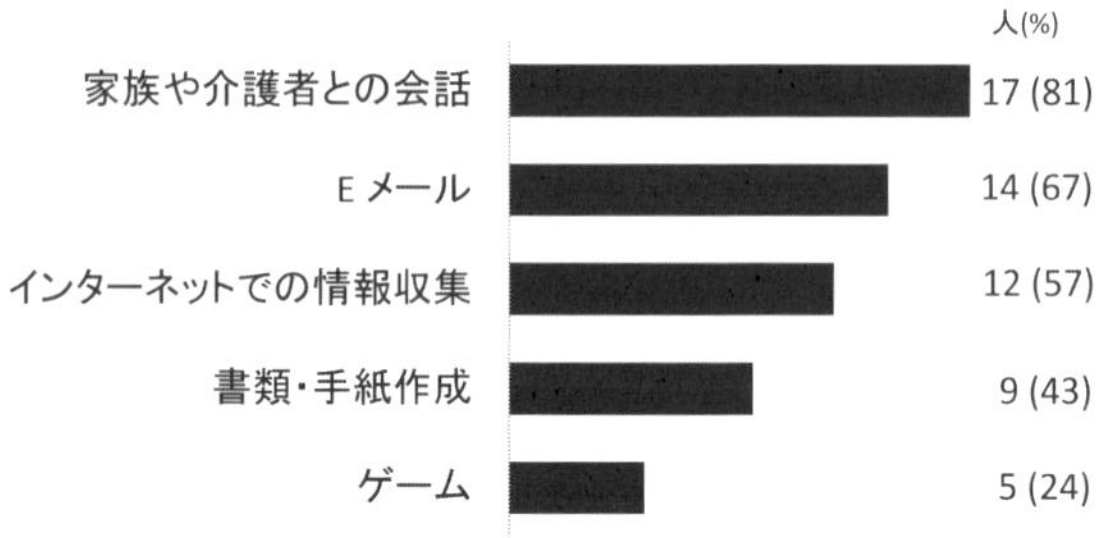

図９－８　ＢＭＩを用いた意思疎通に期待する機能

る侵襲型ＢＭＩを用いたロボットアーム操作に対して期待する機能の質問に対しては、37名中20名（54％）が関心を示し、体位交換、排泄そして移動の介助など、やはり様々なサポートに対して高い期待が認められた（図９－10）。

以上のＢＭＩに対する期待についての質問から、意思疎通に限らず、家電機器操作や侵襲型ＢＭＩを用いたロボットアーム操作など広範囲にわたる多様な期待があることがわかった。

一方、ＢＭＩに対して積極的ではない意見も少数ながらみられた。ＢＭＩに対する不安や関心を持たない理由を自由回答で質問したところ、手術の合併症や副作用に対する心配や、機械のトラブルに対する心配や苦手意識、プライバシーの心配、費用の問題、そして病気自体が治る治療を期待するなどがみられた。

ＡＬＳ患者を対象としたＢＭＩに関するアンケート調査は電話による調査がこれまでに米国から1報あるのみである（Huggins et al. 2011）。この報告では有効回答は63名より得られ、ＡＬＳFRSの中央値は25点と、本研究に比べて軽症患者を多く含む調査といえる。結果は本研究同様、多機能で高性能なＢＭＩが期

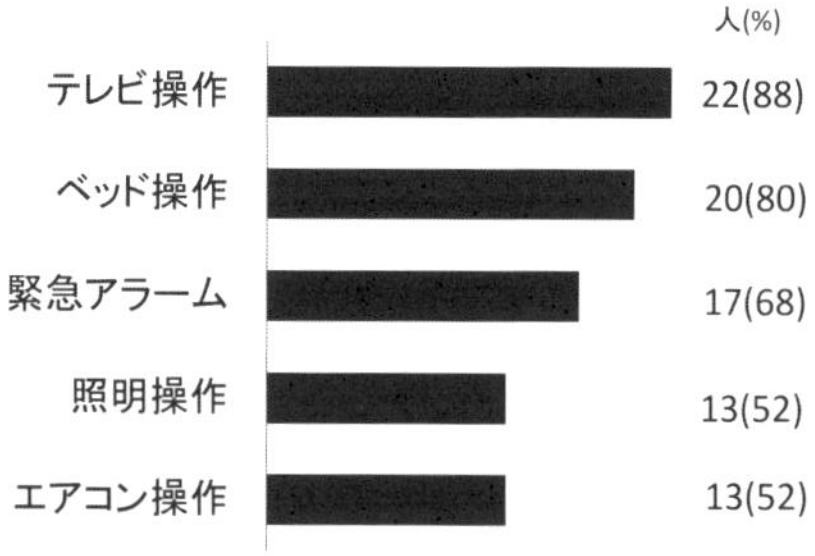

図９－９　ＢＭＩを用いた家電機器操作に期待する機能

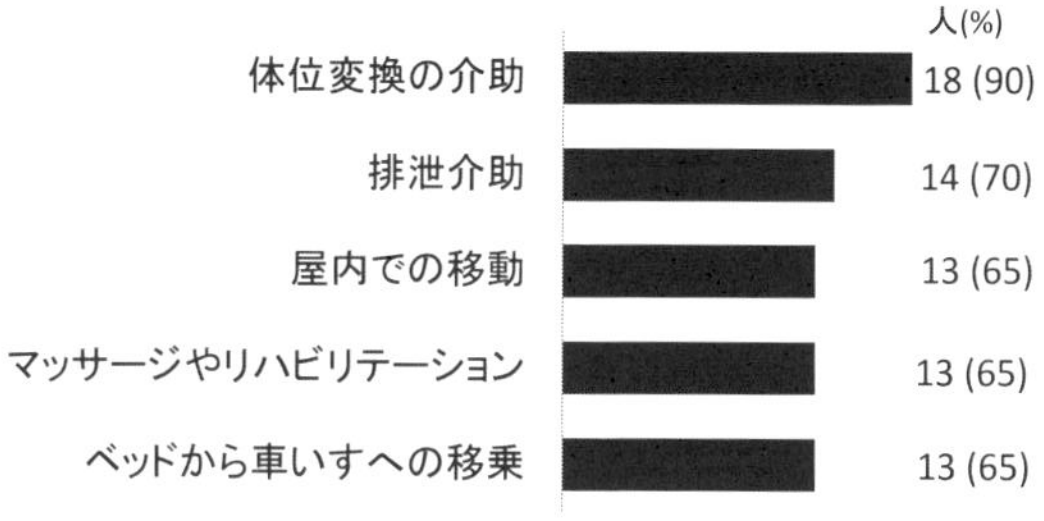

図９－10　侵襲型ＢＭＩを用いたロボットアーム操作に対して期待する機能

待されていた。また侵襲型ＢＭＩに対する関心もみられたが、外来手術や短期入院での埋込手術に限定しており、日本とは異なる医療情勢を反映したものといえる。ＢＭＩによるサポートが最も求められるのは重症患者だと考えられるが、本研究の調査対象は重症患者を多く含むにもかかわらず、48％と比較的高い回答率が得られ、呼吸器装着を多く含む重症ＡＬＳ患者を対象としたアンケート調査は本研究が初めてのものであり、装着率の低い欧米ではできない日本独自の研究といえる。

調査結果からはＢＭＩに対する高い関心と期待があることがわかった。また意思疎通だけではなく、家電操作やロボットアーム操作など幅広い機能が求められていることがわかった。手術を必要とする侵襲型ＢＭＩにおいても半数以上の患者が関心と期待を表しており、現状を何とかしたいという重症患者の切実な要望を反映した結果と言える。

肉体的ＱＯＬと精神的ＱＯＬの解離

本研究は重症ＡＬＳ患者を対象としたＢＭＩに関するアンケート調査という点で独自性のある研究であるが、海外ではＡＬＳを含む閉じ込め症候群患者のＱＯＬに関する報告が散見される。気管切開を受け入れたＡＬＳ患者では呼吸器装着の有無は主観的ＱＯＬに影響せず、閉じ込め状態でも良好な主観的ＱＯＬが保たれているという報告がある（Rousseau et al. 2011）。また、閉じ込め症候群と一般対照群とのあいだで身体機能と精神的健康度合を比較した調査では、閉じ込め症候群では身体機能はほぼゼロであるにもかかわらず、精神的健全さは健常者と大差ないと報告している（Lule et al. 2009）。また閉じ込め症候群に至った直後は肉体的・精神的苦痛が過酷でも、最善の医療は長期的に利益をもたらしうるという報告がある（Bruno et al. 2011）。この報告では対象患者の主観的な幸福度を罹患前の過去と比較した結果、どちらかというと幸福であったころに近いと自己評価する患者が多く、不幸だと感じている場合は罹患期間が短いという特徴があった。すなわち急性期を乗り越えられた閉じ込め症候群患者の主観的なＱＯＬは必ずしも低くないと言える。今回の調査対象の重症ＡＬＳ患者でも平均罹患期間が5年と多くの患者が急性期を脱しており、現状に対して悲観的なだけではなく、生活の質を少しでも良くしようと前向きに考えられる患者が多かったと言える。

こうした重症患者を対象とした研究には限界もある。対象患者はＡＬＳ患者全体のうち、呼吸器装着を選択した患者に偏っており、軽症患者や逆に呼吸器装着を選ばず死に至った多数の重症患者の意見は反映されていないという点である。この点を踏まえて再度注目すべき点は、コミュニケーションや運動に大きな障害を抱え、極めてストレスが高いであろうと思われるにもかかわらず、意外にも精神的ＱＯＬが高いということである。閉じ込め状態になったときのストレスを想像し、介護する家族にかける負担も考えたとき、死を選ばざるを得ないのが現実である。おそらくは、いったん生きることへの絶望を経験した後、それを克己し、高い精神的ＱＯＬを獲得したのではないかと推測される。肉体的ＱＯＬが低いので、精神的ＱＯＬを高めることで生きる意義を見出しているのではなかろうか？　そう考えないと生きていけない、自分に言い聞かせ、みずからを納得させるという面があるのではなかろうか？　国内でも7割、海外では9割以上の患者が呼吸器を装着せずに死を選んでおり、この調査結果は呼吸器装着を選択して極度のストレス下で生きることを選んだ少数の患者の意見なのである。

ＢＭＩで目指すところ

こうした状況を考慮して、ＢＭＩの研究開発で目指すところを患者のＱＯＬの観点から考察してみた（図９－11）。実線が現状を表している。身体機能の低下とともに肉体的ＱＯＬが低下し、病名告知も相まって精神的ＱＯＬは急激に低下すると考えられる。閉じ込め状態のストレスとともに家族の介護負担を悲観する結果、大多数の患者は人工呼吸器装着を断念する。その後、閉じ込め状態への悲観を精神的に克服できた一部の患者だけが精神的なＱＯＬを回復させているのが現状であると考えられる。

我々がＢＭＩにより目標とする状態を点線で示す。ＢＭＩのサポートによって肉体的なＱＯＬ低

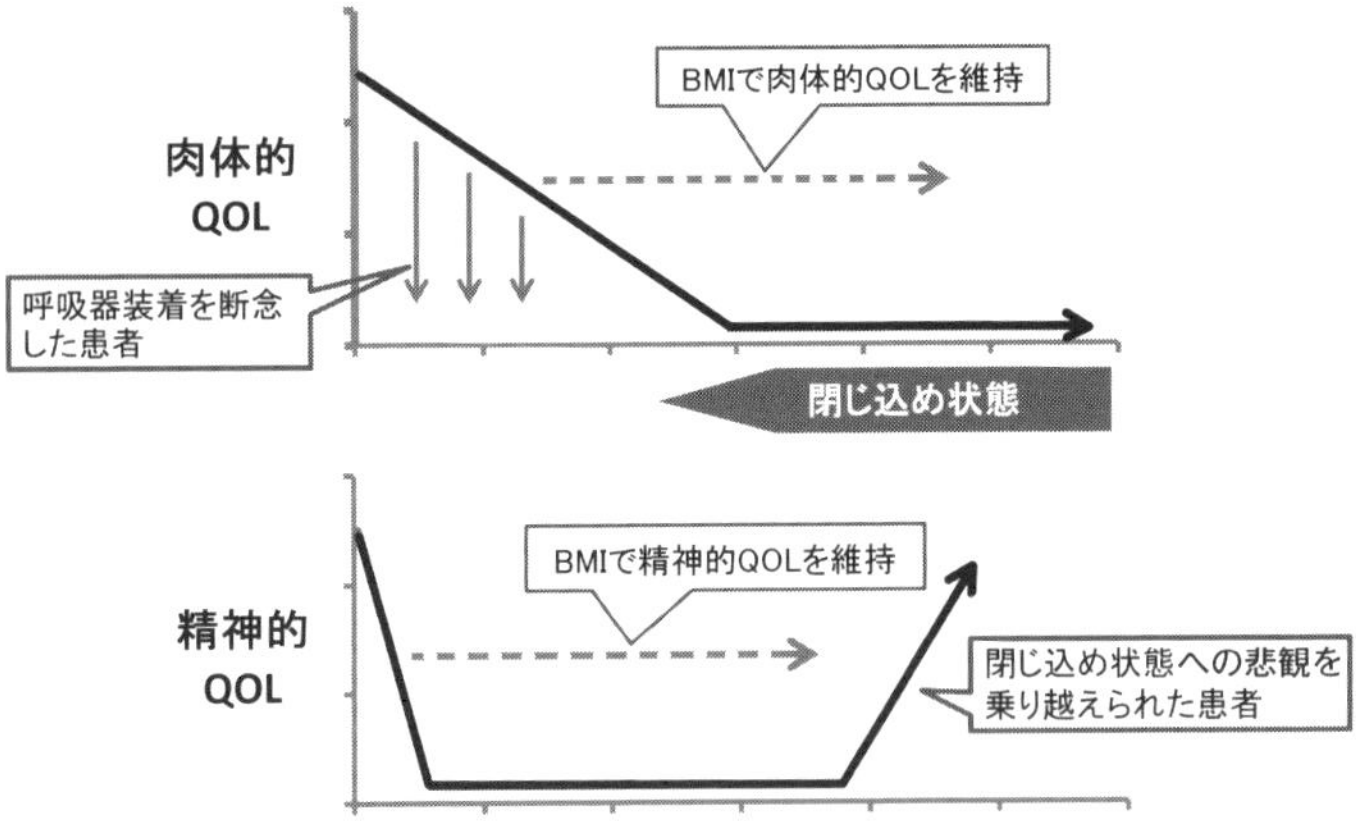

図９－11　ＢＭＩの研究開発で目指すところ

下を軽減させ、また閉じ込め状態の患者の肉体的ＱＯＬも回復させることを目指す。さらにＢＭＩを用いれば肉体的ＱＯＬがもはや絶望的なものではないことを患者に理解してもらうことにより、精神的なＱＯＬの低下も軽減でき、人工呼吸器装着などの積極的治療に前向きになれる状況を作り出す。ＢＭＩにより、ＡＬＳ患者の絶望的な状況を変えることができれば、ＡＬＳを、人工呼吸器を装着せずに死を選ばざるを得ない病気から、人工呼吸器を装着してでも積極的に生きていく希望の持てる病気に変えることができるのではないかと考えている。

おわりに

ＢＭＩはロボット・コンピュータとの共生による障害の克服である。我々はすでにコンピュータ・情報通信技術とはスマホやゲームで共生しているともいえる。ＡＬＳ患者もすでに人工呼吸器や意思伝達装置により、機械・コンピュータと共生している。ＢＭＩを実用化してＡＬＳ患者をはじめとする重症の身体障害者に生きる希望を与え、介護者の負担も軽減できるよう、研究開発を続けたい。

編者紹介

苧阪直行（おさか　なおゆき）

1946年生まれ。1976年京都大学大学院文学研究科博士課程修了、文学博士（京都大学）。京都大学大学院文学研究科教授、文学研究科長・文学部長、日本学術会議会員などを経て現在、京都大学名誉教授、社会脳研究プロジェクト代表、日本ワーキングメモリ学会会長、日本学術会議「脳と意識」分科会委員長、日本学士院会員

主な著訳書

『意識とは何か』（1996、岩波書店）、『心と脳の科学』（1998、岩波書店）、『脳とワーキングメモリ』（2000、編著、京都大学学術出版会）、『意識の科学は可能か』（2002、編著、新曜社）、*Cognitive Neuroscience of Working Memory*（2007、編著、オックスフォード大学出版局）、『ワーキングメモリの脳内表現』（2008、編著、京都大学学術出版会）、『笑い脳』（2010、岩波書店）、『脳イメージング』（2010、編著、培風館）、『オーバーフローする脳』（2011、訳、新曜社）、『社会脳科学の展望』（2012、編、新曜社）、『道徳の神経哲学』（2012、編、新曜社）、『注意をコントロールする脳』（2013、編、新曜社）、『美しさと共感を生む脳』（2013、編、新曜社）、『報酬を期待する脳』（2014、編、新曜社）、『自己を知る脳、他者を理解する脳』（2014、編、新曜社）、『小説を愉しむ脳』（2014、編、新曜社）、『成長し衰退する脳』（2015、編、新曜社）

社会脳シリーズ9

ロボットと共生する社会脳

神経社会ロボット学

初版第1刷発行　2015年12月3日

編著者　苧阪直行

発行者　塩浦　暲

発行所　株式会社　新曜社

101-0051　東京都千代田区神田神保町3－9

電話（03)3264－4973（代）・FAX（03)3239－2958

e-mail : info@shin-yo-sha.co.jp

URL : http://www.shin-yo-sha.co.jp

組　版　Katzen House

印　刷　新日本印刷

製　本　イマヰ製本所

ISBN978-4-7885-1456-0 C1040

執筆者紹介（執筆順）

芋阪直行（おさか　なおゆき）【1章】
京都大学名誉教授　1976年京都大学大学院文学研究科博士課程（心理学専攻）修了　文学博士。専門は意識の認知神経科学

坊農真弓（ぼうのう まゆみ）【2章（共著）】
国立情報学研究所准教授　2005年神戸大学大学院総合人間科学研究科博士課程（コミュニケーション科学専攻）修了　博士（学術）。専門は人と人の相互行為研究

石黒　浩（いしぐろ　ひろし）【2章（共著）】
大阪大学基礎工学研究科教授（特別教授）、ATR石黒浩特別研究所客員所長（ATRフェロー）　1991年大阪大学大学院基礎工学研究科博士課程（物理系専攻）修了　工学博士。専門は知能情報学

浅田稔（あさだ　みのる）【3章】
大阪大学教授　1982年大阪大学大学院基礎工学研究科博士後期課程（物理系専攻）修了　工学博士。専門は認知発達ロボティクス

神田崇行（かんだ　たかゆき）【4章】
国際電気通信基礎技術研究所（ATR）室長　2003年京都大学大学院情報学研究科博士課程（社会情報学専攻）修了　博士（情報学）。専門はヒューマンロボットインタラクション

西尾修一（にしお　しゅういち）【5章, 6章】
国際電気通信基礎技術研究所（ATR）主幹研究員　2010年大阪大学大学院工学研究科博士後期課程（知能・機能創成工学専攻）修了　博士（工学）。専門はアンドロイドサイエンス

長井志江（ながい ゆきえ）【7章】
大阪大学特任准教授　2004年大阪大学大学院工学研究科博士課程（知能・機能創成工学専攻）単位取得退学　博士（工学）。専門は認知発達ロボティクス

吉川雄一郎（よしかわ　ゆういちろう）【8章】
大阪大学准教授　2005年大阪大学大学院工学研究科博士課程（知能・機能創成工学専攻）修了　博士（工学）。専門は知能ロボット学

平田雅之　（ひらた　まさゆき）【9章】
大阪大学特任准教授　2001年大阪大学大学院医学系研究科博士課程（脳神経外科学専攻）修了　医学博士。専門は機能的脳神経外科学

社会脳シリーズ１～９巻総人名索引

①～⑨は巻数を示す。

―― ア行 ――

アイゼンベルガー（Eisenberger, N. I.） ⑥ 138
アイマー（Eimer, M.） ② 47
アイリッシュ（Irish, M.） ⑧ 293
アインシュタイン（Einstein, G. O.） ① 20
アーウィン（Erwin, F. R.） ② 160, 174, 182
アウグスチヌス（Augustinus） ③ 2
浅田稔 ② 126, ⑨ 32, 46, 80, 81
アジム（Azim, E.） ② 149
アシモフ（Asimov, I.） ② 115, ⑨ ix
アーソン（Ehrsson, H. H.） ⑥ 48, 86, 91
アチュリー（Atchley, P.） ③ 163, 170
アッツィ（Azzi, J. C.） ⑤ 70
アッピア（Appiah, A.） ② 49
アディス（Addis, D. R.） ① 15
アトキンソン（Atkinson, R. C.） ③ 50
アブラー（Abler, B.） ⑥ 210
阿部修士 ⑥ 218
アムステルダム（Amsterdam, B.） ⑧ 109
アリストテレス（Aristoteles） ② 4, ④ x
アルンハイム（Arnheim, R.） ④ xii, 84
アレクサンダー（Alexander, G. E.） ① 166
アレサンドリー（Alessandri, S. M.） ⑥ 143
アロン（Aron, A. R.） ⑤ 81, ⑧ 210, ⑨ 165
アンダーソン（Anderson, C. A.） ⑥ 206
アンダーソン（Anderson, D. E.） ③ 78
アンダーソン（Anderson, J. R.） ④ 122
アンドリュース（Andrews, M. W.） ⑤ 66, 67

石黒浩 ⑨ 29, 30, 46
石津智大 ⑤ 80, 81
石原孝二 ② 123
出馬圭世 ⑥ 158
礒部太一 ② 128
伊吹友秀 ② 97
岩田誠 ⑦ 54
イワノフ（Ivanoff, J.） ③ 200
イングバル（Ingvar, M.） ⑧ 39
インドヴィナ（Indovina, I.） ③ 142

ウー（Wu, S.） ① 88
ヴァルタニアン（Vartanian, O.） ④ 17, 18, 44, 67, 71
ヴァレンスタイン（Valenstein, E. S.） ② 172
ヴァン・エルク（van Elk, M.） ⑧ 139
ヴァンダーワル（Vanderwal, T.） ⑥ 99
ヴィスツェッキー（Wyszecki, G.） ④ 67, 68
ウィートレイ（Wheatley, T. P.） ⑥ 55
ウィマー（Wimmer, H.） ⑧ 4
ウィリアムズ（Williams, R. F.） ② 153
ウィルコウスキー（Wilkowski, B. M.） ⑥ 206
ウィルソン（Wilson, D.） ⑧ 43
ウィルソン（Wilson, T.） ② 34, 48
ウェグナー（Wegner, D. M.） ② 48, ⑥ 55
植原亮 ② 97, 127, 128
上村松園 ④ 91
ヴェルフリン（Wolfflin, H.） ④ xii, xviii
ウェルマン（Wellman, H. M.） ⑧ 6, 20
ヴェンター（Venter, J. C.） ② 63

ヴォグレー（Vogeley, K.） ⑧ 23
ウォッシュバーン（Washburn, D. A.） ⑤ 66
ヴォルコウ（Volkow, N.） ② 50
ヴォルツ（Volz, K. G.） ⑥ 113
ウォルフ（Wolfe, J. M.） ③ 37, 39
ウォルフェンデン（Wolfenden, J.） ② 185
ウッドマン（Woodman, G. F.） ③ 56, 171
ウッドワード（Woodward, A. L.） ⑧ 11, 13
ウディン（Uddin, L. Q.） ⑥ 146, 147, 163, 164
ウドラフ（Woodruff, G.） ⑧ 2
運慶 ④ 85

エクスナー（Exner, S.） ⑦ 47
エクマン（Ekman, P.） ① 67, ⑧ 104
エグリィ（Egly, R.） ③ 28
エステス（Estes, D.） ⑧ 6
エングル（Engle, R. W.） ③ 57, 109
エンズ（Enns, J. T.） ③ 157, 169

オウ（Awh, E.） ③ 55, 77, 78
オーウェン（Owen, A. M.） ⑧ 37
大隅尚広 ⑥ 133
オオニシ（Onishi, K. H.） ⑧ 11
大平英樹 ⑥ 170
岡田美智男 ⑨ 74
小川誠二 ① 42
オクレイブン（O'Craven, K. M.） ③ 58
苧阪直行 ② 145, ③ 18, 53, 72, 94, 120, 131, 149, 165, 216, ④ 32, 35, 44, 45, 55, 67, 92, ⑥ 77, 170, ⑧ 48, ⑨ 29, 43
オドハティー（O'Doherty, J.） ④ 120
オフィア（Ophir, E.） ③ 89
小山佳 ⑤ xxii
オールズ（Olds, J.） ② 164, ⑤ xiv, 116

―――― カ行 ――――

快慶 ④ 85
カイサー（Keysar, B.） ① 88
カヴァナ（Cavanna, A. E.） ① 174
柿崎祐一 ⑥ 188
ガザニガ（Gazzaniga, M. S.） ② 72
ガザレイ（Gazzaley, A.） ① 177, ③ 113
カステリ（Castelli, F.） ⑥ 161, ⑧ 24
カストナー（Kastner, S.） ③ 60
ガスナード（Gusnard, D. A.） ⑧ 39
カズンス（Cousins, S. D.） ⑥ 105
葛飾北斎 ④ 32, 75
カッシーラー（Cassirer, E.） ⑦ 142
ガットマン（Gutman, D.） ③ 100
門脇俊介 ② 51
カーネマン（Kahneman, D.） ⑤ 10
鹿野理子 ⑥ 31
カバナー（Cavanagh, P.） ③ 170
カハン（Kahan, D. M.） ② 195, 214, 216
カハン（Kahan, T. A.） ③ 169
カーペンター（Carpenter, M.） ⑧ 10, ⑨ 226, 230
カーペンター（Carpenter, P. A.） ③ 53, 216, ⑦ 108
鎌田恭輔 ⑦ 74
カルダー（Calder, A.） ④ 6
カルバリョ（Carvalho, G. B.） ⑨ 98
川越礼子 ⑤ 94
河地庸介（Kawachi, Y.） ④ 37, 44
川人光男 ② 114, 115, 127, 159
川畑秀明（Kawabata, H.） ④ 43, 45, 67, 72, 120, 133
カンウィッシャー（Kanwisher, N.） ④ 33, 93, 95
カンスタブル（Constable, J.） ④ 24
神田崇行 ⑨ 33
カント（Kant, I.） ② 4, ④ x, 7, ⑥ 91

北洋輔（Kita, Y.） ⑧ 116, 143
北山忍（Kitayama, S.） ① 88, 90
キーナン（Keenan, J. P.） ⑥ 172, 179
木原健 ③ 190, 196
キム（Kim, C. Y.） ④ 33
キム（Kim, H.） ⑤ xx, 78
キャノン（Cannon, W. B.） ② 161, 170
ギャラガー（Gallagher, H. L.） ⑧ 23, 25
ギャラガー（Gallagher, S.） ⑥ xiv, 42, 118
ギャロップ（Gallup, G. G.） ⑥ 140, ⑧ 109
行場次朗（Gyoba, J.） ④ 40
キルク（Kirk, U.） ④ 46

クイン（Quinn, P. C.） ⑧ 85
グッドヒュー（Goodhew, S. C.） ③ 173
國吉康夫（Kuniyoshi, Y.） ⑨ 99
クーニング（Kooning, W.） ④ 10, 12
クノッホ（Knoch, D.） ⑤ 15
クーパー（Cooper, A. C.） ③ 190
クライトン（Crichton, M.） ② 179
クライン（Klein, N.） ② 181
クライン（Klein, R.） ③ 39
クラウス（Klaus, M. H.） ⑧ 148
クラウゼン（Clausen, J.） ② 128
クラーク（Clark, A.） ② 128
クランチオク（Kranczioch, C.） ③ 203
グラント（Grant, S.） ② 42
クーリー（Cooley, C. H.） ⑨ 189
グリガ（Gliga, T.） ⑧ 81
栗山貴嗣（Kuriyama, T.） ⑨ 101
クリューバー（Kluber, H.） ② 171
グリーン（Greene, J. D.） ① 54, ② 5, 6, 9, 11, 13, 18, ⑧ 40
クリングバーグ（Klingberg, T.） ③ 111
クール（Coull, J. T.） ③ 192
クールソン（Coulson, S.） ② 153
クルッチ（Kourtzi, Z.） ④ 33, 93, 95
グレイ（Gray, C. M.） ③ 42
クレイク（Craik, F. M. I.） ⑥ 97, 98
クレイグ（Craig, A. D.） ⑥ 156, 163
グレゴリー（Gregory, R.） ④ xii
グレンジャー（Grainger, J.） ⑦ 38
グロス（Gross, J.） ③ 202
黒田源次 ④ 76
軍司敦子（Gunji, A.） ⑧ 142

ゲイラード（Gaillard, R.） ⑦ 56
ケーニヒ（Koenigs, M.） ② 8, 11, 15
ケネル（Kennell, J. K.） ⑧ 148
ケラー（Keller, T. A.） ⑦ 75
ゲラトリー（Gellatly, A.） ③ 169, 177
ケリー（Kelley, W. M.） ⑥ 96-98
ケリー（Kelly D. J.） ⑧ 86
ゲルゲイ（Gergely, G.） ⑧ 12
ケーン（Kane, M. J.） ③ 109

コイヴィスト（Koivisto, M.） ③ 170
河野哲也 ② 128
ゴエル（Goel, V.） ② 143, 150, ④ 44, 67, 71, ⑧ 23
コーエン（Cohen, L.） ⑦ 38, 67, 68
ゴーギャン（Gauguin, P.） ④ 80
小坂浩隆 ⑥ 163
越野英哉 ③ 18, 64
ゴッホ（Gogh, V. v.） ④ 80
ゴーティエ（Gauthier, I.） ⑧ 138
コーティーン（Corteen, R. S.） ③ 98
小林登 ⑧ 148
小林恵（Kobayashi, M.） ⑧ 94
コフカ（Koffka, K.） ④ xiii
ゴフマン（Goffman, E.） ⑨ 74
子安増生 ⑥ 170
ゴールドマン・ラキック（Goldman-Rakcic,

P. S.）⑧ 195
コルベッタ（Corbetta, M.）③ 128, 191, 196
コローバー（Chorover, S. L.）② 178
小渡（Kowatari, Y.）④ 38
コーワン（Cowan, N.）③ 55
コーン（Kohn, N.）② 150
コンウェイ（Conway, A. R.）③ 109
ゴンサレス－リエンクレス（Gonzalez-Liencres, C.）⑨ 81
近藤滋 ② 58
ゴンブリッチ（Gombrich, E. H. J.）④ xii, 2

―――― サ行 ――――

サヴァレスキュ（Savulescu, J.）② 97
酒井邦嘉 ⑦ 75
坂上雅道 ⑤ xxi
佐久間鼎 ⑦ 142
佐倉統 ② 53, 115, 127
櫻井靖久 ⑦ 54, 73
櫻井芳雄 ② 126
サージェント（Sergent, C.）③ 200
サスキンド（Susskind, J. M.）② 216
サットン（Sutton, R. S.）⑤ 115
ザトーレ（Zatorre, R. J.）④ 20
佐野圭司 ② 174
サマネツ－ラーキン（Samanez-Larkin, G. R.）⑤ 12
鮫島和行 ⑤ 94
サリンプア（Salimpoor, V. N.）⑤ 79, 81
ザン（Zhang, W.）③ 78
サングリゴーリ（Sangrigoli, S.）⑧ 86
サンデル（Sandel, M. J.）② 83, 87, 89, 97
サンフェイ（Sanfey, A. G.）⑤ xvi, 16

ジアスキ（Giaschi, D. E.）③ 177
シェイ（Hsieh, S.）⑧ 294
ジェーコブセン（Jacobsen, T.）④ 19, 39
―― 41, 65
ジェームズ（James, W.）② 160, ③ 13, 50, 96, ④ x
シェームバウム（Shoenbaum, G.）⑤ 134
ジゼット（Zysset, S.）⑧ 40
設楽宗孝 ⑤ 130
シップ（Sip, K. E.）① 57
シーニア（Senior, C.）④ 33, 93
シニガリア（Sinigaglia, C.）① 78
四ノ宮成祥 ② 64
柴田和久（Shibata, K.）⑨ 203
シフネオス（Sifneos, P. E.）⑥ xiii, 5, 6, 35
シフリン（Shiffrin, R. M.）③ 50
嶋田総太郎 ⑥ 43, 46, 51, 55, 58, 61, 64, 68
清水義則 ② 58
シミョン（Simion, F.）⑧ 72, 79, 85
下條信輔 ② 49, ⑤ xx, 96-98, ⑦ 39
シモンズ（Simons, D. J.）③ 135, 207
シャー（Shah, P.）③ 217
ジャ（Jha, A. P.）③ 112
ジャクソン（Jackson, P. L.）① 102
ジャスト（Just, M. A.）③ 53
ジャッド（Judd, D. B.）④ 67, 68
シャロット（Sharot, T.）① 16
シャミ（Shammi, P.）② 152
シャライス（Shallice, T.）③ 52
ジャレット（Jarrett, N.）⑨ 232
ジャン（Jiang, Y.）③ 167
ジュウ（Zhu, Y.）⑥ 105
ジュネ（Genet, J.）② 179
シュミッツ（Schmitz, T. W.）⑥ 99, 103
シュルツ（Schultz, R. T.）⑧ 24
シュルツ（Schultz, W.）④ 122, ⑤ xix, 5, 67, 88, 89, 122
シュルマン（Shulman, G. L.）③ 128, 196

シュロス（Schloss, K. B.） ④ 68
シュワルツ（Schwartz, A. B.） ⑨ 287, 288
シュワルツ（Schwartz, G. E.） ⑥ 31, 33
ショア（Schore, A. N.） ⑧ 155, 194
ジョアシン（Joassin, F.） ⑧ 103
聖徳太子 ③ 18
ジョニディス（Jonides, J.）27
ジョンソン（Johnson, M. H.） ⑧ 224
シルヴァーマン（Silverman, G. H.） ③ 37
シルヴァント（Silvanto, J.） ③ 170
シンガー（Singer, W.） ③ 42
ジンメル（Simmel, G.） ⑨ 30
ジンメル（Simmel, M.） ⑥ 190, 191, 194, 195, 197, 198, ⑧ 24

スー（Xu, J.） ⑦ 78
スー（Xu, Y.） ③ 85
スウ（Hsu, M.） ⑤ 13
杉浦元亮 ⑥ 81, 145
杉田陽一 ⑥ 66
スクランディス（Skrandies, W.） ④ 36
鈴木美穂（Suzuki, M.） ④ 36, 37
スタス（Stuss, D. T.） ② 152
ストラザーン（Strathearn, L.） ④ 120
ストリアーノ（Striano, T.） ⑨ 221
ストリック（Strick, P. L.） ⑧ 37
スパーリング（Sperling, G.） ③ 91
スピッツ（Spitz, R. A.） ⑧ 188
スペリー（Sperry, R. W.） ⑨ 93
スペルバー（Sperber, D.） ⑧ 43
スペンス（Spence, S. A.） ① 42
スマル（Small, G. W.） ⑦ 81
スミス（Smith, V.） ⑤ 28
スモール（Small, D. M.） ④ 119
スライト（Sligte, I. G.） ③ 90
スレーター（Slater, A. M.） ⑧ 84
スン（Soon, C.） ② 32, 47

セヴェレンズ（Severens, E.） ② 153
ゼキ（Zeki, S.） ④ xii, 2, 5, 23, 43, 45, 49, 67, 72, 120, 133, ⑤ 80, 81
セザンヌ（Cezanne, P.） ④ 2, 24
セラ－コンデ（Cela-Conde, C. J.） ④ 17, 18, 21, 22, 45
セラル（Sellal, F.） ① 53
セロ（Cello, J.） ② 63

ソクラテス（Socrates） ⑥ 2, 183
ソシュール（Saussure, F. de） ⑦ 144
ゾディアン（Sodian, B.） ⑧ 12
ソーデン（Sowden, P. T.） ⑥ 83
ソト（Soto, D.） ③ 56
ソーマ（Soma, Y.） ⑦ 33
ソーマー（Thoermer, C.） ⑧ 12
ソルソ（Solso, R.） ④ xii
宋（Sung, Y-S.） ④ 34
孫子 ⑥ 2
ソンビィ－ボルグストロム（Sonnby-Borgstrom, M.） ⑨ 92

タ行

タウト（Taut, B.） ④ 86
ダウニング（Downing, P. E.） ③ 56
ターク（Turk, D. J.） ⑥ 147
タタ（Tata, M.） ③ 177
ダックス（Dux, P. E.） ③ 163
ダットン（Dutton, D. G.） ⑨ 165
ターナー（Turner, J. M. W.） ④ 81, 85
田中真理 ⑧ 130
ダプラッティ（Daprati, E.） ⑥ 50
ダプレット（Dapretto, M.） ⑥ 162
ダマシオ（Damasio, A. R.） ② 4, 12, 17, 90, ④ 23, ⑤ 110, ⑥ 108, ⑨ 98
ダラード（Dollard, J.） ⑥ 205

ダリ（Dali, S.） ④ 12
タルヴィング（Tulving, E.） ⑧ 41
ダルゲンボー（D'Argembeau, A.） ① 16
ダン（Dunn, D.） ③ 98
ダンカン（Duncan, J.） ③ 40, ⑧ 37
ダンバー (Dunbar, R.) ⑨ 20
タンペイ（Tumpey, T. M.） ② 63

チェーピン（Chapin, J. K.） ② 126
チェン（Chen, A. C.） ⑥ 133
チェン（Chen, Z.） ③ 173
千葉胤成 ④ 91
チャオ（Chiao, J. Y.） ① 94, 95, 97, 102, 104
チャクラバルティ（Chakravarthi, R.） ③ 170
チャーチランド（Churchland, P. S.） ② 49, 97
チャップマン（Chapman, H. A.） ② 206
チャブリス（Chabris, C. F.） ③ 135
チャルマース（Chalmers, D. J.） ④ xiv
チャン（Chun, M. M.） ③ 85, 167
チャンギジ（Changizi, M.） ⑦ 39
チュー（Zhu, Y.） ① 99
チョムスキー（Chomsky, A. N.） ⑦ 144
チョン（Zhong, C.） ② 203

ツァキリス（Tsakiris, M.） ⑥ 50, ⑨ 178
ツェルレッティ（Cerletti, U.） ② 165

デイヴィドソン（Davidson, D.） ② 97
ディグナーガ（Digna-ga） ⑨ 4
ティッパー（Tipper, S. P.） ③ 100
ディ・ディイオ（Di Dio, C.） ④ 41, 42
ディーナー（Deaner, R. O.） ⑤ xvii, 83
ディマルチーノ（Di Martino, A.） ⑥ 162, 163
ディ・ロロ（Di Lollo, V.） ③ 156, 157
デーヴィッド（David, A.） ④ 93
テーヴス（Theeuwes, J.） ③ 40
デヴリン（Devlin, P.） ② 185, 190, 195, 201, 215
デカルト（Descartes, R.） ⑥ ix, 183, ⑨viii
デジェリン（デジェリーヌ, Dejerine, J.） ⑦ xiii, 30, 55
デショーネン（de Schonen, S.） ⑧ 86
デネット（Dennett, D. C.） ② 97, 128, ③ 206, ⑥ 77, ⑨ 9
デーネマン（Daneman, M.） ③ 216, ⑦ 108
デハーネ（Dehaene, S.） ⑦ xiv, 4, 38, 58, 139
デハン（de Haan M.） ⑧ 90
デブリン（Devlin, J. T.） ⑦ 58
デュシャン（Duchamp, M.） ④ 5, 33
デラ・サラ（Della Sala, S.） ③ 218
デルガド（Delgado, M. R.） ② 177, 181, ⑤ 12
デロング（DeLong, M. R.） ① 166

土居裕和（Doi, H.） ⑧ 79
ドゥ（Daw, N. D.） ⑤ 101
トヴァスキー（Tversky, A.） ⑤ 10
ドゥ・ヴァール（de Waal, F. B.） ⑨ 89, 91, 94
トゥシェ（Tusche, A.） ⑤ xi, 25
トゥラティ（Turati, C.） ⑧ 77, 83, 84
ドガ（Degas, E.） ④ 80
ド・ケルバン（de Quervain, D. J. G.） ⑤ 16
戸田総一郎 ② 128
トッド（Todd, J. J.） ③ 85, 136
ドナヒュー（Donoghue, J. P.） ② 102
ド・フォッカール（de Fockert, J.） ③ 105
ドブキンス（Dobkins, K. R.） ⑧ 77

トマセロ（Tomasello, M.） ⑨ 103
トム（Tom, S. M.） ⑤ 12
ドライバ（Driver, J.） ③ 96
ドーラン（Dolan, R. J.） ② 143, 150
トリンブル（Trimble, M. R.） ① 174
ドルコス（Dolcos, F.） ③ 112
トレイスマン（Treisman, A.） ③ 34, 99, 170, 173
トレベナ（Trevena, J.） ② 47

ナ行

ナイサー（Neisser, U.） ⑧ 128, ⑨ 32, 87
長井志江（Nagai, Y.） ⑨ 100, 101
中尾敬 ⑥ 125, 130, 133
仲渡江美 ⑧ 93
ナカヤマ（Nakayama, K.） ③ 37
ナッシュ（Nash, J. F.） ① 111
ナットソン（Knutson, B.） ⑤ xi, 23
夏目漱石 ⑥ 183
楢林博太郎 ② 173
難波精一郎 ③ 3

ニコレリス（Nicolelis, M. A. L.） ② 126
西田幾多郎 ④ x, xviii, ⑥ xi, xii, ⑨ 4, 38
ニスベット（Nisbett, R.） ② 34, 48

ヌスバウム（Nussbaum, M. C.） ② 195, 213, 216

ノーソフ（Northoff, G.） ① 92, ⑥ 97
信原幸弘 ② 47, 128
ノーマン（Norman, D. A.） ③ 52
野元謙作 ⑤ xix
野矢茂樹 ② 51

ハ行

バー（Bar, M.） ④ 45
ハイダー（Heider, F.） ⑥ 190, 191, 194, 195, 197, 198, ⑧ 24, ⑨ 30, 248
ハイト（Haidt, J.） ② 21
パヴァン（Pavan, A.） ④ 95, 98
ハーヴィスト（Haavisto, M-L.） ③ 218
バウマイスター（Baumeister, A. A.） ② 182
バウムガートナー（Baumgartner, T.） ① 56
バウムガルテン（Baumgarten, A. G.） ④ x
ハガード（Haggard, P.） ② 47
パーク（Park, S.） ③ 117
ハクスビー（Haxby, J. V.） ① 65, ⑦ 57
バークレイ（Berkeley, G.） ⑦ 146
バーコウィッツ（Berkowitz, L.） ⑥ 205
ハサビス（Hassabis, D.） ① 18
バス（Buss, D. M.） ① 141
パスカリス（Pascalis, O.） ⑧ 87
バターワース（Butterworth, G.） ⑨ 232
バックナー（Buckner, R. L.） ① 174, 179, ③ 64
ハッテンロッカー（Huttenlocher, P. R.） ⑧ 195
バット（Bhatt, M. A.） ① 57
バッドリー（Baddeley, A. D.） ③ 51, 215, ⑦ 109
ハッペ（Happé, F. G.） ⑥ 163, ⑧ 221
バッラ（Balla, G.） ④ 5
バーテルス（Bartels, A.） ⑤ 81
ハート（Hart, H. L. A.） ② 193
バトラー（Butler, R. A.） ⑤ 66
パーナー（Perner, J.） ⑧ 4
パペッツ（Papez, J. W.） ② 162
ハーボウ（Harbaugh, W.） ⑤ 40
ハームズ（Harms, R.） ⑧ 77
林勝造 ⑥ 208
原塑 ② 47
バラスブラマニアン（Balasubramaniam, V.）

② 173
原田宗子（Harada, T.） ① 99
ハリス（Harris, L. T.） ② 207
バーリック（Bahrick, L. E.） ⑨ 220
ハリット（Halit, H.） ⑧ 90
パルヴィジ（Parvizi, J.） ② 146
バルスレブ（Balslev, D.） ⑥ 63
バルトー（Barto, A. G.） ⑤ 115
バルトッチ（Bartocci, M.） ⑧ 166
パルマー（Palmer, S. E.） ④ 68
ハーレー（Haley, K. J.） ⑥ 157
パーレンズ（Parens, E.） ② 97
ハーロウ（Harlow, H. F.） ⑤ 66, ⑧ 170
バロン－コーエン（Baron-Cohen, S.） ⑧ 111
バーン（Byrne, R. W.） ① 38
ハンドリー（Handley, S. J.） ③ 218
ハンプトン（Hampton, A. N.） ⑥ 116, 119
ハンフリー（Humphrey, N. K.） ④ 121, 125, 126
ハンフリーズ（Humphreys, G. W.） ③ 40, 56

ピアジェ（Piaget, J.） ⑥ 32, ⑨ 211, 212, 220
ピカソ（Picasso, P.） ④ 12
ピカード（Picard, N.） ⑧ 37
ヒーカレン（Heekeren, H. R.） ⑥ 114
彦坂和雄 ⑤ xxii, 120
ピコラ－フラー（Pichora-Fuller, M. K.） ⑨ 170
ビシアッチ（Bisiach, E.） ③ 32
ヒース（Heath, R. G.） ② 160, 165
ヒース（Heath, R. L.） ② 152
ピーターセン（Petersen, S. E.） ③ 30
ビュシー（Bucy, P.） ② 171
ヒュッテル（Huettel, S. A.） ③ 212, 224, ⑤ 13, ⑥ 113
ヒューム（Hume, D.） ② 97
平田オリザ ⑨ 30, 44, 46ff.
平松（Hiramatsu, C.） ④ 30
ピリング（Pilling, M.） ③ 177
ビルバウマー（Birbaumer, N.） ② 38
廣瀬信之 ③ 149, 165
ビンステッド（Binsted, G.） ③ 168

ファインバーグ（Feinberg, T. E.） ⑥ 76, 109
ファーナ（Fana, Y.） ⑨ 96
ファローニ（Farroni, T.） ⑧ 74, 91
ファン（Phan, K. L.） ⑧ 38
ファンツ（Fantz, R. L.） ⑧ 70, 106
ファンデンボス（van den Bos, E.） ⑥ 51
フィスク（Fiske, S. T.） ② 207
フィンク（Fink, G. R.） ⑥ 156
ブーヴィエ（Bouvier, S.） ③ 170
フェスラー（Fessler, D. M. T.） ⑥ 157
フェヒナー（Fechner, G. T.） ④ x, xi, xii, 3, 99, 100
フェール（Fehr, E.） ⑤ 15
フェルステル（Ferstl, E. C.） ⑦ 78, ⑧ 42
フェルナルド（Fernald, A.） ⑧ 173
フェルナンデス－ドゥケ（Fernandez-Duque, D.） ③ 212
フェルメール（Vermeer, J.） ④ 23
フォーク（Folk, C. L.） ③ 40
フォーゲル（Vogel, E. K.） ③ 54, 71, 82, 88, 110
フォン・クラモン（von Cramon, D. Y.） ⑦ 78, ⑧ 42
フクダ（Fukuda, K.） ③ 88
藤井直敬（Fujii, N.） ⑨ 288
藤田和生（Fujita, K.） ④ 122
藤村知世 ④ 42, 43, 45

フッサール（Husser, E.） ⑨ 8
ブッシュ（Bush, G.） ⑧ 37, ⑨ 95
ブッシュネル（Bushnell, I.） ⑧ 83
ブッシュマン（Bushman, B. J.） ⑥ 206
フーフェル（Hofel, L.） ④ 41, 45
ブラー（Buller, T.） ② 128
プライス（Price, C. J.） ⑦ 58
プライム（Prime, D. J.） ③ 172
ブラゼルトン（Brazerton, T. B.） ⑧ 148
ブラックウッド（Blackwood, N. J.） ⑥ 177
ブラッター（Blatter, K.） ④ 122, ⑤ 67
プラット（Platt, M. L.） ⑥ 113
プラット（Prat, C. S.） ⑦ 76
プラテック（Platek, S. M.） ⑥ 81, 82
プラトン（Plato） ④ x, 7
フラベル（Flavell, J. H.） ⑧ 7
フランク（Frank, L. R.） ⑥ 122
フランク（Frank, M. C.） ⑧ 81
ブランク（Blanke, O.） ⑥ 90
フリス（Frith, C. D.） ⑥ 169, ⑧ xv, ⑨ 10
フリス（Frith, U.） ⑧ xv, ⑨ 10
フリーセン（Friesen, W. V.） ① 67, ⑧ 104
フリード（Fried, I.） ② 145
フリードマン（Friedman, N. P.） ③ 218
ブレア（Blair, J.） ② 50
ブレイクモア（Blakemore, S. J.） ⑨ 177
ブレーク（Blake, R.） ④ 33
フレディング（Froding, B. E. E.） ② 97
プレマック（Premack, D.） ⑧ 2
ブレンターノ（Brentano, F.） ④ x
プロヴァビオ（Proverbio, A. M.） ④ 94
ブローカ（Broca, P.） ② 181, ⑦ 83, ⑧ 34
ブロック（Block, N.） ③ 92
ブロードベント（Broadbent, D. E.） ③ 16, 97
ブロンダー（Blonder, L. X.） ② 152
ヘア（Hare, T.） ⑤ 42, 45
ヘーアスミンク（Heersmink, R.） ② 128
ベイトソン（Bateson, M.） ⑥ 158
ベイラージョン（Baillargeon, R.） ⑧ 11
ヘーゲル（Hegel, F.） ④ x, 3
ヘザートン（Heatherton, T. F.） ⑥ 99, 103
ペシグリオーネ（Pessiglione, M.） ⑤ 12
ヘス（Hess, W. H.） ② 171
ペソア（Pessoa, L.） ⑨ 97
ベッカーリング（Bekkering, H.） ⑨ 227, 230
ペッペル（Poeppel, E.） ③ 10
ペトロビック（Petrovic, P.） ⑧ 39
ベム（Bem, D. J.） ⑨ 189
ベーラー（Boehler, C. N.） ③ 175
ベルソツ（Berthoz, S.） ⑧ 24
ペルソン（Persson, I.） ② 97
ベルムポール（Bermpohl, F.） ⑥ 97
ベーレンス（Behrens, T. E.） ⑤ 111
ベンサム（Bentham, J.） ② 4
ベンティン（Bentin, S.） ① 66
ペンフィールド（Penfield, W.） ⑥ xii
ヘンリー（Henry, C.） ⑦ 67

坊農真弓 ⑨ 76
ホーキング（Hawking, S. W.） ② 104
ボゲーチ（Bogacz, R.） ⑤ 54
ボーゲル（Vogel, A. C.） ⑦ 59
ポズナー（Posner, M. I.） ③ 24, 25, 30
ホッジス（Hodges, J. R.） ⑧ 290
ボッチーニ（Bottini, G.） ⑧ 43
ホッホバーグ（Hochberg, L. R.） ⑨ 288
ホプキンス（Hopkins, W. D.） ⑤ 66
ホフマン（Hoffman, J. E.） ③ 172
ホフマン（Hoffman, L.） ③ 163, 170
ポーラス（Paulus, M. P.） ⑥ 122
ポラチェック（Pollatsek, A.） ⑦ 14

ホロウィッツ（Horowitz, T. S.）③ 39

——マ行——
マイヤー（Mayer, J. S.）① 179, ③ 63
マイヤーズ（Myers, A.）⑥ 83
マガイア（Maguire, E. A.）⑧ 41
マーカス（Markus, H. R.）① 90
マカルソ（Macaluso, E.）③ 142
マキャベリ（Machiavelli, N.）⑧ 6
マーク（Mark, V. E.）② 160, 174, 182
マクダニエル（McDaniel, M. A.）① 20
マクナブ（McNab, F.）③ 111
マクリーン（MacLean, P. D.）② 162
マーグン（Magoun, H. W.）① 166
マサングケイ（Masangkay, Z. S.）⑧ 7
マチザワ（Machizawa, M. G.）③ 82
マッキールナン（McKiernan, K. A.）③ 61
マッケイブ（McCabe, K.）⑧ 25
マッコイ（McCoy, S. L.）⑨ 170
マッチカッシア（Macchi Cassia, V.）⑧ 73, 77
松本正幸　⑤ 9
マートゥル（Mathur, V. A.）① 102, 106-108
マネ　④ 80
マリン（Marin, R. S.）⑧ 277
マロイス（Marois, R.）③ 85
マロワ（Marois, R.）③ 200
マンスーリ（Mansouri, A.）⑤ 37

三浦佳世　④ 27, 45
ミケランジェロ（Michelangelo）④ 23
ミショット（Michotte, A. E.）⑥ 195, 197
ミズン（Mithen, S.）⑥ 222
水上（Mizukami, K.）⑧ 182
美馬達哉　② 108, 127, 182
宮内洋　⑨ 74
ミヤケ（Miyake, A.）③ 217, 218
ミラー（Miller, B. L.）⑥ 76
ミラー（Miller, F. G.）⑤ 53
ミラー（Miller, G. A.）③ 54
ミラー（Miller, J.）② 47
ミル（Mill, J. S.）② 4, 187
ミルナー（Milner, P.）② 164, ⑤ xiv, 116

ムーア（Moore, C. M.）③ 176
ムーア（Moore, M. K.）⑨ 225
ムナカタ（Munakata, Y.）⑧ 209
ムナール（Munar, E.）④ 45

メイソン（Mason, M. F.）① 176, 179, ③ 64
メイン（Main, M.）⑧ 194
メノン（Menon, V.）⑥ 163, 164
メーラー（Mehler, J.）⑧ 173
メルツォフ（Meltzoff, A. N.）⑧ 10, ⑨ 225

モーガン（Morgan, R.）⑨ 221
モス（Moss, J.）⑦ 79
本吉勇（Motoyoshi, I.）④ 29, 31
モブス（Mobbs, D.）② 150
森裕紀（Mori, H.）⑨ 99
モリス（Morris, J.）⑤ 78
守田知代　⑥ 149, 160, 163
モル（Moll, H.）⑨ 103
モル（Moll, J.）② 5, 6, 13, 17, 18, 22, ⑤ xvi, 40, 44, ⑥ 121
モンドリアン（Mondrian, P.）④ 2

——ヤ行——
矢追健　⑥ 100
矢田部達郎　⑦ 142, 147
山崎修道　⑥ 163
山本愛実　⑤ 99

ヤング（Yang, Y.）①52, 63

横山大観　④83
吉川雄一郎（Yoshikawa, Y.）⑨26, 104
ヨハンソン（Johansson, P.）②22, ⑤97
ヨールデンス（Joordens, S.）②48

ラ行

ライス（Reiss, J. E.）③172
ラヴィ（Lavie, N.）③101
ラシュワース（Rushworth, M.）⑤37
ラック（Luck, S. J.）③54, 56, 71, 78, 171
ラッセル（Russell, B. A. W.）①134
ラッセン（Lassen, N.）①163
ラップ（Rapp, A. M.）②150
ランキン（Rankin, K. P.）⑧293
ラング（Lang, P. J.）④71

リーヴィ（Levy, N.）②128
リェラス（Lleras, A.）③176
リジェンクイスト（Liljenquist, K.）②203
リゾラッティ（Rizzolatti, G.）①78, ⑥22
リッチモンド（Richmond, B. J.）⑤130
リッツォ（Rizzo, M.）③211
リップス（Lipps, T.）④x
リベット（Libet, B.）②28, 30, 34, 37, 47, 90
リラ（Lyyra, P.）③212
リリング（Rilling, J. K.）①140, 143, ⑤49, 80

ルイス（Lewis, M.）⑥142-144, 165
ルザッチ（Luzzatti, C.）③32
ルドゥー（LeDoux, J. E.）②143, 162
ルビー（Ruby, P.）⑥103
ルーマン（Luhmann, N.）⑨45

レイヴン（Raven, J. C.）③218
レイクル（Raichle, M. E.）①145, 165
レイナー（Rayner, K.）⑦14
レイノルズ（Reynolds, J. N.）⑤95, 125
レイン（Lane, R. D.）⑥31, 33, ⑧38
レヴィン（Levin, D. T.）③207
レオ（Leo, I.）⑧79.　85
レグランド（Legrand, D.）⑥103
レスリー（Leslie, A. M.）⑧9
レヒト（Lehto, J. E.）③218
レーベンデフ（Lebendev, M. A.）②126
レルミット（Lhermitte, F.）⑤xix, 96
レンシンク（Rensink, R. A.）③69, 150, 207

ロシャ（Rochat, P.）⑨221
ローゼンツァイク（Rosenzweig, S.）⑥207, 208
ローゼンブラム（Rosenblum, L. A.）⑤66
ロック（Rock, I.）③100
ロートレック（Toulouse-Lautrec, H.）④80
ロビンソン（Robinson, M. D.）⑥206
ロビンソン（Robinson, W. P.）①36

ワ行

ワイズバーグ（Weisberg, D. S.）②61
和田清　②50
渡辺絢子（Watanabe, A.）⑨101
渡邊正孝　⑤xxii, 128
和辻哲郎　⑧129
ワトソン（Watson, J. S.）⑨220
ワン（Wang, A. T.）⑧130
ワン（Wang, X.）④45

社会脳シリーズ1～9巻総事項索引

①～⑨は巻数を示す。

数字・A to Z

10／20 座標　⑧ 60
18F-FDG（フルオロデオキシグルコース）　① 48
24a　⑧ 34
24b　⑧ 34
24c　⑧ 34
24 野　⑧ 34
25 野　⑧ 34
32 野　⑧ 35
33 野　⑧ 34
2 歳児　⑧ 17
3 歳児　⑧ 6
4 歳児　⑧ 8
4 ヶ月児　⑧ 78
7 ± 2　③ 54
8 ヶ月児　⑧ 78

α 帯域活動　⑨ 291
γ 帯域　⑨ 289, 291

ACad（吻腹側情動領域）　⑨ 95
ACC（前部帯状回，前帯状回皮質）　③ 49, ④ 46, 55, 59, 61, 62, ⑥ xiii, xxi, xxii, 98, 151, 152, 154, 160, 169, 176, 211, ⑦ xix, xx, 122, 128, 157-8, 160, ⑧ x, 34, 48, 255, 256, 266, ⑨ 33, 95
ACcd（背側認知領域）　⑨ 95
AD（アルツハイマー病）　⑧ xxv, 273, 277, 279, 293
ADHD　① 147
ADR（情動発達ロボティクス）　⑨ 32, 80, 85
AG（角回）　⑥ xvi, 90, 102
AI（人工知能）　⑨ xii, 1
AI（島前部）　⑨ 95, 96
ALS（筋萎縮性側索硬化症）　② 104, ⑨ 24, 40, 41, 282, 300
ALS FRS　⑨ 301
aMCC（前中央帯状回皮質）　⑨ 96
aPFC（前部前頭前野）　③ 144
ASD（自閉症スペクトラム障害，自閉スペクトラム症）　① 75, 76, ⑥ xx, 8, 38, 161, 186, ⑧ xviii, 98, 221, 223, ⑨ 11

BA32（傍帯状皮質）　⑧ 34
BCI（ブレイン・コンピュータ・インターフェイス）　② 100
BMI（ブレイン・マシン・インターフェイス）　② viii, 73, 100, 157, ⑨ x, 24, 40, 198, 281, 303, 308
BNI システム　⑨ 202
BOLD　① 42, ⑧ 53, 55
——効果　④ 53
——シグナル　⑤ 44
BOT（身体感覚転移）　⑨ 36, 175, 179
BPSD（行動障害）　⑨ 159
bvFTD（行動障害型前頭側頭型認知症）　⑧ 277, 285, 291, 293

cCZ（尾側帯状帯）　⑧ 38, 48
CDA（対側遅延活動）　③ 84
CDR（認知発達ロボティクス）　⑨ 12, 32, 80, 85, 213

CE（認知的共感） ⑨ 32, 82, 88, 101
CMS（大脳皮質正中内側構造） ⑥ xvi, 97, 104
CRN（競合関連陰性電位） ⑥ 132

dACC（背側前部帯状回，背側前帯状皮質） ⑥ 30, 115, 127, 132, ⑨ 96
DAN（背側注意ネットワーク） ① 172, ③ 30, 127
DARPA（米国防総省高等研究計画局） ⑨ xv, 6
DBS（脳深部刺激療法） ② 101, 157
DL（ディープラーニング） ⑨ 2
DLB（レビー小体型認知症） ⑧ 273
DLPFC（前頭前野背外側部，背外側前頭前野） ② 11, 17, ③ 50, ④ 17, ⑤ xxii, xxiii, 117, 133, ⑥ 30, 171, 172, 178, 179, 215, 216, 228, ⑦ xix, 122, 128, ⑧ x, xxii, 209, 255, 266, ⑨ 10, 17
DMN（デフォルトモード・ネットワーク） ① 163, 172, ③ 62, ⑥ xviii, 127, 128, 130, 132, 134
DMPFC（前頭前野背内側部） ⑥ 97, 101, 103, 104
DSM-5 ⑧ 274
DTI（拡散テンソル画像） ① 167, ⑤ 48

EBA（外線条身体領域） ⑥ 82, 92
EE（情動的共感） ⑨ 32, 82, 88, 101
EEG（脳波） ⑥ 78, ⑧ 52
ERP（事象関連（脳）電位） ① 66, ③ 5, 212, ④ 36, 41, 90, ⑧ xvii, 52, 89, 124

F5 ⑥ 23
FBT（誤信念課題） ⑥ 9, ⑧ 7, 17, 110, ⑨ 13
FEF（前頭眼野） ③ 30, 129, 213
FFA（紡錘状回顔領域） ④ 10, 31, 62, ⑥ 82, 145
FG ／ Cos（紡錘状回近辺） ④ 30, 31
fMR アダプテーション ③ 104
fMRI（機能的磁気共鳴画像法） ① 9, 38, 65, 89, 135, 141, 145, 159, 164, ② 5, 132, ③ 5, 85, 129, 113, 137, 171, 187, 189, 212, ④ xiv, 5, 8, 13, 17, 19, 23, 30, 32, 46, 52, 58, 90, 92, 94, 95, 97, 108, 120, ⑤ x, 32, ⑥ xiii, 12, 23, 48, 78, 100, 133, 138, 142, 150, 159, 173, 184, 212, 226, ⑧ 48, 53, ⑨ 14, 40, 106, 285
fNIRS（機能的近赤外分光法） ② 132, ⑤ xvi, 49, ⑥ xv, xxv, 224, 226, ⑧ 89, ⑨ 40
FPN（前頭－頭頂ネットワーク） ① 172
FTD（前頭側頭型認知症） ⑧ xxv, 275, 285, 293, 295

Go/No-Go 課題 ① 79

H215O ① 44
HDSR（長谷川式簡易知能スケール） ⑨ 35, 153
HF（海馬体） ① 173
HRI（ヒューマン・ロボット・インタラクション） ⑨ 4, 79, 247, 266

ICT ⑨ xi, 1
IFG（下前頭回） ④ 37, 44, 55, 61, ⑥ xxi, xxiii, 81, 82, 125, 169, ⑦ 46, 158, ⑧ 266, ⑨ 33, 95
IM（示唆運動） ④ 82, 94, 95, 98
IoT（モノのインターネット） ⑨ 27
iPhone ③ 93
IPL（下部頭頂葉） ① 173, ⑥ 215, ⑧ 266, 269
iPod ③ 93

IPS（頭頂間溝） ③ 22, 23, 85, 129, 138, 189, 190
IQ ① 81

LIP 野 ⑤ 122
LOC（外側後頭複合体） ③ 171
LST（リスニングスパンテスト） ⑦ 120
LTC（外側側頭葉） ① 173

M3-Synchy ⑨ 252
MAE（運動残効） ④ 95, 98
MCTOS（マクトス） ② 104
MEG（脳磁場計測法，脳磁図） ③ 175, ④ 16, 17, 45, 52, 53, 90, ⑥ 78, ⑧ 52, ⑨ 40, 287
MEIM（多集団エスニック・アイデンティティ測度） ① 106
MIT ⑨ 22, 23
MNS（ミラーニューロンシステム） ⑨ 94, 100
MPFC（内側前頭前野） ① 173, 174, 180, 182, ⑥ xiii, xvi, xxi, 12, 16, 17, 97, 99, 103-105, 148, 160, 162, 169-171, 176, 182, 199, 228, ⑦ xviii, 2, 98-100, 102, 140, ⑧ xv, 1, 22, 48, 56, ⑨ 15, 106
MRI ④ 12, ⑧ 60, ⑨ 181
MT ④ 9, 95, 97
MT + ③ 177, ④ 6, 32-34, 92
MTG（中側頭回） ⑥ 102

N170（陰性電位） ① 66, ③ 173, ⑧ 90, 125
N290 ⑧ 90
N2pc 成分 ③ 171
N400 成分 ③ 172
NEDO（新エネルギー・産業技術総合開発機構） ⑨ 5
NIRS（近赤外線スペクトロスコピー，近赤外分光法） ① 66, 69, ④ 36, ⑥ 46, ⑧ 50, 53, 54, 115, 124, 157
NREM 睡眠 ① 162

^{15}O ① 8, 43, 152, 163
OFC（眼窩前頭皮質） ④ 15, 37, 55, 61, 63, 72, ⑥ 216, ⑧ x, 154
OMPFC（前頭前野眼窩内側部） ⑥ 97
OSM（オブジェクト置き換えマスキング） ③ 149, 156, 163
——課題 ③ 171
——の非対称性 ③ 167

P300 ① 82, ⑧ 125, ⑨ 284
P400 ⑧ 90
PAM（知覚行動照合） ⑨ 91, 99
PCA 解析 ⑨ 33
PCC（後部帯状回） ⑥ 97, 98, 101, 122, 125, 128, 133, 164, 214
PCCs（後部傍帯状回） ⑨ 106
PDAS（判断ステージ付き囚人のジレンマゲーム） ⑤ 49
PET（ポジトロン断層撮像法，陽電子放射断層撮像法） ① 8, 38, 65, 89, 151, 163, ② 132, ③ 30, ④ 20, 52, ⑤ 16, ⑥ 12, 78, 142, 199
PFC（前頭前野） ⑥ xxii, 97, 108, 179, ⑧ x, 237, 249
PNFA（進行性非流暢性失語） ⑧ 277, 293
PPA（海馬傍回場所領域） ③ 23, 105, 113, ④ 10, 55
PPC（後部頭頂葉） ⑥ 228
PPG（海馬傍回） ④ 44, 55, 59, 61
PST（ピクチャースパンテスト） ③ 219, 220
pSTS（後部上側頭溝） ⑧ xv, ⑨ 106
PTSD（心的外傷ストレス症候群） ⑧ xxii,

230

QOL（生活の質，クオリティーオブライフ）⑧ 296, ⑨ 24

rCZa（吻側帯状帯前部領域）⑧ 37, 39, 48
rCZp（吻側帯状帯後部領域）⑧ 37, 46, 48
REM 睡眠 ① 162
Repliee Q2 ⑨ 40, 273
RFI タグ ⑨ 129
RHI（ラバーハンド錯覚）⑥ 43, 84, ⑨ 36, 176, 183
Robovie-R2（ヒト型ロボット）⑨ 40, 264
RST（リーディングスパンテスト）③ 108, 216, ⑦ 107, ⑧ xxiv, 249
RSVP（高速逐次視覚提示）③ 183
rTMS（反復経頭蓋磁気刺激）③ 177

SAT（スピード－正確さのトレードオフ）⑤ 54
SCR（皮膚コンダクタンス反応）⑨ 177, 183
SD（意味性認知症）⑧ 29, 277, 293
SDO（社会的優位性志向）① 104
SFG（上前頭回）④ 37
Siri ⑨ xi, 27
SMA（補足運動野）④ 34, ⑨ 96
SOA ③ 156
SPCN ③ 172
SPL（上頭頂小葉）⑦ 125, 128, 164, ⑧ 255, 258
SPM ① 165
SRE（自己参照効果）⑥ xvi, 94
SSRI（セロトニン選択的取り込み阻害剤）② 147
SST（空間スパン課題）⑦ 126
STG（上側頭回）④ 37, ⑥ 12, 16, 125, 128
STS（上側頭溝）④ 88, ⑥ xxi, xxiii, 162, 169, 182, 198, 199, 202, 213, 214, 228, ⑦ xviii, xx, 99, 163, ⑧ 13, 48
SVM（サポート・ベクターマシン）⑨ 3, 41, 292

TID（課題によって誘発された活動の低下）① 177, ③ 61
TMS（経頭蓋磁気刺激法）③ 187, 191, ⑤ 15, ⑥ 146
ToMo（他者知）⑥ 181
ToMs（自己知）⑥ 181
TP（側頭極）⑥ xxi, 12, 16, 103, 169, 171, ⑧ xv, 2, ⑨ 106
TPJ（側頭頭頂接合部）③ 129, 137, ④ 88, ⑥ xxi-xxiii, 103-4, 162, 169, 171, 176, 182, 201, 213, 214, 228, ⑨ 106
TPN（タスクポジティブネットワーク）⑥ xviii, 127, 128, 134

U 字型のマスキング効果 ③ 157

V-SAT ⑦ 109
V1（第 1 次視覚野）④ 6, 9, 33
V3 ④ 10
V4（第 4 次視覚野）④ 9
V5 ③ 177, ④ 9, 88, 92, 95, 97
vACC（腹側前帯状回）⑥ 30
VAN（腹側注意ネットワーク）③ 30, 127
VBM（ボクセル・ベイスト形態計測）① 122
VFC（腹側前頭皮質）③ 129
VLPFC（腹外側前頭前野）⑥ 210, 211, 213, 216
VMPFC（腹内側前頭前皮質，前頭前野腹内側部）② 4, ⑥ 116, 119, 133, ⑧ x, ⑨ 95

VPFC（腹側前頭前野） ⑥ 213
VWFA（視覚語形領域） ⑦ 4, 5, 11, 32, 34, 37, 52, 56, 58, 62, 68, 73, 139

WAMOEBA ⑨ 98, 110
WE-4RII ⑨ 105
WiFi ⑨ xv, 27, 298

YouTube ⑨ 23

ア行

アイコンタクト ⑨ 118
愛情剥奪症候群 ⑧ 148
アイスクリーム屋の課題 ⑧ 287
愛着の形成 ⑧ 242, ⑧ xx, 148
アイフォン ⑨ xi
アイボ ⑨ ix, 8
アイロボット社 ⑨ xiv
アウェアネス ③ 99, 133
赤ちゃんがえり ① 134
アクセス可能な意識 ③ 92
アクチュエータ ⑨ 181
アシモ ⑨ ix, 23
アスペルガー障害（症候群） ④ 4, ⑧ 101
アタッチメント ⑧ 227, 246, ⑨ 35, 111, 165
アニメーション ⑥ xxii, 184
——課題 ⑥ 15, ⑧ 81
アパシー（無関心） ⑧ 275, 277
アミロイド蛋白 ① 169, ⑧ 275
アメリカ精神医学会 ⑧ 274
アルコール依存症患者 ⑥ 210
アルツハイマー病（アルツハイマー型認知症） ① 146, 168, ③ 211, ⑥ 75, ⑧ xxv, 258, 273, 277, 279, 293, ⑨ 157, 170
アルファ帯域 ③ 202
アルファベット ⑦ 2, 11, 12, 18, 23, 33-35, 40
アレキシサイミア ⑥ xiii, 1, 6
哀れみ ⑨ 88
暗算課題 ③ 163
暗所視条件 ③ 161
安静時 ① 146, 166, ③ 63
——ネットワーク ① 170, 172
アンドロイド（・ロボット） ⑨ 1, 31, 37, 106, 143, 175, 178, 273
——演劇 ⑨ 45
——・ジェミノイド・ロボット ⑨ xv
暗喩 ⑦ 155

怒り ① 67, 119
——顔 ① 72
——の中枢 ② 171
仮性の—— ② 162, 170
育児虐待 ⑧ 148
育児放棄 ⑧ 148
意識 ③ 131, ⑥ 108
——的気づき ③ 133
——的モニタリング ③ 145
——の流れ ③ 9
——のハード・プロブレム ⑥ 108
——の窓 ⑦ 19
意思決定 ① 2, 10, 32, 41, ② 92, ⑤ xiv, xix, xx, 3, 13, 28, 85, 86, ⑥ xvii, 111
——課題 ⑥ 118
社会的—— ⑤ 28
意思疎通 ⑨ 302
いじわる行動 ⑤ x, xvi, 31
位相同期分析 ③ 202
依存：
——症 ② 40, 45
——性薬物 ② 170
アルコール——症 ② 40
違法薬物——症 ② 40

薬物——　② 50
痛み　① 101, ⑦ 156, 158, 161, ⑧ 39
位置：
——効果実験　② 34
——の残効　④ 97
——マップ　③ 38
一次運動野　② 142
一次記憶　③ 50
一次誤信念課題　⑧ 290
一次視覚野　⑧ 232
一過型チャンネル　③ 157
意図　① 86, 113, 140, ⑨ 4
——して嘘をつく　① 45
——性（意図的行為）　⑥ xxiii, 42, 199, 201, 202
——の理解　⑧ 15
いないないばー　⑧ 92
E ネットワーク　⑥ xxi, 104, 170, 176
意味処理　③ 172
意味性認知症（SD）　⑧ 29, 277, 293
意味的記憶　⑧ 31
意味判断　⑧ 31
医療倫理　② ix, 56
入れ子構造　⑧ 290, ⑨ 13
色　④ 66
因果性知覚　⑥ 195
印象派　④ 80
陰性電位（N170）　① 66
インターネット　② 68, ⑦ 81, ⑨ xv
インフォームド·コンセント（説明と同意）② 57, 109
隠喩　⑧ 43
韻律（プロソディ）　⑧ 59

ウィスコンシンカード分類テスト（WCST）⑧ xxi, 202
ウェルカム・イメージング神経科学研究所 ⑧ 47
ウェルニッケ失語症　① 171
ウェルニッケ野　⑦ xiv, xvi, 32, 51, 54, 56, 75, 78, 84
ウオーク（歩き）　⑦ 162
ウォルフェンデン報告書　② 185, 194, 215
浮絵（メガネ絵）　④ 76
嘘　① 2, 35, 44, 45, 52, 156
——の神経基盤　① 43
——をつく脳　① 58
——を見抜く方法　① 37
子どもの——　① 37
嘘発見器　① 37, 60, ⑨ 184
右側島皮質前部　⑥ 164
歌　⑥ xxv, 222
うつ（うつ状態，うつ病）　① 146, ⑧ 154, 277, ⑦ 100, ⑨ 24
美しさ　④ ix, 13, 50, 67
——への経験的アプローチ　④ x
頷き　⑨ 249
——混同　⑨ 39, 250
右脳　② 151
埋め込み型 BMI　⑨ 41
上書き　③ 177
運動：
——意図　⑨ 178
——印象　④ 33
——記憶　⑦ 35, 40
——残効（MAE）　④ 95, 98
——主体感 (sense of agency)　⑥ xi, xiv, xv, 42, 50, 84, 87, ⑨ 12
——指令　⑨ 178
——表象　⑨ 223
運動感覚野　⑥ xv
運動前野　⑥ xv, 48, 86, ⑦ xx, 64, 65
運動野　① 78, ④ 44, ⑥ 42, 88

エイリアンハンド　⑥ xii, xvi, 84
笑顔　① 72, ⑨ 93
エクスナーの書字中枢（エクスナー領域）
⑦ 32, 46, 47
エコノミックトラストゲーム　① 56
エージェント　③ 133, ⑥ 184, ⑧ 146, ⑨ xiii, 33, 89, 130, 246
エピソード記憶　① 173, ⑥ 102, 128-9, ⑧ xiii, 295
エピソードバッファー　③ 51
遠隔対話　⑨ 152, 189
縁上回　⑦ xix, 121, 143
遠心性コピー　⑥ xv, 42, 50, 70, 88, ⑨ 216
エントレインメント（行動的同調現象）
⑧ xix, 149
エンハンスメント　② 71, 74, 111, 127
エンリッチメント　① 158

黄金比　④ 22
オキシトシン　⑤ 41
お仕置き症候群　⑧ 148
おしゃぶり　⑧ 163
驚き盤（ストロボスコープ）　④ 89, 90
オノマトペ　② 145, ⑦ xx, 140, 141, 150, 157
オーバーフロー　③ 95
オブジェクト：
——置き換えマスキング（OSM）　③ 149, 156, 163
——更新（説）　③ 176, 177
——同定　③ 159
オプティカルフロー　⑨ 223
オペレーションスパンテスト　③ 108, ⑦ 124
音韻コード　③ 52
音韻処理　⑧ 59
音韻ストア　③ 51, ⑦ xx, 121
音韻ループ　③ 51, ⑧ 251
音楽　④ 19, 63, ⑥ xxv, 222
音声言語　⑦ 51

カ行

絵画　④ 64
——的表現　⑦ 142
外眼筋　⑦ 3
快感情　④ 119, 120, 123
快感脳　② 164
介護施設　⑨ 164
介護スタッフ　⑨ 153
介護福祉士　⑨ 148
介護ロボット　⑨ 24
外集団　② 209
外傷性脳損傷　① 125
快情動　⑥ 157
外線条身体領域（EBA）　④ 97, ⑥ 82, 92
外線状皮質　① 172, ③ 213, ⑥ 82
外側後頭回　⑦ 54
外側後頭複合野　③ 86, ③ 171
外側視床下部　⑤ 61
外側膝状体　③ 22
外側前運動皮質　⑧ 19
外側前頭前野（皮質）　④ 46, ⑦ 64, 65
外側側頭葉（LTC）　① 173
外的キュー　① 22, 24, 27
外的注意　③ 123
外的メカニズム　③ 26
介入プログラム　⑧ 141
概念駆動型　③ 20
概念的自己　⑧ 128
海馬　① 9, 10, 12, 18, 19, 162, 168, ② 151, 162, ⑤ 117, ⑦ xv, xix, 76, 134, 135, 160, ⑧ xxii, xxv, xxvi, 41, 230, 241, 249, 275, 282, 295, ⑨ 106
——萎縮　③ 211

活動リズム　③ 202
家庭内暴力（DV）　⑧ 229
カテゴリー情報　③ 173
下頭頂間溝　③ 86
下頭頂小葉（IPL）　① 102, ③ 189, 190, 192, ⑥ 215, ⑦ 64, 65, 75, 142, 155, ⑧ 266, 269
下頭頂葉　⑥ 125, 128, ⑦ 34
仮名（かな）　⑦ 11-13, 18, 23, 53, 63, 64, 69, 73, 74, 86
悲しみ　① 67, 119, ④ 110, 111
カプグラ錯覚　⑥ xii
下部前頭溝　④ 94
下部側頭葉　③ 23
下部頭頂葉（IPL）　① 173, ③ 62
カメレオン効果　⑨ 92
仮面　④ 102
カラーマップ　③ 38
刈込み　⑧ 50, 228
加齢　⑧ viii, 247
感覚運動　⑥ 32
感覚・運動器　⑨ 215
感覚記憶　③ 51, 91
感覚フィードバック　⑥ 43
眼窩前頭前野　④ 44-46
眼窩前頭皮質（OFC）　① 52, ④ 15, 37, 55, 61, 63, 72, ⑥ 216, ⑤ 54, 55, ⑦ xviii, 140, ⑧ x, 154, ⑨ 10
眼窩部　① 84, 159
眼球運動　③ 152, ⑦ 2, 3, 8, 14
還元ヘモグロビン　① 42
観察された注意　⑨ 40, 272
漢字　⑦ 2, 4, 11, 13, 18, 23, 34, 35, 53, 63, 64, 69, 73, 74, 86
——仮名交じり文　⑦ 4, 11, 13
監視注意システム　③ 52
感情　① 113, ② 3, 20, 90, 161, ⑥ 7, ⑨ 4
——価　④ 67, 68
——的共感　① 75, 86, ⑥ 21, 22, 29, ⑧ 293
——的不貞　① 141
——ドメイン　① 92
——への気づき　⑥ 31
緩衝説　③ 100
関心領域 (ROI)　③ 112
感性　④ 27
——工学　④ 28
——評価　④ 35
感染　⑨ 92
桿体　③ 22, ⑦ 7
間脳　⑥ 32
カンパネルラ　⑨ 57
ガンマ帯域　③ 202
顔面表情フィードバック　⑨ 196
関連性理論　⑧ 43

記憶：
——障害　① 9, 18
——説　② 118
——できる数　③ 78
——ドメイン　① 92
——の精度（解像度）　③ 78
——の想起　① 7, 9, 13
——方略　① 181
——容量　③ 88, ③ 76
一次——　③ 50
感覚——　③ 51, 91
短期——　③ 51, 197
長期——　③ 51, 119
二次——　③ 50
擬音語　⑦ 140, 141, 145, 151, 160
機械学習　⑨ 41
偽会話　⑨ 170
義手　⑨ 196

記述的表現　⑦ 142
擬人化　⑨ 116
帰属錯誤　⑨ 166
擬態語　⑦ 140, 141, 145, 151, 157, 160
基底核　① 166, ④ 112
喜怒哀楽　① 67
キネティックアート　④ 5, 6
キネティックス　④ 88
機能主義　③ 4
機能的近赤外分光法（fNIRS）　② 132, ⑤ xvi, 49, ⑥ xv, xxv, 224, 226, ⑧ 89, ⑨ 40
機能的結合　① 168
機能的磁気共鳴画像法（fMRI）　① 9, 38, 65, 89, 135, 141, 145, 159, 164, ② 5, 132, ③ 5, 85, 129, 137, 187, 189, 212, ⑤ x, 32, ⑥ xiii, 12, 23, 48, 78, 100, 133, 138, 142, 150, 159, 173, 184, 212, 226, ⑧ 48, 53, ⑨ 14, 40, 106, 285
機能的多様性マップ　⑨ 97
機能的ネットワーク　⑧ 56, 62
機能的脳イメージング　⑧ 17
機能脳画像研究　④ 4
寄付（行動）　⑤ xvi, 39, 42
気分障害　⑧ 154
基本感情（6 種類の）　① 67
逆向マスキング　③ 149, 153, 154
逆相関　③ 138
虐待　⑧ xx, xxii, 285
　——の世代間連鎖　⑧ 243
逆問題　⑧ 53
ギャップ弁別　③ 56
ギャンブリング・ゲーム　② viii
嗅覚神経回路　⑧ 166
嗅覚皮質　⑧ 155
キュー刺激　① 25, 26, 28
弓状束　⑦ xvi, 84, ⑧ 237
境界型パーソナリティ障害　① 76
強化学習　⑤ xxii, 115
　——モデル　⑥ xviii, 115
　——理論　⑤ 1
共感　① 2, 102, 122, 136, ⑥ 18, ⑧ 280, 293, ⑨ 4, 21, 85
　——欠如　⑧ 294
　——性　① 80, ⑧ 152
共感覚　⑦ 145, ⑧ 50
競合関連陰性電位（CRN）　⑥ 132
凝視　⑦ 164
共生　⑨ 5, 31
競争社会　② 76
協調　① 88, ⑥ xxv, 183, 221
共同志向性　⑨ 9, 31
共同（的）注意　① 68, ⑧ 9, ⑨ 8, 21, 232, 244
共同注視　⑧ 101
恐怖　① 67, 68, 140
協力　⑤ 48, ⑥ xxv, 221, ⑨ 20
局在論　① 171
局所脳血流量　① 8, 44
キレる　⑧ 229
筋萎縮性側索硬化症（ALS）　② 104, ⑨ 24, 40, 41, 282, 300
均衡状態　⑨ 248
近赤外光イメージング　① 66
近赤外線スペクトロスコピー，近赤外分光分析法（NIRS）　① 66, ④ 36, ⑥ 46, ⑧ xvi, 50, 53, 54, 115, 124, 157, ⑨ 285
金銭　① 56
　——報酬　① 55
近代日本画　④ 55
筋電位　⑨ 92

空間：
　——位置と文字の不一致　⑧ 259
　——的回転　⑥ 55

——的注意　③ 14
——的な表象　① 18
——ドメイン　① 92
——文脈　① 18
空間周波数　⑦ 18, ⑧ 77
空間スパンテスト（課題）（SST）　③ 217, ⑦ 124
空想　① 175
空白時間　③ 154
偶発学習　⑥ 94
クオリア　⑦ 148
クオリティーオブライフ（QOL）　⑧ 296, ⑨ 24
くすぐる　⑨ 177
クラウディング　③ 153
グラフ理論　⑧ 56
グランジャー因果性モデル　⑦ 90
クロスモーダル知覚　⑧ 57
クロマニョン人　③ 93

経済活動（行動）　① 2, ⑤ x
計算モデル（計算論的モデル）　⑨ 87, 213, 222
携帯電話　③ 18, 89
経頭蓋磁気刺激法（TMS）　③ 187, 191, ④ 90, ⑤ 15, ⑥ 146
軽度認知障害（MCI）　⑧ 274
ゲシュタルト心理学　④ xii, xiii, 3, 39, 87
血液動態　⑧ 55
血管性認知症　⑧ xxv, 273
結合探索　③ 33
楔前部　① 146, 173, ③ 213, ⑥ xxi, 36, 82, 98, 103, 171, 214, ⑦ xv, 78-80, ⑧ 266, 295, ⑨ 15
楔部　⑥ 201
ゲーム理論　⑤ 29, ⑧ 34
嫌悪（嫌悪感情）　① 67, 119, 140, ② 185, 191, 194, 195, 198, 202, 211
——刺激　⑤ 9, 60, 78
——の脱人間化作用　② 213
幻覚　① 112, 147, ⑥ 36
厳格体罰経験群　⑧ 238
言語　⑥ 33, ⑧ 49
——課題　① 24
——的コミュニケーション　⑧ 98
——的ドメイン　① 92
——的ワーキングメモリ課題　① 191
言語発達障害　① 76
言語野　① 78, ⑦ xv, 76
検索過程　⑧ 258
現象的な意識　③ 92
幻聴　① 112
顕著性　③ 123, ⑨ 233
見当識障害　⑧ 275

語彙経路　⑦ 54, 56, 63
抗うつ薬　② 147
硬貨合わせゲーム　⑨ 106
高解像度 MRI　① 114
後期成分　① 75
後期選択説　③ 17, 99
高機能自閉症患者　① 81
高空間周波数画像　⑧ 78
光景画像　③ 220
攻撃性　⑥ xxiv, 206
高次視覚野（皮質）　③ 174, ④ 95
恒常性現象　④ 83
更新 (update)　③ 53
——プロセス　③ 176
構成主義　③ 3
抗精神病薬　① 113, ② 167
構成的アプローチ　⑨ 213
構造的ネットワーク　⑧ 56
構造ベースモデル　⑥ 116

高速逐次視覚提示（RSVP） ③ 183
後帯状皮質 ① 146
後頭回 ⑦ 73
行動経済学 ⑤ x
行動主義 ③ 3
行動障害（BPSD） ⑧ 273, 275, 286, ⑨ 159
行動障害型前頭側頭型認知症（bvFTD） ⑧ 277, 285, 291, 293
後頭側頭溝 ⑦ 56
後頭側頭皮質 ⑦ 58, 74
後頭側頭葉 ⑦ 68
後頭側頭葉腹側 ⑦ 75
後頭頂皮質 ④ 21
後頭皮質 ① 102
強盗物語 ⑧ 21
後頭葉 ② 142, ③ 22, ④ 61, 62, ⑥ xxiii, 59, ⑦ 4, 24, 37, 56, 64
——外側部 ⑧ 58
——視覚野 ④ 5, ⑦ 54
——側頭葉領域 ⑦ 32
高度情報化社会 ③ 94
広範性発達障害患者 ① 77
後部上側頭回 ⑥ 12, 16
後部上側頭溝（後部 STS, pSTS） ① 143, ⑥ xxi, 169, ⑦ xviii, 98, 102, 140, ⑧ xv, 2, 13, 22, 30, ⑨ 106
後部帯状回（PCC） ① 80, 168, 173, ③ 62, ⑥ 97, 98, 101, 122, 125, 128, 133, 164, 214, ⑦ xv, 78-80, 163, ⑧ 22, 295,
後部帯状皮質 ④ 62, ⑧ 56
後部頭頂葉（PPC） ③ 30, 189, ⑤ 13, ⑥ 228, ⑨ 17
後部傍帯状回（PCCs） ⑨ 106
公平性 ① 157
後方型認知症 ⑧ xxv, 275
硬膜下電極留置法 ⑨ 299
功利主義 ② 4, 8
——的な選択 ② 8
高齢者（高齢期） ⑧ ix, xxv, 250, ⑨ 26, 150, 170
——介護 ⑨ 22
——施設 ⑨ 152
高齢社会白書 ⑨ 151
交連線維 ⑧ 50
コカイン ② 170
五感 ⑧ 155
黒質 ④ 120, ⑤ 6, 80, 116, ⑦ 133
——緻密部 ⑤ 5, 61, 88
心の痛み（心痛） ① 102, 104, 137
心の志向性 ⑨ 8
心のタイムトラベル ⑧ 41
心の理論（ToM） ① 32, 86, 128, 157, 174, ④ 91, ⑥ x, xiii, xxi, 9, 20, 21, 34, 119, 167, 181, 185, 198, 203, ⑦ 2, 98, 102, 140, ⑧ x, xii, xxvi, 2, 3, 280, ⑨ xii, 9, 83, 95
——課題 ① 79, 157
——障害仮説 ⑧ 111
ココロボ ⑨ xiv, 24
個人差 ① 60, ② 136, 149, ③ 72, 78, ④ 46
——研究 ③ 57
誤信念 ⑧ 1, 4, ⑨ 13
——課題（FBT） ⑥ 9, ⑧ 7, 17, 110, ⑨ 13
コタール症候群 ⑥ xii
ごっこ遊び ⑧ 8
古典的条件付け ③ 98
子ども：
——の嘘 ① 37
——の共感の発達 ⑨ 32
——の情動発達 ⑨ 32
コネクショニスト・モデル ⑦ 37
ゴー・ノーゴー課題 ⑧ 202, 218
誤反応の検出 ③ 49
コミュー ⑨ xv, 27

コミュニケーション　① 32, 33, 36, 64
——ロボット　⑨ 244
語用論（プラグマチックス）　⑧ 42
ゴリラ実験　③ 135
コリン作動性神経伝達物質　⑧ 249
ゴール　⑨ 121
コルチゾル　⑧ 230
コントロール　① 166
——課題　① 145
——機能　③ 88
コンフリクト　⑤ 37, ⑧ 257

サ行

再帰性　③ 133
再帰的な認識　⑨ 4
再帰レベル　⑨ 14, 18
最後通牒ゲーム　② 15
サイコロボティックス（神経社会ロボット学）　⑨ xvii, 7
最終提案ゲーム　⑤ xvi, 14
再認　③ 222
裁判員制度　② 184, 214
再方向化　⑧ 268
サイボーグ技術　② 100
サヴァン症候群　④ 4
左側前頭葉下部　⑦ 83
サッカード運動　⑦ xiii, 6, ③ 69
サッチャー錯視　⑧ 85
サポート・ベクターマシン（SVM）　⑨ 3, 41, 292
サリーとアンの課題　⑥ 9, ⑧ 110, 287, ⑨ 13
サル　① 78, 94, 140, 145, 150
酸（素）化ヘモグロビン　① 42, ⑤ 54, ⑧ 53, 186
三項関係　① 68
酸素化　① 66, 70
『三人姉妹』　⑨ 19, 30, 45
三人称的理解　⑥ 34
参与枠組み　⑨ 68

詩歌　⑦ 154
ジェミノイド　⑨ 36, 143, 180
ジェームス・ランゲ説　⑨ 263
視覚芸術　④ 19
視覚語形領域（VWFA）　⑦ xv, 4, 5, 11, 30, 32, 34, 37, 52, 56, 58, 62, 68, 73, 139
視覚刺激　⑥ 86
視覚失認　③ 43
視覚性意識　③ 92
視覚性（視覚的，視空間性）ワーキングメモリ　③ 38, 54, 71, 136, ⑦ 34
——負荷　③ 138
視覚探索　③ 14, 33
視覚的意識　④ xiii
視覚的断崖　⑧ 106
視覚的注意　③ 14
視覚的物体認識　③ 42
視覚フィードバック　⑥ 45
視覚マスキング　⑦ 42
視覚野　① 162, ④ 6
視覚誘発電位　⑧ 52, ⑨ 284
視覚領　⑦ 163
視覚連合野　① 64
自我同一性障害　⑥ 37
時間：
——差モデル　⑤ 2
——尺度　① 91
——スケジュール　① 28, 29
——的遠近　① 11, 13
——的拡張自己　⑧ 128
——的距離　① 9-11
——的整合性　⑥ 45
——的注意　③ 183

――的同期　③ 42
――の範囲（窓）　③ 9, 10
――の流れ　① 22
――を気にする脳　① 20
色環　③ 78, 79
色彩調和　④ 67
識字能力　⑦ 36, 45, ⑦ 28
色名と色の不一致　⑧ 259
視空間スケッチパッド　③ 51
自己　① 32, 99, 149, 174, ② 119, 121, ⑥ ix, 169, ⑨ 4, 211, 214, 223
――解釈スタイル　① 90
――解釈度　① 95
――概念　⑥ 93
――関連処理　① 93
――関連性　① 80
――と他者　① 109, ⑨ 216
――認識（認知）　① 90, 156
――のアイデンティティ　⑥ xvi
――の視点　① 89
――の内部モデル　⑨ 216
自己愛性人格障害　⑦ 100
自己意識（自己への気づき）　① 83, ③ 133, ⑧ xii, 120, ⑨ 13, 33
――尺度　⑧ 119
――的行動　⑧ 114
自己意識情動　⑥ xix, 138, 148, ⑦ 96
――系　⑨ 33
思考実験　② viii
志向性　④ 90, ⑧ 3, 16, ⑨ 9, 13
志向的な意識　③ 3
試行内エラー　⑧ 252
自己顔　① 82
――認知　① 77, ⑥ 145, 150, ⑧ 117
自己鏡映（像）認知　⑥ 140, 142, ⑧ xviii, 109
自己参照　⑥ 107, 128
――課題　⑥ xvii, xxii
――効果（SRE）　⑥ xvi, 94
自己視点映像　⑨ 221
自己身体イメージ　⑥ 63
自己知（ToMs）　⑥ 181
自己認識（自己認知）　⑥ xv, 75, 145, 150, ⑧ 110, 129, 287
――的記憶　⑧ 41
自己評価　① 94, 99
――課題　① 94
――システム　⑥ 144
自己表象　⑥ 93, 94
――特殊性　⑥ 99
自己奉仕バイアス　⑥ 177, ⑦ 102
自己報酬系　⑤ xii
示唆（的）運動（インプライド・モーション：IM）　④ 33, 82
資質　⑨ 9
四肢まひ患者　② 102
視床　① 102, 166, ② 142, ③ 29, ④ 112, ⑥ 29, 125, 128, ⑦ 158, 160
視床下部　② 148, 162
事象関連 fMRI　⑥ 198
事象関連デザイン　④ 54
事象関連電位（ERP）　① 66, ③ 82, 171, ④ 36, 41, 90, ⑧ xvii, 52, 89, 124
視床前部　② 162
視床枕核　③ 30
視線　① 68, ⑧ 10, ⑨ 54, 118, 233, 245
――カスケード　⑨ 263
――検出装置　⑨ 264
――の移動　⑦ 5
――誘導　⑨ 266
自尊心　⑦ 97
自他識別　⑧ 108, 110, 128, 129
自他認知　⑨ 216
自他の感情の区別　⑥ 33

自他分離　⑨ 11
質感　④ 29
失感情症　① 128
実験室内プロスペクティブ・メモリ課題　① 23
実験心理学　① 114, ④ xii, ⑨ 7
実験美学　④ xi, 3, 49, 99
失語（失語症）　⑦ 54, 74, 85, ⑧ 237, ⑨ 110
実行過程　① 4
実行機能障害　⑧ 275
実行機能説　⑧ 221
実行系　⑧ 17, 249, ⑨ 7
——課題　⑧ 37
——機能　③ 13, 53, ⑧ x, 37, ⑨ xiii, 17
——脳部位　① 150
——のネットワーク　① 176
実行段階　① 181
膝前部帯状回　① 79
知っているふりをする嘘　① 44
嫉妬　① 133, 140
失認　③ 43
私的自己　⑧ 128
視点取得能力　⑥ 17
自伝的記憶　① 173, ⑥ 94, 102, 145, ⑧ 27, 41
視点変換　⑨ 9
自動化　③ 18
児童期　⑧ xx, xxii, 205
児童虐待　⑧ 227, 228
自動的過程　③ 18
シナプス：
——活動　① 8
——刈込み　⑧ 228
——形成　⑧ 50, 228
——密度　⑧ 195
自罰　⑥ xxiv, 207
自閉症　① 76, 147, ⑧ 16, 101
——傾向　① 128
——児　⑥ 142, ⑧ 113
——スペクトラム（障害）（自閉スペクトラム症 ASD）　① 64, 75, 76, ⑥ xx, 8, 38, 161, 186, ⑦ 99, ⑧ xviii, 98, 221, 223, ⑨ 11, 22, 214, 238
自閉性尺度得点　① 81
シミュレーション説　⑥ 26, ⑨ 11
シミュレート　① 4, 24, 25, 33
指紋　⑨ 97
社会神経科学　① 89, 113
社会性　① 85
——課題（社会的な課題）　① 79, 122
——の障害　① 64, 147, ⑨ 214
——の低下　⑧ 278
——発達　⑧ 107, 200
——報酬　⑤ xii
社会的愛着　⑤ 41
社会的意思決定　⑤ 28
社会的インタラクション　⑨ 195
社会適応　⑧ 275, 277
社会的規範　⑧ 24
社会的行動　① 68
社会的参照　① 68, ⑧ 106
社会的相互作用　⑨ 86
社会的知性　① 156
社会的洞察　⑧ 3
社会的ドメイン　① 92
社会的認知機能　⑧ 225, ⑨ 37, 236
社会的能力　⑨ 239
社会的文脈　① 156, ⑤ 70
社会的優位性志向（SDO）　① 104
社会（的）ロボット——　⑨ ix, 5, 64, 117, 123, 243
社会と関わる脳の働き　① 2
社会認知　① 113, ⑨ 12

——能力　① 114
社会脳　① 6, 111, 113, ③ 95, ⑧ 152, 156, 193, 196, 227, ⑨ xvi
——解析　⑨ 105
——科学　⑨ xvi
——仮説　⑤ xv, 28
——研究　① 144
——シリーズ　① 2
「——」と「社会」の関係性　② 63
——モデル　⑨ 11
社会発達　⑨ 244
シャーデンフロイデ　① 137, ⑨ 80
遮蔽法　③ 70
じゃんけん　⑧ 24, 25
自由意志（意思）　② ix, 27, 30, 36, 42, 87
——と責任　② 43
周産期　⑧ 149
囚人のジレンマゲーム　⑤ xvi, 29, 48, ⑥ 117
縦断研究　⑧ 216
集団主義的プライム　① 90, 97
羞恥心（はずかしさ）　⑥ xix, 137, 148, 152, 157, ⑦ 95-97, 101, ⑨ 33
周辺視　③ 27, ⑦ 7, 8, 17, 25
周辺手がかり　③ 125
主観的確率　⑤ 11
主観的現在　⑥ 71
主観的時間　③ 7
主成分分析　⑨ 106
主体性　③ 133
出力型 BMI　⑨ 41, 282
受動的運動　⑥ 50, 54
シュメール人戦士ストーリー課題　① 97
馴化手続き　⑧ 61, 84
純粋失読　⑦ 61, 67
純粋ファイ運動　④ 89, 90
準備電位　② 33
瞬目法　③ 69
上外線条皮質　③ 22
上丘　③ 22
状況モデル　⑦ 78
消去課題　③ 32
小細胞経路（P 経路）　⑧ 193
正直　① 94
——者　① 47, 56
少子高齢（化社会）　⑨ 25, 150
小説　⑦ 152
上前頭回（SFG）　① 79, 104, ③ 213, ④ 37
上側頭回（STG）　④ 37, ⑥ 12, 16, 125, 128, ⑧ 237
——周囲　① 70
上側頭溝（STS）　① 65, 140, ④ 88, ⑥ xxi, xxiii, 162, 169, 182, 198, 199, 202, 213, 214, 228, ⑦ xviii, xx, 99, 163, ⑧ 13, 48, ⑨ 10
上側頭葉　⑦ 32
状態安静時ネットワーク　① 170
焦点的注意　③ 41
情動　① 64, ② 161, ⑥ 7, ⑦ xvii, 94, 129, 132, 140, 158
——喚起　⑧ 283
——記憶　⑧ 283
——制御　⑧ 153
——性物語　⑧ 284
——的共感（EE）　⑨ 32, 82, 88, 101
——的なコミュニケーション　① 67
——的認知　② 130, ① 117
——伝染（感染）　⑥ 20, ⑨ 32, 80, 88, 98
——脳　② 162, 163
——の軸　⑨ 101
——の制御　① 41
——反応　① 72
——表出　② 130
衝動性　⑧ 294
上頭頂小葉（SPL）　⑦ 125, 128, 164, ⑧

255, 258
上頭頂葉　⑥ 63
情動発達ロボティクス（ADR）　⑨ 32, 80, 85
小脳　① 102, ② 149, ③ 200, 213, ⑦ 158
情報：
——検出課題　① 100
——通信技術　⑨ 1
——の洪水　③ 95
——の予測　① 16
症例 HM　① 9
初期視覚野　③ 37
初期選択説　③ 16, 99
書字障害　⑦ 33, ⑦ 47
ショッピングモール　⑨ 129
処罰　⑤ 17
処理資源　① 179, ③ 5
——の再分配　③ 61
自律型ロボット　⑨ ix
自律神経系　⑤ xxii, 114
自律の尊重　② 57
視力　⑦ 9
——回復手術　⑧ 96
シルビウス裂　⑦ 78
ジレンマ　① 58, ⑤ 17
——ゲーム　② viii, ⑤ xv
白・黒課題　⑧ 204
新エネルギー・産業技術総合開発機構（NEDO）　⑨ 5
人格　① 10, ② 119, 121, 124
——の同一性　② 117
進化心理学　① 19
進化的起源　① 150
進化的淘汰圧　④ 21
進化的プレカーソル　⑨ 82
シンキー　⑨ xv, 25, 26
親近感　⑨ 253
ジンクピリチオン効果　② 58
シングルトン　③ 21, 40
——検出　③ 40
神経：
——科学　⑨ 213
——画像学（神経画像研究）　① 116, 132
——加齢学　⑧ viii
——基盤の文化差　① 89
——経済学　① 17, ④ xv, ⑤ ix, 1, 27, 95
——血管カップリング　⑧ 53
——社会ロボット学（サイコロボティックス）　⑨ xvii, 7
——症状　⑧ 273
——精神症状評価　⑧ 291
——精神分析学　⑦ 157
——ダーウィニズム現象　⑧ 195
——注意学　③ 6, 95
——哲学　② vii, viii
——同期活動　⑥ 225
——難病　⑨ 283
——発達学　⑧ viii
——美学　④ xii, 5, 8, 49, 86, 90, ⑤ xviii
——文化学　⑤ xii
——文学　④ 91
——変性疾患　① 47, ⑧ 293
——倫理学　② vii, viii, ⑨ x
人工音声　⑧ 176
人工共感　⑨ 80, 91
人工呼吸器　⑨ 309
人工視覚　⑨ 282
人工触圧覚　② 106
進行性核上性麻痺群　⑧ 293
進行性非流暢性失語（PNFA）　⑧ 277
人工生命　⑨ 20
人工内耳　② 101, 106, 127
人工網膜　② 106

侵襲型 BMI　⑨ 282
心身症　⑥ 5, 7
新生児　⑧ xvi, 50, 64, 76, 84
——特定集中治療室（NICU）　⑧ 161
——の脳機能　⑧ 157
——模倣　⑧ 152
振戦　① 47
身体イメージマッチング　⑥ 58
身体感覚転移（BOT）　⑨ 36, 175, 179
身体失認　⑥ xii, 84
身体所有感　⑨ 208
身体図式　⑨ 175
身体的嫌悪感情　② 205, 206, 212
身体的自己　⑥ xi, xiv, xv, 79, 107
身体的バブリング行動　⑨ 37, 216
身体の痛み　① 137
身体保持感 (sense of ownership)　⑥ xi, xiv, 42, 45, 50, 84, ⑨ 12
心的イメージ　⑥ 129
心的外傷ストレス症候群（PTSD）　⑧ xxii, 230
心的回転　⑥ 56
心的資源　① 179, ③ 17
心的自己　⑥ xv, xvi, 79, 93, 96, 107
心的シミュレーション　① 175
心的状態　⑧ 16
侵入エラー　③ 223, ⑦ 112, 114, 118, ⑧ 253
信念　① 113
心拍　① 141
人文社会科学　⑨ xvii
信頼ゲーム　⑤ 16
心理学　① 132
心理検査　① 117
心理生理交互作用分析　⑤ 45
心理的不応期　③ 18
心理物理学　④ x, 99, ⑦ 156, ⑨ 7
心理ロボット学　⑨ 7

遂行機能障害　① 47, 128
髄鞘形成　⑧ 228
錐体　③ 22, ⑦ 7
——路　② 142
随伴性　⑨ 221
随伴的捕捉　③ 40
睡眠　① 148
推論　③ 217, ⑤ 105
——能力　⑧ 202
スクランブル顔　③ 112, ⑧ 74
スクリプト　⑧ 2, 28
ストップシグナル課題　⑧ 202
ストループ課題　① 79, ③ 46, 109, ④ 62, ⑧ xxi, 201, 219, 259
ストレス　① 160, ③ 95, ⑧ 230, ⑨ 307
——性精神疾患　⑧ 154
スパムメール　③ 94
スピード－正確さのトレードオフ（SAT） ⑤ 54
スプラット法　③ 70
スポットライト　③ 5, 26
——メタファー　③ 24
スマーティー課題　⑧ 110, ⑨ 13
スマートドラッグ　② viii, x, 72
スマートフォン（スマホ）　③ 93, ⑦ 25, 81, ⑨ xi, 22, 173, 309
スモールワールドネットワーク　⑦ 57
スロット　③ 78
——数　③ 78
——モデル　③ 73, 74

性格　① 10, 47, 68, ⑨ 28
制御的過程　③ 19
制御的反応　③ 51
性差　④ 21

静止画　④ 84
精神医学　① 116
精神疾患　① 111, ② 165, ⑥ 210
精神障害者　① 148
精神症状　⑧ 273
精神的 QOL　⑨ 306
精神病質　② 38, 45, 49, 50
精神療法　⑥ 2
生態学的自己　⑧ 128
性的虐待　⑧ 232, 240
青斑核　① 166
静物画　④ 10, 56
生命倫理　② ix, 56, 108
正立顔　① 69, ⑧ 84
生理的報酬　⑤ xvii, 60, 61, 65, 82
脊髄損傷　⑨ 283
舌状回　③ 107, ⑥ xxiii, ⑦ xx, 57, 162, ⑧ 232
切断肢　⑨ 283
セラピーロボット　⑨ 22
セルフアウェアネス　⑥ x, 182
セロトニン　① 166
――選択的取り込み阻害剤（SSRI）　② 147
前運動野　④ 94, ⑦ 162, 164, ⑧ 266
線画　③ 100
選好性　⑨ 39, 243, 246
選好注視（法）　⑧ 84, ⑨ 220
選好判断　⑥ 121
選好反応　⑧ 166
潜在記憶　⑦ 157
潜時　① 74
前上側頭皮質　⑤ 45
線条体　① 137, ④ 16, ⑤ xiv, xv, xix, 1, 6, 12, 13, 28, 42, 44, 61, 62, 64, 80, 88, 127, 133, 134
前帯状皮質　① 146, ⑤ 80, 81, 127, 133, ⑨ 83
選択的注意　③ 51, 96
――の負荷理論　③ 101
選択盲の実験　② 22
前注意段階　③ 17
前中央帯状回皮質（aMCC）　⑨ 96
前頭眼窩回　⑧ 153
前頭眼窩皮質（OFC）　④ 45, ⑤ xv, xviii, 6, 13, 17, ⑧ 154
前頭眼窩野（前頭眼窩部）　② 142, 145, 148, 150, ⑤ xviii, 116-118, 127, 128, 130, 133, 134
――外側部　② 17
内側――　② 144
腹内側――　② 151
前頭眼野（FEF）　③ 30, 129, 213
前頭基底ループ　② 142, 148
前頭極　① 125
前頭前皮質　① 122
――背外側部　⑦ 79
――背内側部　① 100
――腹内側部　① 100
内側――　① 91, 93, 99, 105, 124
前頭前野（PFC）　① 22, 39, ② 13, 42, 150, ③ 30, ④ 55, 63, 112, ⑤ xiv, xviii, 104, 106, 110, ⑥ xxii, 97, 108, 179, ⑦ 122, 133, ⑧ x, 237, 249, ⑨ 19
――外側部　⑤ xviii
――外側面　① 39
――眼窩内側部（OMPFC）　⑥ 97
――損傷者　② 9, 16
――内側部（MPFC）　① 24, 41, ⑤ 99, 100, ⑥ xiii, xvi, xxi, 12, 16, 17, 97, 99, 103-105, 148, 160, 162, 169-171, 176, 182, 199, 228, ⑨ 10
――背外側部（DLPFC）　② 11, 17, ③ 50, ④ 17, ⑤ xxii, xxiii, 117, 133, ⑥ 30,

171, 172, 178, 179, 215, 216, 228, ⑦ xix, 122, 128, ⑧ x, xxii, 209, 255, 266, ⑨ 10, 17
——背内側部（DMPFC） ⑥ 97, 101, 103, 104
——皮質 ⑤ xxi
——腹内側部（VMPFC） ② 4
大脳皮質—— ⑤ 95
内側—— ② 142, 144, 148, ⑤ 17
背外側—— ② 150, ⑤ 17
背側—— ⑤ 13
腹外側—— ② 150
腹内側—— ⑤ 23
前頭側頭型認知症（FTD） ⑥ 77, ⑦ 99, 100, ⑧ xxv, 275
前頭側頭葉変性症 ⑧ 273
前頭中心部 ⑥ 132
前頭－頭頂（実行系）ネットワーク（FPN） ① 172, ③ 143, ⑥ 225, 228
前頭頭頂領域 ⑥ 145, 150, 164
前頭葉 ① 126, ③ 108, 127, ④ 44, 61, 62, ⑥ 76, 97, 182, ⑦ xv, 5, 11, 24, 76, 79, 80, 86, 100, 121, 160, 164, ⑧ ix
——外側領域 ⑦ 46
——下部 ① 168, ⑦ 44
——眼窩部 ④ 119-121, 123, 136
——機能 ③ 109
——損傷患者 ① 21, ⑦ 100, ⑧ 38, 208
——内側 ⑦ xv, 78, 79
——背側部 ⑦ 44
——領域 ④ 61
前頭領域 ⑥ 145
前頭連合野 ① 146, 156, ⑤ 62, 80, 81, 133
——外側部 ⑤ 72
——眼窩部 ① 159, ⑤ 62, 64, 69, 71, 78, 79, 80, 81, 83
——内側部 ① 150, ⑤ 80
——背外側部 ⑤ 127
前部前頭前野（aPFC） ① 22-24, 27, 33, 40, ③ 144
前部側頭葉 ⑧ 27
前部帯状回（前部帯状皮質，ACC） ① 41, 102, 182, ② 145, 150, ③ 49, 144, 213, ④ 46, 55, 59, 61, 62, ⑥ xiii, xxi, xxii, 29, 98, 151, 152, 154, 160, 169, 176, 182, 211, ⑦ xix, xx, 122, 128, 157-8, 160, ⑧ x, 34, 48, 209, 255, 256, 266, ⑨ 33, 95
——皮質 ④ 37
——吻側部 ⑥ 118
前部島皮質 ① 102, ⑥ 210, 211, 213, ⑨ 33, 83
線分割課題 ③ 32
全ヘモグロビン量 ① 70
前方型認知症 ⑧ xxv, 275
前補足運動野 ⑧ 210

早期後頭陰性成分（ERN） ⑧ 125
操作的思考 ⑥ 33
操作領域 ⑨ 68
喪失 ① 86
躁状態 ⑦ 95
創造性 ① 19
——の枠組み ② 84
想像力 ⑥ 35, ⑨ 28
相貌失認 ③ 43, 45
側坐核 ② 150, ④ 63, 110, ⑤ xv, xviii, 2, 12, 13, 21, 23, 62, 64, 79, 80, 81, 116, ⑦ 160, 162
即時把握 ③ 55
属性内シフト・属性間シフト課題 ⑧ 222
側頭 ⑥ 182
——極（TP） ④ 46, ⑥ xxi, 12, 16, 104, 169, 171, ⑦ xviii, 98, 102, 140-141, ⑧ xv, 2, ⑨ 106

——溝　⑦ 100
——後頭葉　⑦ 65
——頭頂接合部（TPJ）　① 178, ③ 59, 129, 137, ④ 88, ⑥ xxi-xxiii, 103-4, 162, 169, 171, 176, 182, 201, 213, 214, 228, ⑦ 73, ⑧ 30, ⑨ 106
——－頭頂－後頭接合部　⑦ xv, 78
——頭頂領域　⑧ 59
——領域　⑥ 148, 199
側頭葉　① 168, ⑥ xii, 76, ⑦ 2, 4, 5, 37, 86, 100, 121
——下部　④ 31
——後部　⑦ 84
——内側部　① 9
ソマティック・マーカー仮説　② 17, ④ 23, ⑤ 110
損失　③ 25
——利得法　③ 123

タ行

第 1 次運動野　① 172
第 1 次視覚野（V1）　① 172, ③ 22, ④ 6, 9
第 4 次視覚野（V4）　③ 23, ④ 9
第 5 次視覚野　③ 23, ④ 6, 10, 88
第 1 次循環反応期　⑨ 212
第 2 次循環反応期　⑨ 212
第 3 次循環反応期　⑨ 212
体外離脱経験　⑥ xvi, 90
大細胞経路（M 経路）　⑧ 193
胎児・新生児シミュレーション　⑨ 108
帯状回　② 162, ③ 201, ⑥ xvi, 162, ⑦ 64, 79, 158
——皮質　⑤ xv, 6
——皮質前部　② 11
大小ストループ課題　⑧ 205
対称性　④ 22, 39
帯状－前頭移行野　⑧ 35
帯状皮質　④ 62, ⑤ xvi, 116
帯状－弁蓋ネットワーク　③ 144
対人関係　⑥ 201
——の発達　① 64
対人コミュニケーション　① 68, ⑥ 9, 18
——障害　① 76
——能力　① 113
対人的自己　⑧ 128
対人のゲーム　① 56
対人反応性指標（IRI）　⑧ 293
体性感覚　⑥ 45, 87, ⑨ 201
体性感覚野　① 178, ③ 59, ⑥ 29, ⑦ 158, ⑧ 155
対側遅延活動（CDA）　③ 84
対側半球　③ 84
体動　⑧ 55
第 2 課題　① 181
第 2 言語　③ 19
第 2 の身体　② 103
大脳基底核（尾状核）　① 16, ② 102, ③ 111, 144, 213, ⑤ xix, 88, 94, 99, 107, ⑥ 177, ⑧ 209
——線条体　⑤ 95
——の強化学習説　⑤ 5
大脳皮質基底核変性症群　⑧ 293
大脳皮質正中内側構造（CMS）　⑥ xvi, 97, 104
大脳皮質前頭前野　⑤ 95
大脳皮質内側面　① 92
大脳（皮質）辺縁系　⑧ 234, 243
体罰　⑧ xxiii, 237
代理的注意　⑨ 39
代理母親　⑧ 170
対話　⑨ 35, 188, 2087
ダヴィンチ　⑨ 5, 40
ダウン症候群　⑧ 113
多義語　⑦ 114

抱きしめる　⑨ 172
ターゲット　③ 153
　——刺激　③ 101
　——情報　③ 110
　——単語　⑧ 250
　——表象　③ 164, 171
多次元共感性評価尺度　① 128
多次元尺度構成法　④ 106
他者　⑥ ix, 99, ⑧ 114, ⑨ 4, 73, 169, 189, 223
　——化　⑨ 31
　——からの視点　① 89
　——視点取得　⑨ 82
　——性　⑨ 4, 29, 31
　——知（ToMo）　⑥ 181
　——の痛み　① 101, 102
　——の痛みへの共感　① 109
　——の意図　① 143
　——の感情　① 104
　——の行動予測　⑨ 217
　——の心の推測　① 93
　——の認知　① 90
　——のパースペクティブ　① 122
　——への共感　① 87, 101, 108
多重課題　① 174
多集団エスニック・アイデンティティ測度（MEIM）　① 106
タスクスイッチング　③ 18
タスクポジティブネットワーク（TPN）　⑥ xviii, 127, 128, 134
脱酸化ヘモグロビン　① 66, ⑧ 53, 186
手綱核　⑤ 134
脱抑制　⑧ 294
　——的行動　⑧ 292
他罰　⑥ xxiv, 207
タブララサ　⑧ 49
だまし　① 2
単一ニューロン活動　① 151
短期記憶　③ 51, 197
単語スパンテスト　⑧ 251
探索の非対称性　③ 36
男女差　① 141
淡蒼球　② 142, 145
ターンテーキング　⑨ 89

チェッカーボード　⑧ 58
遅延期間　③ 81
遅延聴覚フィードバック　⑥ 64, 68
知覚行動照合（PAM）　⑨ 91, 99
知覚的意識　③ 92
知覚的オブジェクト　③ 165, 166
知覚の狭化　⑧ 86
知覚の範囲　⑦ 11
知覚負荷　③ 101
逐次自動打ち切り探索　③ 37
チーターロボット　⑨ xvi
注意　① 68, ⑨ 243, 245
　——行動　⑨ 38
　——資源　① 179
　——（の）制御　① 31, ③ 20, ⑦ 120, 130, ⑧ 248
　——性のマスキング　③ 149, 179
　——段階　③ 17
　——調整　① 25
　——の移行　⑦ 116, 125
　——の時間窓　③ 11
　——の実行系　⑦ xviii, 140
　——のトレードオフ　① 29
　——の配分（割り振り）　① 26, 29, 178, 180
　——のフィルターモデル　③ 16
　——のフォーカス　⑦ xix, 126
　——の瞬き（AB）　③ 183
　——のメカニズム　③ 5

——の容量制約　③ 207
——の抑制　③ 112
——マップ　③ 35
外的——　③ 123
空間的——　③ 14
視覚的——　③ 14
時間的——　③ 183
焦点的——　③ 41
選択的——　③ 51, 96
トップダウンの——　③ 122, 129
内的——　③ 122
物体ベースの——　③ 28
分散的——　③ 164
ボトムアップの——　③ 122, 129
注意欠陥多動性症候群児　⑧ 223
中央実行系　③ 51, 215, ⑦ xv, 76, 79, 109, 119, 128, 130, ⑧ 247
注視　⑦ 4, 164, ⑧ 11
——時間　① 69
——モジュール　⑨ 234
——領域　⑧ 117
中心窩　⑦ 7, 9
——視野　⑦ xiii, 6
中心溝　③ 213
——前壁　⑨ 41
——内電極　⑨ 290
中心後回　① 79, ④ 34, ⑥ 59
中心視　③ 26
中心前回　③ 107
中心マスク　③ 167
中枢性統合説　⑧ 221
中性物語　⑧ 284
中前頭回（MTG）　① 102, ③ 107, 111, 213, ⑥ 82, 102
中脳　③ 22, ⑦ 4, 5
——黒質　⑤ xiv, 28, 45
——辺縁系　⑦ 160, 162
聴覚性言語中枢（ウェルニッケ野）　⑧ 237
聴覚フィードバック　⑥ 64
聴覚野　⑧ 235
聴覚誘発電位　⑧ 52
長期記憶　③ 51, 119
鳥距溝　③ 213
聴性脳幹インプラント　⑨ 282
聴力　⑨ 170
直流電気刺激 (dcs)　② 57
直列処理過程　③ 197
直観優先原理　② 22
治療ロボット　⑨ 22
チンパンジー　① 94, 151, ⑧ 109, ⑨ 9

吊り橋効果　⑨ 165

デイケア　⑧ 278
——センター　⑧ 278, ⑨ 34, 130, 148
定型発達児（者）　⑧ 113, ⑨ 240
低次視覚野　③ 174, ④ 31
ディスコントロール症候群　② 174
ディストラクタ　③ 153
——刺激　③ 101
——情報　③ 110
ディスレクシア　⑦ xiii, 22, 34, 82
ディセプション　③ 147
ディープラーニング（DL）　⑨ 2
ディメンショナルチェンジカード分類課題（DCCS）　⑧ 205
テイラー攻撃性パラダイム　⑥ 211
手がかり法（手がかりパラダイム）　③ 25, 123
手書き文字　⑦ 41
デカルトの劇場（モデル）　③ 8, ⑥ 78
テキスト理解　⑦ 77
テストステロン　① 141

——受容体　① 143
哲学　② 4
——における自由意志論　② 45
鉄腕アトム　⑨ ix, 1
デフォルト（脳）活動　① 145-147, 149
デフォルトモード・ネットワーク（DMN）　① 163, 172, ③ 62, ⑥ xviii, 127, 128, 130, 132, 134, ⑦ xv, 80, ⑧ 56
テーラーメイドロボット　⑨ 24, 28
テレ　⑥ 142, 143
テレノイド　⑨ 35, 142, 156, 164
テレプレゼンスロボット　⑨ 152
電気けいれん療法　② 165
展望　① 1
——記憶　① 5, 174
——的コミュニケーション　① 32
デンマーク　⑨ 35, 150, 162

島　① 79, 140, ② 150, ④ 37, ⑥ xiii, 115, 125, 128
——前部（AI）　⑦ 79, ⑨ 95
——内側部　⑤ 80
——皮質　③ 213, ④ 20, ⑤ xv, xvii, 6, 12, 13, 16, 17, 23, ⑥ xx, 30, 31, 152, 155, 160, ⑦ 158, ⑧ 226
——皮質後部　④ 34
——皮質前部　④ 34, ⑥ 151, 154, 160, 162, 163
——部　⑧ 237
投影法　⑥ 213
同期がはずれる現象　⑨ 291
統合された自己　⑥ 108
統合失調症　① 76, 111, 146, ② 165, ④ 112, ⑥ 36, 50, ⑧ 113, ⑨ 24, 169
同時失認　③ 31
頭頂　① 168
同調　⑥ 20, ⑨ 32, 89
頭頂間溝（IPS）　① 185, ③ 23, 85, 129, 138, 189, 190
頭頂小葉　⑥ xv, 84
頭頂葉　③ 22, 127, ⑥ xv, 42, 48, 59, 63, 84, 88, 182, ⑦ xv, 2, 5, 11, 37, 76, 84, 86, 88
——下部　⑦ 32, 44
——後部　⑦ 5, 34
——上部　⑦ 158
頭頂領域　⑥ 145, ⑧ 258
頭頂連合野　① 146, 156, ⑤ xxii, 117, 133
——内側部　① 150
道徳：
——意識（国民の）　② 184
——的意思決定　⑥ 121
——的嫌悪感情　② 205, 206, 212
——的ジレンマ　② viii, 7, ⑧ 40
——の神経哲学　② 6
——の哲学　② 4
——の脳科学　② 4
頭皮脳波　⑨ 284
倒立顔　① 69, ⑧ 84
読書　⑦ 6
独創性　④ 38
特徴　③ 22
——探索　③ 33
——統合理論　③ 33
——マップ　③ 35
トークン　③ 222
閉じ込め症候群　⑨ 41, 306
読解　③ 108
——力　③ 216, ⑦ 76
特化負荷理論　③ 119
トップダウン　⑨ 111
——的評価　④ 51
——な注意　① 189
——の制御　③ 20
——の注意　③ 122, 129

ドーパミン　② 41, 158, ④ 20, 87, 110, ⑤ xiv, xix, xxii, 12, 45, 122, ⑦ 133, ⑧ 195, 249
——ニューロン　⑤ xxii, 5, 7, 61, 62, 88, 89, 117, 122
——報酬予測誤差説　⑤ 89
ドーピング　② 71
——検査　② 81
トラウマ　⑧ 246
ドラゴンボット　⑨ xii, 22
トレードオフ　① 30
トロッコ問題　② 1
ドローン　⑨ x, 5

ナ行

内集団　② 209
内側眼窩前頭皮質　① 41
内側前頭前野（皮質）（MPFC）　① 11-13, 15, 16, 25, 29, 32, 91, 93, 99, 105, 124, 173, 174, 180, 182, ② 210, ③ 62, ④ 112, ⑤ 17, ⑥ xiii, xvi, xxi, 12, 16, 17, 118, 122, 125, 128, 133, 148, 160, 162, 182, ⑦ xviii, 2, 98-100, 102, 140, ⑧ xv, 1, 22, 48, 56, ⑨ 15, 106
内側前頭皮質　⑤ xvi, 37, 38, ⑧ 238
内側前頭葉（前帯状回）　① 13, 16-18, 30, 31
——－側頭葉－頭頂葉ネットワーク　① 12
内側前脳束　⑤ 61
内側側頭葉　① 10, 12, 13, 15, 16, 18, 19, 23, ⑧ 41
内側ネットワーク　① 12, 13, 15, 16, 18, 19, 32
内側部　① 146
内的思考　① 174
——過程　① 145, 149
内的情報　③ 119
内的精神状態　① 175
内的注意　③ 122
内的表象　① 83
内的メカニズム　③ 26
内発的低周波脳信号　① 148
内発的動機づけ　⑤ 111, ⑨ 110
内発的報酬　⑤ xvii, 60, 65, 82
七つの大罪　① 134
ナビゲータ　③ 93
ナルコレプシー　② 148
難聴　⑨ 23, 156

肉体的 QOL　⑨ 306
2 次課題　⑧ 5
2 次記憶　③ 50
2 次誤信念課題　⑧ 290, ⑨ 14
2 次再帰性ロボット　⑨ 18
2 次の誤信念課題（FBT）　⑨ 13
2 重回路仮説　⑦ 56
2 重課題　③ 18, 216, ⑦ xix, 108
2 足歩行　⑧ 49
——型ロボット　⑨ xv
2 チャンネル理論　③ 157
日本語版 RST　③ 216
乳児　⑧ 8, 64, 96
——に対する話し言葉（IDS）　⑧ 173
乳頭体　⑤ 61
乳幼児　⑧ xxii, 227, ⑨ 211
入力型 BMI　⑨ 282
ニューロイメージング　④ 99
ニューロエコノミクス　⑤ ix, 1
ニューロエンハンスメント　② x, 72
ニューロバスキュラー・カップリング　② 132
ニューロフィードバック　⑨ 175, 180
ニューロマーケティング　④ 25, ⑤ xi, 23,

⑨ 29
ニューロン・リサイクリング仮説　⑦ xiv, 38
人間型ロボット　⑨ 264
人間支援神経装置プログラム　② 112
人間とは何か　⑨ 46
認識の発達モデル　⑥ 32
人称代名詞　⑧ 114
人称問題　⑥ xiv, 172
認知：
——革命　③ 15
——課題　① 172
——・実行機能　① 160
——障害　⑧ 273
——的アクセス　③ 92
——的共感（CE）　⑥ 21, 22, 29, 34, ⑧ 293, ⑨ 32, 82, 88, 101
——的コンフリクト　⑧ 259
——的ストループ課題　⑧ 259
——的制御モデル　② 11
——的な葛藤　① 41
——的な制御（コントロール）　① 40, 58
——的（の）バイアス　⑨ 29, 249
——的並置　② 143
——脳科学　③ 6
——発達ロボティクス（CDR）　⑨ 12, 32, 80, 85, 213
——モデル　③ 5
——ロボティクス　⑨ ix, 124
認知症　⑧ xxv, xxvi, 258, 274, ⑨ 21, 153, 159
——患者　① 21
——高齢者　⑨ 154
認知神経科学　③ 14

ネガティブ　① 72
——な形容詞　① 95
——な情動　① 140
——な反応　⑨ 157
——な表情　① 78
ネクステージ　⑨ xvi
ネグレクト　⑧ 229
妬み　① 133, ⑨ 32
——の脳内基盤　① 135

脳：
——イメージング　① 18, ⑨ 27, ⑧ 48, ⑨ 29, 213
——科学　② 59
——神話　⑨ 28
——の異常　② 37, 43
——の「現在」　③ 7
——の注意ネットワーク　③ 128
——の報酬系　① 16
——の容積　⑧ 50
能楽　④ 102
脳画像　② 61
——技術　④ 8
脳幹　⑥ 32, 108
脳機能イメージング（法）　① 92, ④ 51
脳機能画像法　① 42, ③ 14, 103
脳血流　① 163
——分布　① 163
——量　① 67
脳磁図，脳磁場計測法（MEG）　① 89, ③ 175, ④ 16, 17, 45, 52, 53, 90, ⑥ 78, ⑧ 52, ⑨ 40
脳神経科学と自由意志・責任　② 44
脳神経外科的介入　② 173
脳神経倫理（ニューロエシックス）　② 53, 54, 180
脳深部刺激装置（DBS）　② 157
脳脊髄液　① 81

脳卒中　⑨ 283
脳損傷患者　① 38, ② 152, ③ 29, ⑦ 30, 33
脳損傷と道徳的異常　② 4
能動的運動　⑥ 54
能動的共存在感　⑨ 172-3
能動的様相マッピング説　⑨ 226
脳内自己刺激　⑤ xiv
脳内報酬系　② 148, ⑤ xii
脳波（EEG）　② 47, 131, 153, ③ 171, 186, ⑥ 78, ⑧ 52, ⑨ 199
脳表面形状抽出　⑨ 296
脳賦活検査　① 65
能面　④ 103
脳律動変化　⑨ 284
脳梁　⑦ 68, 84, ⑧ 241
——膝　⑧ 34
覗き箱　④ 76
ノルアドレナリン　① 166

―――― ハ行 ――――

バイアス　② 89, ⑨ 249
——競合モデル　③ 21
バイオロジカルモーション　① 72, ④ 88, 97, ⑥ 201-2, ⑦ 163, ⑧ 14
徘徊　⑨ 159
背外側前頭前野（DLPFC）　① 39, ③ 50, ④ 17, ⑤ 17, 37, 38, 54, 55, ⑥ 30, 125, 128, 171, 172, 178, 179, 215, 216, 228, ⑦ xix, 122, 128, ⑧ x, xxii, 209, 255, 266, ⑨ 17
胚子－胎児期　⑧ 50
陪審員　② 191
背側運動前野　⑦ 32, 46, 79
背側経路　③ 22
背側神経路　⑦ 48
背側線条体　⑤ 116, 120
背側前帯状皮質（dACC）　⑨ 96
背側前頭前野　⑤ 13
背側前部帯状回（dACC）　① 136, ⑥ 30, 115, 128, 132
背側帯状回　① 79
背側注意ネットワーク（DAN）　① 172, ③ 30, 127
背側島皮質　⑤ 45, 46
背側認知領域（ACcd）　⑨ 95
背側路　⑦ 54
背内側　⑥ xvi
——前頭前野　① 41, ⑥ 125, 133
ハイパースキャニング　⑥ xx, xxv, 224, 227, ⑨ 33, 109
ハイブリッド言語　⑦ 14
バイリンガル　⑦ xvi, 24, 85, 86
バインディング　③ 8, 170
——問題　③ 41
パーキンソン病　① 47, 166, ② 157
ハグ（抱擁）　⑨ 35, 145, 165
白質　① 52, 81, ⑧ 249
——線維　⑧ 50
バクスター　⑨ xvi
白昼夢　① 175
ハグビー　⑨ 36, 143, 167
箱庭　⑧ 244
はずかしさ　① 82
——の評点　① 82
長谷川式簡易知能スケール（HDSR）　⑨ 35, 153
パターンスパンテスト　③ 218
パターンマスキング　③ 162, 170
バーチャル秘書　⑨ xiii
パックマン図形　③ 166
発達科学　⑨ 10
発達区分　⑧ viii
発達原理　⑨ 213
発達障害　① 147, ⑥ 8, ⑧ 96, 113, 224
発達心理学　⑨ 213

発達抑制　⑧ 230
発達ロボティクス　⑨ 79
発展版 DCCS 課題　⑧ 206
ハードプロブレム　④ xiv
話し言葉　⑦ 27
話し手　⑨ 38, 245, 249
ハノイの塔課題　③ 218
母親　① 73
——との相互作用　⑧ 154
パラドックス　③ 90
パラメトリックバイアス　⑨ 229
——付きリカレントニューラルネットワーク　⑨ 229
パラメトリック・モジュレーション　⑥ 198
バランス理論　⑨ 38-39, 248
バリント症候群　③ 33
パルロ　⑨ xv
パロ　⑨ 22
パワースーツ　⑨ 24
犯罪　② 187
——心理学　① 37
——抑制力　⑧ 238
反サッケード課題　③ 109
反社会性　② 38
——人格障害　① 52, ⑦ 99
阪神大震災　⑧ xxvi, 281
半側空間無視　③ 31
判断ステージ付き囚人のジレンマゲーム（PDAS）　⑤ 49
半投影法　⑥ 213
ハンドリガード　⑧ 108, ⑨ 12, 220
反応競合課題　③ 48, 101
反応コスト　③ 101
反応時間　① 29, ⑧ 90
反応制御　① 43
反応抑制　③ 14
反復経頭蓋磁気刺激（rTMS）　③ 177
反復的視察ゲーム　⑥ 119
反復抑制現象　⑧ 94

美　① 2
——の基準　④ 22
非意図的運動　⑥ 42
P-F スタディ　⑥ xxiv, 207
被害妄想　① 112
被殻　② 142, 148, ⑤ xv, 2, 13, ⑦ 158
光トポグラフィー　① 66
光マスク　③ 91
引き込み　⑨ 32, 89
引きこもり　⑧ 295
被虐待経験　⑧ 244
非協力ゲーム　① 111, 112
ピクチャースパンテスト（PST）　③ 219, 220
非言語的コミュニケーション　⑧ 99, 127
被験者　② 55
非語彙経路　⑦ 54, 63
非自己　⑧ 114
皮質　③ 23
——BMI　⑨ 287
——盲　③ 43
皮質脳波　⑨ 40
皮質辺縁系統合システム（モデル）　② 13, 20, 21, ⑤ xvi
非社会性課題　① 79
尾状核　④ 46, 63, 110, ⑤ xv, xviii, 2, 80, 81, 99, 102, 104, 107, ⑥ xxii, 176, 177, 179, ⑦ xvii, 90, 162
微小針電極　⑨ 282
非侵襲型 BMI　⑨ 282
非侵襲計測　⑧ 52
非侵襲脳機能イメージング手法　① 8
非接触充電　⑨ 299

尾側帯状帯（cCZ） ⑧ 38, 48
左縁上回 ① 128
左外線状皮質 ① 182
左海馬（領域） ① 13, 22
左下前頭回 ④ 59, 61
左後頭側頭葉 ⑦ xiii, 30, 46
左上側溝 ⑤ 37, 38
左上側頭回（22 野） ① 124, ⑧ 235
左上側頭溝周辺皮質 ① 128
左前中心回 ① 185
左前頭眼野 ⑦ 164
左前頭前野 ⑦ 34
——内側部 ④ 59
左前頭側頭葉 ⑦ 37
左前部側頭葉皮質 ② 142
左側頭葉外側部 ⑦ 32
左側頭葉後下部 ⑦ 54
左大脳半球 ⑦ 32
左中後頭回 ① 185, ⑧ 233
左背外側前頭前野 ① 44
左背側運動前野 ⑦ 35, 46
左腹外側前頭前皮質 ① 128
左紡錘状回 ① 185, ⑦ 56
左補足運動野 ① 182
非注意盲 ③ 135
ピック病 ⑧ 275
ヒト型サービスロボット ⑨ xvi
ヒト（人）型ロボット ⑨ xi, 40, 125
ヒトとロボットの共生 ⑨ x
人らしさ ⑨ 115, 128, 138
皮肉（当て擦り） ⑧ 43, 292
非フォーカス RST（NF-RST） ⑧ 262
皮膚コンダクタンス反応（SCR） ⑨ 177, 183
皮膚電位反応 ① 37, ③ 99, ⑥ 44
比喩 ⑦ 145
——的表現 ⑦ 142
ヒューマノイド ⑨ 87, 106
ヒューマン・ロボット・インタラクション（HRI） ⑨ 4, 79, 247, 266
表象 ③ 4, ⑥ 32
——的慣性 ④ 97
表情 ① 64, ④ 101, 109, ⑨ 105
——解析 ① 64, 65
——研究 ⑧ 104
——認知 ⑦ 95
昼・夜課題 ⑧ 204

不安 ① 68
フィードバック ⑨ 92, 250
フィードフォワード処理 ③ 175
フィニアス・ゲイジ ① 10
フィルター ③ 14
——理論 ③ 97
フィールド実験 ⑨ 34, 125
風景画 ④ 56
風景刺激 ③ 113
夫婦間暴力（DV） ⑧ 239
フォーカス RST（F-RST） ⑧ 262
フォーカス語 ⑧ 262
フォワードモデル ⑥ 71
不快感 ⑦ 158
不快刺激 ⑧ 163
不確実性 ⑥ 113, 120
不均衡状態 ⑨ 249
腹外側前頭前野（皮質）（VLPFC） ① 39, ⑤ xvi, ⑥ 210, 211, 213, 216
福祉政策 ⑨ 163
複数物体追跡 ③ 55
輻輳運動 ⑦ 3
腹側外側部 ① 78
腹側経路 ③ 23
腹側高次皮質 ④ 30
腹側線条体 ④ 20, ⑤ 116, ⑥ 115, ⑦ 101,

141
腹側前帯状回（vACC） ⑥ 30
腹側前頭前野（VPFC） ① 78, ⑥ 213
腹側前頭皮質（VFC） ③ 129
腹側注意ネットワーク（VAN） ③ 30, 127
腹側被蓋 ② 164, ④ 120, ⑤ xiv, 5, 28, 45, 61, 64, 80, 81, 88, 116
腹側皮質 ④ 31
腹側路 ⑦ 54
腹内側前頭前野皮質（VMPFC） ① 41, 125, ⑤ 23, ⑥ 116, 119, 133, ⑧ x, ⑨ 95
腹内側前頭皮質 ⑤ 42, 44-46
符号化過程 ⑧ 258
フサオマキザル ① 156
不正直者（嘘つき） ① 56
復帰抑制 ③ 27, 126
物体：
――認識の 3 段階 ③ 42
――ベースの注意 ③ 28
物理的特徴 ③ 98
不道徳 ② 188
負の相関 ① 190
プライミング：
――課題 ① 97
――手法 ① 97
――操作 ① 97
負の―― ③ 47, 100
フラクタル図形 ④ 124
フラジャイル（弱い）ワーキングメモリ ③ 90, 91
フラストレーション ① 160, ⑥ xxiii, xxiv, 205
ブラックユーモア ② 151
フラッシュバック ⑧ 242
ブラフ（はったり） ① 57
フランカー課題 ③ 48
プランニング ① 2, ③ 53, ⑨ 121
――能力 ⑧ 202
ふり ⑧ 3
フリーサーファー法 ⑧ 232
フルオロデオキシグルコース（18F-FDG） ① 48
ブレイン·マシン·インターフェイス（BMI） ② viii, 73, 100, 157, ⑨ 24, 40, 180, 198, 281
――の軍事利用 ② 112, 159
――の発展への制約 ② 123
――の臨床利用 ② 110
――の倫理的問題 ② 114
――倫理 4 原則 ② 115, 159
「出力型」の―― ② 102
侵襲的―― ② 103, 124
「入力型」の―― ② 102
脳波利用型―― ② 104
非侵襲的―― ② 103, 124, 127
プレグナンツの法則 ④ 3
フレゴリー錯覚 ⑥ xii
プレビュー領域 ⑦ 8
フレームドライン・テスト ① 88
ブローカ失語症 ① 172
ブローカ野 ⑦ xiv, xvi, 11, 32, 51, 64, 65, 68, 71, 75, 78, 83
プロスペクション ① 4, 5, 20, 32
プロスペクティブ・メモリ ① 5, 21, 22, 32
プロスペクト理論 ⑤ xi, 10
プロセティック連続体 ⑦ 156
プロソディ ⑧ xx, 173
ブロックデザイン ④ 54
ブロードマン領野 ① 22
ブロードマン 10 野 ① 173
ブロードマン 44 野 ① 78
ブロードマン 45 野 ① 78
プローブ ① 66

文化神経科学　① 89
文化心理学的研究　⑥ 105
文化的価値観　① 88, 98
分散的注意　③ 163
文章読解（文章理解）　③ 108, ⑦ 105, 111, 140
吻側前部帯状回　⑥ 122, 125, 128
吻側帯状帯後部領域（rCZp）　⑧ 37, 46, 48
吻側帯状帯領域　⑧ 38
分配行動　⑤ 14
吻腹側情動領域（ACad）　⑨ 95
文法　⑦ 75
文脈依存：
　——条件　① 95
　——の理解　⑥ 194
文脈非依存条件　① 95
分離　⑧ 9

閉所恐怖症　⑧ 116
ベイズ理論　⑥ 116
並列処理過程　③ 197
並列探索　③ 37
並列分散処理モデル　⑦ 37
ベクション　④ 82
ベースライン　① 164, 166
　——課題　① 11, 12, 15, 23
　——条件　③ 113
ベータ帯域　③ 202
ペッパー　⑨ xvi
ヘッブ則　⑨ 226
ペルソナ　④ 102
ベルドッティ事件　② 198
辺縁系　② 162, 163, 172, 175, ④ 44, 55, 61, 62, 109, ⑤ xiv, ⑦ 5, 158, ⑧ 27, 152
変化検出課題　③ 54, 135
変化の見落とし　③ 69, 152, 207, 219
変化率　① 185
偏心投影　⑨ 176
ベンゾジアゼピン　⑤ 21
扁桃核　④ 31, ⑤ 61
扁桃体　① 16, 41, 79, 118, 140, ② 144, 147, 150, 175, ④ 37, 44, 55, 61, 105, 109-112, ⑤ xv, 6, 13, 19, 21, 116, 117, 118, 133, ⑥ 8, 115, 116, 148, 151, ⑦ xvii, xix, 94, 95, 134, 135, 160, ⑧ xxii, xxv, xxvi, 24, 230, 275, 282
　——の体積測定　① 118

保育器　⑧ 149
ポイント・ライト・ディスプレイ　① 72
方位チューニング　⑨ 287
妨害刺激　③ 40, 48, 110
暴言虐待　⑧ 234
傍参与者　⑨ 59
放射性同位元素　① 152, ② 133
放射性薬剤　① 8
報酬　① 157, ⑤ ix, xi, 59, 113, 127
　——期待　① 159, ⑤ ix, 114
　——系　① 137, ② 41, ④ 63, 110, 120, ⑤ 2, 116, 131, ⑦ 141, 162
　——刺激　⑤ 9
　——中枢　② 163
　——の期待　⑤ 132
　——予測誤差　⑤ xxii, 88, 89, 133
　学習獲得的——　⑤ 60, 62, 65, 82
　自己——系　⑤ xii
　社会性——　⑤ xii
　生理的——　⑤ xvii, 60, 61, 65, 82
　内発的——　⑤ xvii, 60, 65, 82
　脳内——系　⑤ xii
紡錘細胞　⑧ 34
紡錘状回（顔領域）（FFA）　① 65, 178, ② 145, ③ 24, 45, 113, ④ 10, 31, 62, ⑥ 81, 82, 92, 145, ⑦ 57, 73, ⑧ 18
　——近辺（FG ／ Cos）　④ 30, 31

縫線核　① 166
傍帯状皮質（BA32）　⑧ 34
法の役割　② 189
抱擁（ハグ）　⑨ 35, 145, 165
暴力脳　② 172, 174, 179
北斎漫画　④ 77, 80, 81, 90, 92
ボクセル　⑧ 53
　——・ベイスト形態計測（VBM）　① 122
　——・モルフォメトリー（VBM）　⑧ 232, 293
誇り　⑦ 97, 100, 101, 140
母子関係　⑧ 147
母子間同調　⑨ 109
母子相互作用研究　⑧ 151
ポジティブ　① 72
　——な形容詞　① 95
　——な情動　① 16
　——な反応　⑨ 157
ポジトロン断層撮像法（PET）　① 8, 38, 65, 89, 151, 163, ④ 20, ⑥ 12, 78, 199, ⑧ 24
母子の絆（ボンディング）　⑧ 148, 154, 196
補償　⑧ 257
母性クオリア　⑧ 156
補足運動前野　① 79
補足運動野（SMA）　① 80, ② 47, 142, 145, 148, ④ 34, ⑥ 128, ⑦ xx, 64, 65, 162, ⑧ 39 ⑨ 96
補足眼野　③ 213
ポップアウト　③ 35
　——・プライミング　③ 48
ボトムアップ　⑨ 111
　——の制御　③ 20
　——の注意　③ 122, 129
ボトルネック　③ 16
母乳　⑧ 165
哺乳類　① 162
ホムンキュラス　⑥ 78
ホメオスタシス　⑤ 111, ⑨ 98
ポリグラフ　① 37

マ行

マインドコントロール　② 113
マインド・ブラインドネス　⑨ 11
マインドホルダー　⑨ 33, 106
マインドリーダー　⑨ 33, 106
マインドリーディング　② ix, xi, 113, ⑥ 185, ⑦ 1, ⑨ 10
マインドワンダリング　① 175, ③ 63, 89, ⑥ 128
マキャベリ的知能仮説　⑤ 28, 39
マークテスト　① 157, ⑥ xix, 140
マクトス（MCTOS）　② 104
マクベス効果　② 203
マザーリーズ　⑧ xx, 172, 173
マジカルナンバー 4　③ 55
瞬き　③ 150
まなざし課題　⑧ 290
まね　⑥ 27
マルチコンポーネント・モデル　⑦ 109
マルチタスク（多重課題）　③ 93
マルチプルドラフト理論　③ 206
マルチリンガル　⑦ 85
マンセル・カラー・システム　④ 66

見落としの回避　③ 185
右海馬　④ 59
右下後頭葉　④ 59
右下前頭回　⑧ 117
右下部後頭回　① 185
右眼窩前頭皮質　① 182, ④ 59
右視床　⑤ 37, 38

右上部前頭回　① 185
右前（部）帯状回　① 44, 124
右前頭葉　② 152, 154
右側頭皮質　⑥ 232
右側方眼窩前頭皮質　④ 45
右中後頭葉　④ 59
右中前頭回　① 185
右島皮質　① 124
右頭頂葉後部　⑦ 46
右背内側前頭前野　① 44
右半球前頭前野　① 77
右半球優位性　① 70
右被殻　⑤ 37, 38
右腹外側前頭前野　① 44
右扁桃体　④ 59
未知顔（見知らぬ人の顔）　① 73, 82
身近な他者（母親）　① 99　⇒ 母親
醜さ　④ ix, 13
ミニロボット　⑨ xi
身振り手振り　⑨ 118
ミメーシス　⑦ 141, 152
未来（将来）：
——の行動予定　① 25, 29, 31
——の想像　① 16
——の想像ネットワーク　① 17
——の出来事の想像　① 3, 4, 13, 17, 25
——の予定　① 20, 22
ミラーサイン　⑥ 146
ミラーシステム　④ 83, 94, ⑥ x, ⑨ 38
ミラーテスト　⑨ 220
ミラーニューロン　① 78, ④ 34, 83, ⑥ 23, 38, 90, 162, 170, ⑦ 142, ⑧ 19, 112, ⑨ 11, 94, 224
——システム（MNS）　⑨ 94, 100
——・ネットワーク　① 81

無意識　② 36, 44, 90, ③ 92, ⑤ xx, ⑥ 74
無意図的想起　① 175, ③ 63
矛盾的自己同一　③ 7
無動　① 47
ムーニー顔図形　⑧ 78

メイヤー（ゲーム）　① 57
メタ解析　① 79
メタ言語知識　⑦ 45
メタコントラスト　③ 155
——マスク　③ 157
メタセティック連続体　⑦ 156
メタ認知　⑥ 15, ⑨ 84
メタ表象　⑧ 114
メタ分析　③ 216
メディアラボ　⑨ 5, 22
メンタライジング　⑥ 119, 129, 148, 157, 214, ⑧ xiv, 1, 112, ⑨ 10, 103, 208
——課題　⑧ 1
——システム　⑧ 17
——ネットワーク　⑥ 162
メンタライゼーション　⑥ 185
メンタルシミュレーション　① 174
メンタルローテーション　③ 23

妄想　① 112, 147, ⑥ 36
網膜神経節細胞　③ 22
網様体覚醒系　① 166
目標　⑨ 227
文字　⑦ 2, 27
——言語　⑦ 51
——認知　⑦ 39, 41
——の獲得　⑦ 36
モジュール解読　⑨ 286
モーションブラー　⑨ 185
モチベーション　⑧ 277
モックアップ　⑨ 160
モデルフリーシステム　⑤ xxi, 101, 108

モデルベースシステム　⑤ xxi, 101, 108
モニタリング　① 41, 156, 174
　——仮説　③ 50
モノアミン系　② 147, 149
物語　⑧ 27
　——説　② 118
モノのインターネット（IoT）　⑨ 27
物まね　⑦ 142, ⑨ 32, 92, 98, 100
もの忘れ　⑧ 248
モーフィング顔　⑥ 146
模様のある画像　⑧ 70
モーラ（拍）　⑦ 53
モラル情動　⑦ 96, 100
モラル・ジレンマ課題　⑥ xviii, 121
問題行動　⑥ 210

ヤ行

有意水準　② 139
有効　③ 25
　——視野　⑦ 11, 18, 25
　——条件　③ 125
融合的社会脳研究センター　⑨ xix
誘導運動　④ 82
誘導探索モデル　③ 37
誘発された注意　⑨ 40, 263
指さし行動　⑨ 21
指吸い　⑨ 220
ユーモア　② xii, ⑨ 130
揺らぎ　⑧ 55, ⑨ 38

幼児期　⑧ xii, 5, 100, 157, 210, 241
陽性症状　① 147
要素主義　③ 3
陽電子放射断層撮像法（PET）　④ 52, ⑤ 16
容量（の）制約　③ 4, 72, 213, ⑧ 248
予期　③ 144
抑うつ　⑧ 230, 275
抑制　③ 53
　——機構（機能，制御）　⑦ 114, 116, 119, 125, ⑧ xxi, 200, 259
　——効果　③ 110
　——的タグ付け　③ 39
　——モデル　③ 197
横顔　① 70
予測　⑦ 2
　——器　⑨ 216
　——誤差　⑨ 38, 216
予測学習　⑨ 37, 215
　——モジュール　⑨ 234
　——モデル　⑨ 38
予定：
　——記憶　① 5
　——行動　① 21-31
　——想起　① 21, 26, 31
　——想起課題　① 22, 23, 25, 28
読み　⑦ 1
　——書き　⑦ 40
　——の理解　⑦ 107
喜び　① 67, ⑦ 101, 140
弱い中枢性統合仮説　⑥ 163

ラ行

落語ロボット　⑨ 8
ラバーハンド　⑥ xiv
　——錯覚（RHI）　⑥ 43, 84, ⑨ 36, 176, 183
ラベル付け　① 181
ランダムアクセスメモリ　③ 4
ランダム図形　③ 185
ランダムドット　③ 170

リカーシブ（再帰的）　⑨ 14, 17
　——な想像力　⑨ 41

リーガル・モラリズム　② 185, 192, 195, 200
リカレントニューラルネットワーク　⑨ 38, 229
力動的因果モデル (DCM)　⑦ 90
離人症　⑥ xii
リスニングスパンテスト（LST）　③ 223, ⑦ 120
理性脳　② 162
リソースモデル　③ 75
利他（的）行動　① 105, 157, ⑤ x, xvi, 31, 65, ⑨ 37, 218
利他性　⑨ 21
リタリン　② 72, 97
立体像　④ 85
リーディングスパンテスト（RST）　③ 108, 216, ⑦ xix, 107, ⑧ xxiv, 249, 250
利得　③ 25
　——効果　③ 123
リハーサル　③ 51
　——過程　③ 51
リハビリ　⑧ 278, ⑨ 22
リベットの実験　② 28
リベラリズム　② 193
流動性知性　③ 216
両外側前頭前野　① 185
両眼立体視　⑦ 3
両耳分離聴　③ 15, 97
両側下前頭皮質　⑥ 233
両側後頭側頭葉皮質　② 142, 143
両側前島　⑤ 37, 38
両側側頭葉皮質　② 150
両側腹内側前頭前皮質　① 124
両側扁桃体損傷例　① 119
両側扁桃体除去術　② 173
理論説　⑥ 26, ⑨ 11
輪郭線干渉　③ 160
リン酸化タウ蛋白　⑧ 275
臨床心理士　⑧ 244
倫理学　② 4
倫理判断　① 2

ルージュテスト　⑥ 140, ⑨ 220
ルールの抑制　⑧ 214
ルンバ　⑨ xiv

レイン・シュワルツモデル　⑥ 33, 109
レオナルド　⑨ 23
レスコーラ・ワグナーの法則　⑤ 64
レストラン・スクリプト　⑧ 29
劣等感　① 134
レビー小体型認知症（DLB）　⑧ xxv, 273
連合失認　③ 43
連合線維　⑧ 50
連合的逐次学習説　⑨ 225

ロイ・シェリントンの仮説　① 163
老化　⑨ 152
ローテーションドットスパンテスト　③ 218
ロビ　⑨ xv, 23
ロボット　⑧ xiii, ⑨ 115, 222, 228, 243
　——アーム　② 103, ⑨ 287, 292
　——依存症　⑨ 25, 42
　——演劇　⑨ 29, 44
　——革命　⑨ xv, 5
　——義手　⑨ 41
　——工学　⑨ 243
　——３原則　⑨ x
　——神話　⑨ 28
　——スーツ　② 106
　——と社会　⑨ x
　——の頷き　⑨ 251, 262
　——の応用分野　⑨ 4

——の志向性　⑨ 20
——白書　⑨ 5
——ハンド　② 127, ⑨ 289
——・ヒューマン・インタラクション（RHI）⑨ xi
——兵士　⑨ x
アンドロイド・——　⑨ 1, 31, 37, 106, 143, 175, 178, 273
アンドロイド・ジェミノイド・——　⑨ xv
インテリジェント——　⑨ 23
腕型——　⑨ 228
遠隔操作——　⑨ 34, 141, 169, 179
介護——　⑨ 24
家族——　⑨ xiii, 24
カート——　⑨ 125
感情——　⑨ xvi
軍事用——　⑨ xvi
コミュニケーション——　⑨ 244
コンパニオン——　⑨ xvi
サービス——　⑨ 5, 8
産業用——　⑨ xvi
社会的（性）——　⑨ xi, 64, 117, 123, 343
セラピー——　⑨ 22
掃除——　⑨ 23, 134
超人——　⑨ 1
治療——　⑨ 22
店舗情報提供——　⑨ 130
2 足歩行型——　⑨ xv
人間型——　⑨ 264
陪席——　⑨ 37, 249
ヒューマン・——・インタラクション（HRI）⑨ 3, 79
道案内——　⑨ 130
ミニ——　⑨ xi

ワ行

ワイヤレス埋込装置　⑨ 295
ワイルドキャット　⑨ xvi
ワーキングアテンション　③ 5
ワーキングメモリ　① 22, 40, 58, 182, ② 143, ③ 4, ⑤ xxiii, ⑥ x, 182, 216, ⑦ xviii, 2, 71, 76, 106, 129, 140, ⑧ xiv, xxi, xxiv, 247, 258, 270, 279, 291, ⑨ 2, 12, 33, 42
——課題　① 79, 152, 187
——・システム　③ 215
——スパン課題　③ 18
——スパンテスト　③ 108
——デザイン　③ 95, 119
——・ネットワーク　⑨ 18
——の実行系機能　⑦ 133
——の中央実行系　⑦ 128
——容量　③ 57, 74, 109, 215, 216, ⑨ 14, 17
——ロボット　⑨ xvi, 8, 42
視覚性（視覚的，視空間性）——　③ 38, 54, 71, 136, ⑦ 34
笑い　② xii, 129, ④ 63, ⑦ 161
——てんかん　② 144, 154
——の主観的体験　② 143
——の表出　② 148
——の表情　② 148
——の PET スタディ　② 133
——の量と局所脳血流　② 142
——ロボット　⑨ 8
楽しい——　② 137
作り——　② 138, 142
病的——　② 146, 154

引用文献

「社会脳シリーズ」刊行にあたって

Cacioppo, J. T., & Berntson, G. G. (Eds.) (2005). *Social Neuroscience*. London: Psychology Press.

Cacioppo, J. T., Berntson, G. G., Adolphs, R., Carter, C. S., Davidson, R. J., McClintock, M. K., McEwen, B. S., Meaney, M. J., Shacter, D. L., Sternberg, E. M., Suomi, S. S., & Taylor, S. E. (Eds.) (2002). *Foundations of Social Neuroscience*. Cambridge: MIT Press.

Cacioppo, J. T., Visser, P. S., & Pickett, C. L. (Eds.) (2006). *Social Neuroscience*. Cambridge: MIT Press.

Decety, J., & Cacioppo, J. T. (Eds.) (2011). *The Oxford Handbook of Social Neuroscience*. Oxford: Oxford University Press.

Decety, J., & Ickes, W. (Eds.) (2009). *The Social Neuroscience of Empathy*. Cambridge: MIT Press.

Dunbar, R. I. M. (2003). The social brain: Mind, language, and society in evolutionary perspective. *Annual Review of Anthropology, 32*, 163-181.

Harmon-Jones, E., & Beer, J. S. (Eds.) (2009). *Methods in Social Neuroscience*. New York: Guilford Press.

Harmon-Jones, E., & Winkielman, P. (Eds.) (2007). *Social Neuroscience*. New York: Guilford Press.

苧阪直行 (2004). デカルト的意識の脳内表現 ── 心の理論からのアプローチ. 哲学研究, 578号, 京都哲学会.

苧阪直行 (2010). 笑い脳 ── 社会脳からのアプローチ. 岩波科学ライブラリー 166, 岩波書店.

Taylor, S. E. (Eds.) (2002). *Foundations in Social Neuroscience*. Cambridge: MIT Press.

Todorov, A., Fiske, S. T., & Prentice, D. A. (Eds.) (2011). *Social Neuroscience*. New York: Oxford University Press.

Zelazo, P. H ., Chandler, M., & Crone, E. (Eds.) (2010). *Developmental Social Cognitive Neuroscience*. London: Psychology Press.

1　心の理論をもつ社会ロボット ── ロボットの「他者性」をめぐって

浅田稔 (2010). ロボットという思想 ── 脳と知能の謎に挑む. NHK ブックス.

Asada, M. (2015). Towards artificial empathy: How can artificial empathy follow the developmental pathway of natural empathy. *International Journal of Social Robotics, 7*, 19-33.

Baron-Cohen, S. (1997). *Mindblindness: An essay on autism and theory of mind*. Boston: MIT Press（バロン＝コーエン, S.／長野敬・長畑正道・今野義孝（訳）(1997). 自閉症とマインド・ブラインドネス. 青土社.）

Davies, M., & Stone, T. (1995). *Folk psychology: The theory of mind debate*. Oxford : Blackwell.

Dunbar, R. (2010). *How many friends does one person need? Dunbar's number and other evolutionary quirks*. London: Faber & Faber.

Frith, U., & Frith, C. D. (2003). Development and neurophysiology of mentalizing. *Philosophical Transactions of the Royal Society of London B, 358*, 459-473.（フリス, U.・フリス, C. D.／金田みずき・苧阪直行（訳）(2015). メンタライジング（心の理論）の発達とその神経基盤. 苧阪直行（編著）成長し衰退する脳 ── 神経発達学と神経加齢学（社会脳シリーズ第8巻）(pp.1-48). 新曜社.）

石黒浩 (2009). ロボットとは何か ── 人の心を映す鏡. 講談社.

石黒浩 (2011). どうすれば「人」を創れるか ── アンドロイドになった私. 新潮社.

神田崇行 (2013). 子どもたちとロボットの関わりあい ── 近未来への展望. 板倉昭二・北崎充晃（編著）ロボットを通して探る子どもの心. ミネルヴァ書房.

喜多村直 (2000). ロボットは心を持つか. 共立出版.

子安増生 (2000). 心の理論 ── 心を読む心の科学（岩波科学ライブラリー). 岩波書店.

子安増生・大平英樹 (2011). ミラーニュロンと心の理論. 新曜社.

中村仁彦 (2003). ロボットの脳を創る ── 脳科学から知能の構成へ（岩波講座・物理の世界）. 岩波書店.

中尾央 (2013). 生物と無生物の間に入り込むロボット？ ── 子どもはロボットをどう認識しているのか. 板倉昭二・北崎充晃（編著）ロボットを通して探る子どもの心. ミネルヴァ書房.

信原幸弘（編）(2004). シリーズ心の哲学II：ロボット篇. 勁草書房.

苧阪直行 (1996). 意識とは何か ── 科学の新たな挑戦. 岩波書店.

苧阪直行 (2006). 心の理論の脳内表現 ── ワーキングメモリからのアプローチ. 心理学評論, *49*, 358-374.

Osaka, N., Yaoi, K., Minamoto, T., Azuma, M., & Osaka, M. (2012). *Second-order false belief task (FBT) needs working memory in normal adults: An event-related fMRI study based on Theory of Mind (ToM)*. Society for Neuroscience (New Orleans), Abstract book BBB20-907.19.

Premack, D., & Woodruff, G. (1978). Does the chimpanzee have a theory of mind? *Behavioral and Brain Sciences, 1*, 515-526.

Rabbitt, S. M., Kazdin, A. E., & Scassellati, B. (2014). Integrating socially assistive robotics into mental healthcare interventions: Applications and recommendations for expanded use. *Clinical Psychology Review, 35*, 35-46.

Rose, D. (2006). *Consciousness: Philosophical, psychological and neural theories*. Oxford: Oxford University Press.（ローズ, D.／苧阪直行（監訳）(2008). 意識の脳内表現 ── 心理学と哲学からのアプローチ. 培風館.）

Satel , S., & Lilienfeld, S. O. (2013). *Brainwashed: The seductive appeal of mindless neuroscience*. New York: Basic Books.（サテル, S.・リリエンフェルド, S. O.／柴田裕之（訳）(2015). その脳科学にご用心 ── 脳画像で心はわかるのか. 紀伊国屋書店.）

Scassellati, B., Admoni, H., & Mataric, M. (2012). Robots for use in autism research. *Annual Review of Biomedical Engineering, 14*, 275-294.

Shibata, T., & Wada, K. (2011). Robot therapy: A new approach for mental healthcare of the elderly? A mini-review. *Gerontology, 57*, 378-386.

武野純一 (2011). 心をもつロボット. 日刊工業新聞社.

Tomasello, M. (2008). *Origins of human communication*. Boston: MIT Press.（トマセ

ロ, M.／松井智子・岩田彩志（訳）(2013). コミュニケーションの起源を探る. 勁草書房.）
Weir, K. (2015). Robo therapy: A new class of robots provides social and cognitive support. *Monitor on Psychology* (American Psychological Association), *46*, No.6, 42-46.

2　ロボット演劇が魅せるもの

坊農真弓 (2009). F 陣形. 坊農真弓・高梨克也・人工知能学会（編）多人数インタラクションの分析手法 (pp.172-186). オーム社.
坊農真弓 (2015a).「ロボットと出会う」を創る ― ロボット演劇のフィールドワーク. 木村大治（編）動物と出会うⅡ ― 心と社会の構成 (pp.93-112). ナカニシヤ出版.
坊農真弓 (2015b). ロボットは井戸端会議に入れるか ― 日常会話の演劇的創作場面におけるフィールドワーク. 認知科学, Vol.22, No.1, 9-22.
Clark, H. H. (1996). *Using Language*. Cambridge University Press.
Goffman, E. (1981). *Forms of Talk*. University of Pennsylvania Press.
Heritage, J. (1984). A change-of-state token and aspects of its sequential placement. In J. M. Atkinson & J. Heritage (Eds.), *Structure of Social Action: Studies in Conversation Analysis* (pp.299-345). Cambridge University Press.
平田オリザ (1995). 現代口語演劇のために 平田オリザの仕事1. 晩聲社.
平田オリザ (1998). 演劇入門. 講談社現代新書, 講談社.
平田オリザ (2004). 演技と演出. 講談社現代新書, 講談社.
平田オリザ (2013). ロボット演劇事始め, NII Essay. NII Today, No.62.
細馬宏通・坊農真弓・石黒浩・平田オリザ (2014). 人はアンドロイドとどのような相互行為を行いうるか？ ― アンドロイド演劇『三人姉妹』のマルチモーダル分析. 人工知能学会論文誌, Vol.29, No.1, 60-68.
Ishiguro, H. (2005). Android science: Toward a new cross-disciplinary framework. *CogSci-2005 Workshop: Toward Social Mechanisms of Android Science*, pp.1-6.
石黒浩 (2009). ロボットとは何か？ ― 人の心を映す鏡. 講談社現代新書, 講談社.

石黒浩 (2011). アンドロイドを造る. オーム社.
石黒浩 (2012). 人と芸術とアンドロイド ── 私はなぜロボットを作るのか. 日本評論社.
Kendon, A. (1990). *Conducting Interaction: Patterns of Behavior in Focused Encounters* (Studies in Interactional Sociolinguistics). Cambridge University Press.
北村光二 (2015a). 相互行為システムのコミュニケーション ── ヒトと動物を繋ぎつつ隔てるもの. 木村大治（編）動物と出会うⅡ ── 心と社会の構成 (pp.143-159). ナカニシヤ出版.
Luhmann, N. (1984). *Soziale Systeme: Grundriß einer allgemeinen Theorie*. Frankfurt am Main: Suhrkamp.（ルーマン, N.／佐藤勉（監訳）(1993). 社会システム理論（上）. 恒星社厚生閣.）
宮内洋 (1995). 繋がらない個人のために ── ゴフマン『スティグマの社会学』再考. 北海道大學教育學部紀要, 233-244.
岡田美智男 (2012). 弱いロボット. 医学書院.
大阪大学コミュニケーションデザイン・センター・平田オリザ・石黒浩・黒木一成・金水敏 (2010). ロボット演劇. 大阪大学出版会.
高梨克也 (2009). 参与構造. 坊農真弓・高梨克也・人工知能学会（編）多人数インタラクションの分析手法 (pp.156-171). オーム社.

3　人工共感の発達に向けて

Agnew, Z. K., Bhakoo, K. K., & Puri, B. K., (2007). The human mirror system: A motor resonance theory of mind-reading. *Brain Rearch Reviews, 54*, 286-293.
Amodio, D. M., & Frith, C. D. (2006). Meeting of minds: The medial frontal cortex and social cognition. *Nature Reviews Neuroscience, 7*, 268-277.
Asada, M. (2011). Can cognitive developmental robotics cause a paradigm shift? In J. L. Krichmar & H. Wagatsuma (Eds.), *Neuromorphic and brain-based robots* (pp.251-273). Cambridge University Press.
Asada, M. (2014). Affective developmental robotics how can we design the development of artificial empathy? In *Proceedings of the 9th ACM/IEEE International Conference on Human-Robot Interaction Workshop on HRI: A Bridge between Robotics and Neuroscience*. (USB-ROM).

Asada, M. (2015). Towards artificial empathy. *International Journal of Social Robotics*, Vol.7, No.1, 19-33.

Asada, M., Hosoda, K., Kuniyoshi, Y., Ishiguro, H., Inui, T., Yoshikawa, Y., Ogino, M., & Yoshida, C. (2009). Cognitive developmental robotics: A survey. *IEEE Transactions on Autonomous Mental Development, 1*(1), 12-34.

浅田稔・石黒浩・國吉康夫 (1999). 認知ロボティクスの目指すもの. 日本ロボット学会誌, *17*(1), 1-5.

Asada, M., MacDorman, K. F., Ishiguro, H., & Kuniyoshi, Y. (2001). Cognitive developmental robotics as a new paradigm for the design of humanoid robots. *Robotics and Autonomous System, 37*, 185-193.

Asada, M., Nagai, Y., & Ishihara, H. (2012). Why not artificial sympathy? In *Proceedings of the International Conference on Social Robotics*. pp.278-287.

Bush, G., Luu, P., & Posner, M. I. (2000). Cognitive and emotional influences in anterior cingulate cortex. *Trends in Cognitive Science, 4*, 215-222.

Chartrand, T. L., & Bargh, J. A. (1999). The chameleon effect: The perception-behavior link and social interaction. *Journal of Personality and Social Psychology, 76*(6), 839-910.

Chen, Q., Panksepp, J. B., & Lahvis, G. P. (2009). Empathy is moderated by genetic background in mice. *PloS One*, 4 (e4387).

Craig, A. B. (2003). Interoception: The sense of the physiological condition of the body. *Current Opinion in Neurobiology, 13*, 500-505.

Damasio, A., & Carvalho, G. B. (2013). The nature of feelings: Evolutionary and neurobiological origins. *Nature Reviews Neuroscience, 14*, 143-152.

de Waal, F. B. (2008). Putting the altruism back into altruism: The evolution of empathy. *Annual Review of Psychology, 59*, 279-300.

Decety, J., & Lamm, C. (2006). Human empathy through the lens of social neuroscience. *The Scientific World Journal, 6*, 1146-1163.

Edgar, J. L., Paul, E. S., Harris, L., Penturn, S., & Nicol, C. J. (2012). No evidence for emotional empathy in chickens observing familiar adult conspecifics. *PloS One, 7*(2), 1-6.

Fana, Y., Duncana, N. W., de Greckc, M., & Northoffa, G. (2011). Is there a core

neural network in empathy? An fMRI based quantitative meta-analysis. *Neuroscience and Biobehavioral Reviews, 35*, 903-911.

Gallese, V., Fadiga, L., Fogassi, L., & Rizzolatti, G. (1996). Action recognition in the premotor cortex. *Brain, 119*(2), 593-609.

Gergely, G., & Watson, J. S. (1999). Early socio-emotional development: Contingency perception and the social-biofeedback model. In P. Rochat (Ed.), *Early social cognition: Understanding others in the first months of life* (pp.101-136). Mahwah, NJ: Lawrence Erlbaum.

Goetz, J. L., Keltner, D., & Simon-Thomas, E. (2010). Compassion: An evolutionary analysis and empirical review. *Psychological Bulletin, 136*, 351-374.

Gonzalez-Liencres, C., Shamay-Tsoory, S. G., & Brünea, M. (2013). Towards a neuroscience of empathy: Ontogeny, phylogeny, brain mechanisms, context and psychopathology. *Neuroscience and Biobehavioral Reviews, 37*, 1537-1548.

Grezes, J., Armony, J., Rowe, J., & Passingham, R. (2003). Activations related to "mirror" and "canonical" neuron in the human brain: An fMRI study. *NeuroImage, 18*, 928-937.

Harrison, N. A., Singer, T., Rotshtein, P., Dolan, R. J., & Critchley, H. D. (2006). Pupillary contagion: Central mechanisms engaged in sadness processing. *Social Cognitive and Affective Neuroscience, 1*, 5-17.

Hatfield, E., Cacioppo, J. T., & Rapson, R. L. (2000). Emotional contagion. *Current Directions in Psychological Sciences, 2*, 96-99.

Hatfield, E., Rapson, R. L., & Le, Y.-C. L. (2009). Emotional contagion and empathy. In J. Decety & W. Ickes (Eds.), *The social neuroscience of empathy* (Ch.2, pp.19-30). MIT Press.

Hirata, M., Ikeda, T., Kikuchi, M., Kimura, T., Hiraishi, H., Yoshimura, Y., & Asada, M. (2014). Hyperscanning MEG for understanding mother-child cerebral interactions. *Frontiers in Human Neuroscience, 8*(118).

Inui, T. (2013). Embodied cognition and autism spectrum disorder (in Japanese). *The Japanese Journal of Occupational Therapy, 47*(9), 984-987.

Ishihara, H., & Asada, M. (2014). Five key characteristics for intimate human-robot interaction: Development of upper torso for a child robot 'affetto'. *Advanced Robotics*.

Ishihara, H., Yoshikawa, Y., & Asada, M. (2011). Realistic child robot"affetto"for understanding the caregiver-child attachment relationship that guides the child development. *IEEE International Conference on Development and Learning, and Epigenetic Robotics* (ICDL-EpiRob 2011). (CD-ROM).

Joh, A. S., & Adolph, K. E. (2007). Learning from falling. *Child Development, 77*(1), 89-102.

Kawakami, A., Furukawa, K., Katahira, K., Kamiyama, K., & Okanoya, K. (2013a). Relations between musical structures and perceived and felt emotion. *Music Perception, 30*(4), 407-417.

Kawakami, A., Furukawa, K., Katahira, K., & Okanoya, K. (2013b). Sad music induces pleasant emotion. *Frontiers in Psychology, 4*(311), 1-15.

Kawakami, A., Furukawa, K., Katahira, K., & Okanoya, K. (2014). Music evokes vicarious emotions in listeners. *Frontiers in Psychology, 5*(431), 1-7.

Kuhl, P., Andruski, J., Chistovich, I., Chistovich, L., Kozhevnikova, E., Ryskina, V., Stolyarova, E., Sundberg, U., & Lacerda, F. (1997). Cross-language analysis of phonetic units in language addressed to infants. *Science, 277*, 684-686.

Kuniyoshi, Y., & Sangawa, S. (2006). Early motor development from partially ordered neural-body dynamics: Experiments with a. cortico-spinal-musculo-sleletal model. *Biological Cybernetics, 95*, 589-605.

Kuriyama, T., Shibuya, T., Harada, T., & Kuniyoshi, Y. (2010). Learning interaction rules through compression of sensori-motor causality space. In *Proceedings of the Tenth International Conference on Epigenetic Robotics* (EpiRob10). pp.57-64.

Lakin, J. L., Jefferis, V. E., Cheng, C. M., & Chartrand, T. L. (2003). The chameleon effect as social glue: Evidence for the evolutionary significance of nonconscious mimicry. *Journal of Nonverbal Behavior, 27*(3), 145-162.

Lamm, C., Batson, C. D., & Decety, J. (2007). The neural substrate of human empathy: Effects of perspective-taking and cognitive appraisal. *Journal of Cognitive Neuroscience, 19*(1), 42-58.

Leite, I., Martinho, C., & Paiva, A. (2013). Social robots for long-term interaction: A survey. *International Journal of Social Robotics, 5*, 291-308.

Liddell, B. J., Brown, K. J., Kemp, A. H., Barton, M. J., Das, P., Peduto, A., Gordon, E.,

& Williams, L. M. (2005). A direct brainstem- amygdala-cortical 'alarm' system for subliminal signals of fear. *NeuroImage, 24*, 235-243.

Lopes, M., & Oudeyer, P.-Y. (2010). Guest editorial active learning and intrinsically motivated exploration in robots: Advances and challenges. *IEEE Transactions on Autonomous Mental Development, 2*(2), 65-69.

Lungarella, M., Metta, G., Pfeifer, R., & Sandini, G. (2003). Developmental robotics: A survey. *Connection Science, 15*(4), 151-190.

Meltzoff, A. N. (2007). The 'like me' framework for recognizing and becoming an intentional agent. *Acta Psychologica, 124*, 26-43.

Miwa, H., Itoh, K., Matsumoto, M., Zecca, M., Takanobu, H., Roccella, S., Carrozza, M. C., Dario, P., & Takanishi, A. (2004). Effective emotional expressions with emotion expression humanoid robot we-4rii. In *Proceedings of the 2004 IEEE/RSJ Intl. Conference on Intelligent Robot and Systems*. pp.2203-2208.

Miwa, H., Okuchi, T., Itoh, K., Takanobu, H., & Takanishi, A. (2003). A new mental model for humanoid robots for humanfriendly communication-introduction of learning system, mood vector and second order equations of emotion. In *Proceedings of the 2003 IEEE International Conference on Robotics & Automation*. pp.3588-3593.

Moll, H., & Tomasello, M. (2006). Level 1 perspective-taking at 24 months of age. *Journal of Developmental Psychology, 24*, 603-613.

Mori, H., & Kuniyoshi, Y. (2007). A cognitive developmental scenario of transitional motor primitives acquisition. In *Proceedings of the 7th International Conference on Epigenetic Robotics*. pp.165-172.

Nagai, Y., Kawai, Y., & Asada, M. (2011). Emergence of mirror neuron system: Immature vision leads to self-other correspondence. *IEEE International Conference on Development and Learning, and Epigenetic Robotics* (ICDL-EpiRob 2011). (CD-ROM).

Nagai, Y,. & Rohlfing, K. J. (2009). Computational analysis of motionese toward scaffolding robot action learning. *IEEE Transactions on Autonomous Mental Development, 1*(1), 44-54.

Neisser, U. (Ed.) (1993). *The perceived self: Ecological and interpersonal sources of self knowledge*. Cambridge University Press.

Ogata, T., & Sugano, S. (2000). Emotional communication between humans and the autonomous robot wamoeba-2 (waseda amoeba) which has the emotion model. *JSME International Journal, Series C: Mechanical Systems Machine Elements and Manufacturing, 43*(3), 568-574.

Pessoa, L. (2013). *The congitive-emotional brain*. MIT Press.

Premack, D., & Woodruff, G., (1978). Does the chimpanzee have a theory of mind? *Behavioral and Brain Sciences, 1*, 515-526.

Purves, D., Augustine, G. A., Fitzpatrick, D., Hall, W. C., LaMantia, A.-S., McNamara, J. O., & White, L. E. (Eds.) (2012). *Neuroscience*, fifth edition. Sinauer Associates, Inc.

Riek, L. D. & Robinson, P. (2009). Affective-centered design for interactive robots. In *Proceedings of the AISB Symposium on New Frontiers in Human-Robot Interaction*. pp.102-108.

Rizzolatti, G. (2005). The mirror neuron system and its function in humans. *Anatomy and Embryology, 201*, 419-421.

Rizzolatti, G., & Sinigaglia, C.; trans. F. Anderson (2008). *Mirrors in the brain: How our minds share actions and emotions*. Oxford University Press.

Rochat, P. (2001). *The infant's world*. Harverd University Press, Ch.4.

Russell, J. A. (1980). A circumplex model of affect. *Journal of Personality and Social Psychology, 39*, 1161-1178.

Ryan, R. M., & Deci, E. L. (2000). Intrinsic and extrinsic motivations: Classic definitions and new directions. *Contemporary Educational Psychology, 25*(1), 54-67.

Schraw, G. (1998). Promoting general metacognitive awareness. *Instructional Science, 26*, 113-125.

Shamay-Tsoory, S. G., Aharon-Peretz, J., & Perry, D. (2009). Two systems for empathy: A double dissociation between emotional and cognitive empathy in inferior frontal gyrus versus ventromedial prefrontal lesions. *Brain, 132*, 617-627.

Singer, T., & Lamm, C. (2009). The social neuroscience of empathy. In M. B. Miller & A. Kingstone (Eds.), *The year in cognitive neuroscience* (Ch.5, pp.81-96). the New York Academy of Sciences.

Smith, A. (2006). Cognitive empathy and emotional empathy in human behavior and

evolution. *Psychological Record, 56*, 3-21.

Sommerville, J. A., Woodward, A. L., & Needham, A. (2005). Action experience alters 3-month-old infants' perception of others' actions. *Cognition, 96*, B1-11.

Sonnby-Borgstrom, M. (2002). Automatic mimicry reactions as related to differences in emotional empathy. *Scandinavian Journal of Psychology, 43*, 433-443.

Sperry, R. W. (1952). Neurology and the mind-brain problem. *American Scientist, 40*, 291-312.

Takahashi, H., Teradad, K., Morita, T., Suzukie, S., Hajib, T., Kozimag, H., Yoshikawah, M., Matsumotoi, Y., Omorib, T., Asadaa, M., & Naito, E. (2014). Different impressions of other agents obtained through social interaction uniquely modulate dorsal and ventral pathway activities in the social human brain. *Cortex, 58*, 289-300.

Takahashi, Y., Tamura, Y., Asada, M., & Negrello, M. (2010). Emulation and behavior understanding through shared values. *Robotics and Autonomous Systems, 58*(7), 855-865.

Uithol, S., van Rooij, I., Bekkering, H., & Haselager, P. (2011). Understanding motor resonance. *Social Neuroscience, 6*(4), 388-397.

Varley, R., Siegal, M., & Want, S. (2001). Severe impairment in grammar does not preclude theory of mind. *Neurocase, 7*(6), 489-493.

Watanabe, A., Ogino, M., & Asada, M. (2007). Mapping facial expression to internal states based on intuitive parenting. *Journal of Robotics and Mechatronics, 19*(3), 315-323.

Yoshikawa, Y., Asada, M., & Hosoda, K. (2001). Developmental approach to spatial perception for imitation learning: Incremental demonstrator's view recovery by modular neural network. In *Proceedings of the 2nd IEEE/RAS International Conference on Humanoid Robot*. pp.107-114.

4　ロボットに「人らしさ」を感じる人々

Bainbridge, W. A., Hart, J., Kim, E. S., & Scassellati, B. (2008). The effect of presence on human-robot interaction. Paper presented at the IEEE Int. *Symposium on Robot and Human Interactive Communication* (RO-MAN2008).

Bickmore, T. W., & Picard, R. W. (2005). Establishing and maintaining long-term human-computer relationships. *ACM Transactions on Computer-Human Interaction* (TOCHI2005), *12*(2), 293-327.

Brscic, D., Kanda, T., Ikeda, T., & Miyashita, T. (2013). Person tracking in large public spaces using 3D range sensors. *IEEE Transaction on Human-Machine Systems, 43*(6), 522-534.

Burgard, W., Cremers, A. B., Fox, D., Hahnel, D., Lakemeyer, G., Schulz, D., . . . Thrun, S. (1998). The Interactive Museum Tour-Guide Robot. *Paper presented at the National Conf. on Artificial Intelligence* (AAAI1998).

Fong, T., Nourbakhsh, I., & Dautenhahn, K. (2003). A survey of socially interactive robots. *Robotics and Autonomous Systems, 42*, 143-166.

Forlizzi, J., & DiSalvo, C. (2006). Service robots in the domestic environment: A study of the roomba vacuum in the home. Paper presented at the ACM/IEEE Int. *Conf. on Human-Robot Interaction* (HRI2006).

Goodrich, M. A., & Schultz, A. C. (2007). Human-robot interaction: A survey. *Foundations and Trends in Human-Computer Interaction, 1*(3), 203-275.

Gross, H.-M., Boehme, H.-J., Schroeter, C., Mueller, S., Koenig, A., Martin, Ch., . . . Bley, A. (2008). ShopBot: progress in developing an interactive mobile shopping assistant for everyday use. *Paper presented at the IEEE Int. Conf. on Systems, Man, and Cybernetics* (SMC2008). http://dx.doi.org/10.1109/ICSMC.2008.4811835

Hayashi, K., Shiomi, M., Kanda, T., & Hagita, N. (2012). Are robots appropriate for troublesome and communicative tasks in a city environment? *IEEE Transaction on Autonomous Mental Development, 4*(2), 150-160. doi: 10.1109/TAMD.2011.2178846

Iwamura, Y., Shiomi, M., Kanda, T., Ishiguro, H., & Hagita, N. (2011). Do elderly people prefer a conversational humanoid as a shopping assistant partner in supermarkets? Paper presented at the ACM/IEEE Int. *Conf. on Human-Robot Interaction* (HRI2011). http://dx.doi.org/10.1145/1957656.1957816

Kahn, Jr, P.H., Kanda, T., Ishiguro, H., Freier, N. G., Severson, R. L., Gill, B. T., . . . Shen, S. (2012). "Robovie, you'll have to go into the closet now": Children's social and moral relationships with a humanoid robot. *Developmental Psychology, 48*(2),

303.

Kanda, T., Hirano, T., Eaton, D., & Ishiguro, H. (2004). Interactive robots as social partners and peer tutors for children: A field trial. *Human-Computer Interaction, 19*(1&2), 61-84.

Kanda, T., & Ishiguro, H. (2012). *Human-robot interaction in social robotics*. CRC Press.

Kanda, T., Kamasima, M., Imai, M., Ono, T., Sakamoto, D., Ishiguro, H., & Anzai, Y. (2007). A humanoid robot that pretends to listen to route guidance from a human. *Autonomous Robots, 22*(1), 87-100.

Kanda, T., Shiomi, M., Miyashita, Z., Ishiguro, H., & Hagita, N. (2010). A communication robot in a shopping mall. *IEEE Transactions on Robotics, 26*(5), 897-913.

Kendon, A. (1990). Spatial organization in social encounters: The F-formation system. In A. Kendon (Ed.), *Conducting Interaction: Patterns of behavior in focused encounters* (pp.209-238): Cambridge University Press.

Kidd, C. D., & Breazeal, C. (2004). Effect of a robot on user perceptions. *Paper presented at the IEEE/RSJ International Conference on Intelligent Robots and Systems* (IROS2004).

Kirby, R., Forlizzi, J., & Simmons, R. (2010). Affective social robots. *Robotics and Autonomous Systems, 583*, 322-332.

Lee, M. K., Forlizzi, J., Kiesler, S., Rybski, P., Antanitis, J., & Savetsila, S. (2012). Personalization in HRI: A longitudinal field experiment. *Paper presented at the ACM/IEEE International Conference on Human-Robot Interaction* (HRI2012).

Lee, M. K., Forlizzi, J., Rybski, P. E., Crabbe, F., Chung, W., Finkle, J., . . . Kiesler, S. (2009). The Snackbot: Documenting the design of a robot for long-term human-robot interaction. *Paper presented at the ACM/IEEE International Conference on Human-Robot Interaction* (HRI2009).

Morales, Y., Satake, S., Huq, R., Glas, D., Kanda, T., & Hagita, N. (2012). How do people walk side-by-side? Using a computational model of human behavior for a social robot. *Paper presented at the ACM/IEEE Int. Conf. on Human Robot Interaction* (HRI2012). http://dx.doi.org/10.1145/2157689.2157799

Mutlu, B., & Forlizzi, J. (2008). Robots in organizations: The role of workflow, social, and environmental factors in human-robot interaction. *Paper presented at the ACM/IEEE International Conference on Human-Robot Interaction* (HRI2008).

Okuno, Y., Kanda, T., Imai, M., Ishiguro, H., & Hagita, N. (2009). Providing route directions: Design of robot's utterance, gesture, and timing. *Paper presented at the ACM/IEEE International Conference on Human-Robot Interaction* (HRI2009).

Powers, A., Kiesler, S., Fussell, S., & Torrey, C. (2007). Comparing a computer agent with a humanoid robot. *Paper presented at the ACM/IEEE International Conference on Human-Robot Interaction* (HRI2007).

Rakison, D. H., & Poulin-Dubois, D. (2001). Developmental origin of the animate-inanimate distinction. *Psychological Bulletin, 127*(2), 209-228.

Sabelli, A. M., Kanda, T., & Hagita, N. (2011). A conversational robot in an elderly care center: An ethnographic study. *Paper presented at the ACM/IEEE International Conference on Human-Robot Interaction* (HRI2011).

Sakagami, Y., Watanabe, R., Aoyama, C., Matsunaga, S., Higaki, N., & Fujimura, K. (2002). The intelligent ASIMO: System overview and integration. *Paper presented at the IEEE/RSJ Int. Conf. on Intelligent Robots and Systems* (IROS2002).

Shi, C., Shimada, M., Kanda, T., Ishiguro, H., & Hagita, N. (2011). Spatial formation model for initiating conversation. *Paper presented at the Robotics: Science and Systems Conference* (RSS2011), Los Angeles, CA, USA.

Takayama, L., Ju, W., & Nass, C. (2008). Beyond dirty, dangerous and dull: What everyday people think robots should do. *Paper presented at the ACM/IEEE International Conference on Human-Robot* Interaction (HRI2008).

5　遠隔操作アンドロイドを通じて感じる他者の存在

Dutton, D. G., & Aron, A. P. (1974). Some evidence for heightened sexual attraction under conditions of high anxiety. *Journal of Personality and Social Psychology, 30*, No.4, 510-517.

Fratiglioni, L., Wang, H.-X., Ericsson, K., Maytan, M., & Winblad, B. (2000). Inuence of social network on occurrence of dementia: A community-based longitudinal study. *Lancet, 355*, No.9212, 1315-1319.

藤原武弘・黒川正流・秋月左都士 (1983). 日本語版 Love-Liking 尺度の検討. 広島大学総合科学部紀要, Ⅲ, 情報行動科学研究, *7*, 39-46.

Kuwahara, N., Abe, S., Yasuda, K., & Kuwabara, K. (2006). Networked reminiscence therapy for individuals with dementia by using photo and video sharing. In *Proceedings of the 8th International ACM SIGACCESS Conference on Computers and Accessibility. Assets '06.*, 125-132.

Kuwamura, K., & Nishio, S. (2014). Modality reduction for enhancing human likeliness. In *Selected papers of the 50th annual convention of the Artifcial Intelligence and the Simulation of Behaviour (AISB 50)* (pp.83-89). London, UK, April.

Kuwamura, K., Nishio, S., & Ishiguro, H. (2014). Designing robots for positive communication with senior citizens. In *The 13th Intelligent Autonomous Systems conference* (IAS-13). Padova, Italy, July.

Kuwamura, K., Sakai, K., Minato, T., Nishio, S., & Ishiguro, H. (2013). Hugvie: A medium that fosters love. In *IEEE International Symposium on Robot and Human Interactive Communication* (RO-MAN) (pp.70-75). Gyeongju, Korea, August.

Madsen, B., & Olesen, P. (Ed.) (2003). *Ældre om ensomhed - 25 ældre skriver om at være ensom*. Kroghs Forlag.（マスン, B.・オーレンス, P.（編）／石黒暢（訳）(2008). 高齢者の孤独 ── 25人の高齢者が孤独について語る. 新評論.）

McCoy, S. L., Tun, P. A., Cox, L. C., Colangelo, M., Stewart, R. A., & Wingeld, A. (2005). Hearing loss and perceptual effort: Downstream effects on older adults' memory for speech. *Quarterly Journal of Experimental Psycholgy, 58A*, No.1, 22-33.

西村奈令大・石井明日香・佐藤未知・福嶋政期・梶本裕之 (2012). 自己の心拍を触覚提示するデバイスの検討. インタラクション 2012, 日本科学未来館.

Ogawa, K., Nishio, S., Koda, K., Balistreri, G., Watanabe, T., & Ishiguro, H. (2011). Exploring the natural reaction of young and aged person with telenoid in a real world. *Journal of Advanced Computational Intelligence and Intelligent Informatics, 15*, No.5, 592-597., July.

Pichora-Fuller, M. K., Schneider, B. A., & Daneman, M. (1995). How young and old adults listen to and remember speech in noise. *The Journal of the Acoustical Society of America, 97*, No.1, 593-608.

Rubin, Z. (1970). Measurement of romantic love. *Journal of Personality and Social Psychology, 16*, No.2, 265-273.

Yamazaki, R., Nishio, S., Ishiguro, H., Nørskov, M., Ishiguro, N., & Balistreri, G. (2014). Acceptability of a teleoperated android by senior citizens in danish society: A case study on the application of an embodied communication medium to home care. *International Journal of Social Robotics, 6*, No.3, 429-442.

Yamazaki, R., Nishio, S., Ogawa, K., & Ishiguro, H. (2012). Teleoperated android as an embodied communication medium: A case study with demented elderlies in a care facility. In *IEEE International Symposium on Robot and Human Interactive Communication* (RO-MAN) (pp.1066-1071). Paris, France, September.

6　アンドロイドへの身体感覚転移とニューロフィードバック

Alimardani, M., Nishio, S., & Ishiguro, H.(2013). Humanlike robot hands controlled by brain activity arouse illusion of ownership in operators. *Scientific Reports, 3*, No.2396.

Alimardani, M., Nishio, S., & Ishiguro, H. (2014). Effect of biased feedback on motor imagery learning in bci-teleoperation system. *Frontiers in Systems Neuroscience, 8*, No.52.

Armel, K. C., & Ramachandran, V. S. (2003). Projecting sensations to external objects: Evidence from skin conductance response. In *Proceedings of the Royal Society of London B: Biological Sciences, 270*, No.1523, 1499-1506.

Bem, D. J. (1972). Self-perception theory. In L. Berkowitz (Ed.), *Advances in experimental social psychology*, Vol.6 (pp.1-62). New York: Academic Press.

Blakemore, S. J., Wolpert, D. M., & Frith, C. D. (1998). Central cancellation of self-produced tickle sensation. *Nature Neuroscience, 1*, No.7, 635-640.

Blakemore, S. J., Wolpert, D. M., & Frith, C. D. (2002). Abnormalities in the awareness of action. *Trends in Cognitive Science, 6*, No.6, 237-242.

Botvinick, M., & Cohen, J. (1998). Rubber hands 'feel' touch that eyes see. *Nature, 391*, No.6669, 756.

Cooley, C. H. (1964). *Human nature and the social order*. New York: C. Scribner's Sons.

Ishiguro, H., & Nishio, S. (2007). Building artificial humans to understand humans. *Journal of Artificial Organs, 10*, No.3, 133-142.

Ladd, G. T. (1887). *Elements of physiological psychology: A treatise of the activities and nature of the mind from the physical and experimental point of view*. C. Scribner's Sons.

Maravita, A., & Iriki, A. (2004). Tools for the body (schema). *Trends in Cognitive Sciences, 8*, No.2, 79-86.

中道大介・住岡英信・西尾修一・石黒浩 (2013). 操作訓練による遠隔操作型アンドロイドへの身体感覚転移の度合いの向上. 第18回日本バーチャルリアリティ学会大会, 331-334.

西尾修一・石黒浩 (2008). 人として人とつながるロボット研究. 電子情報通信学会学会誌, *91*, No.5, 411-416.

Nishio, S., Ishiguro, H., & Hagita, N. (2007). Geminoid: Teleoperated android of an existing person. In A. C. de Pina Filho (Ed.), *Humanoid robots: New developments* (pp.343-352). Vienna, Austria: I-Tech Education and Publishing.

Nishio, S., Taura, K., Sumioka, H., & Ishiguro, H. (2013a). Effect of social interaction on body ownership transfer to teleoperated android. In *IEEE International Symposium on Robot and Human Interactive Communication*, 565-570, Gyeonguju, Korea.

Nishio, S., Taura, K., Sumioka, H., & Ishiguro, H. (2013b). Teleoperated android robot as emotion regulation media. *International Journal of Social Robotics, 5*, No.4, 563-573.

Nishio, S., Watanabe, T., Ogawa, K., & Ishiguro, H. (2012). Body ownership transfer to teleoperated android robot. In *International Conference on Social Robotics*, 398-407, Chengdu, China.

大久保正隆・西尾修一・石黒浩 (2014). 遠隔操作ロボットへの身体感覚転移における実体の有無と見かけの影響. 第32回日本ロボット学会学術講演会.

Ramachandran, V. S., & Hirstein, W. (1998). The perception of phantom limbs. *Brain, 121*, No.9, 1603-1630.

Shibata, K., Watanabe, T., Sasaki, Y., & Kawato, M. (2011). Perceptual learning incepted by decoded fMRI neurofeedback without stimulus presentation. *Science, 334*, No.6061, 1413-1415.

Shimada, S., Fukuda, K., & Hiraki, K. (2009). Rubber hand illusion under delayed

visual feedback. *PLoS One, 4*, No.7, e6185.

Sonoda, K., Asakura, A., Minoura, M., Elwood, R. W., & Gunji, Y. P. (2012). Hermit crabs perceive the extent of their virtual bodies. *Biological Letters, 8*, No.4, 495-497.

Tsakiris, M., Carpenter, L., James, D., & Fotopoulou, A. (2010). Hands only illusion: multisensory integration elicits sense of ownership for body parts but not for non-corporeal objects. *Experimental Brain Research, 204*, No.3, 343-352.

Tsakiris, M., Haggard, P., Franck, N., Mainy, N., & Sirigu, A. (2005). A specific role for efferent information in self-recognition. *Cognition, 96*, No.3, 215-231.

渡辺哲矢・西尾修一・小川浩平・石黒浩 (2011). 遠隔操作によるアンドロイドへの身体感覚の転移. 電子情報通信学会論文誌, J94-D, No.1, 86-93.

Zajonc, R. B., Murphy, S. T., & Inglehart, M. (1989). Feeling and facial efference: Implications of the vascular theory of emotion. *Psychological Review, 96*, No.3, 395-416.

7　感覚・運動情報の予測学習に基づく社会的認知機能の発達

Amsterdam, B. (1972). Mirror self-image reactions before age two. *Developmental Psychobiology, 5*(4), 297-305.

Asada, M., MacDorman, K. F., Ishiguro, H., & Kuniyoshi, Y. (2001). Cognitive developmental robotics as a new paradigm for the design of humanoid robots. *Robotics and Autonomous Systems, 37*(2-3), 185-193.

Asada, M., Hosoda, K., Kuniyoshi, Y., Ishiguro, H., Inui, T., Yoshikawa, Y., Ogino, M., & Yoshida, C. (2009). Cognitive developmental robotics: A survey. *IEEE Transactions on Autonomous Mental Development, 1*(1), 12-34.

綾屋紗月・熊谷晋一郎 (2008). 発達障害当事者研究. 医学書院.

Bahrick, L. E., & Watson, J. S. (1985). Detection of intermodal proprioceptive-visual contingency as a potential basis of self-perception in infancy. *Developmental Psychology, 21*(6), 963-973.

Baraglia, J., Nagai, Y., & Asada, M. (2014). Prediction error minimization for emergence of altruistic behavior. In *Proceedings of the 4th IEEE International Conference on Development and Learning and on Epigenetic Robotics*, 273-278.

Baron-Cohen, S. (1995). *Mindblindness*. MIT Press.（バロン＝コーエン, S.／長野

敬・今野義孝・長畑正道（訳）(1997). 自閉症とマインド・ブラインドネス. 青土社.）

Bekkering, H., Wohlschlager, A., & Gattis, M. (2000). Imitation of gestures in children is goal-directed. *The Quarterly Journal of Experimental Psychology, 53A*(1), 153-164.

Blakemore, S.-J., Frith, C. D., & Wolpert, D. M. (1999). Spatiotemporal prediction modulates the perception of self-produced stimuli. *Journal of Cognitive Neuroscience, 11*(5), 551-559.

Bremner, J. G. (1994). *Infancy*. Blackwell Publishing.

Brooks, R., & Meltzoff, A. N. (2005). The development of gaze following and its relation to language. *Developmental Science, 8*(6), 535-543.

Butterworth, G., & Jarrett, N. (1991). What minds have in common is space: Spatial mechanisms serving joint visual attention in infancy. *British Journal of Developmental Psychology, 9*, 55-72.

Butterworth, G., & Harris, M. (1994). *Principles of developmental psychology*. Lawrence Erlbaum Associates.

Cangelosi, A., & Schlesinger, M. (2015). *Developmental robotics: From babies to robots*. The MIT Press.

Carpenter M., Call, J., & Tomasello, M. (2005). Twelve- and 18-month-olds copy actions in terms of goals. *Developmental Science, 8*(1), F13-F20.

Catmur, C., Walsh, V., & Heyes, C. (2009). Associative sequence learning: the role of experience in the development of imitation and the mirror system. *Philosophical Transactions of the Royal Society B: Biological Sciences, 364*(1528), 2369-2380.

Copete, J. L., Nagai, Y., & Asada, M. (2014). Development of goal-directed gaze shift based on predictive learning. In *Proceedings of the 4th IEEE International Conference on Development and Learning and on Epigenetic Robotics*, 334-339.

Friston, K., & Kiebel, S. (2009). Predictive coding under the free-energy principle. *Philosophical Transactions of the Royal Society B, 364*, 1211-1221.

Frith, U., & Happé, F. (1994). Autism: beyond “theory of mind”. *Cognition, 50*, 115-132.

Gallese, V., Fadiga, L., Fogassi, L., & Rizzolatti, G. (1996). Action recognition in the premotor cortex. *Brain, 119*, 593-609.

Happé, F., & Frith, U. (2006). The weak coherence account: Detail-focused cognitive style in autism spectrum disorders. *Journal of Autism and Developmental Disorders, 36*(1), 5-25.

Heyes, C. (2010). Where do mirror neurons come from? *Neuroscience and Biobehavioral Reviews, 34*(4), 575-583.

石原孝二（編）(2013). 当事者研究の研究. 医学書院.

Kawai, Y., Nagai, Y., & Asada, M. (2012). Perceptual development triggered by its self-organization in cognitive learning. In *Proceedings of the 2012 IEEE/RSJ International Conference on Intelligent Robots and Systems*, 5159-5164.

Kilner, J. M., Friston, K. J., & Frith, C. D. (2007). Predictive coding: An account of the mirror neuron system. *Cognitive Processing, 8*(3), 159-166.

Lungarella, M., Metta, G., Pfeifer, R., & Sandini, G. (2003). Developmental robotics: A survey. *Connection Science, 15*(4), 151-190.

Marshall, P. J., Young, T., & Meltzoff, A. N. (2011). Neural correlates of action observation and execution in 14-month-old infants: An event-related EEG desynchronization study. *Developmental Science, 14*(3), 474-480.

Meltzoff, A. N., & Moore, M. K. (1989). Imitation in newborn infants: Exploring the range of gestures imitated and the underlying mechanisms. *Developmental Psychology, 25*(6), 954-962.

Meltzoff, A. N., & Moore, M. K. (1997). Explaining facial imitation: A theoretical model. *Early Development and Parenting, 6*, 179-192.

Moore, C., & Dunham, P. J. (Eds.) (1995). *Joint attention: Its origins and role in development*. Englewood Cliffs, NJ: Lawrence Erlbaum.（ムーア, C. & ダンハム, P.（編）／大神英裕（監訳）(1999). ジョイント・アテンション ── 心の起源とその発達を探る. ナカニシヤ出版.）

Nagai, Y. (2015). Mechanism for cognitive development. In H. Ishiguro, M. Osaka, T. Fujikado, & M. Asada (Eds.), *Cognitive neuroscience robotics: A: Synthetic approaches to human understanding*, Springer.

Nagai, Y., & Asada, M. (2015). Predictive learning of sensorimotor information as a key for cognitive development. In *Proceedings of the IROS 2015 Workshop on Sensorimotor Contingencies for Robotics*.

Nagai, Y., Asada, M., & Hosoda, K. (2006). Learning for joint attention helped by functional development. *Advanced Robotics, 20*(10), 1165-1181.

Nagai, Y., Hosoda, K., Morita, A., & Asada, M. (2003). A constructive model for the development of joint attention. *Connection Science, 15*(4), 211-229.

Nagai, Y., Kawai, Y., & Asada, M. (2011). Emergence of mirror neuron system: Immature vision leads to self-other correspondence. In *Proceedings of the 1st Joint IEEE International Conference on Development and Learning and on Epigenetic Robotics*.

Nagai, Y., Nakatani, A., Qin, S., Fukuyama, H., Myowa-Yamakoshi, M., & Asada, M. (2012). Co-development of information transfer within and between infant and caregiver. In *Proceedings of the 2nd IEEE International Conference on Development and Learning and on Epigenetic Robotics*.

長井志江・秦世博・熊谷晋一郎・綾屋紗月・浅田稔 (2015). 自閉スペクトラム症の特異な視覚とその発生過程の計算論的解明 ── 知覚体験シミュレータへの応用. 日本認知科学会第32回大会発表論文集, pp.32-40.

Park, J., Kim, D., & Nagai, Y. (2014). Developmental dynamics of rNNPB: New insight about infant action development. In *Proceedings of the 13th International Conference on Simulation of Adaptive Behavior*, 144-153.

Piaget, J. (1952). *The origins of intelligence in children*. International Universities Press.

Qin, S., Nagai, Y., Kumagaya, S., Ayaya, S., & Asada, M. (2014). Autism simulator employing augmented reality: A prototype. In *Proceedings of the 4th IEEE International Conference on Development and Learning and on Epigenetic Robotics*, 123-124.

Rizzolatti, G., Fogassi, L., & Gallese, V. (2001). Neurophysiological mechanisms underlying the understanding and imitation of action. *Nature Reviews Neuroscience, 2*, 661-670.

Rizzolatti, G., & Sinigaglia, C. (2008). *Mirrors in the brain: How our minds share actions and emotions*. Oxford University Press.

Rochat, P., & Morgan, R. (1995). Spatial determinants in the perception of self-produced leg movements by 3- to 5-month-old infants. *Developmental Psychology, 31*(4), 626-636.

Rochat, P., & Striano, T. (2002). Who's in the mirror? Self-other discrimination in specular images by four- and nine-month-old infants. *Child Development, 73*(1), 35-46.

Scaife, M., & Bruner, J. (1975). The capacity for joint visual attention in the infant. *Nature, 253*, 265-266.

Shibata, M., Fuchino, Y., Naoi, N., Kohno, S., Kawai, M., Okanoya, K., & Myowa-Yamakoshi, M. (2012). Broad cortical activation in response to tactile stimulation in newborns. *Neuroreport, 23*(6), 373-377.

Tani, J., & Ito, M. (2003). Self-organization of behavioral primitives as multiple attractor dynamics: A robot experiment. *IEEE Transactions on Systems, Man and Cybernetics - Part A: Systems and Humans, 33*(4), 481-488.

Warneken, F., & Tomasello, M. (2006). Altruistic helping in human infants and young chimpanzees. *Science, 311*(5765), 1301-1303.

Warneken, F., & Tomasello, M. (2007). Helping and cooperation at 14 months of age. *Infancy, 11*(3), 271-294.

Wolpert, D. M., Ghahramani, Z., & Jordan, M. I. (1995). An internal model for sensorimotor integration. *Science, 269*, 1880-1882.

8　人間とロボットの間の注意と選好性

Breazeal, C. (2003). Toward sociable robots. *Robotics and Autonomous Systems, 42*, 167-175.

Heider, F. (1958). *The psychology of interpersonal relations*. John Wiley & Sons.

Imai, M., Ono, T., & Ishiguro, H. (2003). Physical relation and expression: Joint attention for human-robot interaction. *IEEE Transactions on Industrial Electronics, 50*(4), 636-643.

Ishiguro, H. (2007). Scientific issues concerning androids. *The International Journal of Robotics Research, 26*(1), 105-117.

James, W. (1884). What is an emotion? *Mind, 9*(34), 188-205.

Kanda, T., Ishiguro, H., Imai, M., & Ono. T. (2004). Development and evaluation of interactive humanoid robots. In *Proceedings of IEEE, 92*, 839-1850.

Moore, C., & Dunham, P. (Eds.) (1995). *Joint attention: It's origins and role in*

development. Lawrence Erlbaum Associates.

Robins, B., Dickerson, P., Stribling, P., & Dautenhahn, K. (2004). Robot-mediated joint attention in children with autism? A case study in robot-human interaction, *Interaction Studies, 5*(2), 161-198.

Shimada, M., Yoshikawa, Y., Asada, M., Saiwaki, N., & Ishiguro, H. (2011). Effects of observing eye contact between a robot and another. *International Journal of Social Robotics, 3*(2), 143-154.

Shimojo, S., Simion, C., Shimojo, E., & Scheier, C. (2003). Gaze bias both reflects and influences preference. *Nature Neuroscience, 6*, 1317-1322.

Sidner, C. L., Lee, C., Morency, L.-P., & Forlines, C. (2006). The effect of head-nod recognition in human-robot conversation. In *Proceedings of ACM/IEEE 1st Annual Conference on Human-Robot Interaction*, 290-296.

Watanabe, T., Danbara, R., & Okubo, M. (2003). Effects of a speech-driven embodied interactive actor "interactor" on talker's speech characteristics. In *Proceedings of the 12th IEEE International Workshop on Robot-Human Interactive Communication*, 211-216.

Yoshikawa, Y., Shinozawa, K., & Ishiguro, H. (2007). Social reflex hypothesis on blinking interaction. In *Proceedings of the 29th Annual Conference on the Cognitive Science Society*, 725-730.

Yoshikawa, Y., Shinozawa, K., Ishiguro, H., Hagita, N., & Miyamoto, T. (2006). Responsive robot gaze to interaction partner. *Robotics: Science and Systems*, 287-293.

Yoshikawa, Y., Yamamoto, S., Sumioka, H., Ishiguro, H., & Asada, M. (2008). Spiral response-cascade hypothesis: Intrapersonal responding cascade in gaze interaction, In *Proceedings of ACM/IEEE International Conference on Human-Robot Interaction*.

9　ブレイン・マシン・インタフェース — ＱＯＬの回復を目指して

Birbaumer, N., & Cohen, L. G. (2007). Brain-computer interfaces: Communication and restoration of movement in paralysis. *Journal of Physiology, 579*(3), 621-636.

Birbaumer, N., Ramos Murguialday, A., Weber, C., & Montoya, P. (2009). Neurofeedback and brain-computer interface clinical applications. *International Review of Neurobiology, 86*, 107-117. doi: 10.1016/s0074-7742(09)86008-x

Borton, D. A., Yin, M., Aceros, J., & Nurmikko, A. (2013). An implantable wireless neural interface for recording cortical circuit dynamics in moving primates. *Journal of Neural Engineering, 10*(2), 026010. doi: 10.1088/1741-2560/10/2/026010

Bruno, M. A., Bernheim, J. L., Ledoux, D., Pellas, F., Demertzi, A., & Laureys, S. (2011). A survey on self-assessed well-being in a cohort of chronic locked-in syndrome patients: Happy majority, miserable minority. *BMJ Open, 1*(1), e000039. doi: 10.1136/bmjopen-2010-000039

Chao, Z. C., Nagasaka, Y., & Fujii, N. (2010). Long-term asynchronous decoding of arm motion using electrocorticographic signals in monkeys. *Front Neuroengineering, 3*, 3. doi: 10.3389/fneng.2010.00003 [doi]

Collinger, J. L., Wodlinger, B., Downey, J. E., Wang, W., Tyler-Kabara, E. C., Weber, D. J., . . . Schwartz, A. B. (2013). High-performance neuroprosthetic control by an individual with tetraplegia. *Lancet, 381*(9866), 557-564. doi: 10.1016/s0140-6736(12)61816-9

Fernandez, E., Greger, B., House, P. A., Aranda, I., Botella, C., Albisua, J., . . . Normann, R. A. (2014). Acute human brain responses to intracortical microelectrode arrays: Challenges and future prospects. *Front Neuroeng, 7*, 24. doi: 10.3389/fneng.2014.00024

Guenther, F. H., Brumberg, J. S., Wright, E. J., Nieto-Castanon, A., Tourville, J. A., Panko, M., . . . Kennedy, P. R. (2009). A wireless brain-machine interface for real-time speech synthesis. *PLoS One, 4*(12), e8218. doi: 10.1371/journal.pone.0008218 [doi]

Hirata, M., Matsushita, K., Suzuki, T., Yoshida, T., Sato, F., Morris, S., . . . Yoshimine, T. (2011). A fully-implantable wireless system for human brain-machine interfaces using brain surface electrodes: W-HERBS. *IEICE Transactions on Communications*, E94-B, 2448-2453.

Hochberg, L. R., Bacher, D., Jarosiewicz, B., Masse, N. Y., Simeral, J. D., Vogel, J., . . . Donoghue, J. P. (2012). Reach and grasp by people with tetraplegia using a neurally controlled robotic arm. *Nature, 485*(7398), 372-375. doi: 10.1038/nature11076

Hochberg, L. R., Serruya, M. D., Friehs, G. M., Mukand, J. A., Saleh, M., Caplan, A. H., . . . Donoghue, J. P. (2006). Neuronal ensemble control of prosthetic devices by

a human with tetraplegia. *Nature, 442*(7099), 164-171.

Horikawa, T., Tamaki, M., Miyawaki, Y., & Kamitani, Y. (2013). Neural decoding of visual imagery during sleep. *Science, 340*(6132), 639-642. doi: 10.1126/science.1234330

Hosomi, K., Saitoh, Y., Kishima, H., Oshino, S., Hirata, M., Tani, N., . . . Yoshimine, T. (2008). Electrical stimulation of primary motor cortex within the central sulcus for intractable neuropathic pain. *Clinical Neurophysiology, 119*(5), 993-1001. doi: S1388-2457(08)00039-4 [pii] 10.1016/j.clinph.2007.12.022 [doi]

Huggins, J. E., Wren, P. A., & Gruis, K. L. (2011). What would brain-computer interface users want? Opinions and priorities of potential users with amyotrophic lateral sclerosis. *Amyotrophic Lateral Sclerosis, 12*(5), 318-324. doi: 10.3109/17482968.2011.572978

Kageyama, Y., Hirata, M., Yanagisawa, T., Shimokawa, T., Sawada, J., Morris, S., . . . Yoshimine, T. (2014). Severely affected ALS patients have broad and high expectations for brain-machine interfaces. *Amyotrophic Lateral Sclerosis and Frontotemporal Degeneration, 15*(7-8), 513-519. doi: 10.3109/21678421.2014.951943

Kamitani, Y., & Tong, F. (2005). Decoding the visual and subjective contents of the human brain. *Nature Neuroscience, 8*(5), 679-685.

Kellis, S. S., House, P. A., Thomson, K. E., Brown, R., & Greger, B. (2009). Human neocortical electrical activity recorded on nonpenetrating microwire arrays: Applicability for neuroprostheses. *Neurosurg Focus, 27*(1), E9. doi: 10.3171/2009.4.FOCUS0974 [doi]

Lule, D., Zickler, C., Hacker, S., Bruno, M. A., Demertzi, A., Pellas, F., . . . Kubler, A. (2009). Life can be worth living in locked-in syndrome. *Progress in Brain Research, 177*, 339-351. doi: 10.1016/s0079-6123(09)17723-3

Matsushita, K., Hirata, M., Suzuki, T., Ando, H., Ota, Y., Sato, F., . . . Yoshimine, T. (2013). Development of an implantable wireless ECoG 128ch recording device for clinical brain machine interface. *Annual International Conference of the IEEE Engineering in Medicine and Biology Society*, 1867-1870. doi: 10.1109/embc.2013.6609888

Mestais, C. S., Charvet, G., Sauter-Starace, F., Foerster, M., Ratel, D., & Benabid, A. L. (2015). WIMAGINE: Wireless 64-channel ECoG recording implant for long term clinical applications. *IEEE Transactions on Neural Systems and Rehabilitation Engineering, 23*(1), 10-21. doi: 10.1109/tnsre.2014.2333541

Miyawaki, Y., Uchida, H., Yamashita, O., Sato, M. A., Morito, Y., Tanabe, H. C., . . . Kamitani, Y. (2008). Visual image reconstruction from human brain activity using a combination of multiscale local image decoders. *Neuron, 60*(5), 915-929. doi: S0896-6273(08)00958-6 [pii] 10.1016/j.neuron.2008.11.004 [doi]

Morris, S., Hirata, M., Sugata, H., Goto, T., Matsushita, K., Yanagisawa, T., . . . Yoshimine, T. (2014). Patient specific cortical electrodes for sulcal and gyral implantation. *IEEE Transactions on Biomedical Engineering*. doi: 10.1109/tbme.2014.2329812

Nakanishi, Y., Yanagisawa, T., Shin, D., Chen, C., Kambara, H., Yoshimura, N., . . . Koike, Y. (2014). Decoding fingertip trajectory from electrocorticographic signals in humans. *Neuroscience Research, 85*, 20-27. doi: 10.1016/j.neures.2014.05.005

Nakanishi, Y., Yanagisawa, T., Shin, D., Fukuma, R., Chen, C., Kambara, H., . . . Koike, Y. (2013). Prediction of three-dimensional arm trajectories based on ECoG signals recorded from human sensorimotor cortex. *PLoS One, 8*(8), e72085. doi: 10.1371/journal.pone.0072085

Pistohl, T., Ball, T., Schulze-Bonhage, A., Aertsen, A., & Mehring, C. (2008). Prediction of arm movement trajectories from ECoG-recordings in humans. *Journal of Neuroscience Methods, 167*(1), 105-114.

Rousseau, M. C., Pietra, S., Blaya, J., & Catala, A. (2011). Quality of life of ALS and LIS patients with and without invasive mechanical ventilation. *Journal of Neurology, 258*(10), 1801-1804. doi: 10.1007/s00415-011-6018-9

Schalk, G., Kubanek, J., Miller, K. J., Anderson, N. R., Leuthardt, E. C., Ojemann, J. G., . . . Wolpaw, J. R. (2007). Decoding two-dimensional movement trajectories using electrocorticographic signals in humans. *Journal of Neural Engineering, 4*(3), 264-275.

Schalk, G., Miller, K. J., Anderson, N. R., Wilson, J. A., Smyth, M. D., Ojemann, J. G., . . . Leuthardt, E. C. (2008). Two-dimensional movement control using

electrocorticographic signals in humans. *Journal of Neural Engineering, 5*(1), 75-84. doi: S1741-2560(08)56735-8 [pii] 10.1088/1741-2560/5/1/008 [doi]

Shindo, K., Kawashima, K., Ushiba, J., Ota, N., Ito, M., Ota, T., . . . Liu, M. (2011). Effects of neurofeedback training with an electroencephalogram-based brain-computer interface for hand paralysis in patients with chronic stroke: A preliminary case series study. *Journal of Rehabilitation Medicine, 43*(10), 951-957.

Sitaram, R., Caria, A., & Birbaumer, N. (2009). Hemodynamic brain-computer interfaces for communication and rehabilitation. *Neural Networks, 22*(9), 1320-1328. doi: 10.1016/j.neunet.2009.05.009

Sugata, H., Goto, T., Hirata, M., Yanagisawa, T., Shayne, M., Matsushita, K., . . . Yorifuji, S. (2012a). Movement-related neuromagnetic fields and performances of single trial classifications. *NeuroReport, 23*(1), 16-20.

Sugata, H., Goto, T., Hirata, M., Yanagisawa, T., Shayne, M., Matsushita, K., . . . Yorifuji, S. (2012b). Neural decoding of unilateral upper limb movements using single trial MEG signals. *Brain Research, 1468*, 29-37. doi: 10.1016/j.brainres.2012.05.053

Toda, A., Imamizu, H., Kawato, M., & Sato, M. A. (2011). Reconstruction of two-dimensional movement trajectories from selected magnetoencephalography cortical currents by combined sparse Bayesian methods. *Neuroimage, 54*(2), 892-905. doi: S1053-8119(10)01257-7 [pii] 10.1016/j.neuroimage.2010.09.057 [doi]

Van Gompel, J. J., Stead, S. M., Giannini, C., Meyer, F. B., Marsh, W. R., Fountain, T., . . . Worrell, G. A. (2008). Phase I trial: Safety and feasibility of intracranial electroencephalography using hybrid subdural electrodes containing macro- and microelectrode arrays. *Neurosurgical Focus, 25*(3), E23. doi: 10.3171/FOC/2008/25/9/E23 [doi]

Velliste, M., Perel, S., Spalding, M. C., Whitford, A. S., & Schwartz, A. B. (2008). Cortical control of a prosthetic arm for self-feeding. *Nature, 453*(7198), 1098-1101. doi: nature06996 [pii] 10.1038/nature06996 [doi]

Wang, W., Degenhart, A. D., Collinger, J. L., Vinjamuri, R., Sudre, G. P., Adelson, P. D., . . . Weber, D. J. (2009). Human motor cortical activity recorded with Micro-ECoG electrodes, during individual finger movements. *Annual International*

Conference of the IEEE Engineering in Medicine and Biology Society, 586-589. doi: 10.1109/iembs.2009.5333704

Wolpaw, J. R., Birbaumer, N., McFarland, D. J., Pfurtscheller, G., & Vaughan, T. M. (2002). Brain-computer interfaces for communication and control. *Clinical Neurophysiology, 113*(6), 767-791.

Yanagisawa, T., Hirata, M., Saitoh, Y., Goto, T., Kishima, H., Fukuma, R., . . . Yoshimine, T. (2011). Real-time control of a prosthetic hand using human electrocorticography signals. *Journal of Neurosurgery, 114*(6), 1715-1722. doi: 10.3171/2011.1.jns101421

Yanagisawa, T., Hirata, M., Saitoh, Y., Kato, A., Shibuya, D., Kamitani, Y., & Yoshimine, T. (2009). Neural decoding using gyral and intrasulcal electrocorticograms. *Neuroimage, 45*(4), 1099-1106. doi: S1053-8119(09)00005-6 [pii] 10.1016/j.neuroimage.2008.12.069 [doi]

Yanagisawa, T., Hirata, M., Saitoh, Y., Kishima, H., Matsushita, K., Goto, T., . . . Yoshimine, T. (2012). Electrocorticographic control of a prosthetic arm in paralyzed patients. *Annals of Neurology, 71*(3), 353-361. doi: 10.1002/ana.22613

Yanagisawa, T., Yamashita, O., Hirata, M., Kishima, H., Saitoh, Y., Goto, T., . . . Kamitani, Y. (2012). Regulation of motor representation by phase-amplitude coupling in the sensorimotor cortex. *Journal of Neuroscience, 32*(44), 15467-15475. doi: 10.1523/jneurosci.2929-12.2012

Yoshida, T., Sueishi, K., Iwata, A., Matsushita, K., Hirata, M., & Suzuki, T. (2011). A High-linearity low-noise amplifier with variable bandwidth for neural recording systems. *Japanese Journal of Applied Physics. 50*(4), 04DE7.